기본에 충실한

Mathematica 입문

양성덕 · 이장훈 · 황지원 · 이채영 · 안명환 지음

- 초심자를 위한 친절한 설명
- 쉽게 따라 해볼 수 있는 풍부한 소스코드 제공
- *Mathematica* 기본지식 체계적으로 정리
- 전문적 수식처리를 위한 Symbolic Computing 함수꾸러미 사용법 소개

KYOWOO

표지 그림 해설 :

표지에 등장하는 곡면은 종수가 3인 코스타-호프만-믹스 극소 곡면이다. 이 곡면은 1982년 당시 브라질의 대학원생이었던 코스타가 발견한 식을 미국의 두 수학 교수 호프만과 믹스가 분석하여 일반화시킨 것이며 세계 최고의 권위를 지닌 수학논문지 Annals of *Mathematics*에 발표되었다. 복잡한 수식으로 표현되는 곡면이 이와 같이 아름다운 그림으로 나타날 때에 오랜 시간을 들여 이론을 공부하고 코드를 짠 보람을 느낀다. 당연히 표지 그림은 *Mathematica*로 그린 것이다.

머리말

*Mathematica*는 범용 수리 소프트웨어 중 최고의 성능을 자랑하는 프로그램입니다. 제대로만 쓰인다면 *Mathematica*는 분석적 사고방식과 수리활용능력이 점점 더 중요해지고 있는 시대를 살아가야 할 젊은이들이 경쟁력을 갖추는 데에, 또한 교육 현장의 문제만이 아니라 산업 현장의 문제를 해결하는 데에 매우 유용한 도구가 될 수 있을 것입니다.

그런데, 모든 수리소프트웨어에 해당되는 이야기겠지만, *Mathematica*의 성능을 100% 활용할 수 있으려면 체계적인 공부가 필요합니다. 사실 *Mathematica*는 다른 프로그래밍 언어에 비하여 비교적 쉽게 시작할 수 있고 원하는 결과를 어렵지 않게 얻게 되는 경우가 많아서 우리나라 대학생이면 누구나 별 거부감과 어려움 없이 *Mathematica*를 뚝딱거려 볼 만 합니다. 그렇지만 각자의 전공 분야에 수학을 제대로 활용할 수 있게 되기까지 수많은 과정을 거쳐야 하는 것처럼 *Mathematica*를 제대로 활용할 수 있게 되려면 필연적으로 여러 가지 개념도 이해해야 하고 프로그래밍 부분도 공부해야 합니다.

저는 2003년 경부터 수학 연구와 교육에서 *Mathematica*를 본격적으로 사용하기 시작하였습니다. 그런데 2008년에 있었던 *Mathematica* 5.2에서 *Mathematica* 6으로 넘어가는 사이의 변화는 그 전과는 달리 단순한 명령어 첨가나 용법의 소폭 수정이 아니라 자료구조의 개정까지 동반한 커다란 변화여서 이미 만들어 두었던 기존 파일들이 그냥은 실행되지 않는 경우가 많아 여러 번 낭패를 겪었고 한때는 *Mathematica* 사용을 포기할까 생각도 했었지만 결국은 *Mathematica*를 처음 접하면서 겪었던 시행착오를 다시 겪어가며 계속 사용해 오고 있습니다. 그 와중에 누구나 쉽게 구할 수 있고 쉽게 읽을 수 있는 *Mathematica* 6 이상의 버전에 대한 사용설명서가 나오기를 기다리고 기다리다가 결국은 직접 사용설명서를 만들기로 결심하고 나머지 저자들을 규합하여 이 사용설명서를 만듭니다. *Mathematica* 5까지는 그나마 *Mathematica* 구입시 딸려오던 1200여 쪽의 사용설명서가 있어 영문이긴 하나 중요한 읽을거리가 있었는데 *Mathematica* 6부터는 모든 문서가 *Mathematica* 프로그램의 일부로서 제공되어 인쇄된 책으로는 일반인들이 쉽게 접할 수 있는 마땅한 읽을거리가 없습니다.

이 사용설명서는 저자 중 이장훈 선생님이 기집필한 (*Mathematica* 5 를 위한) "*Mathematica* Guide Book (입문에서 활용까지)" 중 2 부, 3 부를 제외한 1 부에 바탕을 두고 있습니다. 현재 가장 최신 버전인 *Mathematica* 9 에 맞도록 모든 코드를 수정·보완하였으며 초보자를 위한 입문서의 성격을 유지하면서도 여러 부분에서 이론적인 골격을 강화하려고 노력하였습니다. 그리고 최근 개발되어 화제를 불러 일으키고 있는 Symbolic Computing 함수꾸러미에 대한 우리말 사용법을 국내 최초로 소개합니다. 좀 더 깊이있는 내용을 다루지 못한 아쉬움이 있지만 일단은 지금 내용만으로도 *Mathematica*에 입문하려는 이들에게 조금은 도움이 되리라고 믿으며 활용에 대한 소개에 대해서는 각 분야 전문가들의 활약을 기대해 봅니다.

이 책은 아무래도 수학 문제 해결을 통하여 *Mathematica*에 접근하고 있기 때문에 어느 정도의 수학적 지식, 특히 대학교 교양 수학으로 제공되는 다변수 미적분학과 기초 선형대수학 정도의 내용을 숙지하고 있는 것이 이 책의 내용을 이해하는 데에 도움이 될 수 있습니다만 반드시 그러한 수학 지식이 필요한 것은 아닙니다.

이 책의 구성은 다음과 같습니다.

1장~3장에서는 먼저 *Mathematica*에 대한 기본 설명과 간단한 사용방법을 다룹니다. 4장에서는 간단한 방정식과 부등식을 푸는 방법을, 5장~7장에서는 곡선과 곡면 그리는 방법을, 8장에서는 사용자가 함수를 직접 정의하고 사용하는 방법을 다룹니다.

9장에서는 리스트를 다루는 방법을 다룹니다. *Mathematica*에서 모든 자료는 리스트로 주어지는데 주어진 리스트에서 특정 위치에 있는 원소나 특정 조건을 만족하는 원소를 끄집어낸다든가 삭제하는 법, 특정원소를 골라 그 원소에 어떤 함수를 작용시키는 법 등은 *Mathematica*를 잘 다룰 수 있게 되려면 반드시 잘 알아두어야 하는 매우 중요한 기법입니다.

10장~11장에서는 극한과 미분을, 12장~14장에서는 간단한 *Mathematica* 프로그래밍을 다룹니다. *Mathematica*는 C나 C++ 등과 같은 엄연한 프로그래밍 언어이기도 합니다. *Mathematica*로 프로그램을 작성하는 문법은 C나 C++에 비하여 비교적 쉽다고 할 수 있는데 이 책에서 *Mathematica* 프로그래밍을 깊이 있게 소개하지는 못하고 기본적 명령어만 몇 개 소개합니다. 15장~17장에서는 행렬, 벡터, 적분에 있어서 *Mathematica* 사용하는 법을, 18장에서는 간단한 동영상 만드는 법을, 19장에서는 확률 및 통계에 등장하는 계산과 그래프를, 20장에서는 근사다항식을, 21장에서는 간단한 공간도형을 다룹니다.

22장~23장에서는 간단한 *Mathematica* 프로그래밍을, 24장에서는 동적 변수와 동적 함수를, 25장에서는 Computable Document Format으로 파일을 만들고 활용하는 방법을 다루는데, *Mathematica*로 작성한 코드를 Computable Document Format으로 저장하면 무료로 제공되는 CDF Player라는 프로그램으로 실행 가능한 문서가 됩니다. 26장에서는 Symbolic Computing 함수꾸러미에 관해서 다룹니다.

첨부된 CD에는 이 책에 등장하는 모든 코드들이 들어 있습니다.

이장훈은 이 사용설명서의 기본 골격과 편집 기법을, 황지원은 *Mathematica*에 대한 최신변화와 동향 및 고난도 기법들을 제공하여 주었고 이채영과 안명환은 학생 신분으로 학업에 바쁜 와중에도 불구하고 자료수집과 코드 검증 및 편집에 많은 시간을 할애하며 이 책의 저술에 참여하여 주었습니다. 또한 이다미, 이동선, 조장환, 이범영 등 여러 사람들이 시간을 내서 이 책의 원고를 검토하고 많은 조언을 제공하여 주었는데 이 자리를 빌어 모두에게 고맙다는 말을 전합니다.

마지막으로, 이 글을 내놓음에 있어서 여기저기 부족한 점들과 심지어는 예기치 못한 오류가 있음을 걱정하지 않을 수 없습니다. 여기 실린 내용에 대하여 부족한 점들과 오류에 대한 책임은 전적으로 집필진 대표인 제게 있으며 추후 수학생각 홈페이지(http://www.mathought.com)를 통해서 오류에 대한 정정 내용을 제공할 것입니다. 또한 여러분께서 책 내용에 관한 질문이나 제언을 수학생각 홈페이지에 게시해 두시면 성실히 답하도록 하겠습니다.

2014 년 7 월 집필진 대표 양성덕

집필진

양성덕 : 고려대학교 수학과 교수
이장훈 : 파주여자고등학교 수학교사
황지원 : (주)다한테크 솔루션사업부 선임컨설턴트
이채영 : 고려대학교 수학과 석사과정 재학 중
안명환 : 고려대학교 수학과 졸업

차례

1. *Mathematica* 설치법

*Mathematica*를 설치하는 것은 매우 쉬운데 설치 파일을 더블클릭하고 모든 선택사항을 Default로 하여 진행하면 된다. 설치가 끝날 무렵 웹 브라우저 Plug-in 설치 여부를 묻는데 이것도 Default로 설정한다. 설치가 끝나고 나서 웹 브라우저가 실행되면 웹 브라우저에 나타나는 *Mathematica* 아이콘을 클릭하여 회전시켜 본다. 잘 구동되면 Plug-in도 제대로 설치된 것이다. 이때 *Mathematica*를 실행시키면 Activation Key를 입력하라는 창이 뜬다. Activation Key는 License Number로 만들어진 것으로 일종의 구매증명번호며 Wolfram Research사의 User Portal 사이트 (http://user.wolfram.com)에서 확인할 수 있다. Activation Key를 입력하면 드디어 설치가 완료된다. Activation Key는 운영체제를 바꾸거나 컴퓨터를 바꾸면 더 이상 유효하지 않으며 재사용을 위해서는 Activation Key를 새로 받아야 한다. 자세한 사항은 http://reference.wolfram.com/mathematica/tutorial /ActivatingMathematica.html를 참조하라.

2. *Mathematica* 처음 실행 시 화면구성

2.1. 환영 화면

Mathematica 프로그램을 처음 실행하면 [그림-1]과 같은 환영 화면이 뜬다. 이 환영 화면은 *Mathematica*가 구동될 때마다 뜨는데 이것이 뜨지 않도록 설정하려면 오른쪽 하단에 있는 Show at startup의 체크를 해제하면 된다. 이 환영화면의 좌측상단에서 [Notebook]을 누르면 *Mathematica* 기본 입력화면이 나타난다.

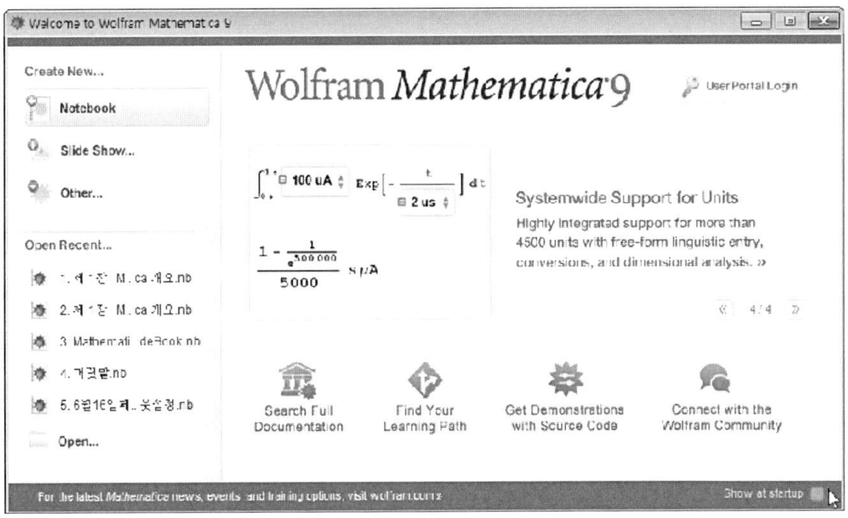

[그림-1]

2.2. 노트북

다음 페이지에 있는 [그림-2]에서 [File], [Edit], [Insert], ..., [Help] 등이 나와 있는 화면 상단의 것은 메뉴 막대(Menu Bar), [Untitled-1]이라고 되어 있는 것은 노트북(NoteBook), [Basic Math Assistant]라고 되어 있는

것은 팔레트라고 한다. 대부분의 경우 명령어 입력과 그 결과의 출력은 노트북을 통하여 이루어진다. 새 노트북을 열고자 할 때는 [메뉴 막대]→[File]→[New]→[Notebook], 기존 노트북을 열고자 할 때는 [메뉴 막대]→[File]→[Open...] 또는 [Open Recent]를 따라가면 된다. 설정에 따라 *Mathemaica*를 구동할 때 [Basic Math Assistant] 팔레트가 나오지 않을 때도 있는데 그때는 아래 설명을 따라 진행하면 된다.

2.3. 팔레트

팔레트는 복잡한 수식을 쉽게 입력할 수 있게 해 주는 기능을 제공한다. [메뉴 막대]→[Palettes]에서 여러 팔레트들을 선택하여 나타내게 할 수 있다. [그림-2]는 [Untitled-1]이라 이름 붙은 노트북과 함께 [Basic Math Assistant] 팔레트를 열어놓은 *Mathematica* 화면인데 이 팔레트는 기본적인 수식들을 마우스로 입력할 수 있게 해 준다. 모든 수식은 자판만을 이용하여 입력할 수도 있는데 그 방법은 나중에 다루기로 하자.

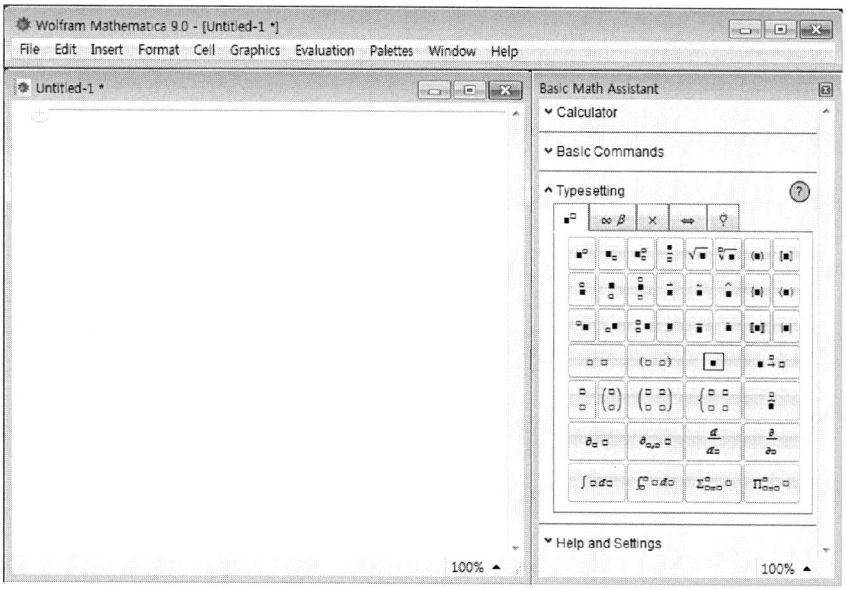

[그림-2]

2.4. 도구 막대 및 눈금자

[메뉴 막대] → [Window] → [Show Toolbar]	노트북 상단에 도구 막대를 보여준다.
[메뉴 막대] → [Window] → [Show Ruler]	노트북 상단에 눈금자를 보여준다.

도구 막대와 눈금자는 항상 선택하고 노트북을 편집하는 습관을 갖자. [메뉴 막대]→[Window]→[Show Toolbar]와 [메뉴 막대]→[Window]→[Show Ruler]를 선택하면 [그림-3]과 같은 화면이 나온다. 여기까지가 *Mathematica* 작업을 위한 최적의 화면구성이다.

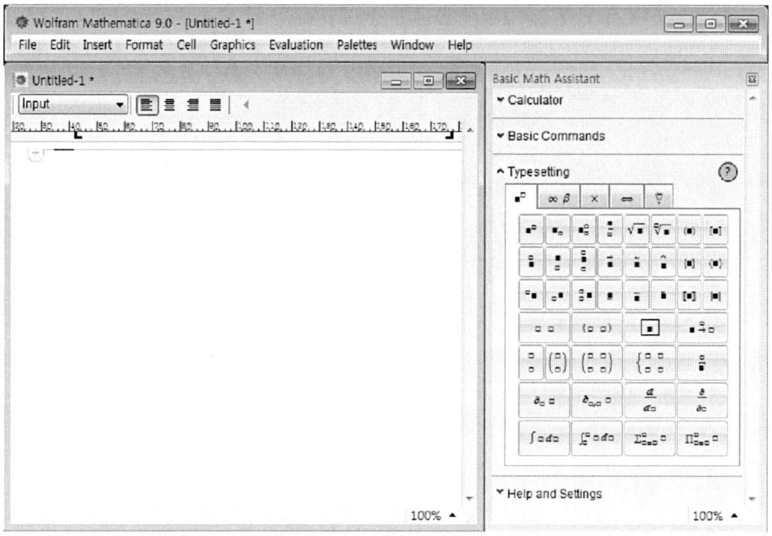

[그림-3]

2.5. 셀

*Mathematica*를 이용하고자 하는 가장 주된 목적은 당연히 계산이다. 그런데 *Mathematica*는 문서 편집 기능도 가지고 있어 수식과 계산이 들어간 문서를 작성하는 데 상당히 유용한데 그 기능을 이해하는 첫 걸음은 셀(Cell)에 대하여 알아보는 것이다.

셀에는 여러 가지 종류가 있다. [그림-4]의 좌측 상단에 있는 Input이 쓰여있는 버튼을 눌러보면 *Mathematica*가 기본적으로 가지고 있는 셀들의 종류를 알 수 있다. 이 중 가장 중요한 셀은 Input 셀이다. *Mathematica*는 여기에 들어있는 내용은 계산을 위하여 입력된 것으로 간주한다. 따라서 여기에 입력되는 내용들은 *Mathematica* 명령어 문법에 철저하게 맞추어 입력되어야 한다. *Mathematica*는 장, 절, 중절, 소절, 본문, 수식 등의 셀에 입력되어 있는 내용은 계산하려고 시도조차 하지 않는다. *Mathematica*에서 새로운 셀이 열릴 때는 기본적으로 Input 셀이 열린다.

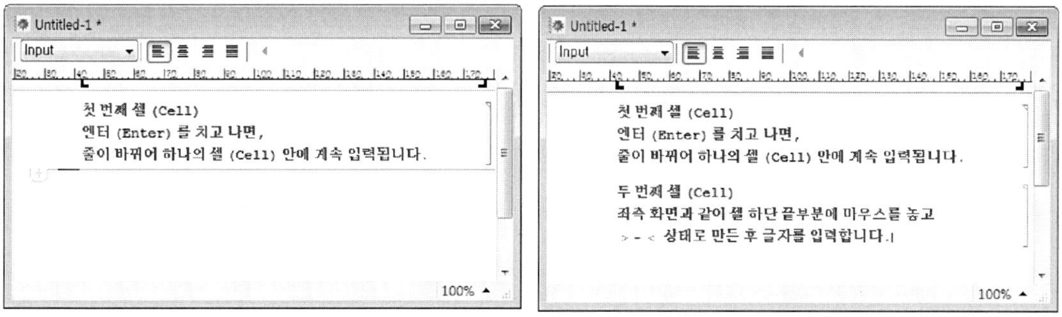

[그림-4]

Input 셀에 명령을 입력하는 법에 대하여 알아보자. 일단 새 노트북을 열고 아무 글자나 입력하면 Input 셀이 열리면서 그 안에 글자가 입력된다. 한 줄 이상의 명령도 입력이 가능하며, 셀 내에서의 엔터키는 문단을 바꾸어 주는 역할을 한다. 첫 번째 Input 셀을 벗어나 두 번째 Input 셀을 열고 거기에 명령을 입력하고자 할 때에는 마우스나 자판의 화살표를 이용하여 첫 번째 Input 셀 바로 밑에 커서를 위치시키면 [그림-4]의 왼쪽 그림와 같이 수평선이 만들어지는데 이때 엔터키를 누르면 두 번째 Input 셀이 열린다.

Input 셀이 아닌 다른 셀을 만들어 보기 위하여 [메뉴 막대]→[Window]→[Show Toolbar]를 선택해 보자. 그러면 [그림-5]에서 볼 수 있는 바와 같이 도구 막대가 생성이 되는데 이 도구 막대를 이용하여 셀 종류나 문단 형식을 바꿀 수 있다. 첫 번째 Input 셀을 마우스로 선택해 보자. 셀을 선택하였으면 도구 막대를 펼쳐 Section을 선택해 본다. 첫 번째 셀에 Section을 선택하면 셀이 Section 타입으로 글자 및 셀 형식이 바뀐다.

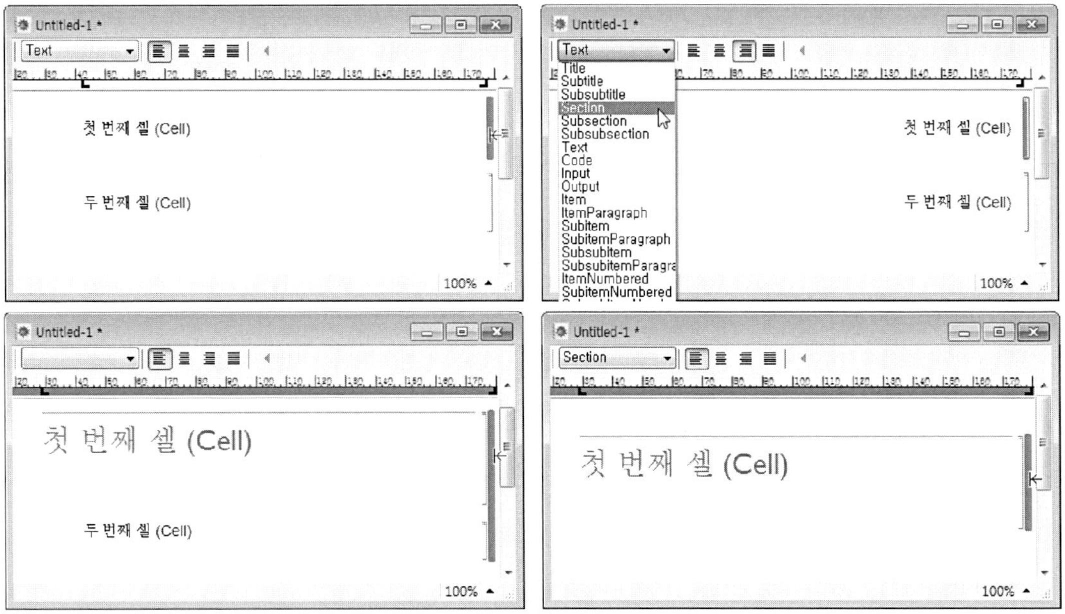

[그림-5]

이제 가장 상위층을 이루고 있는 Section 셀을 마우스로 더블클릭하면 Section의 하위 셀들은 모두 닫히게 된다. 닫혀 있는 셀에는 아래 방향으로 화살표가 표시되어 있다. 닫혀있는 셀을 다시 한번 더 더블클릭하면 하위 셀들이 열리게 된다. 이것은 많은 셀들을 다룰 때 편리하게 사용하게 되니 잘 알아두자. 여기서 소개한 Section 외에도 [그림-5]에서 보는 바와 같이 많은 셀 형식이 있으니 이것저것 선택하여 후에 적절히 셀 관리에 활용하고 더 나아가 보고서, 숙제 답안 등을 작성하는 데에 활용하도록 하자. 이 책도 *Mathematica*를 이용하여 작성되었다.

3. *Mathematica* 메뉴 막대

처음부터 메뉴 막대의 기능들에 집착하다 보면 *Mathematica*를 알기도 전에 흥미를 잃을 수도 있으므로 앞으로 자주 사용될 최소의 메뉴 막대 항목들에 대해서만 간단히 알아보고 나머지 메뉴들은 필요할 때마다 알아보기로 하자.

3.1. 노트북 파일 열고 닫기

[메뉴 막대]→[File]을 열어보면 열기(Open)와 저장(Save)을 비롯한 여러 메뉴를 볼 수 있다. *Mathematica*

노트북은 기본적으로 '파일명.nb'와 같이 확장자를 nb로 하여 저장한다. 다른 파일형식으로도 저장할 수있는데, [Save As...]에서 HTML, Package(함수꾸러미) 등의 형식으로 저장할 수 있다.

파일명.nb	*Mathematica* 노트북 파일의 확장자
파일명.m	*Mathematica*의 함수꾸러미(package) 를 나타내는 확장자

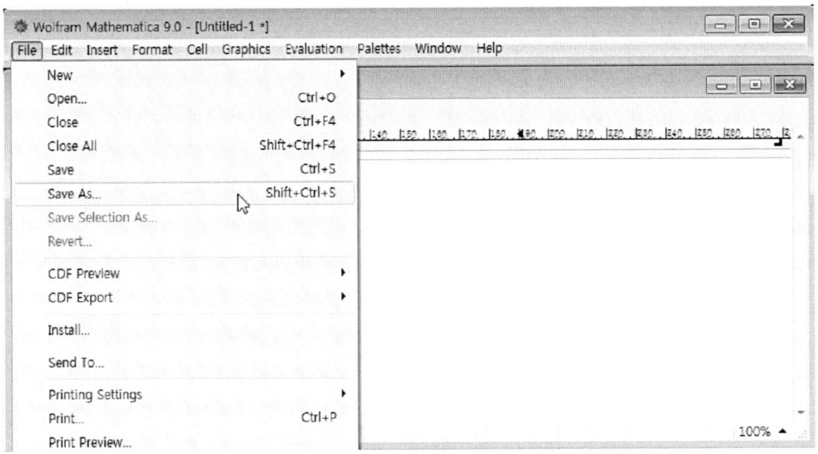

[그림-6]

3.2. 노트북 파일 인쇄하기

*Mathematica*에서 작업한 파일을 인쇄할 때 작업한 내용이 일부 잘려서 출력되는 경우가 있는데 이는 인쇄를 위한 레이아웃 설정이 용지 크기를 초과해서 생기는 현상이다. 공급용지는 기본적으로 컴퓨터와 연결된 프린터의 설정에 따라 자동으로 설정되는데 보통은 A4용지로 설정되어 있다. 효과적인 노트북 레이아웃 관리를 위하여 눈금자를 열어놓자.

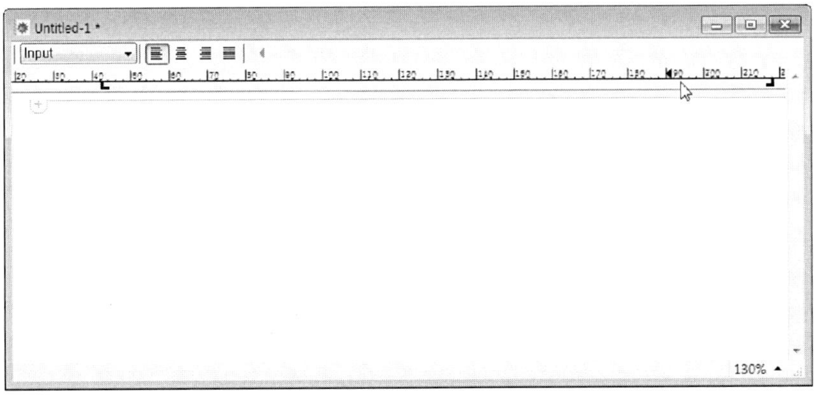

[그림-7]

기본적으로 눈금자의 단위는 인치로 설정되어 있으며, 눈금의 양끝에는 ◀과 ㄴ ㅢ모양이 있다. ◀는 사용자 컴퓨터와 연결된 프린터의 인쇄용지에 따른 레이아웃의 경계선이다. 따라서 이 눈금 ◀을 벗어난 부분의 내용은 인쇄 시 잘려 나간다. 따라서 내용이 ◀ 안에서 이루어지도록 하여야 하는데 그것을 조절해주는 것이 ㄴ와 ㅢ이다. ㄴ나 ㅢ를 마우스로 찍어 누른 후 좌우로 움직여 설정을 바꿀 수 있다.

[메뉴 막대] → [Format] → [Word Wrapping]	기본설정은 [Wrap at Window Width] 다.
[Wrap at Paper Width]	공급용지의 크기에 맞추어 ㄴ ㅢ 이 설정된다.
[Wrap at Window Width]	노트북 화면창 크기에 따라 ㄴ ㅢ 이 움직인다.

따라서 *Mathematica* 작업창을 넓게 사용하고자 할 때는 [Wrap at Window Width]를 선택하여 작업하는 것이 편리하며, 그것을 인쇄하고자 할 때에는 [Wrap at Paper Width]를 선택해야 내용이 잘리지 않고 출력된다. 이렇게 설정하였음에도 잘린 부분이 있다면, 해당되는 셀(Cell)의 ㄴ ㅢ이 ◀ 내부에 들어가 있는지를 확인하고 조절하면 된다. 물론 환경설정(Preference) 메뉴가 있기는 하나 초보자가 환경설정 메뉴를 다루는 것은 권장하지 않는다.

4. 문서를 예쁘게 꾸미는 법

4.1. 단순한 치장

[메뉴 막대]→[Format]을 보면 글꼴의 종류, 크기, 기울임 정도, 색깔 등을 변경할 수 있는 메뉴들이 있다. 이 메뉴들을 잘 이용하면 문서를 예쁘게 꾸밀 수 있다.

4.2. 화면에 보이는 노트북의 모습 바꾸기

[메뉴 막대]→[Format]→[Screen Environment]에 있는 여러 스크린 환경들을 하나하나 선택하면서 어떻게 화면이 바뀌는지 실습해 본다.

4.3. 노트북의 문서 양식 바꾸기

[메뉴 막대] → [Format] → [StyleSheet]	노트북 문서양식을 제공한다. 기본은 Default 다.

Mathematica 노트북 문서 전체의 양식을 저장해 둔 파일들을 스타일 시트(StyleSheet)라 한다. 특별히 설정을 바꾸지 않은 이상 새 문서의 스타일 시트는 Default.nb로 지정되어 있다. 스타일 시트를 바꾸고 싶으면 먼저 문서를 연 후 [Format]→[StyleSheet]로 가서 원하는 스타일 시트를 선택하면 된다. 스타일 시트를 Article에서부터 Wolfram까지 선택해보면서 문서양식이 어떻게 변하는지 관찰해 보라. [Format]→[StyleSheet]→[Stylesheet Chooser]를 선택하면 Stylesheet palette가 열리는데, 열려있는 노트북에 적용하거나 이미 적용된 새로운 노트북을 열 수 있다. 스타일 시트를 바꾸면 똑같은 Section 셀인데도 그 모습이 달라진다. 또한 [Format] 메뉴를 이용하면 글자양식과 문단형식을 편집할 수 있다. 한글 프로그램과 사용이 비슷하므로 초보자도 약간만 연습하면 어렵지 않게 문서양식을 다룰 수 있을 것이다.

간혹 StyleSheet 목록에 없는 스타일 시트를 적용하고 싶을 때가 있다. 스타일 시트는 사용자가 만들어 쓸 수 있는 것이다. 그 경우 그 스타일 시트를 $InstallationDirectory\SystemFiles\FrontEnd\StyleSheets라는 디렉토리에 넣어두면 다른 스타일 시트와 똑같이 [Format]→[StyleSheet]에서 그 스타일 시트의 이름을 볼 수 있으며 이용할 수 있다. 위 디렉토리가 아닌 다른 디렉토리에 넣어두어도 [Format]→[StyleSheet]→[Other]를 따라서 선택할 수 있다. 여기서 $InstallationDirectory는 *Mathematica* 기본 파일들이 설치되는 디렉토리를 말하는데 Windows OS 인 경우 C:\Program Files\Wolfram Research\Mathematica\9.0, Mac OS인 경우

/Applications/Mathematica.app, Linux OS인 경우 /usr/local/Wolfram/Mathematica/9.0 으로 기본지정되어 있다.

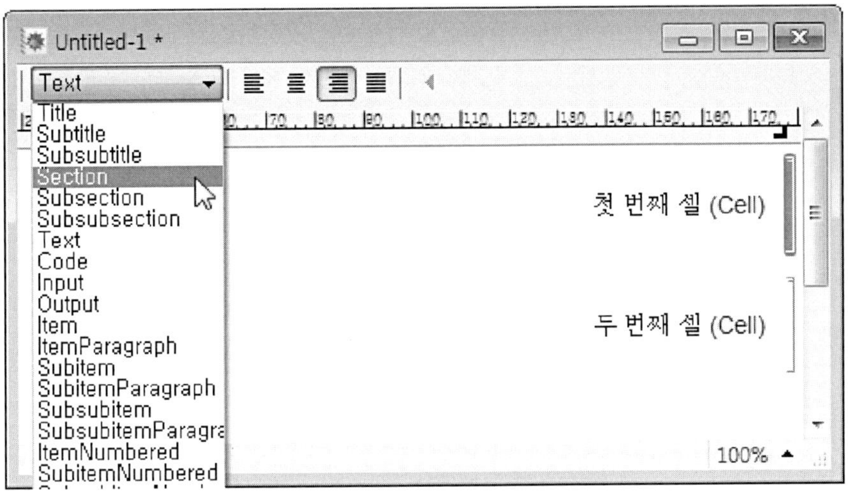

[그림-8]

5. *Mathematica* 프로그램의 구조

5.1. 계산을 수행하는 부분 : *Mathematica* 커널

*Mathematica*를 실행시키면 내부적으로 두 개의 프로그램이 동시에 구동된다. 하나는 *Mathematica* 커널이고 다른 하나는 *Mathematica* FrontEnd다. *Mathematica*의 핵심 기능인 수리적 연산은 커널이 수행한다. 대부분의 경우 사용자는 FrontEnd를 통하여 커널과 입력과 출력을 주고받으므로 일반 사용자가 커널 프로그램을 직접 다루어야 하는 경우는 거의 없다.

5.2. 커널과 사람을 연결하여 주는 부분 : *Mathematica* FrontEnd

Mathematica 아이콘을 더블클릭하였을 때 나타나는 화면은 정확하게 말하자면 *Mathematica* FrontEnd라고 하는 프로그램이 보여주는 것이다. FrontEnd는 사람과 *Mathematica* 커널을 연결하여 준다. 즉 FrontEnd는 사람이 FrontEnd에 입력한 명령어를 커널이 이해할 수 있는 형태로 바꾸어 커널에 전달해 주고 커널이 계산한 결과를 FrontEnd에 돌려주면 이를 사람이 알아볼 수 있는 형태로 바꾸어 화면에 출력한다. 사람이 FrontEnd를 통하지 않고 직접 *Mathematica* kernel과 소통하며 작업할 수도 있는데 그 방법을 이 책에서는 다루지 않는다.

5.3. 기타 부수 파일들

절대로 건드리지 말아야 하는 파일은 mathpass, playerpass 등이다. 여기에는 *Mathematica* Activation Key를 비롯한 License 관련 정보들이 저장되어 있다.

6. CDF Player

*Mathematica*로 만든 *.nb 파일을 열어볼 수 있는 무료 프로그램이 있는데 Wolfram Research사에서 만들고 배포하는 CDF Player가 그것이다. *Mathematica*로 만든 *.nb파일을 CDF Player로 열었을 경우 실행은 되지 않는다. CDF는 Computable Document Format의 약어인데 CDF 문서에 대해서는 24장과 25장에서 다룬다.

7. 울프람 알파

울프람 알파(Wolfram Alpha)는 일종의 검색엔진인데 주소는 http://www.wolframalpha.com다. 울프람 알파에 대하여 우리가 주목할 만한 기능은 한 줄짜리 *Mathematica* 명령문을 실행할 수 있다는 것이다. 예를 들어 Plot[x^2, {x, −1, 1}]를 울프람 알파의 검색창에 입력한 후 엔터키를 누르면 $y=x^2$의 그래프가 $-1 \le x \le 1$의 범위에서 그려진다. 비상업적 개인적 용도에 대해서는 사용비용을 받지 않는다. 단, 모바일 앱의 경우 유료며, 울프람 알파의 몇 가지 기능들은 무료 사용자들에게는 제공되지 않는 제약이 있기는 하다.

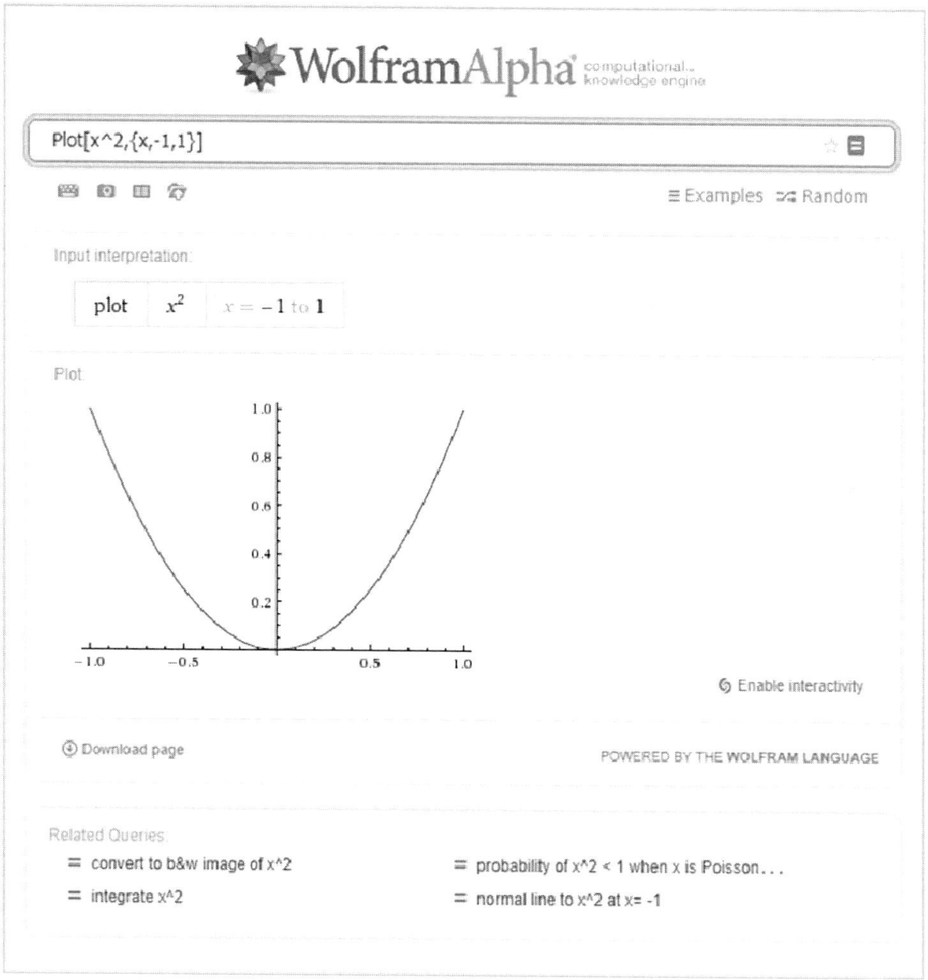

[그림-9]

제 2장 *Mathematica* 명령어의 기초

1. 명령 입력 및 실행 방법

1.1. 사칙연산

이제 *Mathematica*를 이용하여 기초적인 계산을 해 보자. 1 + 2 + 3 + 4라고 입력하고 그 결과 값을 얻고 싶으면 키보드의 [Shift]를 누른 상태에서 [Enter]를 누른다. 그러면 커널이 작동하여 연산을 수행한다.

[Shift] + [Enter]	*Mathematica* 명령의 실행

```
In[1]:= 1 + 2 + 3 + 4
Out[1]= 10
```

결과를 살펴보자. 우리가 입력하지 않은 In[숫자]:= 및 Out[숫자]=가 나타나 있다. 이것들은 입력의 순서와 해당 출력을 구분할 수 있도록 *Mathematica*가 자동적으로 번호를 붙여주는 것이다. In[숫자]:=는 입력 번호, Out[숫자]= 는 출력 번호다.

그리고 결과 밑에 가로로 긴 막대와 함께 여러 아이콘들이 나타나는 것을 볼 수 있다. 이는 추천 막대(Suggestions Bar)라는 건데 바로 앞에 있는 결과에 대하여 추가적으로 무슨 일을 할 수 있을 지에 대한 *Mathematica*의 제안을 보여준다. 전혀 신경 안 써도 무방하며 사용법은 직관적으로 명백하므로 별도의 설명을 제공하진 않겠다. [메뉴 막대]→[Help]→[Documentation Center]에서 "howto/UseTheSuggestionsBar"를 검색하면 자세한 설명이 나온다.

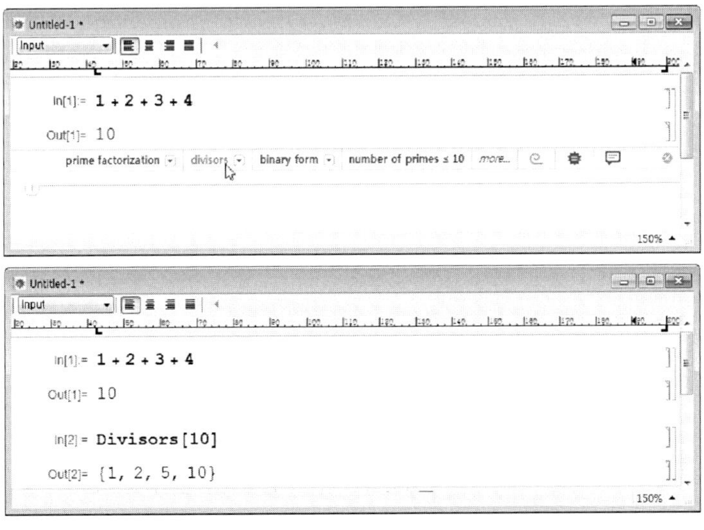

[그림-1]

+ : 덧셈	- : 뺄셈	* : 곱셈	/ : 나눗셈

*Mathematica*도 일반적으로 곱셈은 *를 사용하고 나눗셈은 /를 사용한다. 또한 곱셈에 있어서는 3*2를 편리하게 3(한 칸 이상 띄어 쓰고)2 와 같이 사용할 수도 있다. 숫자 3을 쓰고 한 칸을 띄우면 자동으로 곱하기 기호가 생기도록 미리 설정되어 있다. 자동으로 곱하기 기호가 나타나는 기능은 숫자 사이에서만 작동한다.

In[2]:= **3 * 2**

Out[2]= 6

In[3]:= **3 × 2**

Out[3]= 6

1.2. 팔레트를 사용하여 수식이나 특수문자 입력하기

거듭제곱은 다음과 같이 입력하면 된다.

In[4]:= **2 ^ 3**

Out[4]= 8

그런데 한글 프로그램처럼 *Mathematica*에서도 이미 잘 꾸며진 수식들로 이루어진 목록에서 수식을 선택하여 입력할 수 있다. [메뉴 막대]→[Palettes]→[Basic Math Assistant]를 이용하면 다음과 같은 수식을 쉽게 입력할 수 있다.

In[5]:= $\left(\sqrt{3}\right)^5 + \frac{2}{5}$

Out[5]= $\frac{2}{5} + 9\sqrt{3}$

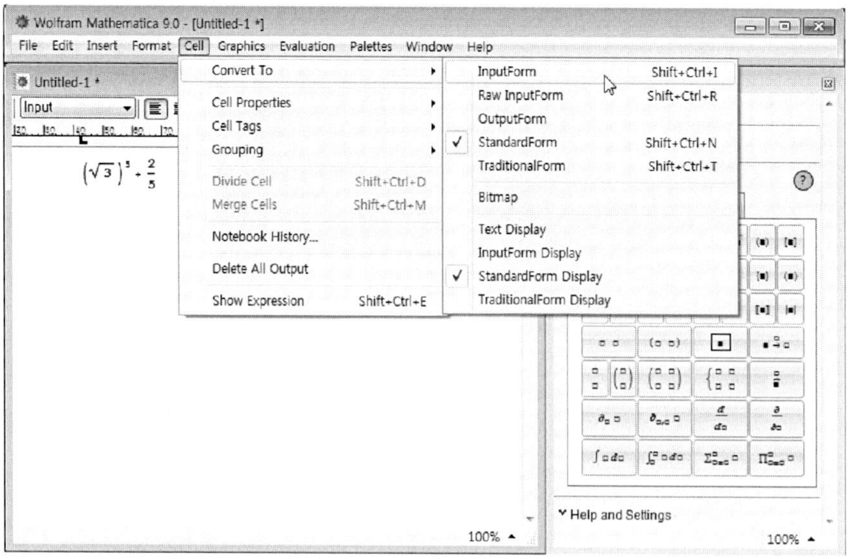

[그림-2]

복잡한 수식을 팔레트로 편하게 입력할 수는 있지만 그래도 수식을 자판만으로 입력할 수 있는 능력을 갖추는 것이 좋다. 그 방법은 [메뉴 막대]→[Help]→[Documentation Center]에서 EnteringInputInNotebooks를 검색하면 나온다.

팔레트 기능으로 작성한 수식과 같은 내용의 수식을 자판만으로도 입력할 수 있는데 자판만으로 입력하는 명령어 형식을 InputForm이라 한다. 이미 팔레트를 이용하여 입력한 수식의 InputForm을 알고자 하면 [그림-2]에서와 같이 먼저 해당 Input 셀을 선택한 후 [메뉴 막대]→[Cell]→[Convert To]→[InputForm]을 선택하라. 그러면 팔레트로 작성된 수식에 대한 InputForm을 확인할 수 있다.

예를 들어 $\left(\sqrt{3}\right)^5+\frac{2}{5}$가 들어있는 Input 셀에 대하여 위 과정을 수행하면 그 셀에 있는 수식이 아래와 같은 모양으로 바뀐다. 이 표현을 실행하면 팔레트를 이용하여 입력한 명령과 같은 결과가 얻어짐을 확인할 수 있다.

In[6]:= `Sqrt[3]^5 + 2/5`

Out[6]= $\frac{2}{5}+9\sqrt{3}$

이 밖에도 [Basic Math Assistant] 팔레트의 다양한 수식들(합, 정적분, 행렬 등)을 입력해 보고 그 수식들의 InputForm이 무엇인지 확인하는 실습을 많이 해보기를 권한다.

In[7]:= $\sum_{n=1}^{10}(n-1)$

Out[7]= 45

In[8]:= `Sum[n-1, {n, 1, 10}]`

Out[8]= 45

In[9]:= $\int_0^2\sqrt{x}\,dx$

Out[9]= $\frac{4\sqrt{2}}{3}$

In[10]:= `Integrate[Sqrt[x], {x, 0, 2}]`

Out[10]= $\frac{4\sqrt{2}}{3}$

In[11]:= $\begin{pmatrix}1 & 2\\ 3 & 4\end{pmatrix}$

Out[11]= {{1, 2}, {3, 4}}

1.3. 소괄호 (), 중괄호 {}, 대괄호 [] 사용법의 차이

수학에서는 복잡한 수식에 대하여 연산의 순서를 정하기 위한 기호로 소괄호 ( ), 중괄호 { }, 대괄호 [ ]를 모두 사용한다. 그러나 *Mathematica*에서는 소괄호, 중괄호, 대괄호를 사용하는 경우가 확실하게 구분되어 있으며 연산의 순서를 정하기 위한 용도로는 소괄호 ( )만 사용한다.

소괄호 ( )	연산의 순서를 정하는 데 쓰인다.
중괄호 { }	여러 개의 대상으로 이루어진 묶음을 나타내는데 쓰인다.
대괄호 [ ]	함수 이름 뒤에 붙는 변수들을 둘러싸는데 쓰인다.

```
In[12]:= 1 - 2 (3 - 4)
Out[12]= 3
In[13]:= {1, 2, 3, 3}
Out[13]= {1, 2, 3, 3}
In[14]:= Solve[x^2 - 3 x + 2 == 0, x]
Out[14]= {{x → 1}, {x → 2}}
```

2. 명령어의 기초

Mathematica 9에는 약 2500개의 명령어가 있는데 이를 내장함수라고도 한다. 모든 명령어를 알파벳 순으로 나타낸 목록은 [Help]→[Documentation Center]→(하단에 있는) [Index of Functions]에서 구할 수 있다. 이 책에서 모든 내장함수를 다 다루는 것은 불가능하므로 일반 독자들에게 도움이 될 만할 내장함수들만을 소개하기로 한다.

2.1. 명령어 이름의 기본 규칙

*Mathematica*의 모든 명령어(내장함수)들의 이름에는 몇 가지 규칙이 있다.

> 대부분의 명령어는 평이한 영단어의 조합으로 이루어져 있다.

아래의 명령어 Expand를 알아보자. 이 명령어는 굳이 설명을 하지 않아도 그 기능을 이해할 수 있을 것이다.

```
In[15]:= Expand[(x + 3) (x - 3)]
Out[15]= -9 + x^2
```

이미 내장명령어로 지정되어 있는 글자나 단어는 사용자가 변수나 함수를 나타내는 용도로 사용할 수 없다.

> 1. 모든 내장명령어의 첫 글자는 대문자다.
> 2. 여러 단어를 띄어쓰지 않고 이어 만든 내장명령어의 각 단어 첫 글자는 대문자다.
> 3. *Mathematica*는 대문자, 소문자를 구분한다.

아래 여러 명령어를 실행하여 보자. Plot, PlotStyle, ImageSize 등 명령어 첫머리와 마디마디의 첫 글자는 대문자임을 알 수 있다. 이들의 구체적인 사용법에 대한 이해는 잠시 미루고 우선은 명령어의 구성 패턴만을 확인하도록 하자.

```
In[16]:= Plot[{Sin[x], Cos[x], 1/20 x^2 - 2/20 x}, {x, -2 Pi, 2 Pi},
          PlotStyle → RGBColor[0, 0, 1], ImageSize → 180]
```

Out[16]=

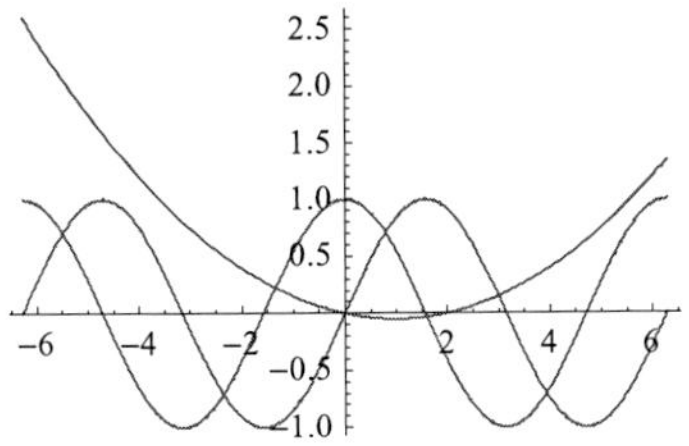

위에서 볼 수 있는 바와 같이 *Mathematica* 명령은 함수 이름 (Plot) 뒤에 대괄호 [ ]로 둘러쌓인 것들이 이어진 형태를 가진다. [ ] 안의 것들은 그려질 함수, x의 범위, 그리기 스타일, 그림 크기 등을 정하고 있다. 이 중 그려질 함수와 x의 범위는 Plot의 필수사항이고 PlotStyle과 ImageSize는 선택사항이다.

다음 코드에서는 그래프의 색상을 서로 다르게 하고 또한 그래프에 Tooltip을 설정해 보았다. Tooltip이란 *Mathematica* 6부터 도입된 기능으로 여러 그래프를 한 화면에 나타냈을 때 어느 그래프가 어느 함수의 그래프인지 알 수 있도록 그래프에 커서를 갖다대면 그래프에 해당하는 함수의 이름이 나타나도록 하는 기능이다.

```
In[17]:= Plot[Tooltip[{Sin[x], Cos[x], 1/20 x^2 - 2/20 x}], {x, -2 Pi, 2 Pi}, PlotStyle →
          {RGBColor[1, 0, 0], RGBColor[0, 1, 0], RGBColor[0, 0, 1]}, ImageSize → 180]
```

Out[17]=

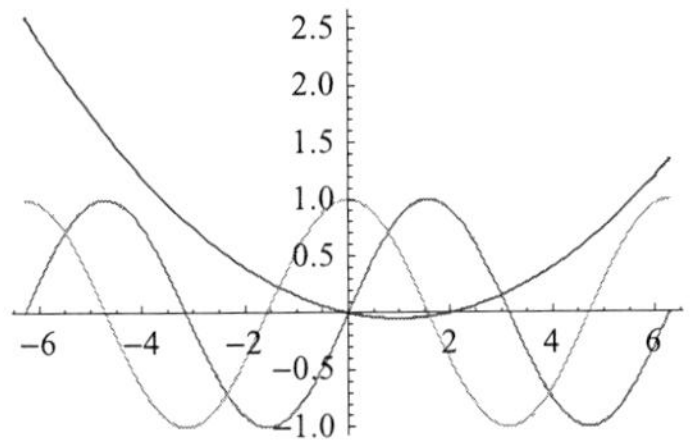

3. 내장함수 입문

3.1. 근사함수 N

이제부터 내장함수들을 알아보자. 제일 처음 소개할 명령어는 N이다. 먼저 다음 식 $\frac{6}{15}+\frac{7}{15}$을 계산해보자.

```
In[18]:= 6/15 + 7/15

Out[18]= 13/15
```

물론 맞다. 그런데 근삿값을 소수 꼴로 구할 수 있는가? 할 수 있다. 이럴 때 N을 사용한다.

```
In[19]:= N[6/15 + 7/15]

Out[19]= 0.866667
```

N[expr]	expr의 근삿값을 계산한다.
N[expr, *n*]	expr의 값을 유효숫자 *n* 자리 수 만큼 계산한다.

명령어 N은 근삿값을 구하는 명령으로 기본적으로 유효숫자 6자리까지 구하도록 설정되어 있다. 만일 유효숫자 20자리까지 구하고 싶을 때에는 아래와 같이 N[수식,유효근삿값]를 실행하면 된다.

In[20]:= $N\left[\frac{6}{15}+\frac{7}{15}, 20\right]$

Out[20]= 0.86666666666666666667

이번에는 원주율 π의 값을 유효숫자 100자리까지 알아보자.

In[21]:= **N[Pi, 100]**

Out[21]= 3.141592653589793238462643383279502884197169399375105820974944592307816406286208998628034825342117068

이 명령은 자주 쓰는 것이니 기억해 두자.

3.2. 이미 계산된 결과를 불러오기 %

앞에서 이미 실행된 N[Pi, 100]의 계산결과를 다시 본다거나 또는 새로운 명령의 자료로 사용하고자 할 때, 그 명령어 자체를 다시 입력하지 않고 위 수식 옆에 있는 입력번호 In[숫자] 또는 Out[숫자]를 이용할 수 있다.

In[22]:= **In[20]**

Out[22]= 0.86666666666666666667

In[23]:= **Out[20] + 1**

Out[23]= 1.86666666666666666667

In[숫자] 및 Out[숫자]의 숫자는 Input 셀이 실행될 때마다 증가하는 유동적인 번호이므로 이 숫자를 활용하여 값을 불러오는 것은 의도하지 않은 결과를 낳을 여지가 있다. 예를 들어 위의 In[20]이 붙어 있는 Input 셀을 또 실행하면 In[20]이 In[21]로 바뀌고 해당 Output 셀의 번호도 Out[20]에서 Out[21]로 바뀌어 버린다. 이런 이유로 앞에서 얻은 계산 결과를 불러올 때에는 다음 장에 소개하는 =를 사용하는 것이 제일 바람직한데, 여기서는 %를 사용하여 이미 수행된 계산결과를 불러오는 법을 알아보기로 하자.

%	바로 앞 단계의 결과를 불러온다.
%%	바로 앞의 앞 단계의 결과를 불러온다.
%[*n*]	%을 *n* 번 쓴 것과 같다.

실습으로 다음을 실행하여 보자.

In[24]:= $N\left[\sqrt{3}, 10\right]$

Out[24]= 1.732050808

In[25]:= **%**

Out[25]= 1.732050808

In[26]:= `%%%`

Out[26]= `1.86666666666666666667`

3.3. 특정 상수들을 나타내는 기호들

*Mathematica*에서는 수학에서 많이 쓰이는 상수 π, ∞, e, i 등을 Pi, Infinity, E, I 등과 같이 간단히 나타내기도 하고 그 모양 그대로 π, ∞, e, i로 나타내기도 한다.

> π (원주율) ⇒ Pi , ∞ (무한대) ⇒ Infinity , e (자연대수) ⇒ E , i (허수단위) ⇒ I,
>
> n×(n-1)×(n-2)×...×3×2×1 (n의 계승) ⇒ n! , 황금비율 $= \frac{1+\sqrt{5}}{2} \approx 1.61803$ ⇒ GoldenRatio.

In[27]:= `{ Pi, Infinity, N[E, 20], I, 7 !, N[GoldenRatio, 5]}`

Out[27]= `{π, ∞, 2.7182818284590452354, i, 5040, 1.6180}`

π, ∞, e, i가 나타나게 하려면 팔레트를 쓰거나 [Esc] p [Esc], [Esc] inf [Esc], [Esc] ee [Esc], [Esc] ii [Esc]와 같이 단축키로 입력해도 된다. 여기서 [Esc]는 자판 좌측상단에 있는 키를 가리킨다. 다른 특수 문자들을 단축키로 입력하고 싶으면, 먼저 팔레트에서 해당 문자를 찾은 후 그 위에 마우스를 가만히 올려 놓으면 일 초 정도 후에 그 문자에 해당하는 단축키를 확인할 수 있는데 이를 이용하면 된다.

3.4. 각도를 나타내는 단위

각의 크기를 나타내는 단위로 도(60분법)와 라디안(호도법)이 있는데 다음과 같이 달리 나타낸다.

Sin[*x*]	*x*(라디안)에 대한 Sin 값을 구한다.
Sin[*x* Degree]	*x*(도)에 대한 Sin 값을 구한다.

In[28]:= $\texttt{Sin}\left[\frac{\pi}{6}\right]$

Out[28]= $\frac{1}{2}$

In[29]:= `Sin[30 Degree]`

Out[29]= $\frac{1}{2}$

3.5. 많이 쓰이는 수학 관련 함수들

수학에서 취급하는 여러 함수들 중 대표적인 수학함수들은 *Mathematica*에서 아래와 같이 표현한다.

$\lvert x \rvert$ ⇒ Abs[*x*]	$\log_e x$ ⇒ Log[*x*]	$\log_n x$ ⇒ Log[*n*, *x*]
sin(*x*) ⇒ Sin[*x*]	cos(*x*) ⇒ Cos[*x*]	tan(*x*) ⇒ Tan[*x*]
sec(*x*) ⇒ Sec[*x*]	cosec(*x*) ⇒ Csc[*x*]	cot(*x*) ⇒ Cot[*x*]
$\sin^{-1}(x)$ ⇒ ArcSin[*x*]	$\cos^{-1}(x)$ ⇒ ArcCos[*x*]	$\tan^{-1}(x)$ ⇒ ArcTan[*x*]
$\sec^{-1}(x)$ ⇒ ArcSec[*x*]	$\text{cosec}^{-1}(x)$ ⇒ ArcCsc[*x*]	$\cot^{-1}(x)$ ⇒ ArcCot[*x*]

여기서 주의해야 할 점은, *Mathematica*는 기본적으로 함수의 정의역을 실수가 아닌 복소수로 정하고 있기 때문에 실함수만 다루어 본 사람의 입장에서는 조금 이해하기 곤란한 계산을 *Mathematica*가 내놓기도 한다는 점이다. 예를 들어 $\sin^{-1}(x)$의 정의역은 일반적으로 [−1, 1]로 생각하는데 *Mathematica*는 2에 대해서도 $\sin^{-1}(x)$를 출력한다. 그런데 그 값은 엉뚱하게도 복소수다.

```
In[30]:= N[ArcSin[2]]

Out[30]= 1.5708 - 1.31696 i
```

*Mathematica*가 가지고 있는 함수의 정의가 정확히 무엇인가를 이해하려면 실함수를 복소함수로 확장하는 방법, 특히 함수의 해석적 확장(analytic extension of functions)이라는 것을 알아야 한다.

3.6. 수에 대한 기본 연산: 반올림, 버림, 최댓값, 최솟값, 몫, 나머지 등

Round[*x*]	*x* 에 가장 가까운 정수를 출력한다. 단 *x* 가 *n* .5 꼴의 수면 *x* 에 가까운 짝수를 출력한다.
Floor[*x*]	*x* 보다 작거나 같은 정수들 중에서 가장 큰 정수를 출력한다. 가우스함수라고도 한다.
Ceiling[*x*]	*x* 보다 크거나 같은 정수들 중에서 가장 작은 정수를 출력한다.
Max[*x*, *y*, *z*]	*x*, *y*, *z* 중에서 최댓값을 계산한다.
Min[*x*, *y*, *z*]	*x*, *y*, *z* 중에서 최솟값을 계산한다.
Mod[*m*, *n*]	*m* 을 *n* 으로 나누었을 때의 나머지를 계산한다.
Quotient[*m*, *n*]	*m* 을 *n* 으로 나누었을 때의 몫을 계산한다.

아래와 같이 여러 명령들을 중괄호{ }로 묶어 한 번에 처리할 수도 있다.

```
In[31]:= {Round[1.4], Round[1.6], Round[1.5], Round[2.5], Round[3.5], Floor[1.6]}

Out[31]= {1, 2, 2, 2, 4, 1}
```

{ Floor[1.6], Floor[2.1] }을 아래와 같이 사용할 수도 있다.

```
In[32]:= Floor[{1.6, 2.1}]

Out[32]= {1, 2}
```

이쯤되면 많은 독자들은 이런 생각을 하게 될 것이다. '음~ 이제부터 본격적으로 내장함수가 소개되는 듯한데... 이것들의 사용법을 모두 외워야 하나?' 그렇지 않다. *Mathematica*는 모든 명령어에 대하여 도움말을 제공하며 그 도움말에는 자세한 사용 예도 나타나 있다.

3.7. 식에 대한 기본연산 : 전개, 인수분해, 통분, 약분 등등

*Mathematica*는 수에 대한 연산뿐만 아니라 일반적인 식에 대한 연산까지도 수행하는데 식을 연산하는데 필요한 일반적인 내장함수들은 다음과 같다.

Expand[expr]	expr을 전개한다.
Factor[expr]	expr을 인수분해한다.
Together[expr]	expr을 통분하여 하나의 유리식으로 나타낸다.

Apart[expr]	expr을 부분분수식으로 나타낸다.
Simplify[expr]	expr을 가능한 간단한 형태로 나타낸다.
Cancel[expr]	expr을 약분한다.

In[33]:= **Expand**$[(1+x)^5]$

Out[33]= $1 + 5x + 10x^2 + 10x^3 + 5x^4 + x^5$

In[34]:= **TraditionalForm[%]** (*위의 전개를 내림차순으로 정리*)

Out[34]//TraditionalForm=
$x^5 + 5x^4 + 10x^3 + 10x^2 + 5x + 1$

In[35]:= **Factor**$[x^3 - 1]$

Out[35]= $(-1 + x)\ (1 + x + x^2)$

In[36]:= **Together**$\left[\frac{1}{x} - \frac{1}{x+1}\right]$

Out[36]= $\frac{1}{x\ (1+x)}$

In[37]:= **Apart**$\left[\frac{1}{x\ (1+x)}\right]$

Out[37]= $\frac{1}{x} - \frac{1}{1+x}$

In[38]:= **Simplify**$\left[\frac{1 - \text{Cos}[2\ t]}{1 + \text{Cos}[2\ t]}\right]$

Out[38]= $\text{Tan}[t]^2$

In[39]:= **Cancel**$\left[\frac{x^6 - 1}{x^2 - 1}\right]$

Out[39]= $1 + x^2 + x^4$

3.8. //를 이용한 함수 적용법

expr // func	표현 expr에 대하여 func라는 명령어를 적용한다. func[expr] 과 같다.

In[40]:= **Pi // N**

Out[40]= 3.14159

//는 다음과 같이 여러 명령어를 순차적으로 연속하여 적용할 때 편리하다.

In[41]:= $x^3 - 1$ **// Factor // Sqrt**

Out[41]= $\sqrt{(-1 + x)\ (1 + x + x^2)}$

3.9. 도움말

3.9.1. 도움말

어떤 명령어의 용법에 대하여 간단히 알고 싶을 때는 Input 셀에 ? 또는 ?? 뒤에 해당명령어를 붙여 입력한 후 실행하면 된다.

?내장함수명	해당 내장함수의 기본적인 사용법을 알려준다.
?? 내장함수명	해당 내장함수의 기본적인 사용법과 함께 속성 및 옵션도 알려준다.

예를 들어 Expand라는 명령어에 대한 간단한 설명을 찾아보자.

```
In[42]:= ? Expand

Expand[expr] expands out products and positive integer powers in expr.
Expand[expr, patt] leaves unexpanded any parts of expr that are free of the pattern patt. ≫

In[43]:= ?? Expand

Expand[expr] expands out products and positive integer powers in expr.
Expand[expr, patt] leaves unexpanded any parts of expr that are free of the pattern patt. ≫

Attributes[Expand] = {Protected}

Options[Expand] = {Modulus → 0, Trig → False}
```

설명이 영어로 나오고 또한 등장하는 용어와 기호가 생소하여 내용을 이해하는 게 만만하지는 않다. 처음에는 이것저것 입력하여 실행해 보면서 그 사용법을 관찰하는 것이 좋다. 예를 들어 ??Expand의 결과를 잘 살펴보면 끝에 Trig→False라는 것이 있는데, 그건 Expand의 옵션이다. 아래 예를 실행하여 그 옵션의 역할을 알아보자.

```
In[44]:= Expand[(Sin[x] + Cos[x])^2]

Out[44]= Cos[x]^2 + 2 Cos[x] Sin[x] + Sin[x]^2

In[45]:= Expand[(Sin[x] + Cos[x])^2, Trig → True]

Out[45]= 1 + 2 Cos[x] Sin[x]
```

Expand의 옵션 Trig→True는 삼각함수를 포함한 식을 전개할 때 나타나는 복잡한 표현들을 삼각함수에 관한 공식들을 사용하여 간단하게 정리하여 주는 옵션임을 알 수 있다. 모든 옵션의 내용을 다 익힐 필요는 없으며 우선적으로 필요로 하는 것부터 시작해서 사용범위를 확장해 가는 것이 바람직하다.

?를 이용하여 할 수 있는 편리한 일 중의 하나는 명령어 전체의 이름은 모르나 일부만이라도 기억하거나 추정가능할 때 그 일부만을 가지고 있는 모든 명령어를 찾아보는 것이다. 예를 들어 다항식에 관련된 명령어를 찾아 보고 싶을 때 ?*Polynomial*을 입력하고 실행하면 Polynomial이 들어간 모든 명령어를 보여준다.

In[46]:= **? *Polynomial***

```
^ System`
AlgebraicNumberPolynomial        PolynomialForm                   PolynomialRemainder
AugmentedSymmetricPolynomial     PolynomialGCD                    Polynomials
CharacteristicPolynomial         PolynomialLCM                    PowerSymmetricPolynomial
CycleIndexPolynomial             PolynomialMod                    SubresultantPolynomialRemainders
InterpolatingPolynomial          PolynomialQ                      SubresultantPolynomials
IrreduciblePolynomialQ           PolynomialQuotient               SymmetricPolynomial
MinimalPolynomial                PolynomialQuotientRemainder
PolynomialExtendedGCD            PolynomialReduce
```

3.9.2. 문서 센터(Documentation Center)

[메뉴 막대] → [Help] → [Documentation Center]	모든 명령어에 대한 사용법과 예제를 포함하여 *Mathematica* 에 대한 깊이 있는 설명이 여기에 있다.

메뉴 막대의 [Help]에 있는 문서 센터는 *Mathematica*의 다양한 메뉴 막대 중에 여러분들이 가장 자주 열어보아야 하고 또 열어 보게 될 수 밖에 없는 메뉴다. 문서 센터는 *Mathematica*의 모든 명령어와 활용 방법에 대한 내용을 담고 있기 때문에, 잘 활용하면 여러분들의 *Mathematica* 실력을 대폭 향상시킬 수 있다. 이 책은 *Mathematica*의 기본 명령어와 기본 기능에 대한 설명만 제공하는데, 고급 명령어와 고급 기능을 알고 싶으면 문서 센터를 잘 들여다 보는 것이 첫걸음이다.

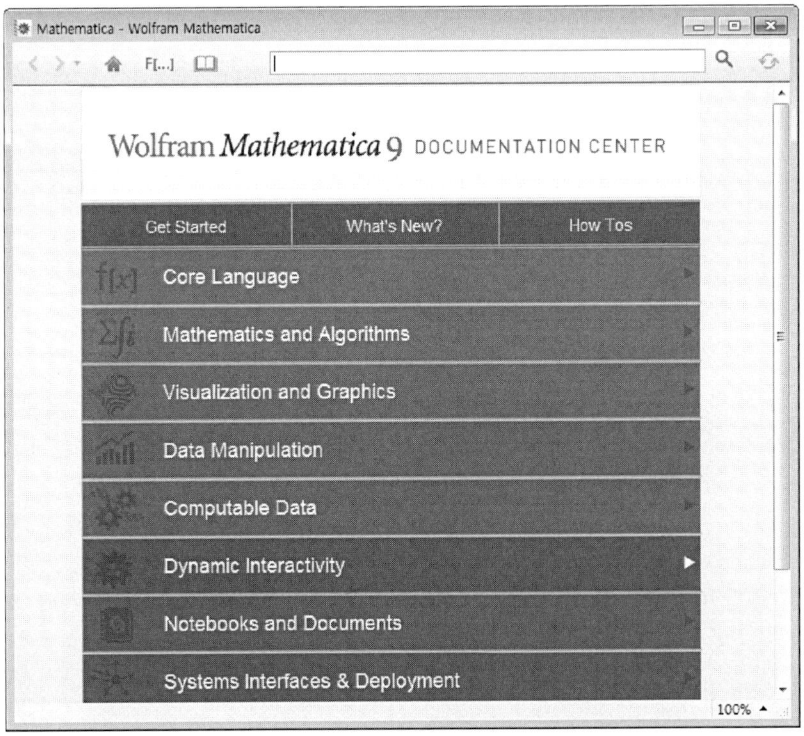

[그림-3]

문서 센터의 기본 기능은 궁금한 내용 또는 명령어를 검색하는 것이다. 이름을 알고 있는 명령어의 자세한 용법을 알고 싶을 때 이용할 수도 있고, 명령어 이름은 몰라도 하고자 하는 일의 주제어로 내용을 검색할 수도 있다. 예를 들어 방정식의 해를 구하는 명령이 무엇인지 찾고자 할 때 [그림-4]와 같이 문서 센터에서 'Equation Solving'을 검색해보면 방정식을 푸는 데는 Solve, NSolve 등의 명령어들이 관련됨을 알 수 있다.

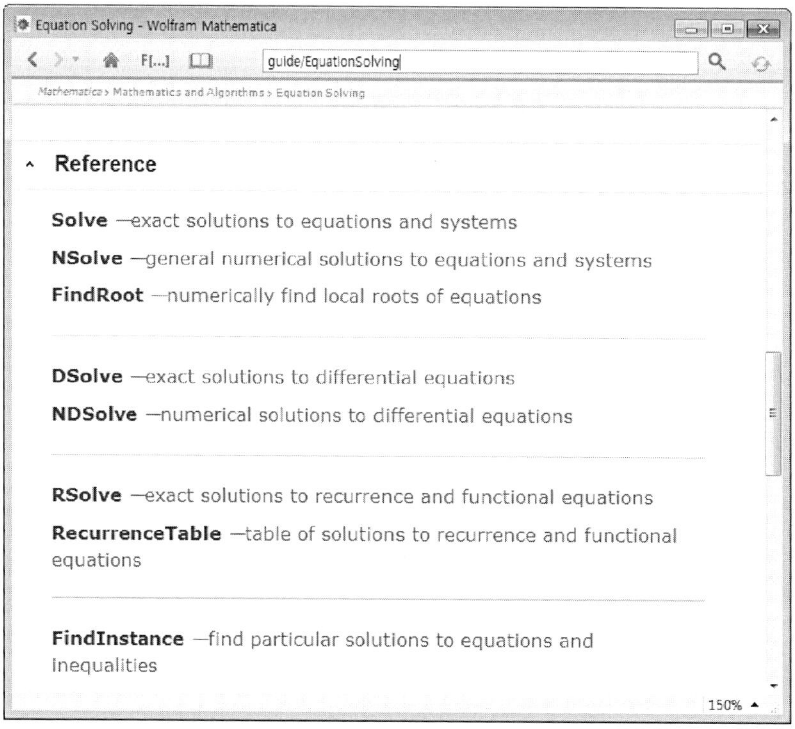

[그림-4]

원하는 명령어를 바로 찾아내기가 쉽지는 않으나 앞으로 이 책에서 소개하는 명령어들을 접할 때마다 문서 센터를 통하여 반드시 확인해 보는 습관을 갖도록 한다면 어느 사이엔가 문서 센터를 통하여 원하는 명령어를 잘 찾아낼 수 있게 될 것이다. 문서 센터 검색능력은 결국 *Mathematica* 고급 활용 능력으로 이어진다.

이번에는 Expand라는 함수의 사용법을 알아보자. 문서 센터를 열고 검색란에 Expand를 입력하여 본다. Expand 라는 함수에 대한 기본적인 기능을 설명해준다. ▹MORE INFORMATION을 클릭하면 추가적인 설명을 볼 수 있다. 그 다음으로 ▹EXAMPLES에 대한 설명이 있는데 ▹Basic Examples부터 ▹Scopes, ▹Generalization&Extensions, ▹Options 등을 클릭하면 예문들을 볼 수 있다. 이때 그냥 예문을 돌려볼 수 있는 것 뿐만 아니라 그 예문들을 노트북에서와 같은 방법으로 고치고 실행해 볼 수 있다. 그러므로 문서 센터를 이용해서 다양한 시도를 해본다면 *Mathematica* 학습에 큰 도움이 될 것이다.

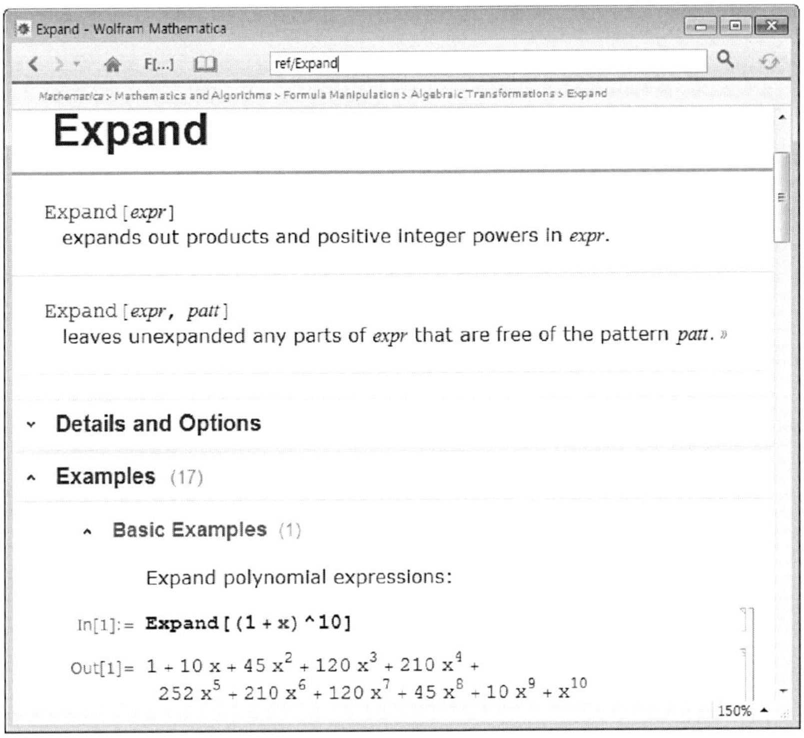

다시 한번 강조하건데, 여유가 생길 때마다 문서 센터의 이곳저곳을 둘러보며 설명을 읽어보고 예제실행하기를 반복해 보기 바란다. 어떤 명령이 있고 그 명령을 어떻게 사용하는가를 완벽하게 익히려 하기보다는 '아~ 이런 기능을 해주는 명령어도 있구나!' 정도의 경험을 쌓는 것만으로도 후에 여러분들이 문제를 해결할 때 큰 도움이 될 것이다. 아마 누구도 그 많은 명령어 및 활용법을 모두 암기하고 있지는 않을 것이다. 다만 보다 많은 경험을 가지고 있다는 것, 그리고 문서 센터를 이용한 검색을 통하여 적절한 명령을 활용할 수 있다는 것, 그것이 초급에서 중급으로 넘어가는 가장 확실한 길이다.

3.9.3. Function Navigator와 Virtual Book

[Help]에는 [Function Navigator]와 [Virtual Book]이란 메뉴도 있다. [Function Navigator]는 특정 주제에 대하여 연관된 *Mathematica* 명령어들을 보여준다. 따라서 자기가 수행하고자 하는 일의 내용에 어떤 함수가 적당한 지를 할고 싶을 때는 [Function Navigator]를 잘 들여다 보는 것이 도움이 될 수 있다. [Virtual Book]은 *Mathematica*의 전반적 구조, 프로그램의 사용 방법, *Mathematica* 데이터 구조 등에 대해 알려준다. *Mathematica* 버전 5까지는 *Mathematica* Book이라는 아주 두꺼운 (1464쪽의) *Mathematica* 안내서가 제공되었는데 버전 6부터는 그 두께가 너무 두꺼워서인지 이렇게 [Virtual Book]만 제공이 되고 있다. [Function Navigator]나 [Virtual Book] 모두 결국은 문서 센터의 내용을 가리킨다.

3.9.4. 문서 센터 외에 *Mathematica* 견본 파일들을 얻을 수 있는 곳

(1) http://www.wolfram.com/learningcenter/tutorialcollection/

Wolfram Research사가 제공하는 *Mathematica* 사용 설명서를 구할 수 있다. 총 3668쪽에 이르지만 문서를 나누어서 제공하고 있기 때문에 필요한 내용에 관한 파일만 내려받을 수도 있다.

(2) www.mathought.com

우리나라 고등학교 수학을 중심으로 *Mathematica* 활용 방법 및 중등교육과정에 따른 CDF 실험문서를 개발하여 인터넷에서 실험이 가능하도록 탑재하고 있다. 저자 중 한 명인 이장훈이 운영하고 있다.

[그림-6]

(3) http://cafe.naver.com/mugkr

한국 매쓰매티카 사용자 모임(*Mathematica* User Group of Korea)의 네이버 카페다. *Mathematica* 사용법에 관한 국내 모임에 대한 소식과 *Mathematica*에 관한 질문, 답변이 이루어지고 있다.

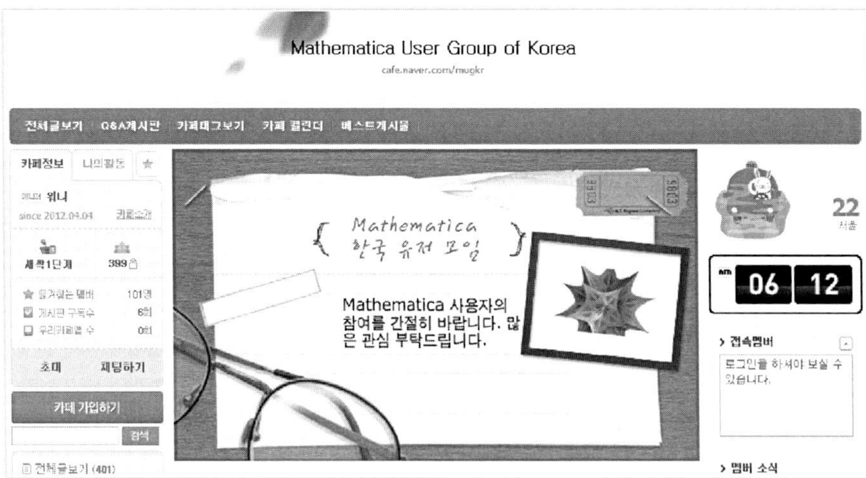

[그림-7]

제 3장 =와 =를 포함한 기호들의 용법

1. 할당

1.1. 할당이란?

식 $\frac{(x+1)^2(x^2-1)}{(x+1)^2}+7(x-1)(x+1)^2$을 간단히 정리해보자.

```
In[1]:= Simplify[(x + 1)^2 (x^2 - 1)/(x + 1)^2 + 7 (x - 1) (x + 1)^2]
```

```
Out[1]= -8 - 7 x + 8 x^2 + 7 x^3
```

간단하게 계산의 결과를 보여주었다. 그런데 잠시 후에 이 식의 값을 다시 필요로 할 경우 어떻게 해야 할까? 여기저기를 찾아 헤매어 복사하거나 입력을 해야하나? 이처럼 앞서 실행한 결과를 다시 불러와 사용할 때 필요한 것이 할당이다.

$A = B$	B를 실행한 후 그 결과를 A에 할당한다.

주어진 식의 결과를 expr에 할당하여 보자.

```
In[2]:= expr = Simplify[(x + 1)^2 (x^2 - 1)/(x + 1)^2 + 7 (x - 1) (x + 1)^2]
```

```
Out[2]= -8 - 7 x + 8 x^2 + 7 x^3
```

이제 얼마든지 Simplify[...]의 결과가 필요로 할 때 expr을 호출하여 사용할 수 있다. 한번 해 보자.

```
In[3]:= Factor[expr]
```

```
Out[3]= (-1 + x) (1 + x) (8 + 7 x)
```

1.2. 할당시 유의사항 1

편의상 =의 좌변에 등장하는 것을 변수라 하자. 서너 줄 이상의 명령문을 짜다 보면 자연스럽게 변수를 도입해야 하는 경우를 접하게 된다. 변수의 이름을 잘 지어야 하는데 변수를 작명할 때 대소문자는 구별하여야 하며 숫자는 가급적 문자 뒤에 놓도록 한다. 또한 내장함수 이름은 변수로는 사용될 수 없다.

긴 문서를 만들다 보면 앞에서 expr이라는 변수를 사용한 적이 있던가, 그 변수에 할당된 값이 무엇이었던가 기억이 희미할 때가 있다. 그럴 때는 다음 명령어를 통하여 이제까지 사용하고 있는 모든 변수들을 알 수 있다.

?Global`*	현재 사용하고 있는 변수들을 나열해준다.

[그림-1]

`는 [그림-1]에서 볼 수 있는 것처럼 자판의 좌측상단 ①에 있는 기호다. *Mathematica*를 처음 접하는 초보자들이 이것을 자판의 엔터키 옆 ②에 있는 작은따옴표로 잘못 사용하는 경우가 많은데 이 두 가지 기호가 비슷하여 착각하기 쉽기 때문이다. *Mathematica*에서는 ②를 미분을 나타내는 기호로 사용한다. 주의하자. 앞으로 ①에 있는 `를 컨텍스트 마크(Context Mark)라 부르고, ②에 있는 기호는 작은따옴표라 부르기로 하겠다.

In[4]:= **? Global`***

▼ Global`

expr x

Global`의 정확한 의미를 알기 위해선 이 책의 13장 4절에 설명되어 있는 컨텍스트를 이해해야 하는데 지금은 그 의미를 정확히 이해하려고 하기보다는 그 쓰임을 살펴보는 것으로 만족하자. 현 상황에서 아래 [그림-2]에서와 같이 expr을 마우스로 클릭하면 expr에 대한 정보가 제공된다.

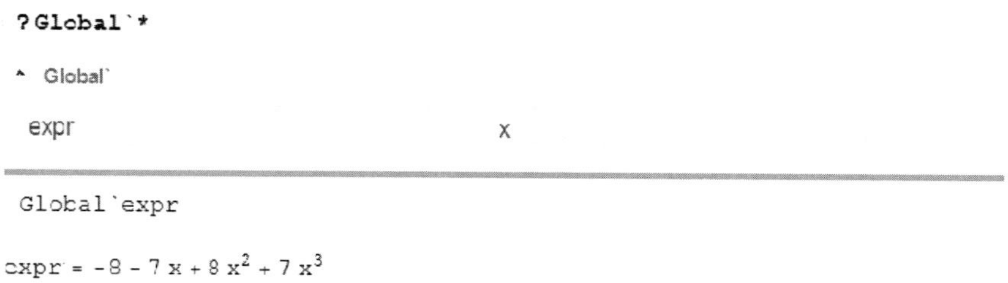

[그림-2]

그런데 이미 값이 할당된 expr에 다른 값을 재할당할 수 있을까? 한번 해 보자.

In[5]:= $\text{expr} = \dfrac{x-3}{x^2-9}$

Out[5]= $\dfrac{-3+x}{-9+x^2}$

```
In[6]:= expr
```

$$\text{Out[6]=}\quad \frac{-3+x}{-9+x^2}$$

위에서 보는 바와 같이 이미 값이 주어진 expr에 새로운 값을 재할당하는 것은 가능하다. 이 경우 기존에 할당된 값은 사라진다. 이것을 간과하면 이미 뜻밖의 계산결과에 당황할 수도 있으니 유의하자. 따라서 변수를 여럿 사용할 때는 반드시 ?Global`*을 이용하여 쓰고자 하는 변수가 이미 사용된 적은 없는지 미리 확인해 보는 것이 바람직하다. 물론 더 바람직한 것은 새로운 작업을 시작할 때에는 값이 할당된 변수들을 모두 삭제하고 작업을 하는 것이다. *Mathematica* 9에서는 어떤 변수를 쓰고자 할 때 그 변수가 이미 값이 할당된 변수인지 아닌지를 색깔로 구분할 수 있다. 아래에서 Clear[expr] 다음에 주어진 설명을 읽어보라.

1.3. 변수에 할당된 값 삭제하기, 그리고 변수 삭제하기

다음을 실행하여 보자.

```
In[7]:= x = 2;
        y = 1;
```

주어진 명령에 대하여 실행은 하되 그 결과의 출력을 원하지 않을 때에는 세미콜론(;)을 붙인다.

세미콜론은 여러 명령을 순차적으로 실행 시켜 얻은 맨 나중 결과만 출력시킬 때 유용하다.

```
In[9]:= f = x + 1;
        g = x - 1;
        Expand[f * g]

Out[11]= 3
```

이제 $x^5 - y^5$을 인수분해하고자 한다. 다음을 실행하여 보자.

```
In[12]:= Factor[x^5 - y^5]

Out[12]= 31
```

원하고자 하는 결과를 얻을 수 없었다. 그 이유는 무엇일까? 이는 앞에서 x와 y에 이미 2와 1이라는 값을 할당하였기 때문에 $x^5 - y^5$은 이미 31이 되어버렸고 Factor는 31은 인수분해할 수 없기에 31을 그냥 출력한 것이다.

Clear[symbol]	해당 변수(symbol) 에 대한 정보만을 삭제한다.
Remove[symbol]	해당 변수에 대한 정보는 물론 변수 자체를 삭제한다.
Remove["Global`*"]	현재 사용하고 있는 모든 변수와 변수에 대한 정보를 삭제한다.

따라서 새로운 작업을 시작할 때에는 기존의 사용된 변수들에 대한 정보만큼은 모두 삭제하고 시작하는 것이 바람직하다. Clear[expr]을 실행하여 보자. 그리고 expr을 호출하여 본다.

```
In[13]:= Clear[expr]
```

여기서 expr을 삭제하는 순간 expr의 색이 검정에서 파랑으로 바꾸는 것을 알 수 있다. *Mathematica*는 값이 할당된 변수는 검정색으로 나타내고 값이 할당되지 않은 변수는 파란색으로 나타낸다. 이미 실행된 코드에서도 expr은 파란색으로 나타난다.

In[14]:= **expr**

Out[14]= expr

이제 expr은 아무 값도 갖지 않는 변수다. ?Global`*을 다시 실행하여 보자.

In[15]:= **? Global`***

▼ Global`

expr	f	g	x	y

분명히 Clear[expr]을 했음에도 변수 expr은 존재한다. Clear는 변수의 정보만을 삭제하는 것이지 변수 자체를 삭제하는 것은 아니다. 변수 자체의 완전한 삭제를 원할 때에는 Remove[expr]를 사용한다.

In[16]:= **Remove[expr]**

In[17]:= **? Global`***

▼ Global`

f	g	x	y

이제 나머지 모든 변수들도 완전히 삭제해 보고 과연 그렇게 됐는지 확인해 보자. 다음 명령어는 이제까지 값이 할당된 모든 변수를 삭제하라는 명령어다.

In[18]:= **Remove["Global`*"]**

다음은 이제까지 값이 할당된 변수가 무엇인지 보이라는 명령어다. 방금 모든 변수를 완전히 삭제했으므로 아무것도 없다고 출력되어야 한다.

In[19]:= **? Global`***

Information::nomatch : No symbol matching Global`* found. ≫

보는 바와 같이 No symbol이라는 결과를 얻었다.

1.4. 할당시 유의사항 2

다음 세 식을 관찰하여 보자.

In[20]:= **갑 = y^2 - 2 y + 1 ;   을 = y^2 - y2 + 1;   병 = y^2 - y 2 + 1;**

In[21]:= **Factor[갑]**

Out[21]= $(-1 + y)^2$

In[22]:= **Factor[을]**

Out[22]= $1 + y^2 - y2$

In[23]:= **Factor[병]**

Out[23]= $(-1 + y)^2$

변수가 문자와 숫자의 곱으로 이루어 질 때, 숫자를 문자의 뒤에 쓸 경우에는 반드시 한 칸 이상 띄어 써야 한다. 그러나 숫자를 앞에 표현할 경우에는 반드시 띄어 쓸 필요는 없다.

갑과 병은 원하는 바인데, 을은 그렇지 못하다. 문자와 숫자의 곱을 나타낼 때 숫자를 뒤에 쓰고자 할 때는 반드시 한 칸 이상 띄어 써야 한다. 을과 같은 경우는 y2로 표현을 했기에 y×2를 의미함이 아니라 y2라는 하나의 문자로 인식을 해 버린 것이다. 다시 한번 실습을 하여 보자.

셀 안에 주석을 달고자 할 때에는 (* 주석내용 *) 과 같이 해당 셀에 삽입할 수 있다.

```
In[24]:= a = 23     (* 한 칸 띄어쓰기를 하지 않은 표현 *)
Out[24]= 23

In[25]:= b = 2 3    (* 한 칸 띄어쓰기를 한 표현 *)
Out[25]= 6

In[26]:= a b        (* 한 칸 띄어쓰기를 한 표현 *)
Out[26]= 138

In[27]:= ab         (* 한 칸 띄어쓰기를 하지않은 표현. ab 자체를 하나의 표현으로 인식한다. *)
Out[27]= ab

In[28]:= 3 b        (* 한 칸 띄어쓰기를 하지 않은 표현 *)
Out[28]= 18

In[29]:= b3         (* 한 칸 띄어쓰기를 하지 않은 표현 *)
Out[29]= b3
```

Mathematica 9에서는 이전 버전에서와는 달리 숫자를 앞에 문자를 뒤에 붙여쓰는 것, 예를 들어 3b,이 허용되지 않는다. 이 때문에 이전 버전에서 만들어진 명령문이 제대로 실행되지 않는 경우가 있음을 지적해 둔다.

1.5. 첨자가 붙은 변수에 할당된 값 삭제하기

다음을 보자.

In[30]:= c_1 = 1;
c_2 = 2;
c_3 = 3;

이렇게 첨자가 붙은 변수에 할당된 값들을 삭제하고자 할 때 Clear, ClearAll, Remove를 사용하면 일반적인 경우와는 달리 값이 삭제되지 않는다. 그런데 다음과 같이 하면 첨자가 붙은 변수에 할당된 값이 삭제된다.

In[33]:= {c_1, c_2} =.;

In[34]:= {c_1, c_2, c_3}

Out[34]= {c_1, c_2, 3}

In[35]:= c_1 = k;

In[36]:= {c_1, c_2, c_3}

Out[36]= {k, c_2, 3}

2. =, ==, ===, := 등의 차이

이 기호들은 모두 등호(=)를 사용하고 있는데 그 의미와 용법은 전혀 다르다.

$A == B$	A의 실행결과와 B의 실행결과가 서로 같으면 True를, 같지 않으면False를, 같은지 다른지 알 수 없을때는 $A ==$ B를 출력한다.
$A === B$	A와 B가 서로 완전히 같으면 True를, 완전히 같지 않으면 False를 출력한다.
f[x_] := 우변	이 식에서 우변은 x에 관한 표현이며, 이 식은 f가 x를 우변으로 보내는 함수임을 정의한다.

8장에서 이 내용을 좀더 자세히 다룰 것이다.

3. =와 ==를 이용한 자유-형식 입력법과 울프람 알파

*Mathematica*에서 직접 (즉 웹 브라우저를 통하지 않고) 1장 끝에 소개되어 있는 검색엔진 울프람 알파를 이용할 수 있는데 이때 *Mathematica* 명령문의 형식을 따르지 않고 영어 평문을 적당히 입력해도 결과를 얻을 수 있다.

3.1. 자유-형식 입력

자판의 위, 아래 화살표를 이용하여 커서를 위아래로 움직이다 보면 셀과 셀 중간에서 수평 막대가 생긴다. 이때 등호(=)를 입력하면 등호가 들어 있는 주황색 네모로 시작되는 Input 셀이 열린다. 여기에 실행시키고자 하는 계산이나 알고 싶은 내용을 자유-형식의 영어로 입력((Free-Form Input))하여 실행시키면 *Mathematica*는 인터넷을 통해 울프람 알파에 접속하여 그 영어 평문을 전달한다. 울프람 알파는 입력을 *Mathematica* 명령문으로 번역하여 그 명령문을 내 컴퓨터의 *Mathematica*에게 되돌려주고 *Mathematica*는 이를 실행하여 그 연산결과를 화면에 출력한다.

아래를 보자. 'integrate xsinx'와 'int x sin(x)'를 입력하면 울프람 알파가 이를 Integrate[x*Sin[x], x]로 번역한 후 연산을 수행한 것을 볼 수 있다.

```
In[37]:=  integrate xsinx
          Integrate[x * Sin[x], x]

Out[37]= -x Cos[x] + Sin[x]
```

```
In[38]:=  int xsin(x)
          Integrate[x * Sin[x], x]

Out[38]= -x Cos[x] + Sin[x]
```

따라서 주황색 네모에 입력되는 영어 평문으로 작성된 명령이 실행되기 위해선 *Mathematica*가 인터넷을 이용할 수 있어야 한다.

3.2. 울프람 알파 이용법

위에서 했던 자유-형식 입력법과 마찬가지로 하되, 등호를 두 개 사용하면 *Mathematica* 아이콘에 등호가 들어있는 Input 셀이 열린다. 여기에 위에서 입력했듯이 자유-형식의 영어로 명령을 입력하여 실행하면, *Mathematica*는 인터넷을 통해 이를 울프람 알파로 전송하고 이번에는 울프람 알파가 직접 연산을 수행하여 그 결과를 되돌려 준다. *Mathematica*는 이를 그대로 화면에 출력하여 나타낸다. 즉, 3장 3.1절에서와는 달리 이번에는 *Mathematica*가 아닌 울프람 알파가 수행한 연산 결과를 *Mathematica*를 통해 보는 것이다.

In[39]:= **graph expx**

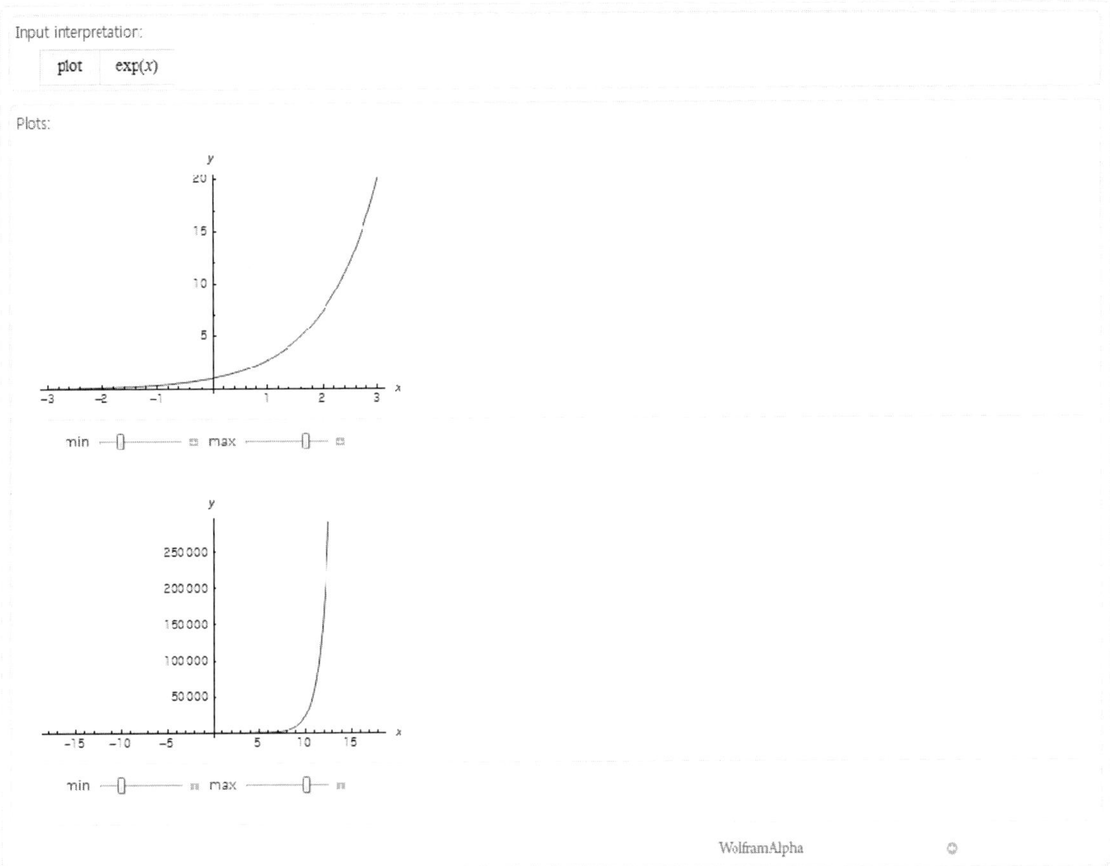

제 4장 방정식과 부등식

1. 방정식 풀기

*Mathematica*는 방정식을 해결하는 여러 내장함수들을 가지고 있다. 이 중에서 자주 쓰이는 내장함수들을 알아보자.

1.1. Solve

Solve[eqn]	방정식 eqn의 해를 구한다.
Solve[eqn, var]	미지수 var에 대한 방정식 eqn의 해를 구한다.

In[1]:= `Solve[x^2 + 2 x - 8 == 0]`

Out[1]= $\{\{x \to -4\}, \{x \to 2\}\}$

*Mathematica*는 계수가 문자일 경우에도 방정식의 해를 구할 수 있다.

In[2]:= `Solve[ a x^2 + b x + c == 0 , x]`

Out[2]= $\left\{\left\{x \to \frac{-b - \sqrt{b^2 - 4 a c}}{2 a}\right\}, \left\{x \to \frac{-b + \sqrt{b^2 - 4 a c}}{2 a}\right\}\right\}$

주어진 방정식이 꼭 대수방정식이어야만 하는 것은 아니다.

In[3]:= `Solve[ Log[x] + 1 == 0, x]`

Out[3]= $\left\{\left\{x \to \frac{1}{e}\right\}\right\}$

Solve가 출력하는 해가 진짜 정확한 해인지 방정식에 대입하여 확인해 보는 것이 좋겠다. 대입하여 보자.

formula /. $\{x \to \mathrm{x1}\}$	주어진 식 formula에 $x = \mathrm{x1}$ 을 대입한다.
formula /. $\{x \to \mathrm{x1},\ y \to \mathrm{y1}\}$	주어진 식 formula에 $x = \mathrm{x1},\ y = \mathrm{y1}$ 을 대입한다.
formula /. $\{\{x \to \mathrm{x1},\ y \to \mathrm{y1}\}, \{x \to \mathrm{x2},\ y \to \mathrm{y2}\}, \ldots\}$	주어진 식 formula에 $x = \mathrm{x1},\ y = \mathrm{y1}$ 을 대입한 결과, $x = \mathrm{x2},\ y = \mathrm{y2}$ 를 대입한 결과 등을 리스트로 출력한다.

In[4]:= `sol = Solve[2 x^2 + 5 x + 1 == 0, x]`

Out[4]= $\left\{\left\{x \to \frac{1}{4}\left(-5 - \sqrt{17}\right)\right\}, \left\{x \to \frac{1}{4}\left(-5 + \sqrt{17}\right)\right\}\right\}$

In[5]:= `result1 = 2 x^2 + 5 x + 1 /. sol`

Out[5]= $\left\{1 + \frac{5}{4}\left(-5 - \sqrt{17}\right) + \frac{1}{8}\left(-5 - \sqrt{17}\right)^2, 1 + \frac{5}{4}\left(-5 + \sqrt{17}\right) + \frac{1}{8}\left(-5 + \sqrt{17}\right)^2\right\}$

식 $2x^2 + 5x + 1$에 방정식의 해를 대입하였더니 계산은 이루어지지 않았다. 정리가 되지 않은 것이다. Simplify를 이용하여 식을 정리하여 보자.

```
In[6]:= Simplify[result1]
Out[6]= {0, 0}
```

그 계산값이 0이 됨을 알 수 있고, 이는 *Mathematica*가 내놓은 답이 정답임을 말하는 것이다. 이와 비슷한 방법으로 식 $2x^2+5x+1$이 아닌 방정식 $2x^2+5x+1=0$에 대입하여 확인할 수도 있다.

```
In[7]:= result2 = 2 x^2 + 5 x + 1 == 0 /. sol
Out[7]= {True, True}
```

대입해 본 결과 등식이 참(True)이라고 나왔다. 이는 *Mathematica*가 내놓은 답이 정답임을 말하는 것이다. 이번에는 다른 값을 대입하여 보자. 당연히 그 결과는 거짓(False)이 될 것이다.

```
In[8]:= 2 x^2 + 5 x + 1 == 0 /. {{x → 1}, {x → -7}}
Out[8]= {False, False}
```

1.2. Roots

Roots[eqn, var]	주어진 방정식 eqn의 문자 var에 대한 대수적인 해를 구한다.

Roots에서 다루는 방정식은 반드시 var에 대한 다항방정식이어야 한다. 그러나 Solve에서 다루는 방정식은 반드시 다항방정식일 필요는 없다.

```
In[9]:= sol2 = Roots[2 x^2 + 5 x + 1 == 0, x]
```

Out[9]= $x == \frac{1}{4}\left(-5-\sqrt{17}\right) \,||\, x == \frac{1}{4}\left(-5+\sqrt{17}\right)$

동일한 방정식 $2x^2+5x+1=0$의 해를 구하기는 했지만 결과의 표현이 다소 다름을 알 수 있다. 이는 논리적인 기호로써 그 해를 표현한 것이다.

||	‘또는’을 의미한다.
&&	‘그리고’를 의미한다.
{ToRules['표현식']}	Roots가 출력한 결과인 '표현식'을 Solve가 출력하는 결과의 형식으로 변환한다.

```
In[10]:= { ToRules[sol2] }
```

Out[10]= $\left\{\left\{x \to \frac{1}{4}\left(-5-\sqrt{17}\right)\right\}, \left\{x \to \frac{1}{4}\left(-5+\sqrt{17}\right)\right\}\right\}$

위에서 수행한, 다항식의 해를 구하고 그 답의 형식을 바꾸는 과정을 다음과 같이 한꺼번에 수행하게 할 수도 있다.

```
In[11]:= List[ToRules[ Roots[2 x^2 + 5 x + 1 == 0, x] ] ]
```

Out[11]= $\left\{\left\{x \to \frac{1}{4}\left(-5-\sqrt{17}\right)\right\}, \left\{x \to \frac{1}{4}\left(-5+\sqrt{17}\right)\right\}\right\}$

이는 Roots라는 함수, ToRules라는 함수, List라는 함수를 연달아 사용한 것이다. 이렇게 여러 함수들을 연달아 적용할 때는 [ ] 또는 {}와 같은 괄호가 누락되지 않도록 신경을 써야 한다.

1.3. 연립방정식 풀기

Roots는 한 개의 다항식으로 이루어진 다항방정식의 해만 구할 수 있으나, Solve는 여러 개의 방정식으로 이루어진 연립방정식계의 해도 구할 수 있다.

Solve[{eqn1, eqn2, ...}, {var1, var2, ...}]	변수 var1, var2, ... 에 대한 연립방정식eqn1, eqn2, ... 의 해를 구한다.

연립방정식 $2x-3y+4z=2,\ 3x-2y+z=0,\ x+y-z=1$의 해를 구하여 보자.

```
In[12]:= sol = Solve[{2 x - 3 y + 4 z == 2, 3 x - 2 y + z == 0, x + y - z == 1}, {x, y, z}]
```

Out[12]= $\left\{\left\{x \to \frac{7}{10},\ y \to \frac{9}{5},\ z \to \frac{3}{2}\right\}\right\}$

검산해 보자.

```
In[13]:= {2 x - 3 y + 4 z == 2, 3 x - 2 y + z == 0, x + y - z == 1} /. sol

Out[13]= {{True, True, True}}
```

결과 {True, True, True}의 의미는 $\left\{x \to \frac{7}{10},\ y \to \frac{9}{5},\ z \to \frac{3}{2}\right\}$를 3개의 방정식에 대입하였을 때, 각각이 모두 참임을 의미한다. 이번에는 다른 값, 예를 들어 $\{x \to 1,\ y \to 0,\ z \to 0\}$을 대입하여 보자.

```
In[14]:= {2 x - 3 y + 4 z == 2, 3 x - 2 y + z == 0, x + y - z == 1} /. {x → 1, y → 0, z → 0}

Out[14]= {True, False, True}
```

이 결과 {True, False, True}가 말하는 바는, $\{x \to 1,\ y \to 0,\ z \to 0\}$은 첫 번째 방정식 $2x-3y+4z==2$와 세 번째 방정식 $x+y-z==1$은 만족시키지만 두 번째 방정식 $3x-2y+z==0$은 만족시키지 않는다는 것이다. 따라서 $\{x \to 1,\ y \to 0,\ z \to 0\}$은 주어진 연립방정식의 해가 아니다.

위에서 다룬 내용을 검증하는 코드를 위에서와 같이 꼭 하나하나 실행해야 할 필요는 없다. 아래와 같이 한 셀에 입력하여 쉽게 내용과 결과를 관찰할 수도 있다.

```
In[15]:= equation = {2 x - 3 y + 4 z == 2, 3 x - 2 y + z == 0, x + y - z == 1}
         sol = Solve[equation, {x, y, z}]
         {2 x - 3 y + 4 z == 2, 3 x - 2 y + z == 0, x + y - z == 1} /. sol
         {2 x - 3 y + 4 z == 2, 3 x - 2 y + z == 0, x + y - z == 1} /. {x → 1, y → 0, z → 0}

Out[15]= {2 x - 3 y + 4 z == 2, 3 x - 2 y + z == 0, x + y - z == 1}
```

Out[16]= $\left\{\left\{x \to \frac{7}{10},\ y \to \frac{9}{5},\ z \to \frac{3}{2}\right\}\right\}$

```
Out[17]= {{True, True, True}}

Out[18]= {True, False, True}
```

위에 주어진 equation과 같은 연립방정식의 해를 Roots를 이용해서는 구할 수 없다. 이것이 바로 Solve와 Roots의 가장 큰 차이라 할 수 있다.

```
In[19]:= Roots[equation, {x, y, z}]

    General::ivar : {x, y, z} is not a valid variable. >>

Out[19]= Roots[{2 x - 3 y + 4 z == 2, 3 x - 2 y + z == 0, x + y - z == 1}, {x, y, z}]
```

1.4. 문자가 포함된 연립방정식 풀기

x, y에 대한 연립방정식 $\frac{x^2}{a^2}+\frac{y^2}{b^2}=1,\ y=mx$의 해를 구하여 보자. (단, a, b, m은 상수)

In[20]:= `sys =` $\left\{\frac{x^2}{a^2}+\frac{y^2}{b^2}==1,\ y==m\,x\right\};$

In[21]:= `Solve[sys, {x, y}]`

Out[21]= $\left\{\left\{x\to-\frac{a\,b}{\sqrt{b^2+a^2\,m^2}},\ y\to-\frac{a\,b\,m}{\sqrt{b^2+a^2\,m^2}}\right\},\ \left\{x\to\frac{a\,b}{\sqrt{b^2+a^2\,m^2}},\ y\to\frac{a\,b\,m}{\sqrt{b^2+a^2\,m^2}}\right\}\right\}$

```
In[22]:= Simplify[ sys /. %]    (* 검산 *)

Out[22]= {{True, True}, {True, True}}
```

그렇다면 아래 Solve[sys,{x,m}]의 결과는 무슨 의미일까?

In[23]:= `Solve[sys, {x, m}]`

Out[23]= $\left\{\left\{x\to-\frac{a\sqrt{b^2-y^2}}{b},\ m\to\frac{b\,y\sqrt{b^2-y^2}}{-a\,b^2+a\,y^2}\right\},\ \left\{x\to\frac{a\sqrt{b^2-y^2}}{b},\ m\to\frac{b\,y\sqrt{b^2-y^2}}{a\,b^2-a\,y^2}\right\}\right\}$

```
In[24]:= Simplify[ sys /. %]    (* 검산 *)

Out[24]= {{True, True}, {True, True}}
```

이것은 x, m에 대한 연립방정식 $\frac{x^2}{a^2}+\frac{y^2}{b^2}=1,\ y=mx$의 해를 구한 것을 의미한다 (단, y, a, b는 상수). 이처럼 문자가 포함되어 있는 방정식 혹은 연립방정식은 어떤 문자에 대하여 방정식을 풀라는 것인지를 명확히 구분해 주어야 한다.

1.5. 연립방정식을 특정 문자에 대하여 풀기

때로는 여러 문자가 들어있는 연립방정식에서 특정 문자에 대하여 방정식을 풀고자 할 경우가 있다. Solve는 이러한 사용자의 요구도 받아들인다. 다음의 결과를 비교해 보자.

Solve[{eqn1, eqn2}, {*x*, *y*}]	연립방정식에서 *x*, *y*를 구하여 출력한다.
Solve[{eqn1, eqn2}, {*y*}, {*x*}]	연립장정식에서 *x*를 소거한 후 *y*를 구하여 출력한다.

다음은 가장 일반적인 형태의 연립방정식 풀이다.

```
In[25]:= Solve[{x == 1 + 2 a, y == 9 + 2 x a}, {x, y}]

Out[25]= {{x → 1 + 2 a, y → 9 + 2 a + 4 a^2}}
```

다음은 x와 y가 들어 있는 연립방정식에서 문자 x를 소거한 후 y를 구하는 풀이다.

```
In[26]:= Solve[{x == 1 + 2 a, y == 9 + 2 x a}, {y}, {x}]
Out[26]= {{y → 9 + 2 a + 4 a^2}}
```

역으로 문자 y를 소거한 후 x를 구하고자 할 경우에는 아래와 같이 실행하면 될 것이다.

```
In[27]:= Solve[{x == 1 + 2 a, y == 9 + 2 x a}, {x}, {y}]
Out[27]= {{x → 1 + 2 a}}
```

이번에는 문자 a를 소거한 후 x를 구하여 보자.

```
In[28]:= Solve[{x == 1 + 2 a, y == 9 + 2 x a}, {x}, {a}]
```

Out[28]= $\left\{\left\{x \to \frac{1}{2}\left(1-\sqrt{-35+4y}\right)\right\}, \left\{x \to \frac{1}{2}\left(1+\sqrt{-35+4y}\right)\right\}\right\}$

문자를 소거하여 주는 또 다른 내장함수가 있다.

Eliminate[{eqn1, eqn2, eqn3, ...}, x]	연립방정식에서 문자 x를 소거한다.

```
In[29]:= Eliminate[{x == 1 + 2 a, y == 9 + 2 x a}, x]
Out[29]= y == 9 + 2 a + 4 a^2
In[30]:= expr = Eliminate[{x == 1 + 2 a, y == 9 + 2 x a}, y]
Out[30]= -1 + x == 2 a
```

위의 두 방정식 $x = 1 + 2a,\ y = 9 + 2xa$에서 공통문자 y를 소거하였더니 $-1 + x = 2a$가 되었다. 이제 이것을 풀어보면 Solve[{x == $1 + 2a$, y == $9 + 2xa$}, {x, y}]에서 얻은 $x == 1 + 2a$를 얻을 것이다. 확인해 보자.

```
In[31]:= expr
Out[31]= -1 + x == 2 a
In[32]:= Solve[expr, x]
Out[32]= {{x → 1 + 2 a}}
```

2. 방정식 근사적으로 풀기

2.1. 고차방정식 근사적으로 풀기

6차 방정식 $x^6 + x^5 - 3x + 6 = 0$의 해를 구하여 보자.

```
In[33]:= Solve[x^6 + x^5 - 3 x + 6 == 0 , x]
Out[33]= {{x → Root[6 - 3 #1 + #1^5 + #1^6 &, 1]}, {x → Root[6 - 3 #1 + #1^5 + #1^6 &, 2]},
         {x → Root[6 - 3 #1 + #1^5 + #1^6 &, 3]}, {x → Root[6 - 3 #1 + #1^5 + #1^6 &, 4]},
         {x → Root[6 - 3 #1 + #1^5 + #1^6 &, 5]}, {x → Root[6 - 3 #1 + #1^5 + #1^6 &, 6]}}
```

이런 엉뚱한 결과가? 설명하자면, 위의 결과는 Solve로는 주어진 방정식의 해를 구할 수 없다고 이야기하고 있다. 왜 구할 수 없는 것일까? 수학적으로 4차 이하의 방정식에 대해서는 일반해를 구하는 근의 공식이 존재한다. 다음 셀에서 세미콜론(;)을 떼어내고 명령을 실행하면 3차 방정식, 4차 방정식에 대한 근의 공식을 볼 수 있다.

In[34]:=
```
Solve[a x^3 + b x^2 + c x + d == 0, x];
Solve[a x^4 + b x^3 + c x^2 + d x + e == 0, x];
```

그러나 5차 이상의 방정식에 대해서는 일반해를 구하는 근의 공식이 존재하지 않는다. 따라서 근의 공식을 구하는 알고리즘으로 설계된 명령어로는 일반적으로 5차 이상의 방정식에 대하여 해를 구할 수 없다. 물론 경우에 따라 특별한 방정식은 해를 구할 수도 있다. 예를 들어 다음과 같이 인수분해가 되는 고차방정식은 정확한 해를 구할 수 있다.

In[36]:=
```
Solve[x^6 - 1 == 0, x]
```

Out[36]=
```
{{x -> -1}, {x -> 1}, {x -> -(-1)^(1/3)}, {x -> (-1)^(1/3)}, {x -> -(-1)^(2/3)}, {x -> (-1)^(2/3)}}
```

$x^6 + x^5 - 3x + 6 = 0$과 같이 그 해를 구할 수 없는 방정식은 어떻게 할 것인가? 다행히 이 방정식의 정확한 해를 구할 수는 없지만 근삿값을 구하여 주는 명령어 N을 Solve와 함께 이용하면 $x^6 + x^5 - 3x + 6 = 0$의 근사해를 다음과 같이 구할 수 있다.

In[37]:=
```
N[Solve[x^6 + x^5 - 3 x + 6 == 0 , x]]
```

Out[37]=
```
{{x -> -1.46885 - 0.744043 i}, {x -> -1.46885 + 0.744043 i},
 {x -> -0.0124087 - 1.34208 i}, {x -> -0.0124087 + 1.34208 i},
 {x -> 0.981254 - 0.5155 i}, {x -> 0.981254 + 0.5155 i}}
```

NSolve[eqn, var]	변수 var에 대한 방정식 eqn에 대한 근사해를 구하여 준다.

In[38]:=
```
nsol = NSolve[x^6 + x^5 - 3 x + 6 == 0 , x]
```

Out[38]=
```
{{x -> -1.46885 - 0.744043 i}, {x -> -1.46885 + 0.744043 i},
 {x -> -0.0124087 - 1.34208 i}, {x -> -0.0124087 + 1.34208 i},
 {x -> 0.981254 - 0.5155 i}, {x -> 0.981254 + 0.5155 i}}
```

In[39]:=
```
x^6 + x^5 - 3 x + 6 == 0 /. nsol
```

Out[39]=
```
{False, False, False, False, False, False}
```

그런데 이상하다. '위에서 구한 x값에 대해서 방정식이 만족되는가?'라고 물어보니 거짓이라고 나온다. 그렇다면 해가 아닐까? 아니다. 지금 우리가 구해놓은 해는 근사해이기 때문에 이런 상황이 만들어 진 것이다. 그럼 식 $x^6 + x^5 - 3x + 6$에 우리가 구한 근사해들을 대입하여 그 값이 0에 얼마나 가까운지 알아보자.

In[40]:=
```
x^6 + x^5 - 3 x + 6 /. nsol
```

Out[40]=
```
{1.77636 × 10^-15 + 0. i, 1.77636 × 10^-15 + 0. i,
 -1.86517 × 10^-14 - 1.5099 × 10^-14 i, -1.86517 × 10^-14 + 1.5099 × 10^-14 i,
 4.44089 × 10^-16 - 2.22045 × 10^-16 i, 4.44089 × 10^-16 + 2.22045 × 10^-16 i}
```

위의 결과에서 보듯이 대입한 결과가 분명 0은 아니다. 근삿값을 대입한 결과이기 때문이다. 그러나 상수$\times 10^{-14}$ 정도면 0에 충분히 가까움은 분명하다. 즉 대입한 결과값들이 모두 0에 충분히 가깝다는 이야기이다. 이렇게 무시하여도 좋을 만큼의 매우 가까운 값들을 처리하기 위한 함수가 있다.

Chop[expr]	expr에 대하여 설정된 유효숫자에 따라 충분히 무시할 수 있는 수치를 버린다.

```
In[41]:= Chop[x^6 + x^5 - 3 x + 6 /. nsol]

Out[41]= {0, 0, 0, 0, 0, 0}
```

따라서 위의 x값들은 모두 주어진 방정식의 근사해라고 말할수 있다.

2.2. 초월함수를 포함한 방정식 근사적으로 풀기

이번에는 초월함수에 대한 방정식의 해를 구하여 보자.

```
In[42]:= Solve[x == Cos[x], x]

Solve::nsmet : This system cannot be solved with the methods available to Solve. >>

Out[42]= Solve[x == Cos[x], x]
```

구할 수 없다는 메시지가 나온다. 그러면 NSolve를 이용하여 다시 시도해 보자.

```
In[43]:= NSolve[x == Cos[x], x]

NSolve::nsmet : This system cannot be solved with the methods available to NSolve. >>

Out[43]= NSolve[x == Cos[x], x]
```

역시 구할 수 없다는 메시지가 나온다. Sin, Cos, Log 등의 초월함수가 포함되어 있는 방정식의 경우 NSolve, NRoots 등이 근사해조차도 구하지 못하는 경우가 있는 것이다. 이럴 때는 FindRoot라는 명령어를 써서 근사해를 구하면 되는데 FindRoot는 Newton의 방법(Newton's Method)을 써서 근사해를 구한다. 이론적인 부분은 수치해석 관련 서적을 참고하도록 하자.

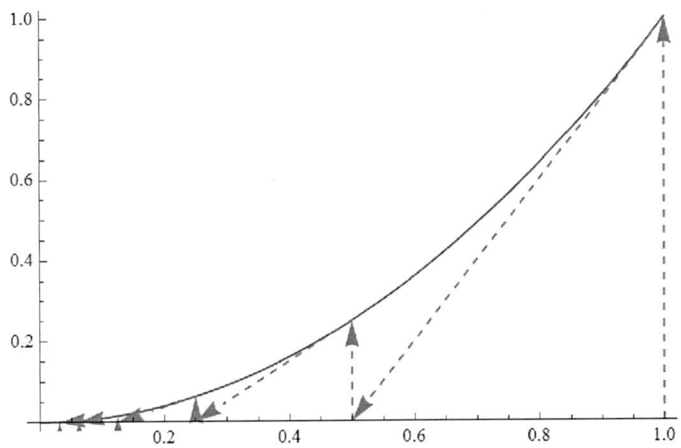

[그림-1]

FindRoot[eqn, {x, x_0}]	Newton의 방법을 이용하여 방정식 eqn의 해 x 를 초깃값 $x = x_0$ 에서부터 구한다.

초깃값 x_0은 어떻게 잡아주어야 할까? 초깃값은 대충 눈짐작으로 주어진 방정식의 해에 가까운 값을 시작값으로 대입하면 Newton의 방법에 의해 2단계, 3단계... FindRoot에서 기본값으로 설정된 단계까지

반복계산을 하여 근사적으로 해에 접근하게 된다. 따라서 초깃값을 결정하기 위하여 우선은 그래프를 그리고 초깃값을 해에 어느정도 가까운 값으로 정하여야 한다. 한번 방정식 $x == \text{Cos}[x]$의 해를 FindRoot를 이용하여 구하여 보자. (단, $0 \le x \le 2\pi$) 먼저 그래프를 그려보자. (그래프 그리는 방법은 아직 다루지 않았으니 일단은 무작정 따라해 본다.)

```
In[44]:= Plot[ { Cos[x] , x }, {x, -Pi, Pi}, ImageSize → 180, AspectRatio → 1]
```

Out[44]=

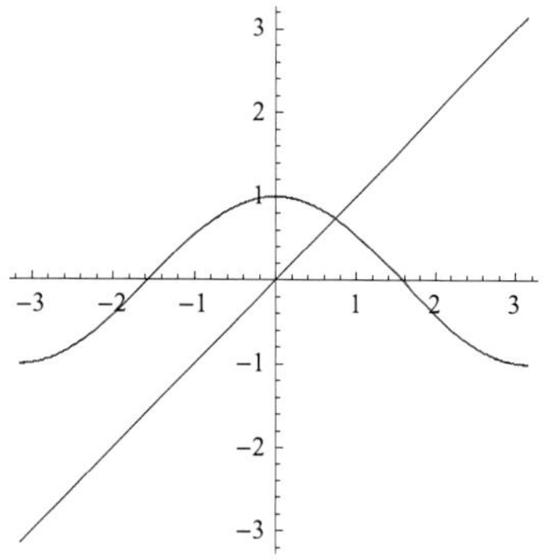

위 그래프로부터 방정식의 해는 대략 0.7 근방에 존재함을 알 수 있다. 따라서 초깃값을 0.7 정도로 정하면 많은 계산을 거치지 않고도 수치해를 구할 수 있을 것이다.

```
In[45]:= sol1 = FindRoot[ Cos[x] == x, {x, 0.7}]

Out[45]= {x → 0.739085}
```

해가 구하여졌다. 그렇다면 초깃값이 크게 중요할까? 그렇지는 않다. 대략 근방의 값을 잡아주는 정도면 족하다. 이번에는 초깃값을 1.2 정도로 해 보자.

```
In[46]:= sol2 = FindRoot[ Cos[x] == x, {x, 1.2}]

Out[46]= {x → 0.739085}
```

결과는 같다. 사실 소수점 이하 10번째 또는 그 이하의 자릿수에서 두 결과가 약간 다를 수도 있으나 이 정도의 아주 작은 값은 유효숫자 6자리 정도 수준에서는 무시할 만한 값이므로 크게 신경쓰지 않아도 된다. 이제 검산해보자.

```
In[47]:= Cos[x] - x /. sol2

Out[47]= 0.
```

0 뒤에 점이 있는 것은 실수로서의 0임을 뜻하는 것이며 뒤에 점이 없는 0과는 내부적으로 달리 처리된다.

2.3. 정확도 설정하기

FindRoot[eqn, {*x*, x0}, WorkingPrecision → *n*]	근사해를 유효숫자 *n* 만큼 구한다.

```
In[48]:= FindRoot[ Cos[x] == x, {x, 0.5}, WorkingPrecision → 30]

Out[48]= {x → 0.739085133215160641655312087674}
```

FindRoot의 옵션 중 하나인 WorkingPrecision의 정확한 용법을 굳이 암기할 필요는 없다. 이런 옵션이 있다는 것을 기억하는 것만으로 족하다. 왜냐하면 문서 센터에서 FindRoot나 WorkingPrecision을 찾아보면 자세한 활용법이 나와있기 때문이다. 문서 센터를 적극적으로 활용하기 바란다.

```
In[49]:= ?? FindRoot
```

FindRoot[f, {x, x_0}] searches for a numerical root of f, starting from the point $x = x_0$.
FindRoot[$lhs == rhs$, {x, x_0}] searches for a numerical solution to the equation $lhs == rhs$.
FindRoot[{f_1, f_2, …}, {{x, x_0}, {y, y_0}, …}] searches for a simultaneous numerical root of all the f_i.
FindRoot[{eqn_1, eqn_2, …}, {{x, x_0}, {y, y_0}, …}]
searches for a numerical solution to the simultaneous equations eqn_i. ≫

```
Attributes[FindRoot] = {HoldAll, Protected}

Options[FindRoot] =
 {AccuracyGoal → Automatic, Compiled → Automatic, DampingFactor → 1,
  Evaluated → True, EvaluationMonitor → None, Jacobian → Automatic,
  MaxIterations → 100, Method → Automatic, PrecisionGoal → Automatic,
  StepMonitor → None, WorkingPrecision → MachinePrecision}
```

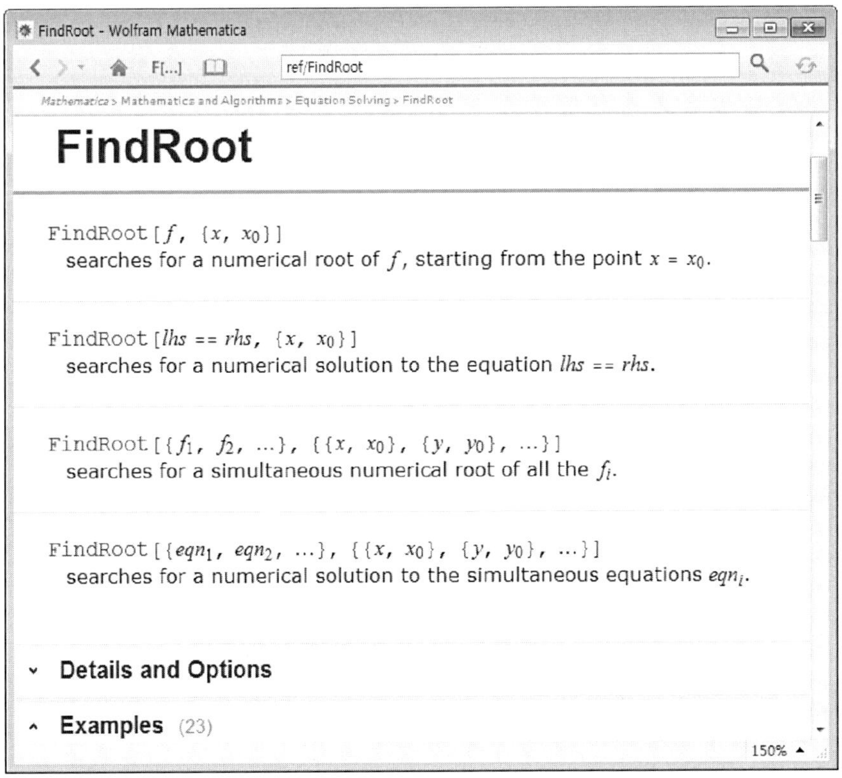

[그림-2]

이후로는 도움말이나 문서 센터에 대한 언급을 하지 않겠다. 도움말 기능의 활용을 생활화하도록 하자.

3. 부등식 풀기

3.1. 부등식 풀기

*Mathematica*는 부등식의 해도 구할 수 있다. 부등식의 해를 구한 결과에서 나타나는 논리기호 &&는 '그리고'를 의미하고, ||는 '또는'을 의미하며, True는 항상 성립함을 의미하고 False는 항상 성립하지 않음을 의미한다.

Reduce[inequ, var]	변수 var에 대한 부등식 inequ의 해를 구하여 준다.

```
In[50]:= Clear[x]

In[51]:= Reduce[x^2 - 2 x - 3 < 0 && x^2 - 2 x - 1 ≥ 0, x]

Out[51]= -1 < x ≤ 1 - √2 || 1 + √2 ≤ x < 3

In[52]:= Reduce[0 ≤ x^2 - y < 1 && x + y - 1 > 0, {x, y}]

Out[52]= (x ≤ -2 && -1 + x^2 < y ≤ x^2) || (-2 < x < 1/2 (-1 - √5) && 1 - x < y ≤ x^2) ||
         (1/2 (-1 + √5) < x ≤ 1 && 1 - x < y ≤ x^2) || (x > 1 && -1 + x^2 < y ≤ x^2)
```

아래에서 Abs[*x*]는 *x*의 절댓값을 의미한다.

```
In[53]:= Reduce[Abs[x] (x^2 - 2 x + 1) ≥ 0, x]

Out[53]= x ∈ Reals
```

이는 모든 실수 *x*에 대하여 Abs[x] $(x^2 - 2x + 1) \geq 0$이 성립함을 말한다.

그런데 *x*에 관한 방정식이나 부등식을 풀 때 *x*가 정수인지 실수인지 복소수인지 등에 따라 해가 달라질 수 있으며 이는 Reduce를 사용할 때 조심해야 하는 부분이다. 다음 두 명령문을 살펴보자.

```
In[54]:= Reduce[Abs[x] < 1, x]

Out[54]= -1 < Re[x] < 1 && -√(1 - Re[x]^2) < Im[x] < √(1 - Re[x]^2)

In[55]:= Reduce[Abs[x] < 1 && x ∈ Reals, x]

Out[55]= -1 < x < 1
```

처음 명령문은 복소수 전체의 집합에서 해를 구하고 있으나 두 번째 명령문은 실수 전체의 집합에서 해를 구하고 있다. 이번에는 다음 두 명령문을 살펴보자.

```
In[56]:= Reduce[Abs[x] (x^2 - 2 x + 1) < 0 , x]

Out[56]= False

In[57]:= Reduce[Abs[x] (x^2 - 2 x + 1) < 0 && x ∈ Complexes , x, Complexes]

Out[57]= Re[x] == 1 && (Im[x] < 0 || Im[x] > 0)
```

처음 명령문은 실수 전체의 집합에서 해를 구하고 있으나 두 번째 명령문은 복소수 전체의 집합에서 해를 구하고 있다. 기본적으로 Reduce는 부등식에 포함된 변수는 실수 전체의 집합에서 값을 가지는 것으로 간주한다.

Reduce는 기본적인 다항식 뿐만 아니라 초월함수 등에 대한 부등식의 해도 구하여 준다. 예를 들어 부등식 $\mathrm{Sin}[x] < \frac{1}{2}$의 해(단, $-\pi < x < \pi$)를 구하여 보자. 그래프를 그려보면 부등식의 해는 $-\pi < x < \frac{\pi}{6}$ 또는 $\frac{5\pi}{6} < x < \pi$임을 알 수 있다.

In[58]:= `Plot[{Sin[x], 1/2}, {x, -π, π}, Ticks → {{π/6, 5 π/6}, {-1, 1/2, 1}}]`

Out[58]=

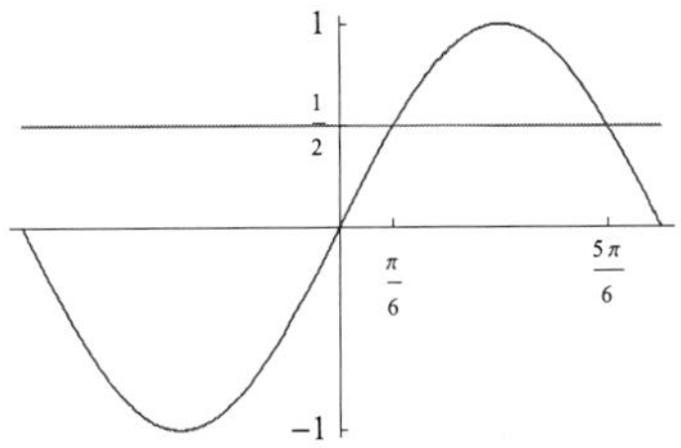

Reduce를 이용하여 $\mathrm{Sin}[x] < \frac{1}{2}$의 해를 구하여보자. (단, $-\pi < x < \pi$)

In[59]:= `Reduce[Sin[x] < 1/2 && -π < x < π, x]`

Out[59]= $-\pi < x < \frac{\pi}{6} \; || \; \frac{5\pi}{6} < x < \pi$

제 5장 평면곡선 그리기

1. 일변수 함수 $y = f(x)$의 그래프 그리기

1.1. Plot 이용하여 그리기

평면상의 함수 $y = f(x)$의 그래프를 그리는 내장함수에 대해서 알아보자.

Plot[fun, {x, x1, x2}, options]	일변수 함수 fun의 그래프를 출력한다. (단, $x1 \le x \le x2$)

In[1]:= `?? Plot`

Plot[f, {x, x_{min}, x_{max}}] generates a plot of f as a function of x from x_{min} to x_{max}.
Plot[{f_1, f_2, …}, {x, x_{min}, x_{max}}] plots several functions f_i. ≫

```
Attributes[Plot] = {Protected, ReadProtected}
```

도움말 끝에 있는 Attributes[Plot]={Protected, ReadProtected}는 Plot의 속성이다. Plot은 보호되어 있어 사용자가 임의로 수정하거나 삭제할 수 없다.

In[2]:= `Plot[Sin[x], {x, -2 Pi, 2 Pi}]`

Out[2]=
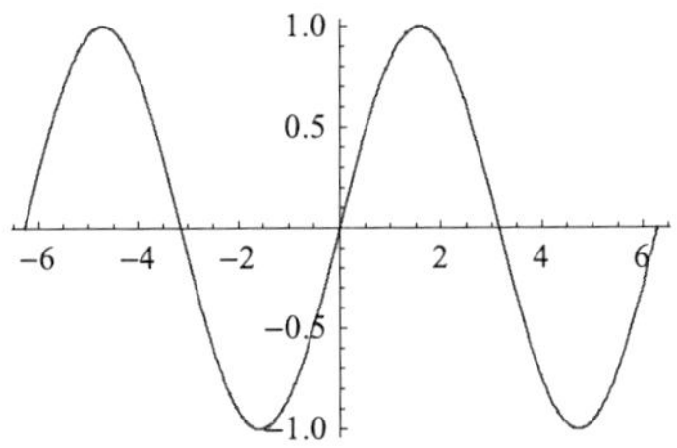

두 개 이상의 그래프를 함께 그려내고 싶은 경우에는 { }로 묶어서 함께 그려낼 수 있다.

In[3]:= `Plot[{Sin[x], Cos[x], Tan[x]}, {x, -2 Pi, 2 Pi}]`

Out[3]=
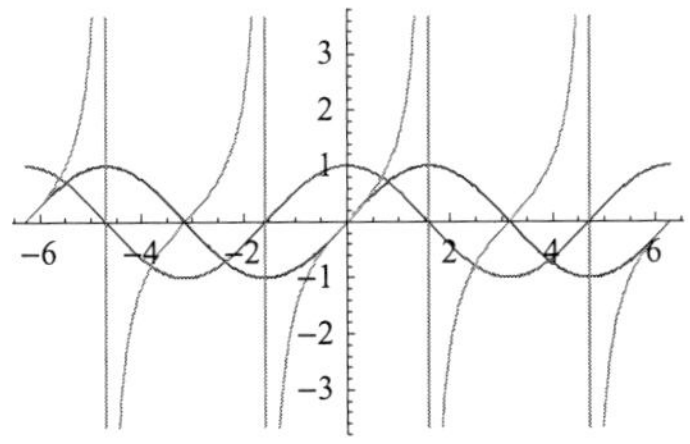

1.2. Plot의 여러 가지 옵션들

Options[내장함수]	내장함수에서 지원하는 옵션에 대한 정보를 제공하여 준다.

In[4]:= **Options[Plot]**

```
Out[4]= {AlignmentPoint → Center, AspectRatio → 1/GoldenRatio, Axes → True,
  AxesLabel → None, AxesOrigin → Automatic, AxesStyle → {}, Background → None,
  BaselinePosition → Automatic, BaseStyle → {}, ClippingStyle → None,
  ColorFunction → Automatic, ColorFunctionScaling → True,
  ColorOutput → Automatic, ContentSelectable → Automatic,
  CoordinatesToolOptions → Automatic, DisplayFunction :→ $DisplayFunction,
  Epilog → {}, Evaluated → Automatic, EvaluationMonitor → None,
  Exclusions → Automatic, ExclusionsStyle → None, Filling → None,
  FillingStyle → Automatic, FormatType :→ TraditionalForm, Frame → False,
  FrameLabel → None, FrameStyle → {}, FrameTicks → Automatic,
  FrameTicksStyle → {}, GridLines → None, GridLinesStyle → {},
  ImageMargins → 0., ImagePadding → All, ImageSize → Automatic,
  ImageSizeRaw → Automatic, LabelStyle → {}, MaxRecursion → Automatic,
  Mesh → None, MeshFunctions → {#1 &}, MeshShading → None, MeshStyle → Automatic,
  Method → Automatic, PerformanceGoal :→ $PerformanceGoal, PlotLabel → None,
  PlotLegends → None, PlotPoints → Automatic, PlotRange → {Full, Automatic},
  PlotRangeClipping → True, PlotRangePadding → Automatic, PlotRegion → Automatic,
  PlotStyle → Automatic, PreserveImageOptions → Automatic, Prolog → {},
  RegionFunction → (True &), RotateLabel → True, TargetUnits → Automatic,
  Ticks → Automatic, TicksStyle → {}, WorkingPrecision → MachinePrecision}
```

1.2.1. X축, Y축의 범위 설정하기

In[5]:= **Plot[Sin[1/x], {x, -2 π, 2 π}]**

Out[5]= 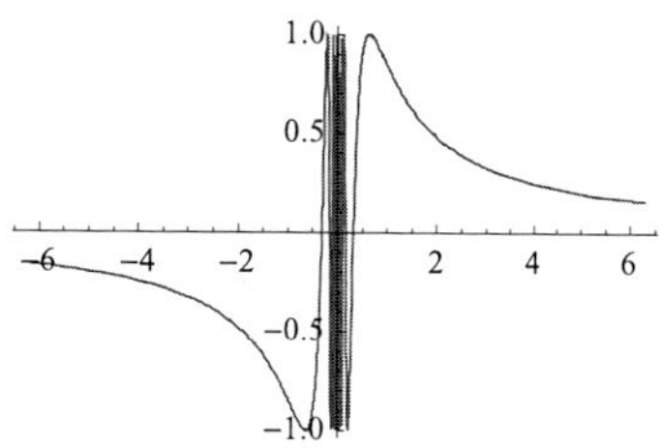

위의 그래프에서 원하고자 하는 범위만을 출력하고 싶은 경우 PlotRange를 이용한다. 예를 들어 $-0.3 \le x \le 0.3$, $-2 \le y \le 2$ 범위에서의 그래프를 출력하고자 할 때는 다음과 같이 하면 된다.

In[6]:= **Plot[Sin[1/x], {x, -2 π, 2 π}, PlotRange → {{-0.3, 0.3}, {-2, 2}}]**

Out[6]= 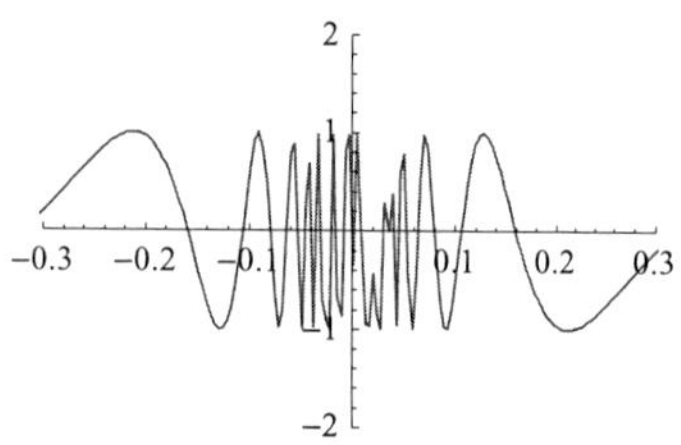

이렇게 해서 그래프의 원하는 부분만을 출력하긴 했는데 그래프가 그다지 매끄럽지 못하다. 이러한 경우에는 좀 더 정밀한 그래프를 그릴 수 있도록 그래프의 정밀도를 높여 주어야 한다.

1.2.2. 그래프의 정밀도 설정하기

In[7]:=
```
Plot[Sin[1/x], {x, -2 π, 2 π}, PlotPoints → 200,
    PlotRange → {{-0.3, 0.3}, {-2, 2}}, ImageSize → 240]
```

Out[7]=

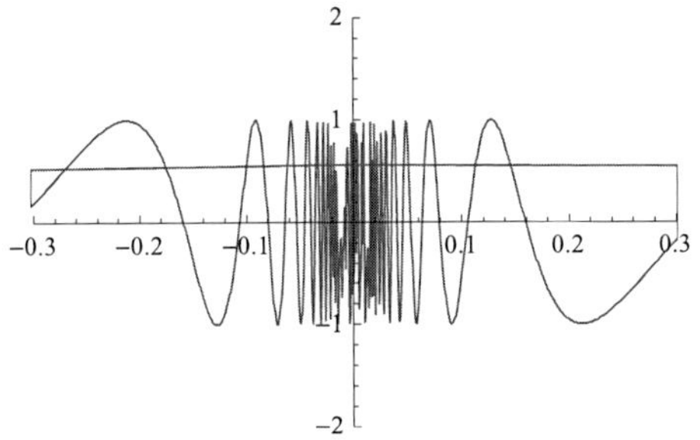

PlotPoints→200에서 수치 200은 그래프를 작도하기 위한 샘플링의 크기를 의미한다. 샘플링의 크기를 키우면 키울수록 그래프는 점점 더 정밀해진다. 그런데 이 함수의 경우 그래프가 나아지긴 했으나 여전히 $x = 0$ 근방의 그래프가 마음에 들지 않는다. 더욱 나은 그래프를 그리는 방법을 9장 4.1절에 제시한다.

1.2.3. 그래프 크기 설정하기

얻어진 그래프의 크기를 조절하는 방법은 두 가지가 있다. 첫 번째는 [그림-1]과 같이 마우스를 그래프 가장자리에 놓으면 화살표가 만들어지는데 이때 원하는 크기만큼 끌어당기는 방법이다.

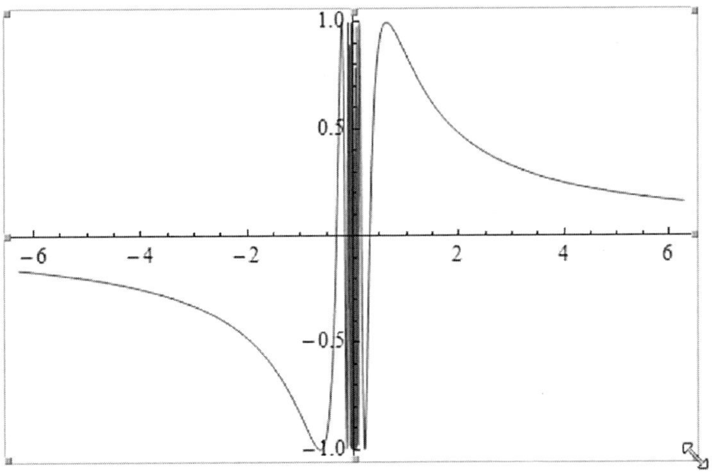

[그림-1]

그러나 이 방법은 눈짐작으로 크기를 조절하는 것이다. 정확한 크기를 원할 때는 아래와 같이 ImageSize 옵션을 이용하며 ImageSize→200은 가로의 길이가 200 픽셀(pixel)임을 뜻한다.

```
In[8]:= Plot[Sin[1/x], {x, -2 π, 2 π}, ImageSize → 200]
```

Out[8]=

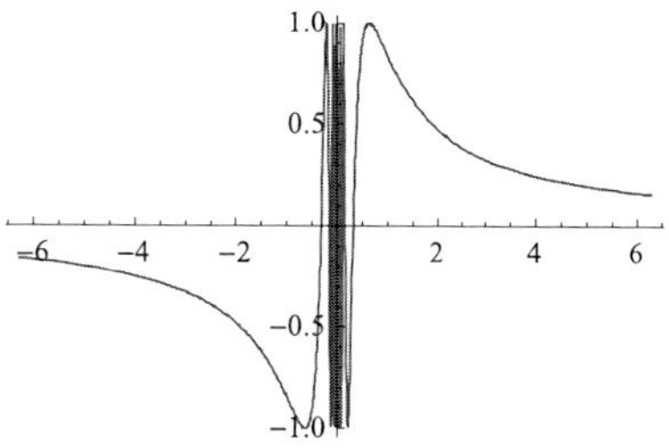

1.2.4. 그래프 색상 설정하기

```
In[9]:= Plot[{Sin[x], Cos[x], Tan[x]}, {x, -2 Pi, 2 Pi}, PlotStyle → RGBColor[1, 0, 0]]
```

Out[9]=

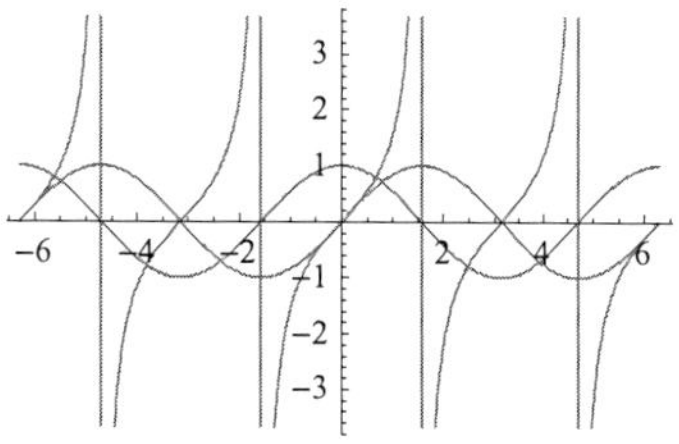

여기서 색상코드인 RGBColor[1,0,0]은 직접 입력할 수도 있겠지만 색상코드표를 이용하면 편리하다. 색상코드를 삽입할 위치에 커서를 놓고 [메뉴 막대]→[Insert]→[Color]에 가면 [그림-2]와 같은 색상표가 나와서 색을 자유롭게 만들어 낼 수 있다.

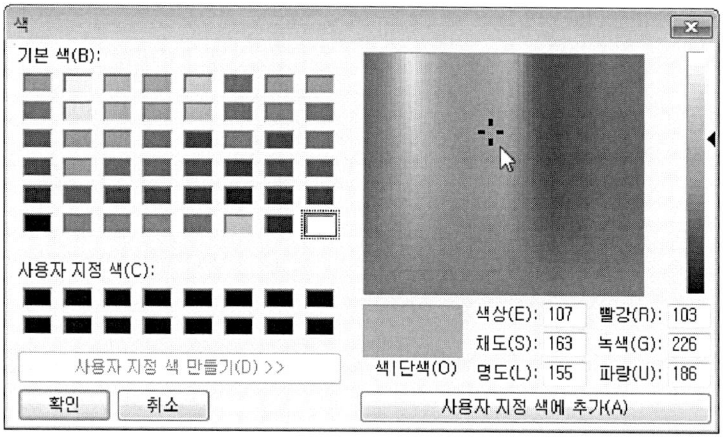

[그림-2]

이번에는 각 그래프에 서로 다른 색상을 넣어보도록 하자.

```
In[10]:= Plot[{Sin[x], Cos[x], Tan[x]}, {x, -2 Pi, 2 Pi},
          PlotStyle → {RGBColor[1, 0, 0], Blue, RGBColor[0, 0.5, 0.5]}]
```

Out[10]=
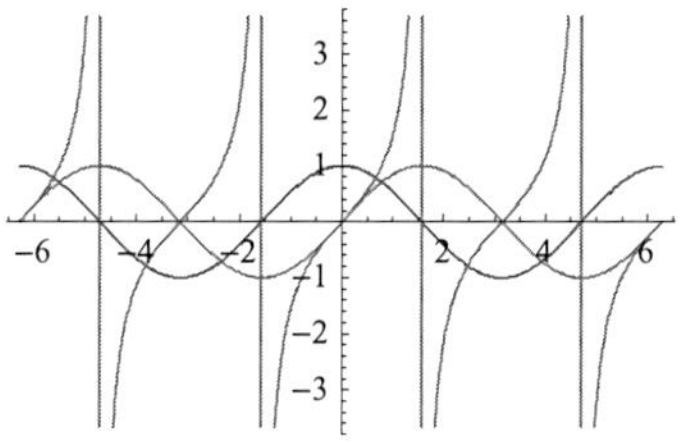

1.2.5. 좌표평면에 격자선 삽입하기

기본설정은 옵션정보에서 알 수 있듯이 GridLines→None으로 되어 있다. 이것을 바꿔 보자.

```
In[11]:= Plot[Sin[x], {x, -2 Pi, 2 Pi}, GridLines → Automatic]
```

Out[11]=
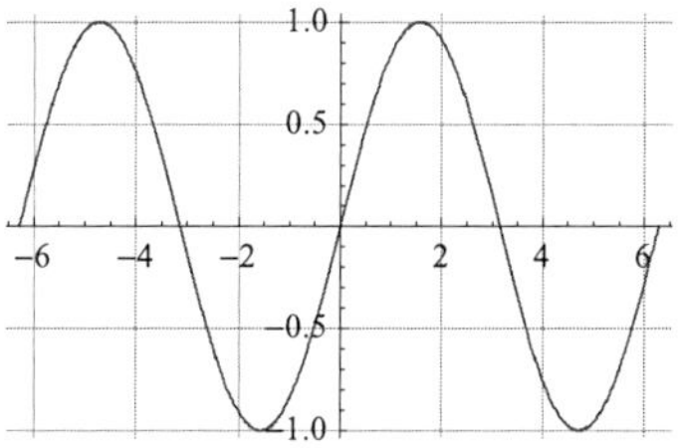

위와 같이 GridLines를 자동(Automatic)으로 설정할 수도 있지만 사용자가 원하는 격자선을 삽입할 수도 있다.

```
In[12]:= Plot[Sin[x], {x, -2 Pi, 2 Pi}, PlotStyle → RGBColor[1, 0, 0],
          GridLines → {{-2 π, -π, π, 2 π} , {-1, -0.5, 0.5, 1}}]
```

Out[12]=
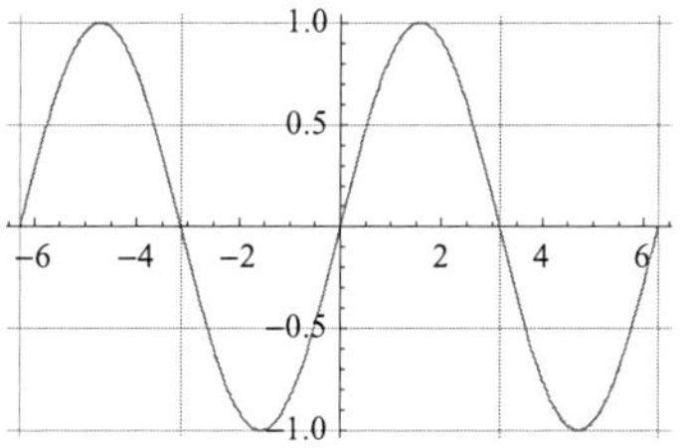

```
In[13]:= Plot[{Sin[x], Cos[x]}, {x, -2 Pi, 2 Pi}, GridLines → Automatic,
          PlotStyle → {RGBColor[1, 0, 0], RGBColor[0.25, 0, 0.5]}]
```

Out[13]=
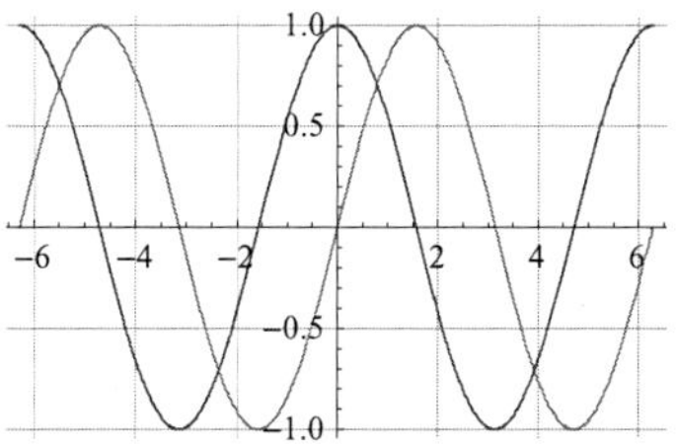

1.2.6. 그래프의 가로, 세로 비율 설정하기

In[14]:= `Plot[Sin[x], {x, -2 Pi, 2 Pi}, AspectRatio → 0.4]`

Out[14]=
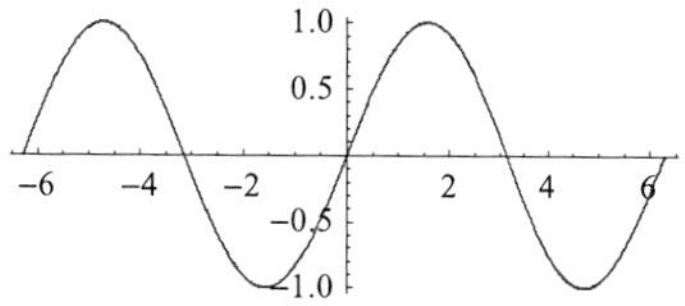

AspectRatio→0.4는 출력되는 그래프의 가로의 길이와 세로의 길이가 1 : 0.4의 비를 만족한다는 뜻이다.

1.2.7. 좌표평면에 라벨 붙이기

In[15]:= `Plot[ Sin[x], {x, -2 Pi, 2 Pi}, PlotLabel → "삼각함수의 그래프"]`

Out[15]=
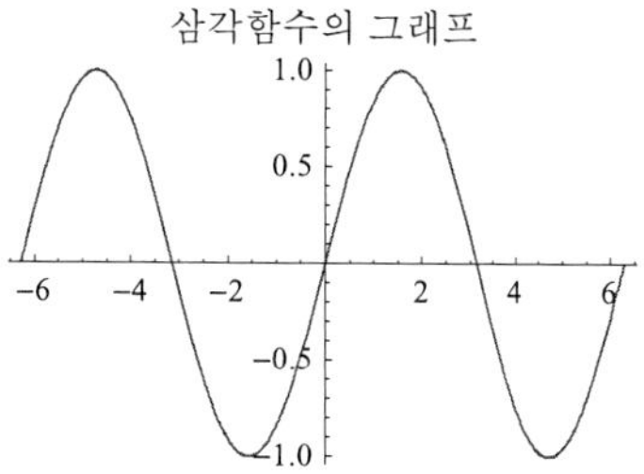

문자열을 삽입할 경우에는 " "를 이용하여 나타낸다. 만약 " "를 이용하지 않고 그냥 입력하면 모든 띄어쓰기는 곱셈으로 처리되어 버린다.

1.2.8. 그래프의 외곽선 테두리 설정하기

In[16]:= `Plot[Sin[x], {x, -2 Pi, 2 Pi}, Frame → True]`

Out[16]=
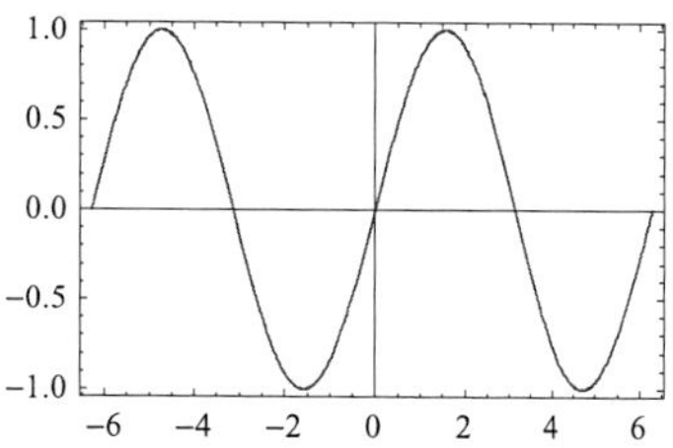

1.2.9. 그림틀 이름 설정하기

이 옵션은 항상 Frame→True와 함께 사용할 수 있다.

In[17]:= `Plot[Sin[x], {x, -2 Pi, 2 Pi}, Frame → True, FrameLabel → "함숫값"]`

Out[17]=
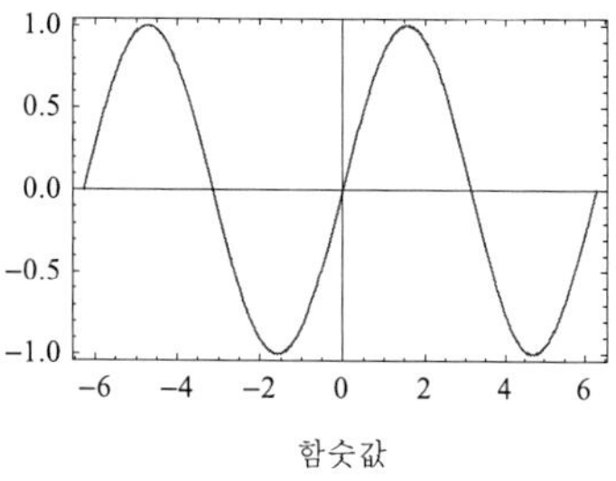

가로축에만 라벨을 넣고 세로축에는 라벨을 넣고 싶지 않을 때, 다음과 같이 하면 된다.

```
In[18]:= Plot[Sin[x], {x, -2 Pi, 2 Pi}, Frame → True, FrameLabel → {"함숫값", None}]
```

Out[18]=

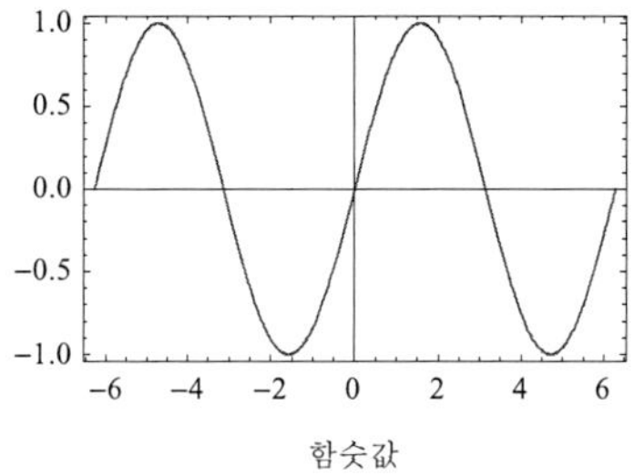

FrameLabel의 글자방향은 RotateLabel→False의 설정으로 변화를 줄 수 있다.

```
In[19]:= Plot[Sin[x], {x, -2 Pi, 2 Pi}, Frame → True,
          FrameLabel → {"정의역", "치역"}, RotateLabel → False]
```

Out[19]=

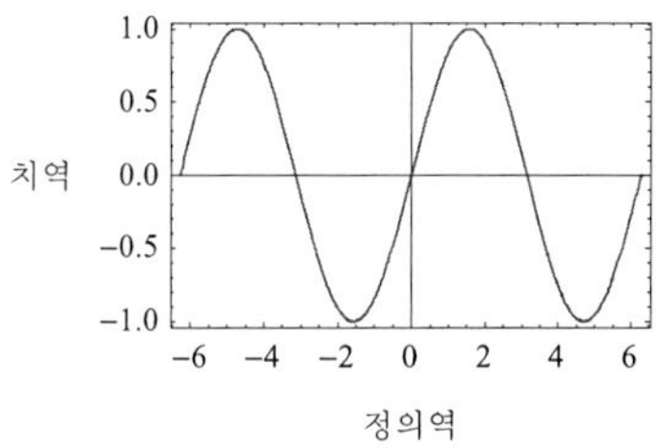


```
In[20]:= Plot[Sin[x], {x, -2 Pi, 2 Pi}, Frame → True,
          FrameLabel → {"정의역", "치역"}, RotateLabel → True]
```

Out[20]=

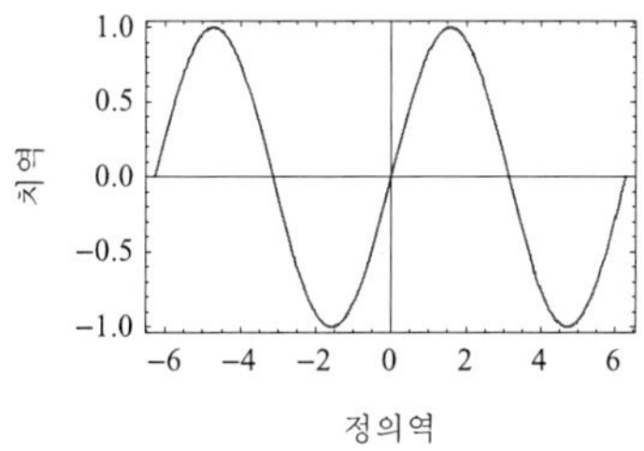

1.2.10. 좌표축의 눈금값 설정하기

출력되는 그래프의 좌표축에 나타나는 눈금은 다음과 같이 사용자가 원하는 위치에만 나타나게 할 수 있다.

```
In[21]:= Plot[Sin[x], {x, -2 Pi, 2 Pi}, PlotStyle → RGBColor[1, 0, 0],
          Ticks → {{-2 π, -π, π, 2 π}, {-1, -0.5, 0.5, 1}}]
```

Out[21]=

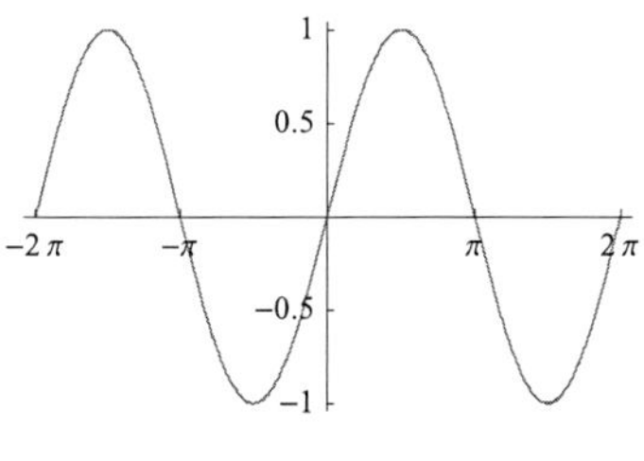

눈금을 사용하지 않고자 할 때에는 Ticks→None을 이용하면 된다.

```
In[22]:= Plot[Sin[x], {x, -2 Pi, 2 Pi}, PlotStyle → RGBColor[1, 0, 0], Ticks → None]
```

Out[22]=

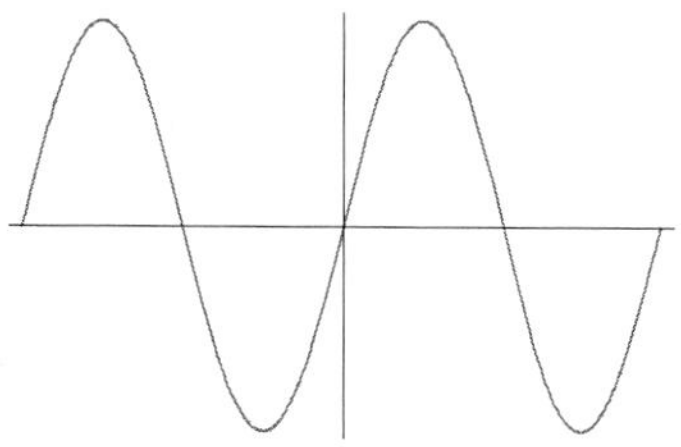

1.2.11. 그래프의 문자 스타일 설정하기

LabelStyle은 LabelStyle→{글자체, 크기, 글자모양, 색상}과 같이 지정할 수 있다. 단, 순서는 무방하다.

```
In[23]:= Plot[Sin[x], {x, -2 Pi, 2 Pi}, PlotStyle → RGBColor[1, 0, 0],
          Ticks → {{-2 π, -π, 0, π, 2 π}, {-1, -0.5, 0.5, 1}},
          LabelStyle → {"Times", 8, "Bold", RGBColor[0, 0, 1]}]
```

Out[23]=

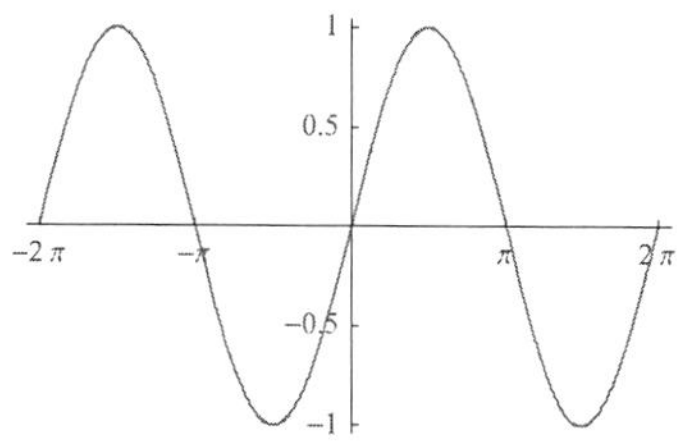

1.3. 여러 그래프들을 하나로 합치거나 배열하기

여러 개의 그래프를 배열하기 위하여 우선 4개의 그래프를 만들어보자. 지면상 그래프 출력은 하지 않겠다.

```
In[24]:= gf1 = Plot[x + 1, {x, -3, 3}, PlotLabel → Style["gf1", 10]];
         gf2 = Plot[x - 1, {x, -3, 3}, PlotLabel → Style["gf2", 10]];
         gf3 = Plot[-x + 1, {x, -3, 3}, PlotLabel → Style["gf3", 10]];
         gf4 = Plot[-x - 1, {x, -3, 3}, PlotLabel → Style["gf4", 10]];
```

위의 4개의 그래프를 하나의 평면위에 그려내는 방법은 아래와 같다.

```
In[28]:= Show[{gf1, gf2, gf3, gf4}]
```

Out[28]=

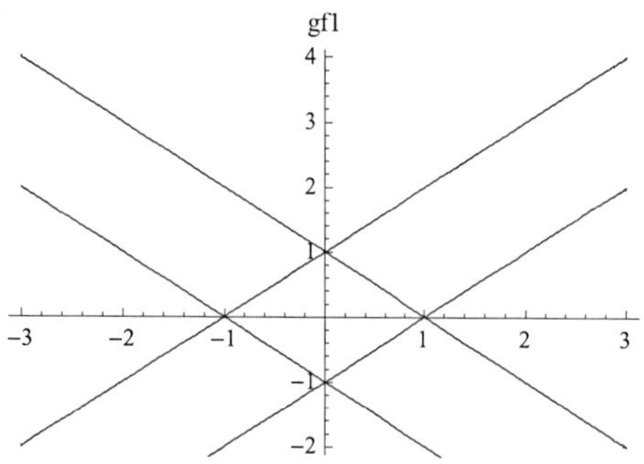

그런데 gf1에 대한 PlotLabel만 나타나고 gf2, gf3, gf4에 대한 PlotLable은 나타나지 않았다. 위 네 개의 그래프를 가로 2줄, 세로 2줄의 배열로 나타내는 방법은 아래와 같다. 이럴 때 사용하는 함수가 GraphicsGrid다.

GraphicsGrid[{{gf_{11}, gf_{12}}, {gf_{21}, gf_{22}}}, options]	4개의 그래프를 2×2 행렬과 같은 형식으로 출력한다.

이때 {{gf_{11}, gf_{12}},{gf_{21}, gf_{22}}}의 아래첨자는 GraphicsGrid를 통해 나오는 그림의 순서를 행렬로 나타낸 것이다. 즉, $\begin{matrix} gf_{11} & gf_{12} \\ gf_{21} & gf_{22} \end{matrix}$ 와 같은 형식으로 출력된다.

```
In[29]:= GraphicsGrid [{{gf1, gf2}, {gf3, gf4}}, ImageSize → 270]
```

Out[29]=

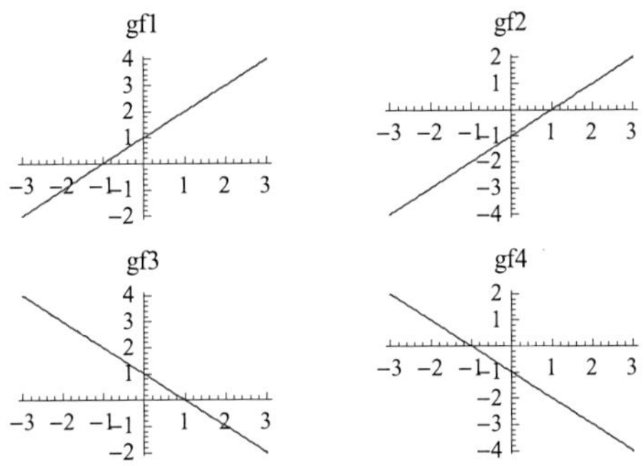

위의 결과는 4개의 그래프를 2×2행렬로 배열한 결과이다. 이번에는 1×4행렬의 배열로 나타내어 보자.

```
In[30]:= GraphicsGrid[{{gf1, gf2, gf3, gf4}}, ImageSize → 540]
```

Out[30]=

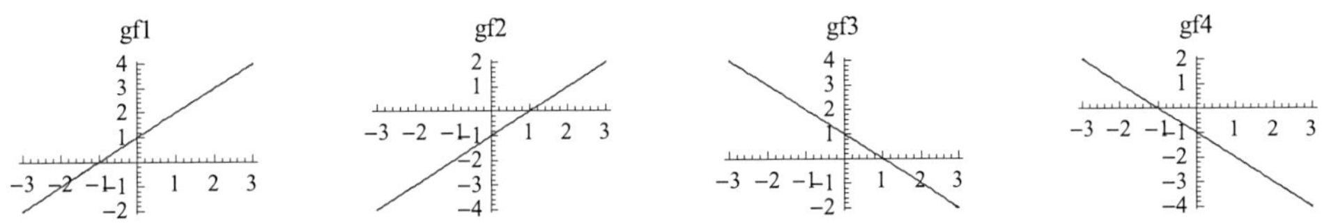

지금까지 Plot과 그 옵션들을 살펴보았다. 물론 이것이 그 전부는 아니지만 우선 이 정도라면 앞으로 기본적인 함수의 그래프를 그려내고 꾸밈에 있어 큰 어려움은 없을 것이다.

2. 매개식 $r(t) = (x(t), y(t))$로 주어진 평면곡선 그리기

우리가 일변수함수를 표현하는 방법은 $y = f(x)$와 같은 표현 이외에도 매개변수 $x = x(t)$, $y = y(t)$와 같은 표현이 있다. 매개변수로 표현된 도형의 방정식에 대한 그래프를 그려주는 내장함수는 ParametricPlot이다. 이는 ××××Plot의 형태를 가지고 있는데 평면의 그래프를 그리는 명령어는 대부분 이런 형태다. 그러면 *Mathematica* 내장함수 중 Plot관련 명령어들은 어떤 것들이 있는지 알아보자.

?*Plot*	Plot 이라는 문자가 포함되어 있는 *Mathematica* 내장함수 모두를 나열하여 준다.

In[31]:= `? *Plot*`

▼ System`

ArrayPlot	ListPolarPlot	PlotRange
BodePlot	ListStreamDensityPlot	PlotRangeClipping
CommunityGraphPlot	ListStreamPlot	PlotRangePadding
ContourPlot	ListSurfacePlot3D	PlotRegion
ContourPlot3D	ListVectorDensityPlot	PlotStyle
DateListLogPlot	ListVectorPlot	PolarPlot
DateListPlot	ListVectorPlot3D	ProbabilityPlot
DensityPlot	LogLinearPlot	ProbabilityScalePlot
DiscretePlot	LogLogPlot	QuantilePlot
DiscretePlot3D	LogPlot	RegionPlot
GraphPlot	MatrixPlot	RegionPlot3D
GraphPlot3D	MaxPlotPoints	ReliefPlot
LayeredGraphPlot	NicholsPlot	RevolutionPlot3D
LineIntegralConvolutionPlot	NyquistPlot	RootLocusPlot
ListContourPlot	ParametricPlot	SingularValuePlot
ListContourPlot3D	ParametricPlot3D	SphericalPlot3D
ListCurvePathPlot	Plot	StreamDensityPlot
ListDensityPlot	Plot3D	StreamPlot
ListLineIntegralConvolutionPlot	Plot3Matrix	TreePlot
ListLinePlot	PlotDivision	VectorDensityPlot
ListLogLinearPlot	PlotJoined	VectorPlot
ListLogLogPlot	PlotLabel	VectorPlot3D
ListLogPlot	PlotLayout	WaveletImagePlot
ListPlot	PlotLegends	WaveletListPlot
ListPlot3D	PlotMarkers	WaveletMatrixPlot
ListPointPlot3D	PlotPoints	

ParametricPlot[{$x(t)$, $y(t)$}, {t, t1, t2}]	매개변수 방정식 $x = x(t)$, $y = y(t)$ 의 그래프를 $t1 \le t \le t2$ 까지 출력한다.

원의 방정식 $x^2 + y^2 = 4$의 매개변수방정식은 $x(t) = 2\,\mathrm{Sin}[t]$, $y(t) = 2\,\mathrm{Cos}[t]$이다. 따라서 원은 다음과 같이 그려낼 수 있다.

```
In[32]:= ParametricPlot[{2 Sin[t], 2 Cos[t]}, {t, 0, 2 Pi}]
```

Out[32]=

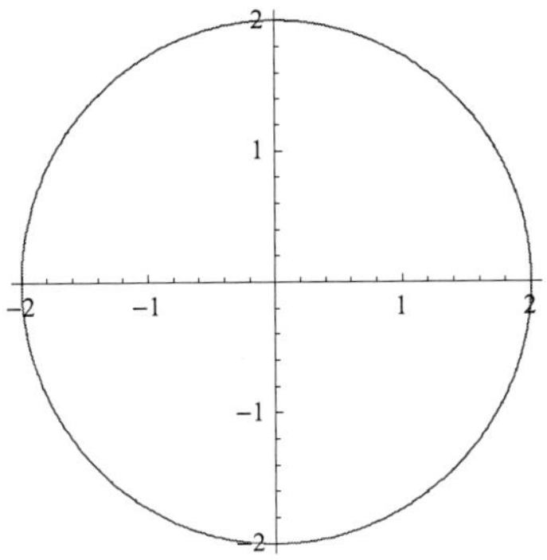

ParametricPlot에도 많은 옵션들이 있는데 모두 Plot에서와 같은 방법으로 쓰면 된다.

```
In[33]:= ParametricPlot[{t Sin[t], t Cos[t]}, {t, 0, 10 Pi},
          PlotStyle → RGBColor[0.5, 0, 0],
          AxesLabel → {"x", "y"},
          LabelStyle → {8, RGBColor[0, 0, 1]}]
```

Out[33]=

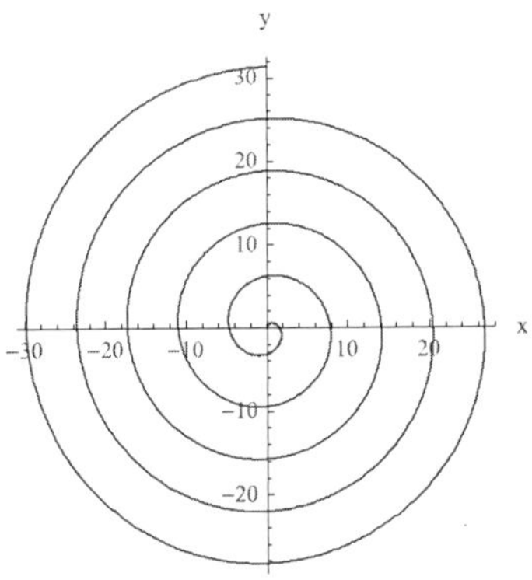


```
In[34]:= ParametricPlot[{ Sin[3 t], Cos[5 t]}, {t, 0, 2 Pi}, AxesLabel → {"x", "y"},
          PlotStyle → RGBColor[0.5, 0, 0], LabelStyle → {8, RGBColor[0, 0, 1]}]
```

Out[34]=

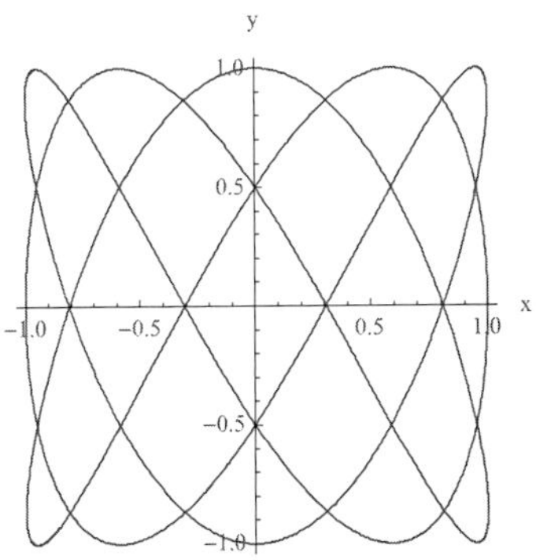

3. 음함수 $f(x, y) = 0$ 으로 주어진 평면곡선 그리기

$f(x, y) = 0$과 같이 음함수로 표현된 도형을 그려주는 내장함수로는 ContourPlot이 있다.

ContourPlot[f[x, y] == 0, {x, x1, x2}, {y, y1, y2}]	이변수 함수 $f(x, y) = 0$ 의 그래프를 $x1 \le x \le x2$, $y1 \le y \le y2$까지 출력한다.

음함수식을 이용하면 아래와 같은 그래프를 얻을 수도 있다. ContourPlot의 옵션은 Plot의 옵션과 동일하다.

```
In[35]:= ContourPlot[(x^2 + y^2 - 1)^3 - x^2 y^3 == 0, {x, -2, 2}, {y, -2, 2},
          Axes → True, Frame → False, ContourStyle → RGBColor[1, 0, 0],
          AxesLabel → {"x", "y"}, LabelStyle → {8, RGBColor[0, 0, 1]}]
```

Out[35]=

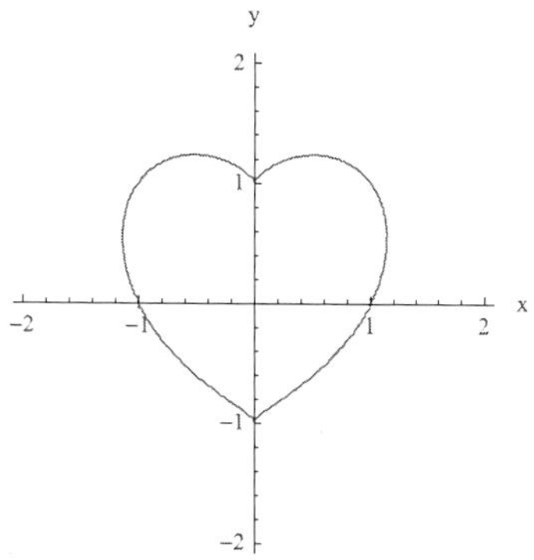

다음은 두 그래프를 한 평면에 그린 것이다.

```
In[36]:= ContourPlot[{(x^2 + y^2)^2 == 2 x y, (x^2 + y^2)^2 == x^2 - y^2, (x^2 + y^2)^2 == -2 x y},
          {x, -2, 2}, {y, -2, 2}, Axes → True, Frame → False,
          ContourStyle → {Red, Blue, Gray},
          AxesLabel → {"x", "y"}, LabelStyle → {8, Blue}]
```

Out[36]=

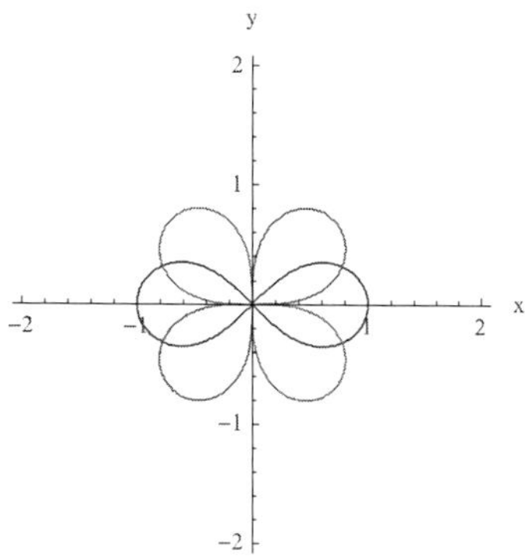

4. 이변수 함수 $z = f(x, y)$의 등고선 그래프와 밀도 그래프 그리기

4.1. ContourPlot

평면 영역에 정의된 이변수 함수 f에 대하여 f의 값이 같은 점들을 이어서 만든 평면의 곡선을 등고선이라 한다. ContourPlot은 여러 값들에 대한 f의 등고선들을 그려준다.

ContourPlot[f[x, y], {x, x1, x2}, {y, y1, y2}]	이변수함수 $f(x, y)$ 의 등고선 그래프를 출력한다.

In[37]:=
```
ContourPlot[Cos[x^2 + y^2], {x, -2, 2}, {y, -2, 2}, ImageSize → 180]
```

Out[37]=

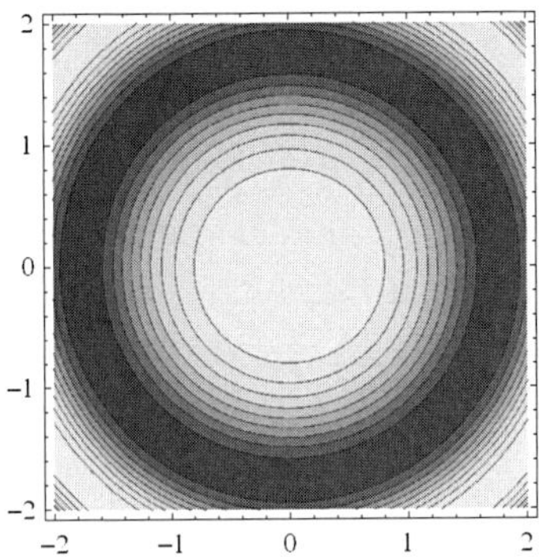

위의 그래프는 Cos$[x^2 + y^2]$에 대한 등고선 그래프이다. 등고선 위에 커서를 올려 놓으면 그 등고선에 해당하는 함수값이 나타난다. 반드시 실습해 보기 바란다. 공간도형의 그래프와 함께 비교하면서 관찰해 보도록 한다. 이제 ContourPlot에서 취급하는 옵션을 살펴보자.

Short	긴 리스트를 중간부분은 생략하여 짧게 나타낸다.

In[38]:=
```
Short[Options[ContourPlot]]
```

Out[38]//Short=
```
{AlignmentPoint → Center, AspectRatio → 1,
 Axes → False, AxesLabel → None, <<55>>, Ticks → Automatic,
 TicksStyle → {}, WorkingPrecision → MachinePrecision}
```

위의 옵션 중 대부분은 Plot, Plot3D, ParametricPlot, ParametricPlot3D에서 사용하였던 옵션이고 그 형식도 마찬가지다. 다만 그래프를 좀 더 부드럽게 그려내고 그 명암을 세밀하게 나타내고자 한다면 PlotPoints와 Contours의 옵션을 조절해 볼 수 있다.

In[39]:=
```
gf5 = ContourPlot[Cos[x^2 + y^2], {x, -2, 2}, {y, -2, 2},
    PlotPoints → 10, Contours → 5];
gf6 = ContourPlot[Cos[x^2 + y^2], {x, -2, 2}, {y, -2, 2},
    PlotPoints → 15, Contours → 10];
gf7 = ContourPlot[Cos[x^2 + y^2], {x, -2, 2}, {y, -2, 2},
    PlotPoints → 30 , Contours → 15];
GraphicsRow[{gf5, gf6, gf7}, ImageSize → 480]
```

Out[42]=

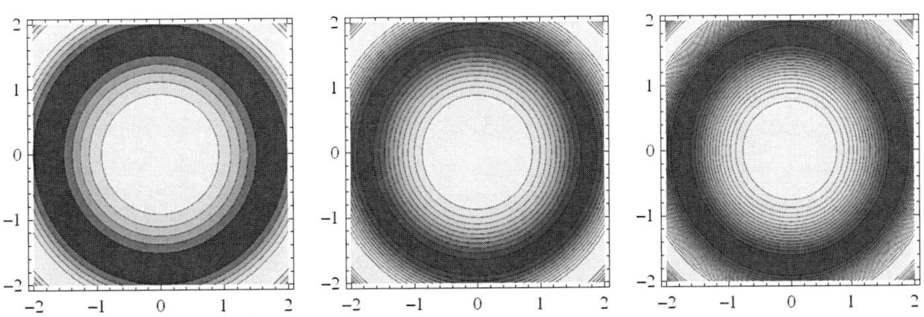

4.2. DensityPlot

DensityPlot[*f*[*x*, *y*], {*x*, x1, x2}, {*y*, y1, y2}]	이변수 함수 *f*(*x*, *y*) 의 밀도 그래프를 출력한다.

DensityPlot은 함수 *f*(*x*, *y*)의 정의역이 되는 사각형의 각 점들에 색깔을 대응시키는데 *f*[x1, y1] = *f*[x2, y2]면 점 (x1, y1)과 점 (x2, y2)에 같은 색깔을 대응시킨다. 기본적으로 함수의 값이 작을수록 흰 색에 가까운 옅은 파란 색깔을, 함수의 값이 클수록 검은 색에 가까운 진한 파란 색깔을 대응시킨다. Plot3는 다음 장에서 다룰 함수지만 DensityPlot의 의미를 분명하게 하기 위하여 미리 사용하여 보았다.

```
In[43]:= gf8 = Plot3D[Cos[x^2 + y^2], {x, -2, 2}, {y, -2, 2}, PlotPoints → 3 ];
         gf9 = DensityPlot[Cos[x^2 + y^2], {x, -2, 2}, {y, -2, 2},
            PlotPoints → 3];
         GraphicsGrid[{{gf8, gf9}}, ImageSize → 320]
```

Out[45]=

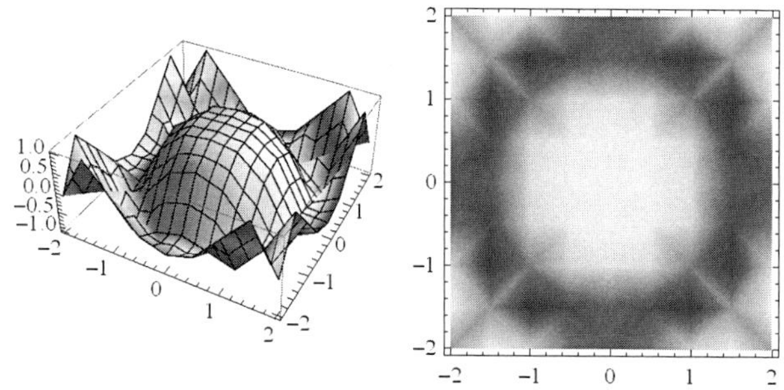

DensityPlot은 사실 사각형에서 일정한 간격으로 떨어져 있는 점들을 추출한 다음 그 점에 색깔을 대응시키는데 점이 적으면 원래 함수의 모양이 왜곡되어 보이는 수가 있다. 추출되는 점의 수는 PlotPoints라는 옵션으로 조정할 수 있다.

```
In[46]:= gf10 = Plot3D[Cos[x^2 + y^2], {x, -2, 2}, {y, -2, 2}, PlotPoints → 30];
         gf11 = DensityPlot[Cos[x^2 + y^2], {x, -2, 2}, {y, -2, 2},
            PlotPoints → 30];
         GraphicsGrid[{{gf10, gf11}}, ImageSize → 320]
```

Out[48]=

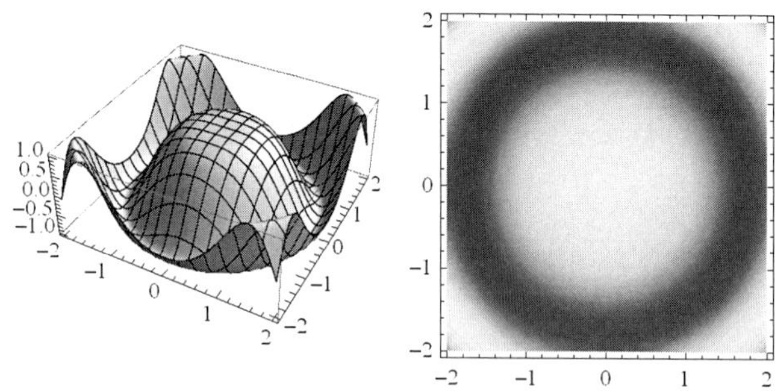

지금까지 다룬 Plot 및 Plot3D는 식을 이용하여 그래프를 그린다. 점들의 좌표를 나타내는 수치들로 이루어진 데이터가 주어진 경우 그래프를 그리는 함수로는 ListPlot, ListPlot3D, ListContourPlot3D, ListDensityPlot, ArrayPlot, ListPointPlot3D 등이 있다. ListPlot, ListPlot3D는 9장에서 리스트의 개념을 다룬 후 들여다 보기로 하고 나머지 함수들의 사용법은 독자 스스로 문서 센터에서 살펴보도록 남겨둔다.

5. 그림을 jpg나 eps, pdf 등의 형식을 가진 파일로 저장하기

그림을 다른 프로그램에서 사용하기 위하여 파일로 저장하고자 할 때 여러 가지 방법이 있겠는데 Export를 쓰는 방법의 구체적인 예는 다음과 같다. gf11은 바로 위에서 그려진 그림을 가리킨다.

```
In[49]:= SetDirectory[NotebookDirectory[]]

Out[49]= C:\Users\dagham\Documents

In[50]:= Export["MyFigure.jpg", gf11]

Out[50]= MyFigure.jpg
```

이제 SetDirectory[NotebookDirectory[ ]]의 결과가 가리키는 디렉토리를 보면 gf11이 가리키는 그림이 MyFigure.jpg라는 이름으로 저장되어 있음을 알 수 있다.

참고로 그림에 한글이 들어간 경우 eps로 저장하면 한글이 깨지나 jpg로 저장하면 괜찮다.

제 6장 공간의 곡선과 곡면 그리기

1. 이변수 함수 $z = f(x, y)$의 그래프 그리기

이변수 함수 $z = f(x, y)$의 그래프를 그리는 내장함수에 대해서 알아보자.

1.1. Plot3D 이용하여 그리기

Plot3D[fun, {x, x1, x2}, {y, y1, y2}, options]	직사각형 x1 ≤ x ≤ x2, y1 ≤ y ≤ y2에 정의된 이변수 함수 fun 의그래프를 출력한다.

```
In[1]:= gf1 = Plot3D[x, {x, -3, 3}, {y, -5, 5}]
```

Out[1]=

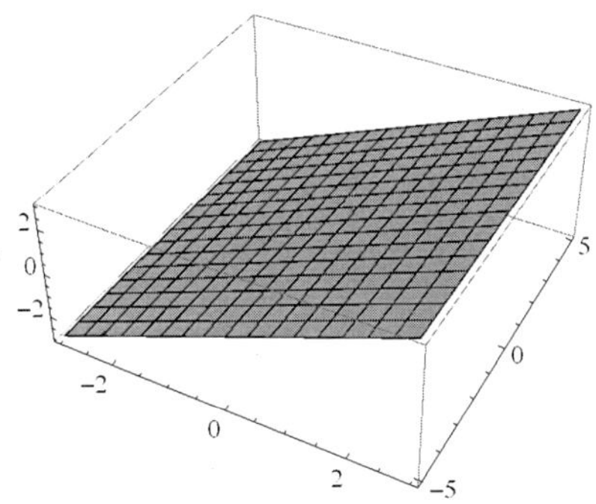


```
In[2]:= gf2 = Plot3D[x^2 + y^2, {x, -5, 5}, {y, -5, 5}]
```

Out[2]=

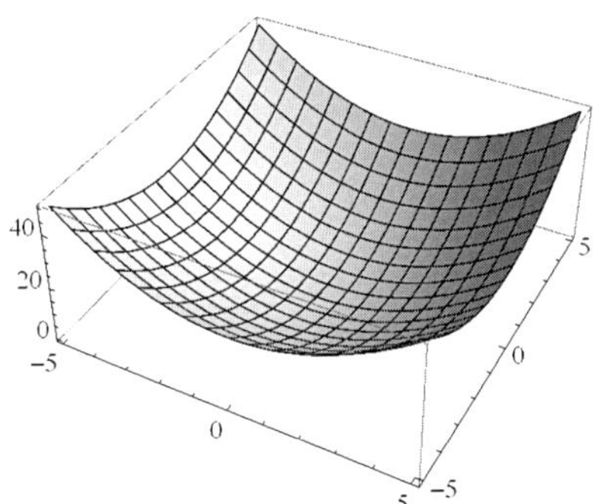

위와 같이 Plot3D로 그려진 그림은 마우스를 이용하여 실시간으로 돌려 보고, 확대해 보고, 전체 크기를 키워 볼 수 있다. 마우스 왼쪽 버튼으로 그림을 찍어 누른 채로 마우스를 움직이면 그림이 돌아간다. 컨트롤키를 누른 후 마우스로 그림을 찍어 움직이면 그림이 확대 또는 축소된다. 마우스 왼쪽 버튼으로 그림을 찍으면 그림을 담고 있는 커다란 사각형이 나타나는데 둘레에 있는 아주 조그만 사각형에 마우스를 갖다대면 큰 사각형을 키우거나 줄일 수 있는 화살표가 나타난다.

1.2. Plot3D의 여러 가지 옵션들

In[3]:= **Short[Options[Plot3D]]**

Out[3]//Short= {AlignmentPoint → Center, AspectRatio → Automatic, ≪70≫,
ViewVertical → {0, 0, 1}, WorkingPrecision → MachinePrecision}

1.2.1. 좌표축 설정 (Axes 및 AxesLabel)

In[4]:= **gf3 = Plot3D[Cos[$x^2 + y^2$], {x, -2, 2}, {y, -2, 2}, Axes → False]**

Out[4]=

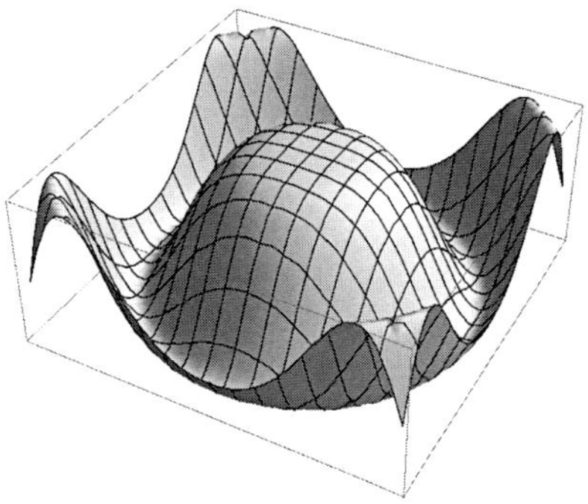

위 그림에서는 어느 축이 x축이고 어느 축이 y축인지 알 수 없다. 축에 라벨을 붙여보자. Ticks → None 은 눈금이 나타나지 않게 하는 옵션이다.

In[5]:= **gf4 = Plot3D[Sin[$x^2 + y^2$], {x, -2, 2}, {y, -2, 2},
Ticks → None, AxesLabel → {"x", "y", "z"}]**

Out[5]=

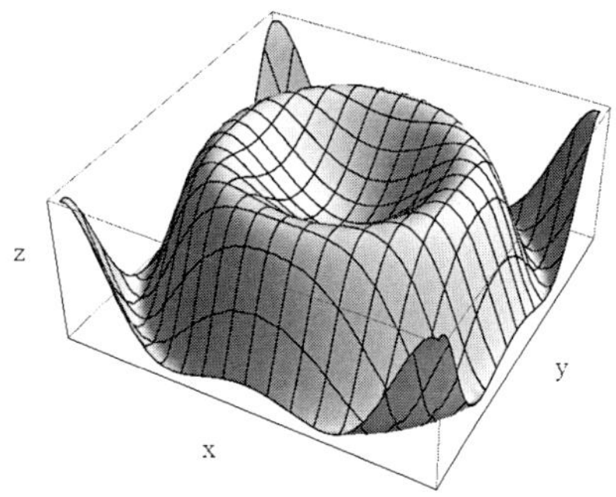

특정한 축에만 라벨을 붙이고 싶지 않을 때는 None을 입력하면 된다.

In[6]:= **Plot3D[Sin[$x^2 + y^2$], {x, -2, 2}, {y, -2, 2}, AxesLabel → {"x", "y", None}]**

Out[6]=

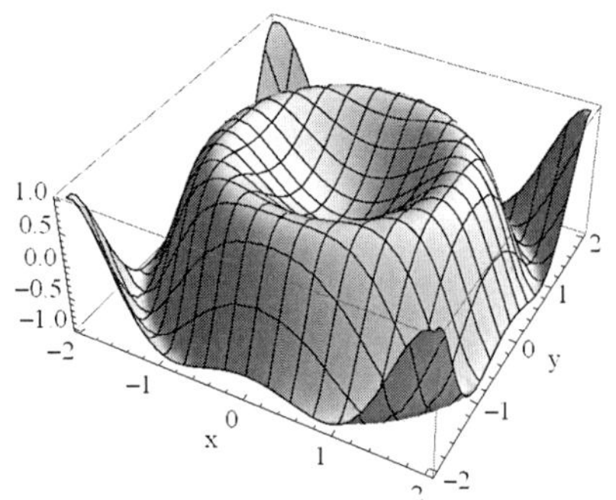

1.2.2. 그래프의 라벨 스타일 설정 (LabelStyle)

그래프에 포함된 글자에 대한 여러 가지를 LabelStyle→{글자체, 글자크기, 글자모양, 색상}과 같이 옵션을 줌으로써 조절할 수 있다.

```
In[7]:= Plot3D[Cos[x^2 + y^2], {x, -2, 2}, {y, -2, 2}, AxesLabel → {"x", "y", "z"},
          LabelStyle → {"Times", 8, "Bold", RGBColor[0, 0, 1]}]
```

Out[7]=

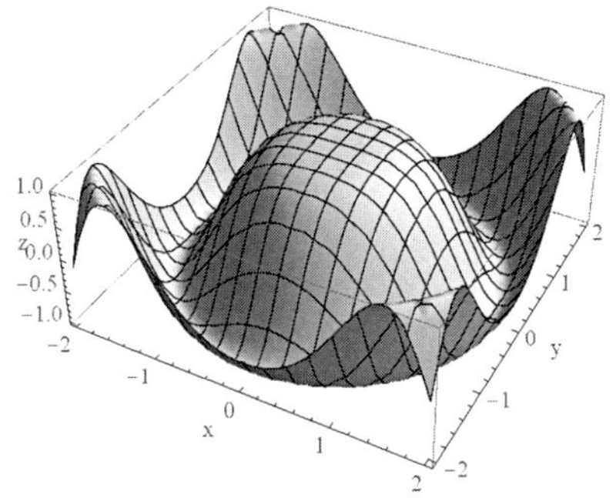

1.2.3. 그래프의 정밀도 설정 (PlotPoints)

```
In[8]:= Plot3D[Cos[x^2 + y^2], {x, -2, 2}, {y, -2, 2}, PlotPoints → 3]
```

Out[8]=

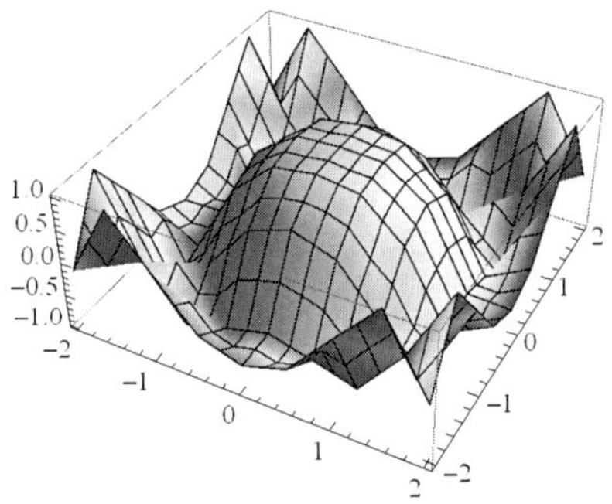

*Mathematica*의 버전이 높아지면서 기본적인 정밀도가 매우 높아졌다. 이 그래프의 경우에는 PlotPoints를 아주 많이 높여도 그래프에 별 차이가 없어서 낮춰보면 그래프가 매끄럽지 않음을 확인할 수 있다.

1.2.4. 그래프의 스타일 설정 (Mesh, FaceForm, ColorFunction)

Mesh는 그래프 표면을 부드러운 색상으로 처리한다.

```
In[9]:= Plot3D[Cos[x^2 + y^2], {x, -2, 2}, {y, -2, 2}, Mesh → False]
```

Out[9]=

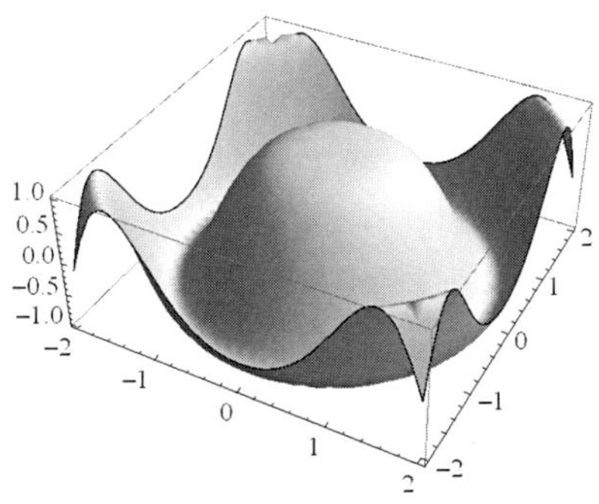

FaceForm은 2D나 3D 그래프 표면의 색을 다양하게 바꿀 수 있다. 특히 3D에서는 그래프 표면의 안쪽 색과 바깥쪽 색을 다르게 지정할 수도 있고, 그래프 안쪽 면도 볼 수 있도록 반투명으로도 할 수 있다.

```
In[10]:= Plot3D[Cos[x^2 + y^2], {x, -2, 2}, {y, -2, 2}, PlotStyle → FaceForm[Green, Orange]]
```

Out[10]=

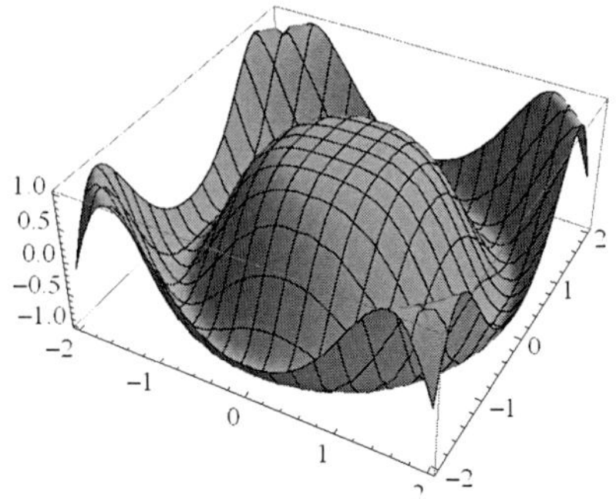

```
In[11]:= Plot3D[Cos[x^2 + y^2], {x, -2, 2}, {y, -2, 2},
          PlotStyle → FaceForm[Directive[Opacity[0.5], Green], Orange]]
```

Out[11]=

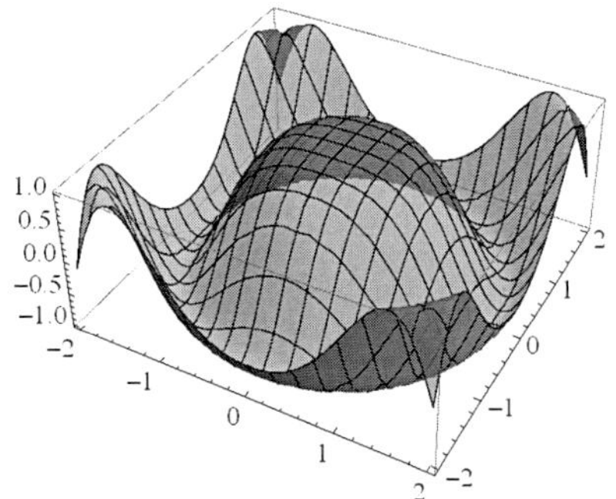

FaceForm으로 그래프 표면을 망사처리할 수도 있다.

```
In[12]:= Plot3D[Cos[x^2 + y^2], {x, -2, 2}, {y, -2, 2}, PlotStyle → FaceForm[]]
```

Out[12]=

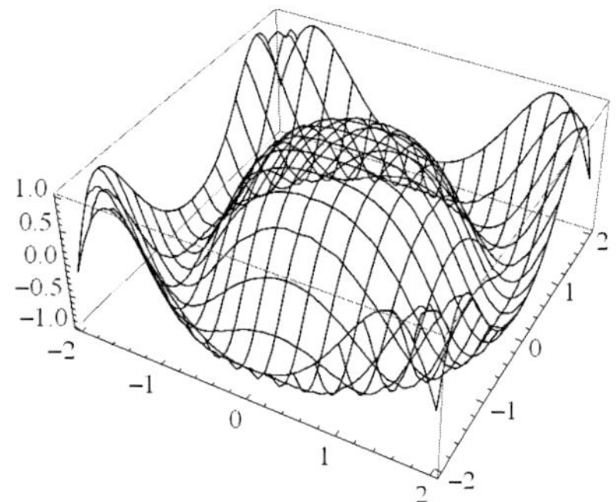

ColorFunction은 그래프 표면을 함수값에 따라 다른 색상을 적용하여 나타낸다. 주로 온도, 고도 등 차이를 두기 위해서 많이 사용된다. ColorFunction의 값은 [메뉴 막대]→[Palettes]→[ColorSchemes]에 있는 이름들을 이용하거나 실제 *z*값에 대한 함수를 만들어 쓸 수도 있다.

In[13]:= `Plot3D[Cos[x^2 + y^2], {x, -2, 2}, {y, -2, 2}, ColorFunction → "Rainbow"]`

Out[13]=

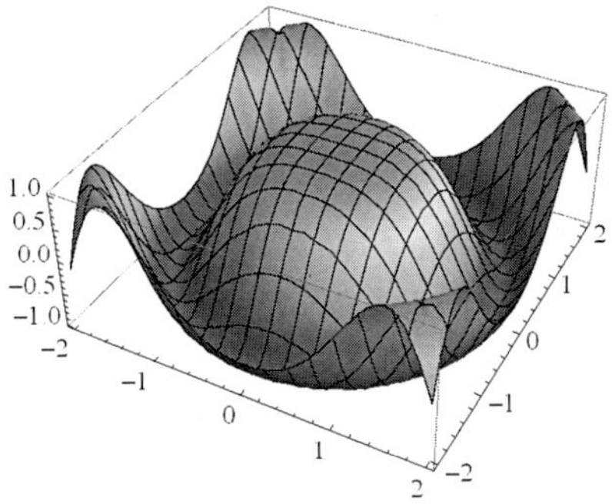

1.2.5. 그래프 외곽 테두리의 Box 설정 (Boxed, BoxRatios)

Boxed는 외곽 테두리의 유무에 관한 설정을 하는 것이다.

In[14]:= `Plot3D[Cos[x^2 + y^2], {x, -2, 2}, {y, -2, 2}, Boxed → False]`

Out[14]=

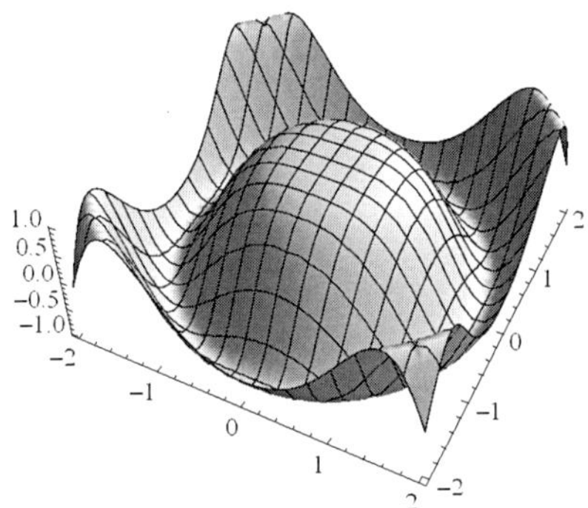

BoxRatios는 공간도형의 {가로, 세로, 높이}에 대한 비율을 설정하는 옵션이다.

In[15]:= `Plot3D[Cos[x^2 + y^2], {x, -2, 2}, {y, -2, 2}, BoxRatios → {1, 1, 1}]`

Out[15]=

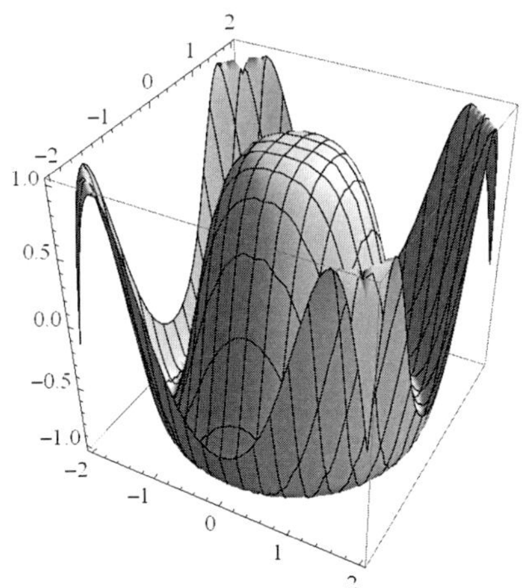

1.2.6. 그래프 이름(Label) 설정 (PlotLabel)

```
In[16]:= Plot3D[Cos[x^2 + y^2], {x, -2, 2}, {y, -2, 2}, PlotLabel → "z=Cos[x^2+y^2]"]
```

Out[16]=

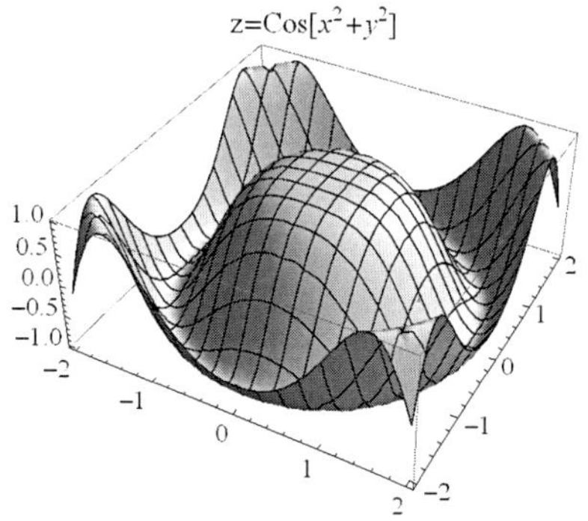

위의 그래프에서 PlotLabel의 글씨체와 크기를 수정하여 보자.

StyleForm["expr", style]	expr을 style(FontColor, FontSize, FontFamily) 처리한다.

```
In[17]:= Plot3D[Cos[x^2 + y^2], {x, -2, 2}, {y, -2, 2},
          PlotLabel → Style["z=Cos[x^2+y^2]", RGBColor[1, 0, 0], 11, "Times"]]
```

Out[17]=

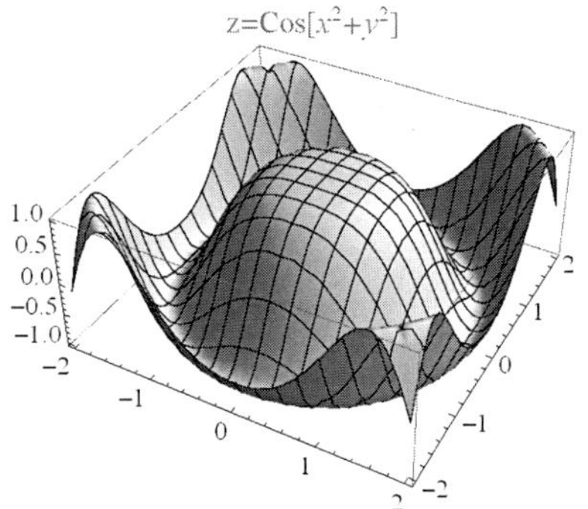

위에서 RGBColor의 색상코드는 앞에서 소개한 바와 같이 [메뉴 막대]→[Insert]→[Color]를 이용한다.

1.2.7. 그래프의 X, Y, Z축의 출력범위 설정 (PlotRange)

```
In[18]:= Plot3D[Sin[x^2 + y^2], {x, -2, 2}, {y, -2, 2},
              PlotRange → {{-3, 3}, {-3, 3}, {-1, 3}}]
```

Out[18]=

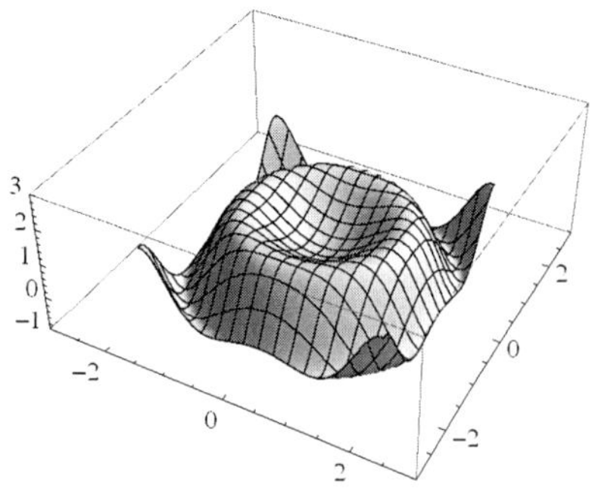

1.2.8. 그래프의 크기 설정 (ImageSize)

```
In[19]:= Plot3D[Cos[x^2 + y^2], {x, -2, 2}, {y, -2, 2} , ImageSize → 240]
```

Out[19]=

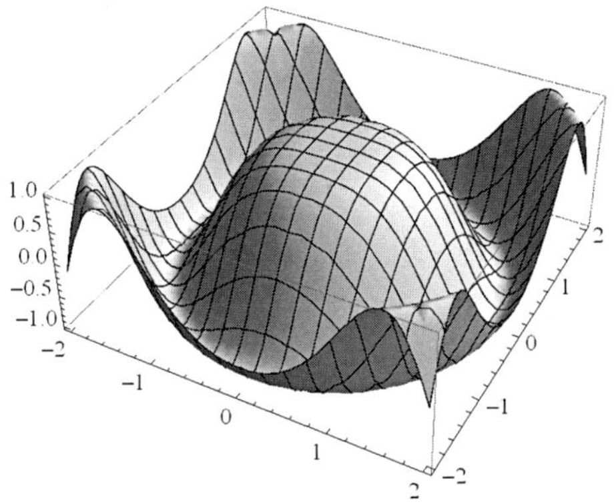

1.2.9. 그래프의 격자선 설정 (FaceGrids)

입체감을 살리기 위하여 격자선을 넣을 수 있다. 모든 면에 격자선을 넣고자 하면 FaceGrids→All 이란 옵션을 주면 된다.

```
In[20]:= Plot3D[Cos[x^2 + y^2], {x, -2, 2}, {y, -2, 2}, FaceGrids → All]
```

Out[20]=

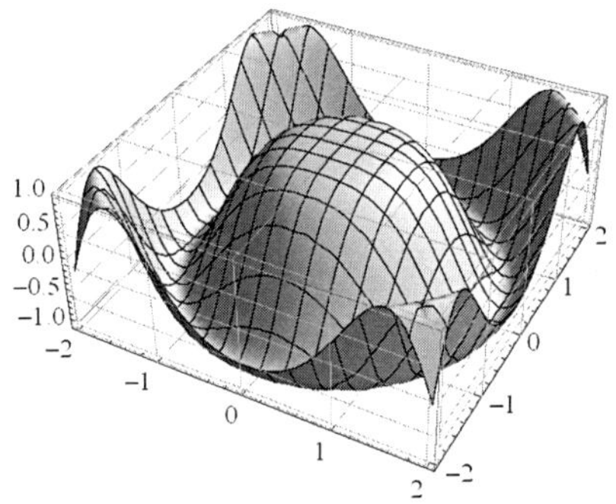

그러나 때로는 격자선이 도형 관찰에 방해가 될 수도 있다. 이럴 때 우리가 원하는 면에만 격자선을 삽입할 수도 있다. 편의상 상자가 $x_1 \le x \le x_2$, $y_1 \le y \le y_2$, $z_1 \le z \le z_2$를 만족하는 점들로 이루어져 있다고 하자.

FaceGrids → {{0, 0, 1}}	$(z = z_2$ 를 만족하는$)$ 윗면에 격자선을 그려준다.
FaceGrids → {{0, 1, 0}}	$(y = y_2$ 을 만족하는$)$ 오른면에 격자선을 그려준다.
FaceGrids → {{1, 0, 0}}	$(x = x_2$ 을 만족하는$)$ 앞면에 격자선을 그려준다.
FaceGrids → {{0, 0, −1}}	$(z = z_1$ 를 만족하는$)$ 아랫면에 격자선을 그려준다.
FaceGrids → {{0, −1, 0}}	$(y = y_1$ 를 만족하는$)$ 왼면에 격자선을 그려준다.
FaceGrids → {{−1, 0, 0}}	$(x = x_1$ 를 만족하는$)$ 뒷면에 격자선을 그려준다.

In[21]:= `Plot3D[Cos[x^2 + y^2], {x, -2, 2}, {y, -2, 2}, FaceGrids → {{0, 0, 1}}]`

Out[21]=
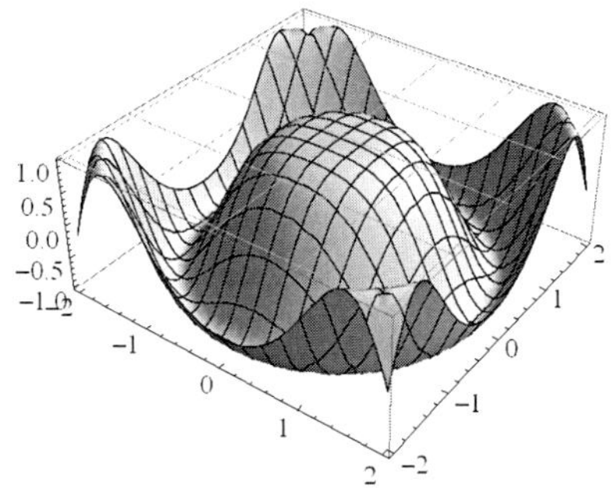

In[22]:=
```
Plot3D[Cos[x^2 + y^2], {x, -2, 2}, {y, -2, 2},
  FaceGrids → {{1, 0, 0}, {-1, 0, 0}, {0, 1, 0}, {0, -1, 0}}]
```

Out[22]=
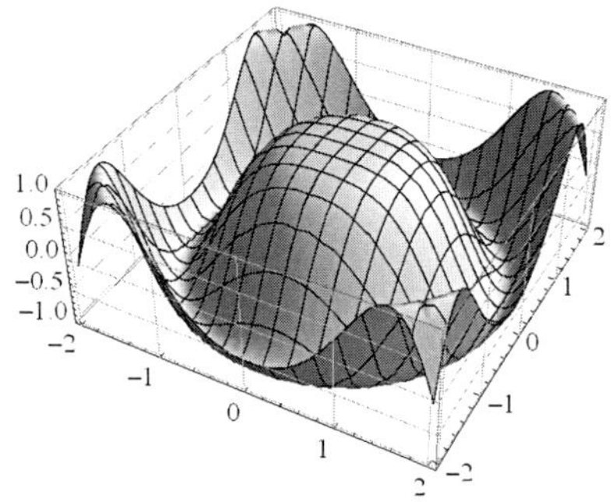

1.2.10. 그래프의 행렬식 배열(GraphicsGrid)

Plot에서 구현해 보았던 GraphicsGrid도 여기서 활용가능하다. 앞에서 그려놓은 그래프들을 배열해 보자.

In[23]:= `GraphicsGrid[{{gf1, gf2}, {gf3, gf4}}, ImageSize → 320]`

Out[23]=
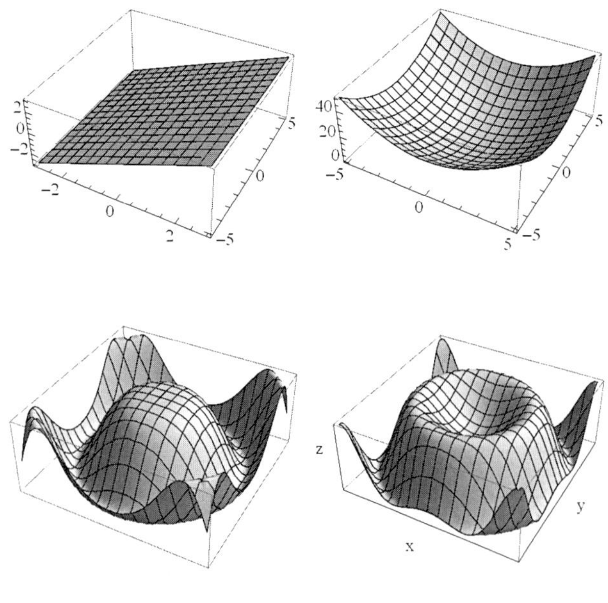

이외에도 다른 여러 가지 옵션들이 있다. 하지만 이 정도면 Plot3D를 다루는데 무리가 없을 것 같다. 기타 더욱 자세한 옵션들은 문서 센터를 통해 학습하도록 하자.

2. 매개식 $X(u, v) = (x(u, v), y(u, v), z(u, v))$로 주어진 곡면 그리기

2.1. ParametricPlot3D 이용하여 그리기

ParametricPlot3D[{$x(t)$, $y(t)$, $z(t)$}, {t, t1, t2}]	매개식 $x = x(t)$, $y = y(t)$, $z = z(t)$ 으로 주어진 곡선의 그래프를 t1 $\le t \le$ t2 의 범위에서 출력한다.
ParametricPlot3D[{$x(s, t)$, $y(s, t)$, $z(s, t)$}, {s, s1, s2}, {t, t1, t2}]	매개식 $x = x(s, t)$, $y = y(s, t)$, $z = z(s, t)$ 으로 주어진 곡면의 그래프를 s1 $\le s \le$ s2, t1 $\le t \le$ t2 의 범위에서 출력한다.

매개식 $x(t)$ = Cos[$a\,t$], $y(s, t)$ = Sin[$a\,t$], $z(s, t) = b\,t$의 그래프는 나선이다. ParametricPlot3D를 이용하여 그래프를 그려보자.

```
In[24]:= ParametricPlot3D[{2 Cos[t], 2 Sin[t], 0.1 t}, {t, -10, 10}]
```

Out[24]=

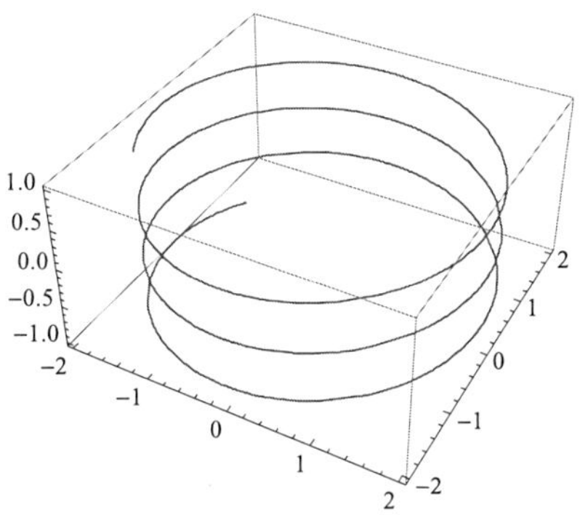

구 $x^2 + y^2 + z^2 = 1$의 매개식은 $x(s, t)$ = Sin[s] Sin[t], $y(s, t)$ = Sin[s] Cos[t], $z(s, t)$ = Cos[s] 이다. ParametricPlot3D를 이용하여 구를 그려보자.

```
In[25]:= ParametricPlot3D[{Sin[s] Sin[t], Sin[s] Cos[t], Cos[s]}, {s, 0, Pi}, {t, 0, 2 Pi}]
```

Out[25]=

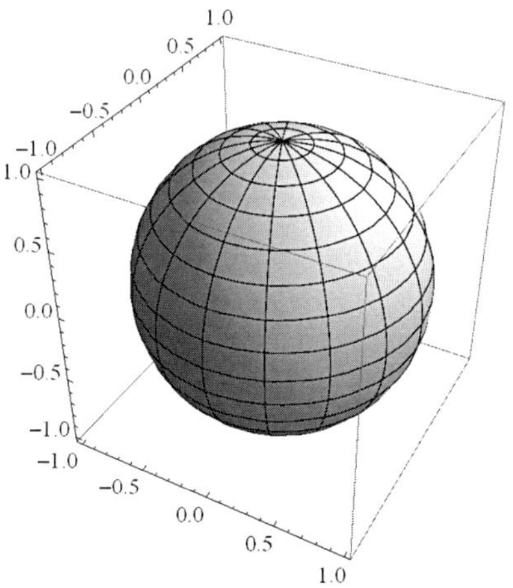

마찬가지로 그 다음에 우리가 살펴보아야 할 것은 옵션일 것이다. 일반적으로 ParametricPlot3D의 옵션의 형식은 Plot3D와 거의 동일하며 Axes, AxesLabel, BoxRatios, PlotLabel, PlotPoints, PlotRange 등이 있다.

In[26]:=
```
ParametricPlot3D[{4 Sec[t] Cos[r], 2 Sec[t] Sin[r], Tan[t]},
  {t, -Pi / 3, Pi / 3}, {r, -Pi, Pi}, PlotPoints → 40, BoxRatios → {1, 1, 0.8}]
```

Out[26]=

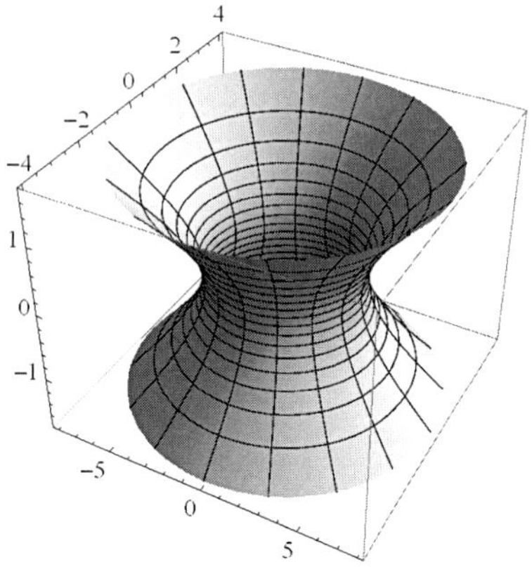

이렇게 해서 매개식으로 표현되어진 방정식에 대한 공간도형의 그래프를 그려보았다. 공간에서는 설령 그래프를 그렸다 하더라도 보는 각도에 따라 그래프의 개형이 전혀 다르게 인식될 수도 있는데 그래프를 회전도 시켜 보고 키워도 보면서 그래프를 자세히 관찰하는 습관을 키우도록 한다.

3. 음함수 $f(x, y, z) = c$로 주어진 곡면 그리기

3.1. ContourPlot3D 이용하여 그리기

ContourPlot3D[f[x, y, z] == c, {x, x1, x2}, {y, y1, y2}, {z, z1, z2}]	음함수 $f(x, y, z) = c$ 로 주어진 곡면을 출력한다.

In[27]:=
```
ContourPlot3D[x^2 + y^2 + z^2 == 1, {x, -2, 2}, {y, -2, 2}, {z, -2, 2}, ImageSize → 200]
```

Out[27]=

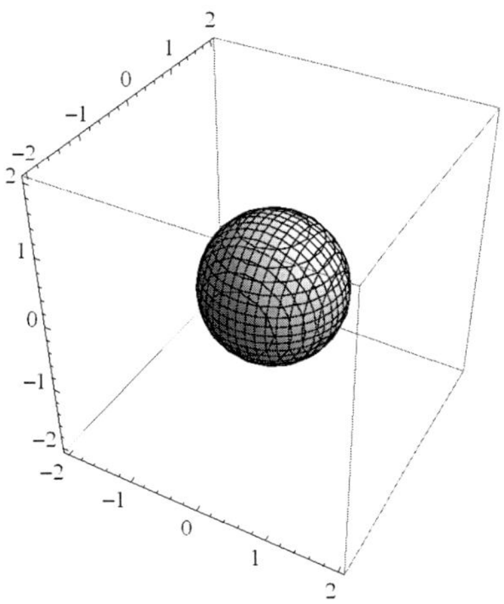

다음은 Schwarz P 곡면에 대한 근사식, Schwarz D 곡면에 대한 근사식, Schoen G 곡면에 대한 근사식이 나타내는 곡면들을 그려 본 것이다.

In[28]:=
```
PP[x_, y_, z_] = Cos[2 π x] + Cos[2 π y] + Cos[2 π z] + 0.5;
DD[x_, y_, z_] =
  Cos[2 π x] Cos[2 π y] Cos[2 π z] - Sin[2 π x] Sin[2 π y] Sin[2 π z] + 0.5;
```

```
In[30]:= GG[x_, y_, z_] =
           Sin[2 π x] Sin[2 π y] + Sin[2 π y] Sin[2 π z] + Sin[2 π z] Sin[2 π x] + 0.5;

In[31]:= ContourPlot3D[PP[x, y, z] == 0, {x, -1, 1}, {y, -1, 1}, {z, -1, 1}]
```

Out[31]=

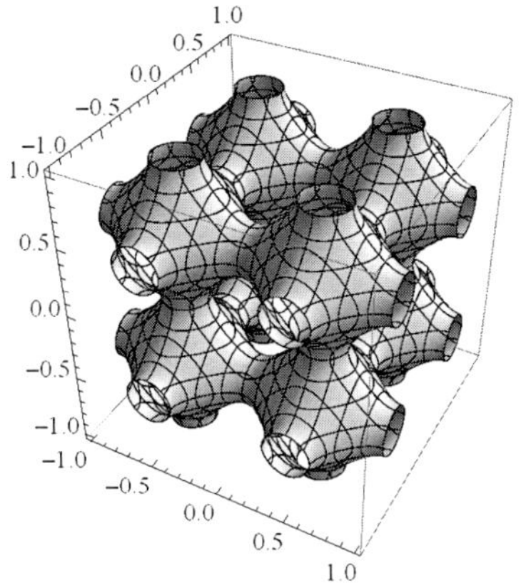


```
In[32]:= ContourPlot3D[DD[x, y, z] == 0, {x, -1, 1}, {y, -1, 1}, {z, -1, 1}]
```

Out[32]=

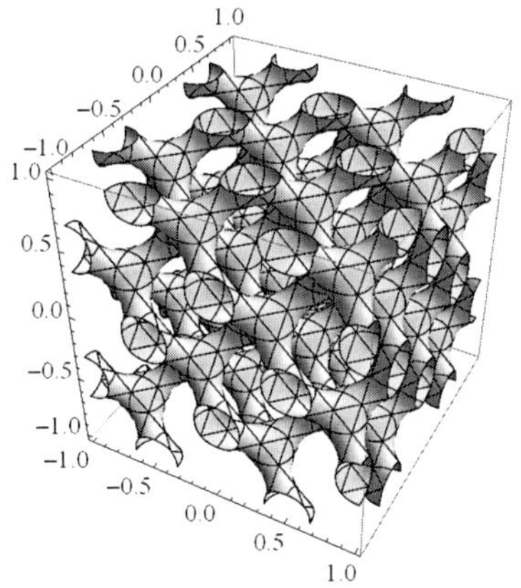


```
In[33]:= ContourPlot3D[GG[x, y, z] == 0, {x, -1, 1}, {y, -1, 1}, {z, -1, 1}]
```

Out[33]=

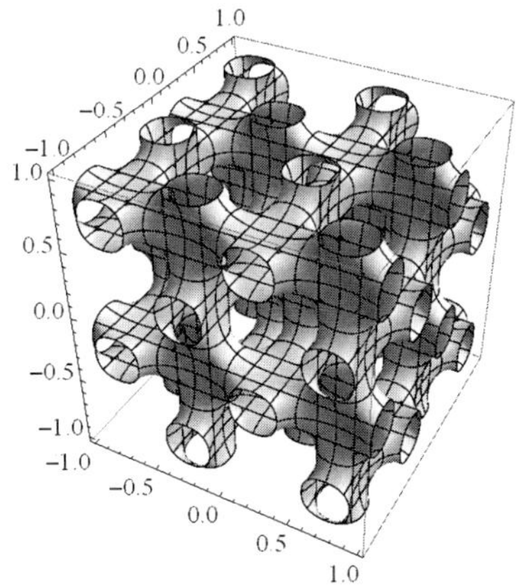

제 7장 평면도형 및 공간도형 그리기

앞에서 곡선과 곡면을 그리는 법을 공부했는데 여기서는 점, 선, 원, 면, 다각형과 같은 도형을 그리는 법을 공부해 보자. 사실 점, 선, 면 만으로도 Plot 혹은 Plot3D 등이 그려내는 그래프를 모두 그려낼 수 있다. 점, 선, 면은 모든 그림의 기본단위가 되는 것으로, 점, 선, 면을 적절히 조합하면 의미있는 그림을 만들어낼 수 있다. 다만 사용자의 편의를 위하여 Plot, Plot3D 등의 내장함수들을 만들어 놓았을 뿐이다.

1. 평면도형 그리기

모든 평면도형은 Graphics[개체]로 나타낸다.

Graphics[{도형1, 도형2, 도형3, ...}, GraphicsOptions]

In[1]:= **Short[Options[Graphics]]**

Out[1]//Short= {AlignmentPoint → Center, AspectRatio → Automatic, Axes → False, ≪32≫, RotateLabel → True, Ticks → Automatic, TicksStyle → {}}

1.1. 평면에 있는 점, 선, 다각형, 사각형, 원, 원반 등을 그리기

Point[{*x*, *y*}] 점 (*x*, *y*)

In[2]:= **Graphics[Point[{1, 1}], Axes → True, AspectRatio → 0.7]**

Out[2]= 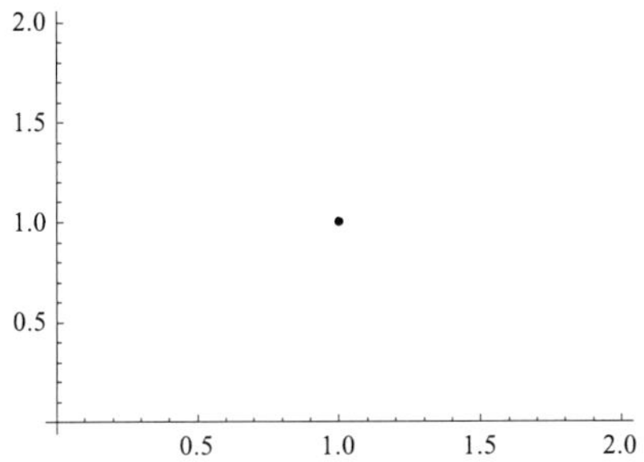

그림에 나타난 점의 크기가 너무 작다. 점의 크기와 색상을 사용자의 뜻대로 설정하려면 {설정1, 설정2, Point[{x,y}]}와 같이 리스트로 묶어서 표현한다.

In[3]:= **Graphics[{RGBColor[0, 0, 1], PointSize[0.05], Point[{1, 1}]},
Axes → True, AspectRatio → 0.7]**

Out[3]= 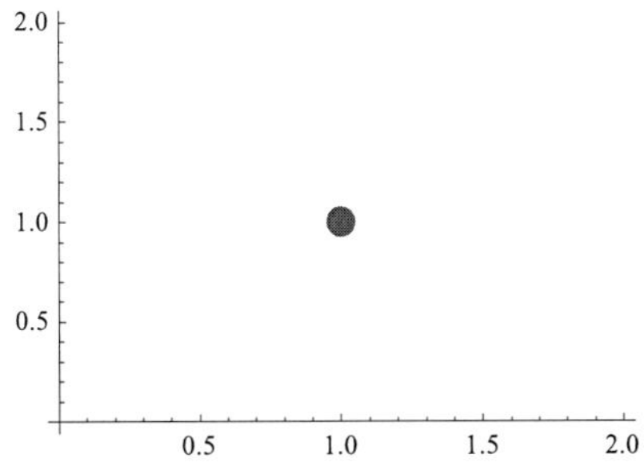

여러 개의 점을 동일한 설정으로 그려내려면 {설정1, 설정2, Point[{x1,y1}], Point[{x2,y2}], ...}와 같이 중괄호로 묶어서 나열한다.

In[4]:=
```
Graphics[{RGBColor[0, 0, 1], PointSize[0.05], Point[{1, 1}], Point[{2, 1}]},
 Axes → True, AspectRatio → 0.8]
```

Out[4]=

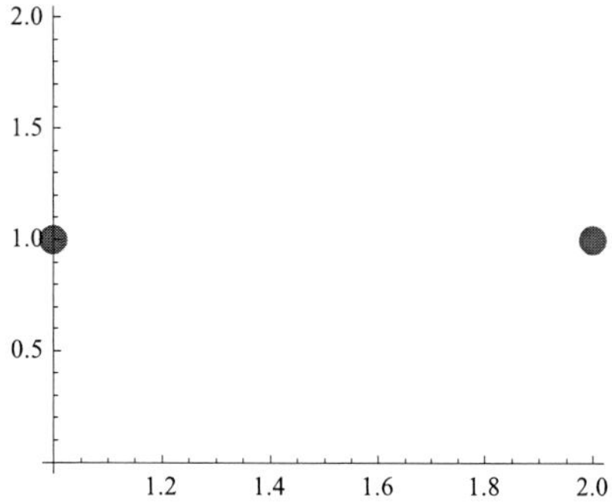

여러 개의 점에 대하여 그 설정을 개별적으로 주려면 각각의 개체를 {설정1, 설정2, Point[{x1,y1}]}와 같이 작성한 후, 그것들을 다시 중괄호로 묶어서 표현한다.

In[5]:=
```
Graphics[{{RGBColor[0, 0, 1], PointSize[0.1], Point[{0, 1}]},
  {RGBColor[0, 1, 0], PointSize[0.08], Point[{1, 1}]},
  {RGBColor[1, 0, 0], PointSize[0.06], Point[{2, 1}]}},
  Axes → True, PlotRange → All, AspectRatio → 0.8]
```

Out[5]=

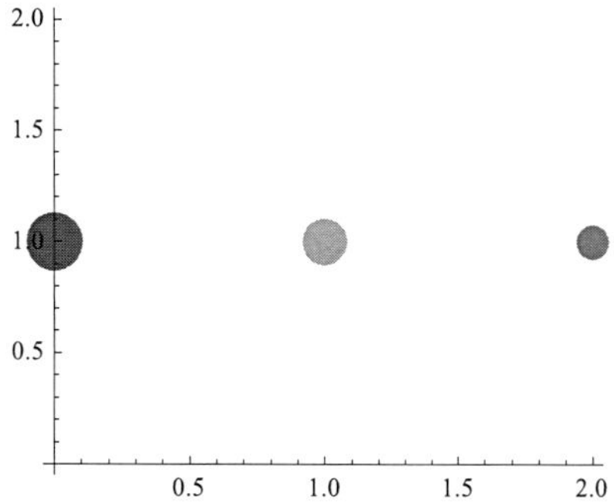

Line[{{x1, y1}, {x2, y2}}]	두 점 (x1,y1) 과 (x2,y2) 를 잇는 선분

In[6]:=
```
Graphics[Line[{{-2, -1}, {2, 2}}], Axes → True, AspectRatio → 0.8]
```

Out[6]=

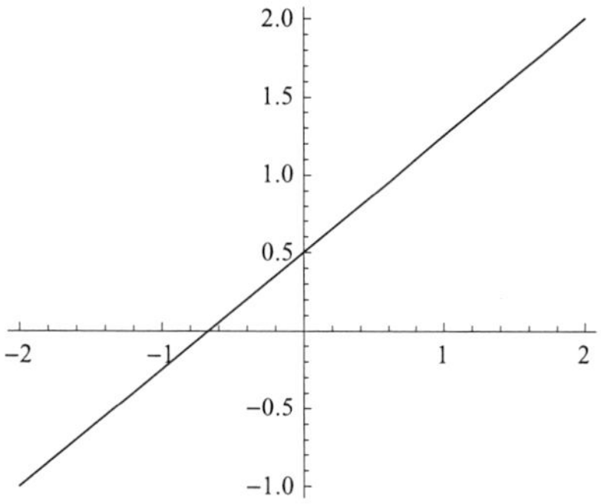

선분의 LineStyle에는 색상(Color), 두께(Thickness), 점선(Dashing) 등이 있다. 이 역시 점에 대한 스타일을 적용하는 설정 방법처럼 {설정1, 설정2, Line[{{x1,y1}, {x2,y2}}]}와 같이 중괄호로 묶어서 적용한다.

```
In[7]:= Graphics[{RGBColor[1, 0, 0], Thickness[0.01], Line[{{-2, -1}, {2, 2}}]},
  Axes → True, PlotRange → {{-3, 3}, {-2, 2}}, AspectRatio → 0.95]
```

Out[7]=

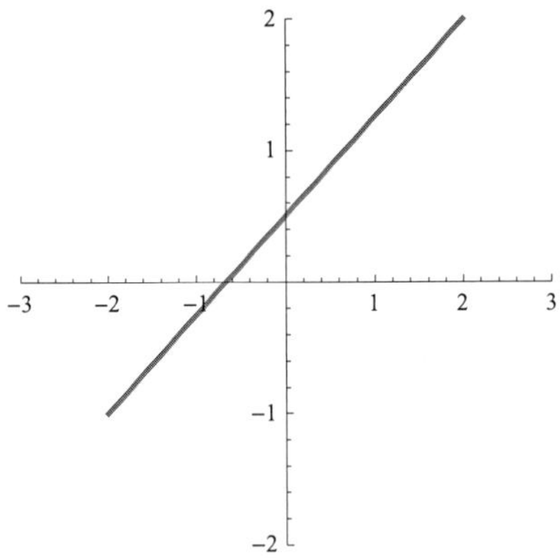

```
In[8]:= Graphics[{RGBColor[1, 0, 0], Thickness[0.007], Dashing[{0.05}],
  Line[{{-2, -1}, {2, 2}}]}, Axes → True, AspectRatio → 0.95]
```

Out[8]=

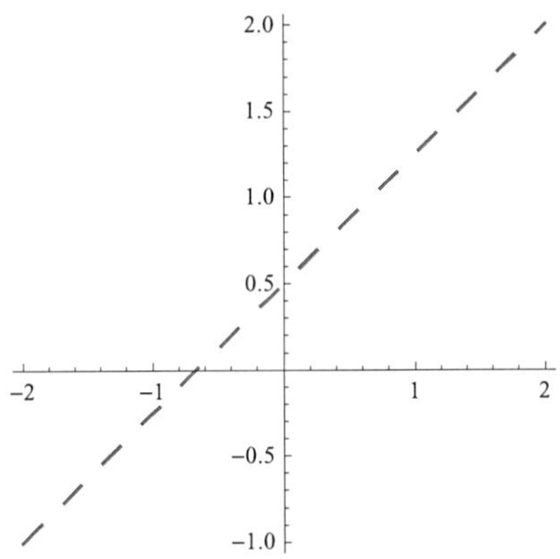

```
In[9]:= Graphics[{RGBColor[1, 0, 0], Thickness[0.007], Dashing[{0.03}],
  ImageSize → 120, Line[{{-2, -1}, {2, 2}}], Line[{{1, 4}, {3, 2}}]},
  Axes → True, AspectRatio → 0.95]
```

Out[9]=

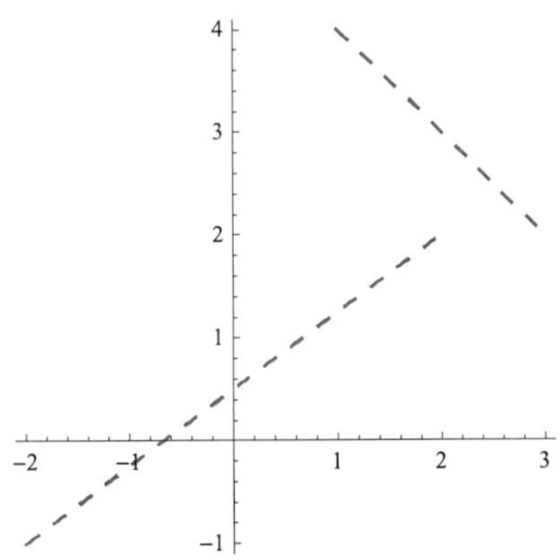

여러 선분에 대하여 다른 설정을 적용하여 보자.

In[10]:=
```
Graphics[{{RGBColor[1, 0, 0], Thickness[0.007], Line[{{1, 2}, {3, 4}}]},
  {Dashing[{0.02}], Line[{{3, 4}, {3, 1}}]}, {Line[{{3, 1}, {1, 2}}]}},
 Axes → True, PlotRange → {{0, 4}, {0, 5}}, AspectRatio → 0.85]
```

Out[10]=

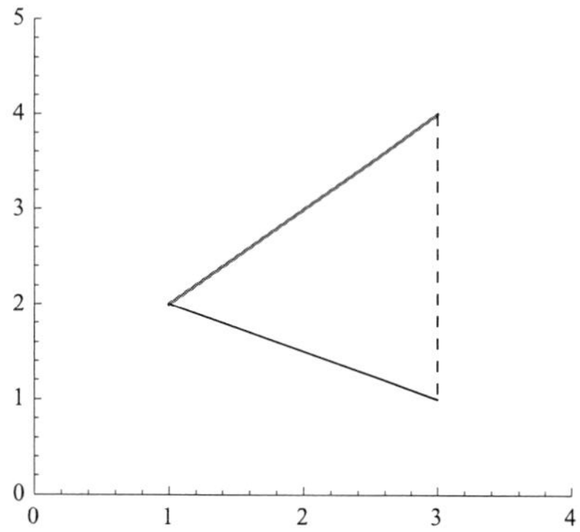

Polygon[{{x1, y1}, {x2, y2}, {x3, y3}, ...}]	점 (x1,y1), (x2,y2), (x3,y3) ... 들을 꼭짓점으로 가지는 다각형

In[11]:=
```
Graphics[Polygon[{{0, 0}, {2, 2}, {1, 3}}], Axes → True, AspectRatio → 0.85]
```

Out[11]=

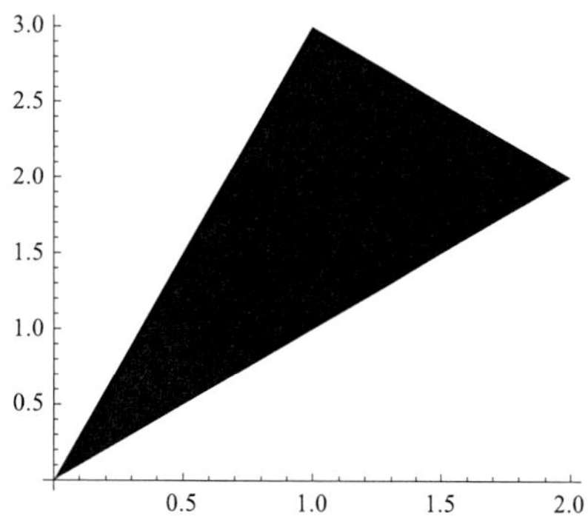

다각형의 명암은 GrayLevel[숫자]로 표현할 수 있다. 이때 [ ] 안에는 0에서 1사이의 숫자가 들어갈 수 있다. 0이면 검은색이고 1이면 흰색이며 숫자가 커질수록 밝아진다.

In[12]:=
```
Graphics[{GrayLevel[0.5], Polygon[{{0, 0}, {2, 2}, {1, 3}}]},
        Axes → True, AspectRatio → 0.85]
```

Out[12]=

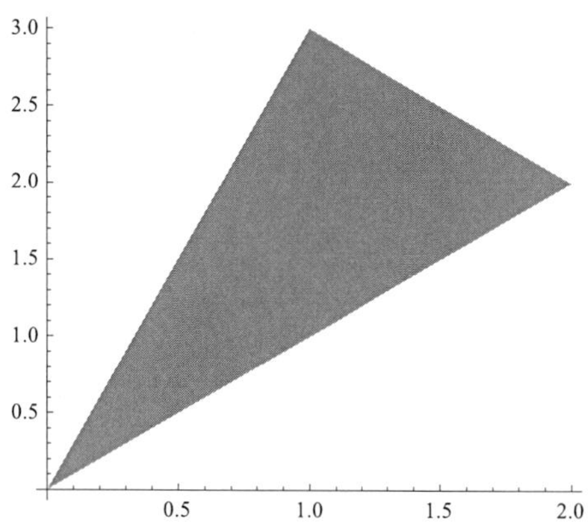

여러 다각형을 동시에 그려 보자.

```
In[13]:= Graphics[{{GrayLevel[0.9], Polygon[{{0, 0}, {2, 2}, {1, 3}}]},
           {GrayLevel[0], Polygon[{{3, 3}, {3, 5}, {5, 6}}]}},
          Axes → True, AspectRatio → 0.8]
```

Out[13]=

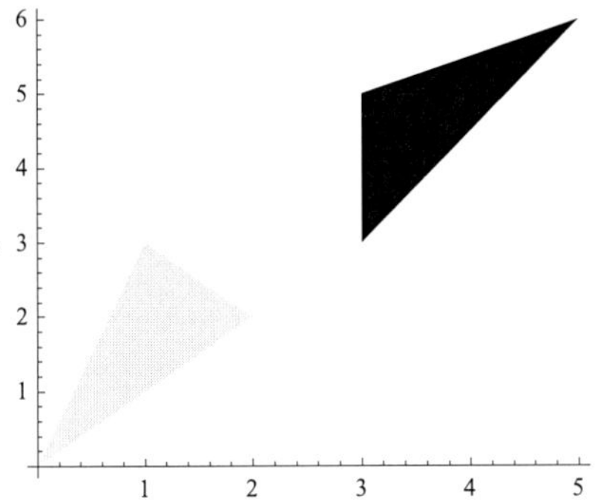

```
In[14]:= Graphics[{{GrayLevel[0.752941], Polygon[{{0, 0}, {2, 2}, {1, 3}, {-1, 2}}]},
           {RGBColor[0.5, 0.5, 0.7], Polygon[{{3, 3}, {3, 5}, {5, 6}}]}},
          Axes → True, AspectRatio → 0.8]
```

Out[14]=

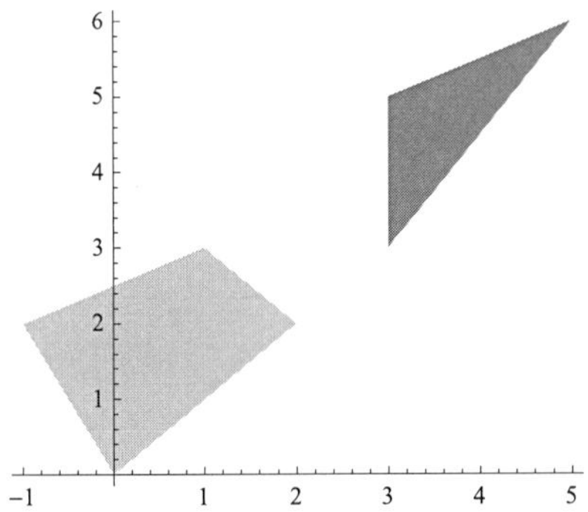

Rectangle[{x1, y1}, {x2, y2}]	네 점 (x1,y1), (x2, y1), (x2, y2), (x1, y2) 를 꼭짓점으로 가지는 사각형

```
In[15]:= Graphics[{RGBColor[1, 0.7, 0.7], Rectangle[{1, 4}, {3, 1}]},
          Axes → True, PlotRange → {{-2, 4}, {0, 5}}, AspectRatio → 0.8]
```

Out[15]=

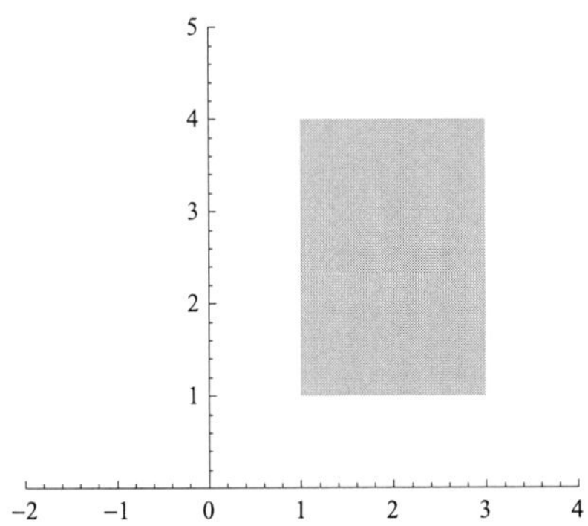

```
In[16]:= Graphics[Rectangle[{1, 4}, {3, 1}], AspectRatio → 0.7, Axes → True,
  PlotRange → {{-1, 4}, {0, 5}}, BaseStyle → {RGBColor[0.66, 0.35, 0.34]}]
```

Out[16]=

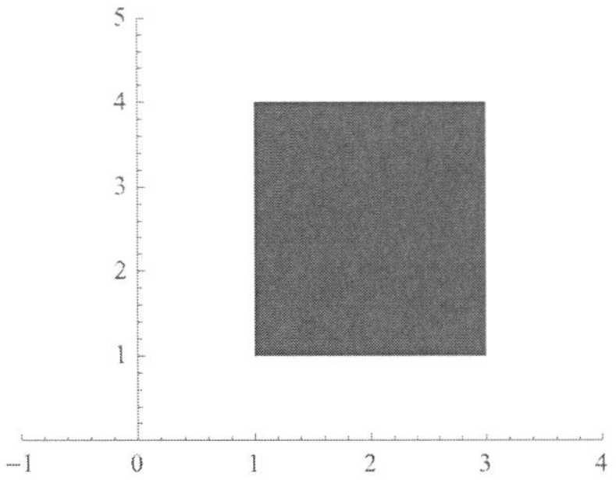

Circle[{x1, y1}, *r*]	중심이 (x1, y1) 이고 반지름이 *r* 인 원

```
In[17]:= Graphics[Circle[{1, 2}, 2]]
```

Out[17]=

중심이 (1, 2) 인지 확인할 수가 없다. 좌표축이 없어서 그렇다. 좌표축도 그려넣자.

```
In[18]:= Graphics[Circle[{1, 2}, 2], Axes → True, PlotRange → {{-2, 4}, {-1, 5}}]
```

Out[18]=

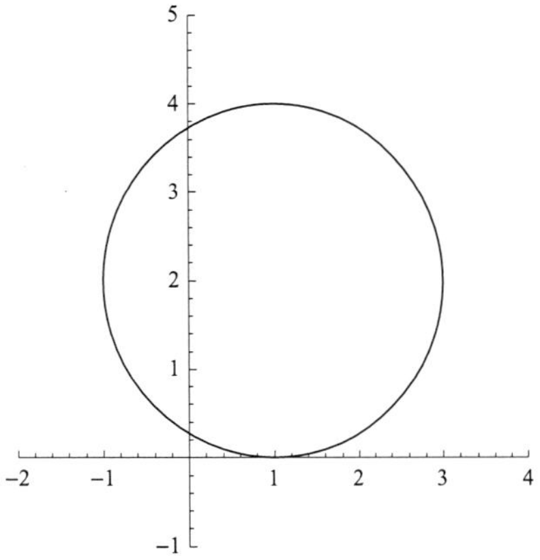

Disk[{x1, y1}, *r*]	중심이 (x1, y1) 이고 반지름이 *r* 인 원반

In[19]:=
```
Graphics[{GrayLevel[0.75], Disk [{1, 2}, 2]},
  Axes → True, PlotRange → {{-2, 4}, {-1, 5}}]
```

Out[19]=

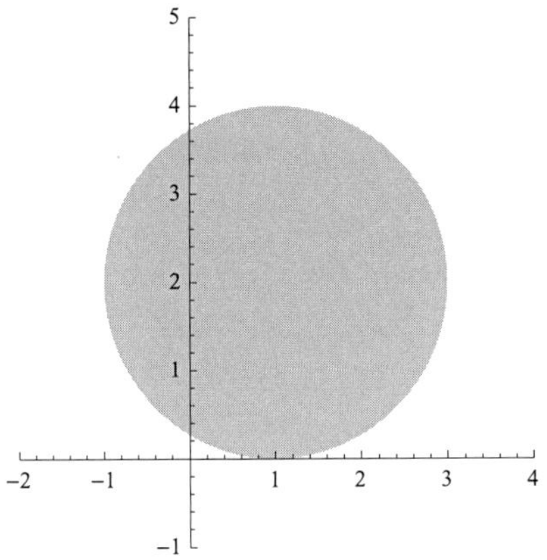

직사각형, 원, 원반에 대해서도 앞서 다루었던 점, 선, 다각형에서와 같이 여러 개체를 한 화면에 그리거나 각 개체에 대한 스타일을 따로 설정하는 것이 가능한데, 방법은 전과 동일하다. 색상을 설정할 때 [메뉴막대]→[Insert]→[Color]에서 색상을 보면서 선택할 수 있다.

1.2. 평면에 글자 집어넣기

Text["expr", {x1, y1}]	좌표 (x1,y1) 에 위치한 글 expr
Style["expr", style]	expr에 style을 준다. style 의 종류에는 FontColor, FontSize, FontFamily 등이 있다.

글도 역시 Graphics를 써서 나타낼 수 있다.

In[20]:=
```
Graphics[Text[Style["mathought", Blue, 10, "Times"], {1, 2}],
  Axes → True, AspectRatio → 0.6]
```

Out[20]=

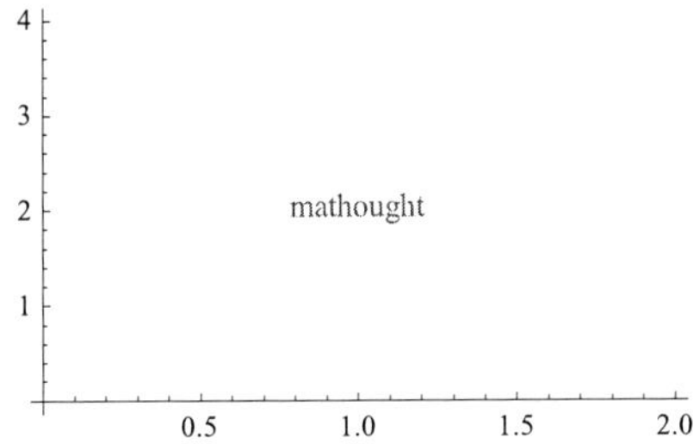

2. 공간도형 그리기

이제 공간도형을 그리는 법에 대하여 알아보자. 평면도형 그리는 법과 거의 같은 방법으로 그리는데 단 모든 공간도형을 나타낼 때는 Graphics가 아닌 Graphics3D[개체]를 사용한다는 것을 명심한다.

Graphics3D[{도형1,도형2,도형3,...}, GraphicsOptions]

In[21]:=
```
Short[Options[Graphics3D]]
```

Out[21]//Short=
```
{AlignmentPoint → Center, AspectRatio → Automatic,
  <<46>>, ViewVector → Automatic, ViewVertical → {0, 0, 1}}
```

2.1. 공간에 있는 점, 선, 삼각형, 직육면체, 구, 원통, 원뿔 등을 그리기

Point[{*a*, *b*, *c*}] 점 (*a*, *b*, *c*)

공간도형은 Graphics3D[개체]와 같은 형식을 취한다. 또한 그 개체에 여러 가지 특성을 부여하고자 할 때는 {설정1, 설정2, 설정3, 개체}와 같이 묶어서 Graphics3D[{설정1, 설정2, 설정3, 개체}]와 같이 구현을 한다.

```
In[22]:= gf1 = Graphics3D[{PointSize[0.05], Point[{2, 2, 1}]},
           AxesLabel → {"x-axis", "y-axis", "z-axis"}, Axes → True,
           FaceGrids → All, PlotRange → {{0, 3}, {0, 3}, {0, 3}}]
```

Out[22]=

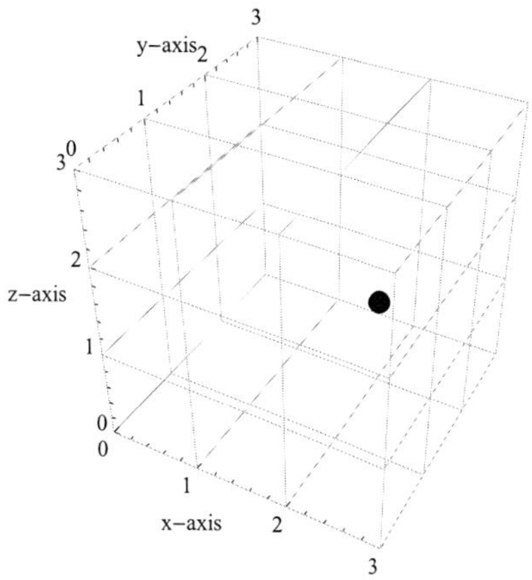

Line[{{x1, y1, z1}, {x2, y2, z2}}] 두 점 (x1,y1,z1) 과 (x2,y2,z2) 를 잇는 선분

```
In[23]:= line = Graphics3D[{RGBColor[0, 0, 1], Thickness[0.015], Dashing[{0.03}],
             Line[{{1, 1, 0}, {2, 2, 1}}]}];
         gf2 = Show[line, Axes → True, PlotRange → {{0, 3}, {0, 3}, {0, 2}}]
```

Out[24]=

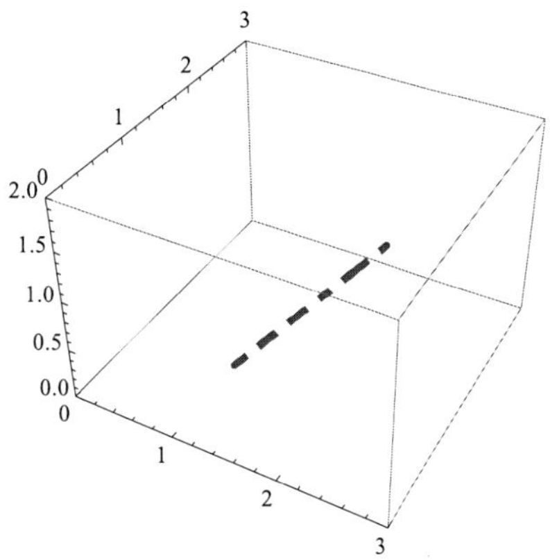

Polygon[{{x1, y1, z1}, {x2, y2, z2}, {x3, y3, z3}]	점 (x1,y1,z1),(x2,y2,z2),(x3,y3,z3) 을 꼭짓점으로 하는 삼각형

In[25]:=
```
poly = Polygon[{{0, 0, 1}, { 3, 0, 1} , {1.5, 3, 2}}];
Graphics3D[poly, Axes → True, FaceGrids → All]
```

Out[26]=

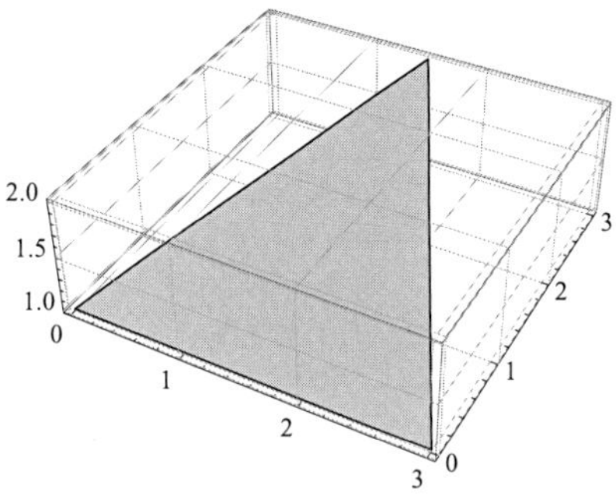

평면에서와 마찬가지로 점이 네 개 이상일 때도 그림이 출력되는데 어떤 그림이 나오는지 한번 직접 그려보기 바란다.

Cuboid[{*x*, *y*, *z*}]	점 (*x*, *y*, *z*) 가 왼쪽 아래 앞부분의 꼭짓점인 단위정육면체
Cuboid[{x1, y1, z1}, {x2, y2, z2}]	점 (x1,y1,z1) 을 왼쪽 아래 앞부분의 꼭짓점, (x2,y2,z2) 를 오른쪽, 위, 뒷부분의 꼭짓점으로 하는 직육면체

Cuboid는 여섯 면이 모두 좌표평면에 평행한 직육면체를 출력한다. Cuboid[{x1, y1, z1}, {x2, y2, z2}]의 여덟 꼭짓점의 좌표를 모두 적어보면 다음과 같다: {x1, y1, z1}, {x1, y1, z2}, {x1, y2, z1}, {x1, y2, z2}, {x2, y1, z1}, {x2, y1, z2}, {x2, y2, z1}, {x2, y2, z2}. Cuboid[{*x*, *y*, *z*}]는 Cuboid[{*x*, *y*, *z*}, {*x* + 1, *y* + 1, *z* + 1}]과 같다.

In[27]:=
```
Graphics3D[Cuboid[{0, 0, 0}]]
```

Out[27]=

```
In[28]:= Graphics3D[Cuboid[{0, 0, 0}, {2, 2, 3}],
          PlotRange → {{-1, 3}, {-1, 3}, {-1, 4}},
          FaceGrids → {{1, 0, 0}, {0, -1, 0}, {0, 0, 1}}, Axes → True]
```

Out[28]=

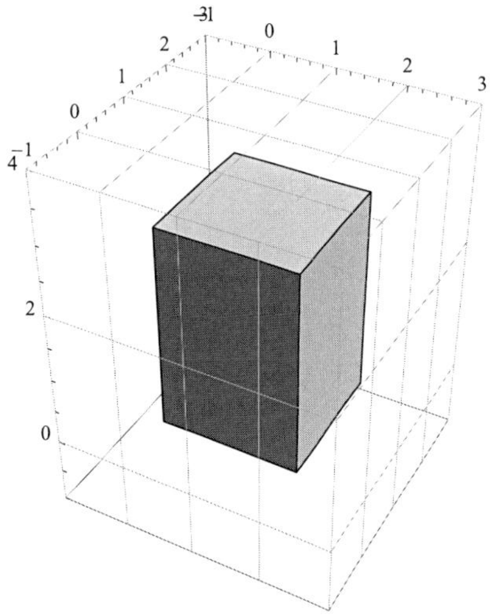

```
In[29]:= Graphics3D[{Cuboid[{1, 1, 2}], Cuboid[{2, 2, 2}]},
          Axes → True,
          PlotRange → {{1, 3.5}, {0, 3}, {2, 4}},
          FaceGrids → {{1, 0, 0}, {0, -1, 0}, {0, 0, 1}}]
```

Out[29]=

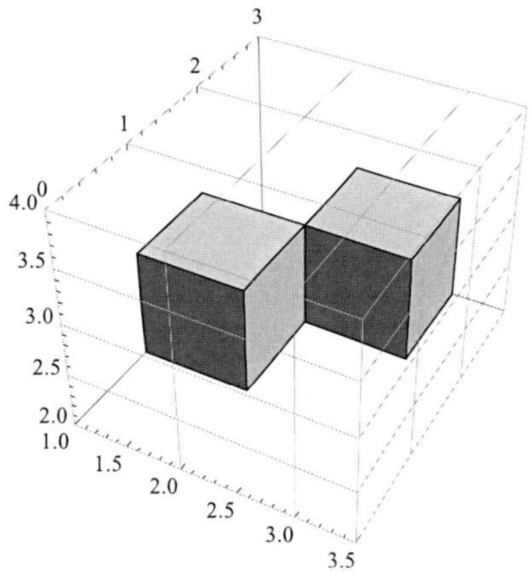

Sphere[{x, y, z}, r]	중심이 점 {x, y, z} 고 반지름이 r인 구
Cylinder[{{x_1, y_1, z_1}, {x_2, y_2, z_2}}, r]	축이 두 점 {x_1, y_1, z_1}, {x_2, y_2, z_2} 을 잇는 선분, 반지름이 r인 원통
Cone[{{x_1, y_1, z_1}, {x_2, y_2, z_2}}, r]	꼭짓점 = {x_2, y_2, z_2}, 밑원의 중심 = {x_1, y_1, z_1}, 반지름 = r인 원뿔

In[30]:=
```
{Show[Graphics3D[Sphere[{1, 1, 1}, 2]], ImageSize → Tiny],
 Show[Graphics3D[Cylinder[{{0, 0, 0}, {0, 0, 1}}, 1]], ImageSize → Tiny],
 Show[Graphics3D[Cone[{{0, 0, 0}, {0, 0, 1}}, 1]], ImageSize → Tiny]}
```

Out[30]= 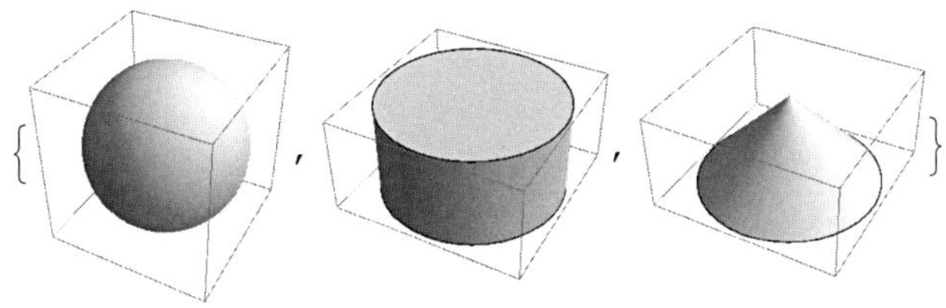

2.2. 공간에 글자 집어넣기

공간에 문자열을 삽입하는 것은 평면도형(Graphics2D)에서의 문자열 삽입의 방법과 동일하다.

In[31]:=
```
name = Text[Style["point A", 10, "Times", Blue], {2, 1, 1}];
gf4 = Graphics3D[{RGBColor[1, 0, 0], name}]
```

Out[32]= 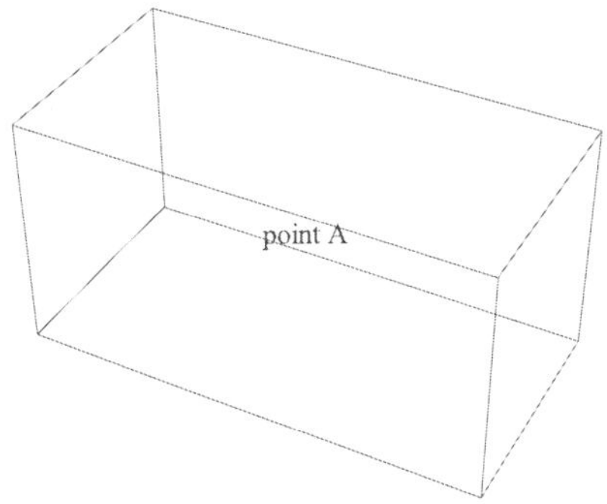

In[33]:=
```
gf5 = Show[{gf1, gf4}]
```

Out[33]= 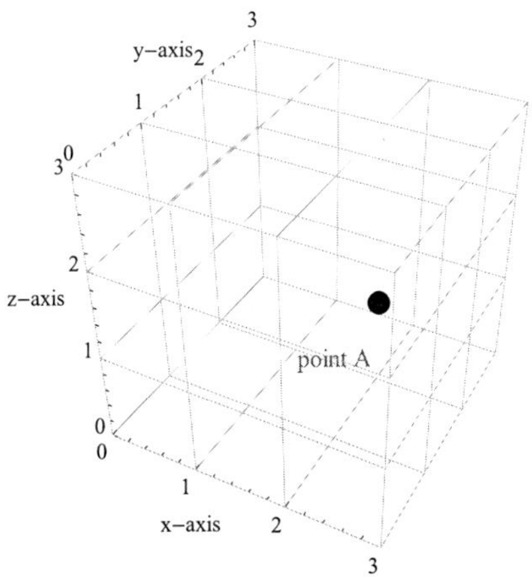

3. 여러 도형들을 한 화면에 그리기

3.1. 여러 평면 도형들을 한 화면에 그리기

Graphics[{개체1, 개체2, 개체3, ...}]]를 이용하여 여러 평면도형들을 하나로 결합시킬 수 있다.

```
In[34]:= Graphics[{
    {Text[Style["mathought", "Times", 10, Blue], {6, 9}]},
    {RGBColor[1, 0, 0], Thickness[0.007], Circle[{0, 0}, 2]},
    {Dashing[{0.03}], Line[{{0, 0}, {5, 5}}]},
    {GrayLevel[0.75], Disk[{5, 5}, 0.5]},
    {RGBColor[0.5, 0.5, 0.7], Rectangle[{-10, 1}, {-5, 2}]},
    {RGBColor[0.5, 0.5, 0.7], Polygon[{{5, -2.5}, {2.5, -5}, {7.5, -5}}]}},
   Axes → True, AspectRatio → 0.7, PlotRange → {{-12, 12}, {-12, 12}}]
```

Out[34]=

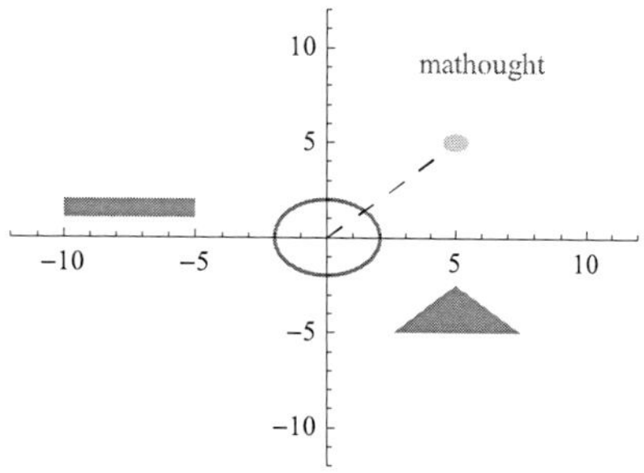

그런데 위와 같이 긴 명령문을 작성할 때는 줄바꿈이나 띄어쓰기를 잘 활용하여 명령어의 구조를 한눈에 알아볼 수 있도록 명령문을 작성해 두면 나중에 그 식을 읽어보며 오류를 수정하는데 좋다. 그래도 명령문이 길고 복잡한 경우에는 부분부분을 변수에 할당하여 두었다가 필요시 호출하여 사용하면 명령문의 구조를 분명히 할 수 있다. 위의 그림 요소들을 아래와 같이 하나하나 변수에 할당해 보자. 변수를 활용함으로써 결과는 같으며 가독성은 크게 향상된 명령문을 작성할 수 있음을 보게 된다.

```
In[35]:= a = {Text[StyleForm["mathought", "Times", 10, Blue], {6, 9}]};
    b = {RGBColor[1, 0, 0], Thickness[0.007], Circle[{0, 0}, 2]};
    c = {Dashing[{0.03}], Line [{{0, 0}, {5, 5}}]};
    d = {GrayLevel[0.75], Disk[{5, 5}, 0.5]};
    e = {RGBColor[0.5, 0.5, 0.7], Rectangle[ {-10, 1}, {-5, 2}]};
    f = {RGBColor[0.5, 0.5, 0.7], Polygon[{{5, -2.5}, {2.5, -5}, {7.5, -5}}]};
```

```
In[41]:= gf0 = Graphics[{a, b, c, d, e, f}, Axes → True, AspectRatio → 0.7,
      PlotRange → {{-12, 12}, {-12, 12}}]
```

Out[41]=

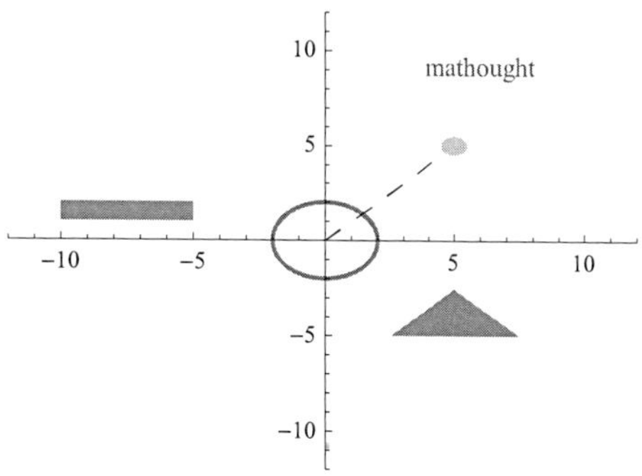

이미 그려진 그림들도 한 평면에 동시에 보이게 할 수 있다. Plot을 이용하여 그린 다음 그림을 위에서 그린 그림과 동시에 나타내어 보자.

```
In[42]:= gf6 = Plot[5 Sin[x], {x, -2 Pi, 2 Pi},
           LabelStyle → {FontSize → 8}, AspectRatio → 0.5]
```

Out[42]=

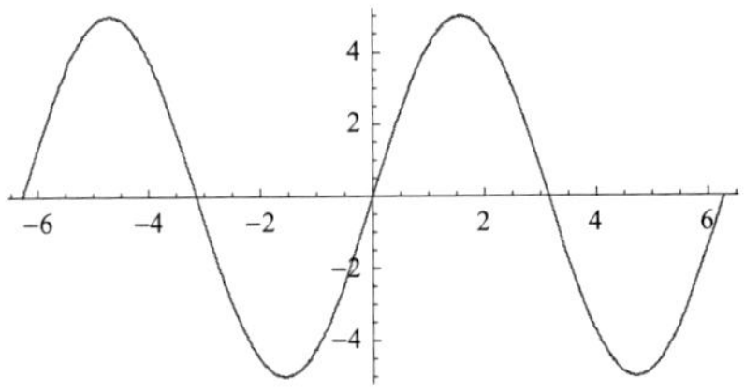


```
In[43]:= gf06 = Show[{gf0, gf6}];
         gf60 = Show[{gf6, gf0}];
         GraphicsGrid[{{gf06, gf60}}, ImageSize → 370]
```

Out[45]=

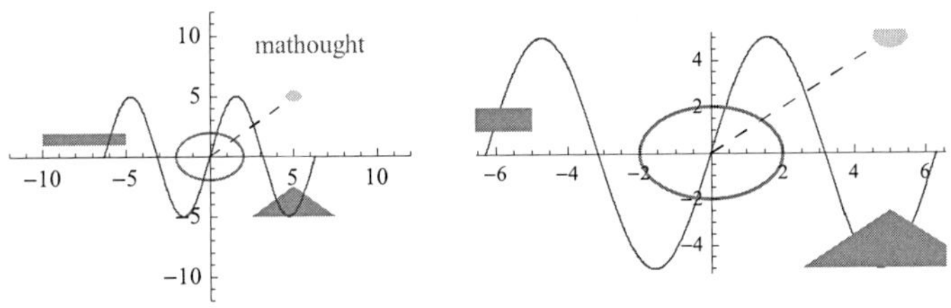

앞에 있는 그림의 옵션들이 전체 그림의 옵션이 되고 있음을 주목하라. 그 결과 gf60에서는 삼각형이 잘려 나타났다.

3.2. 여러 공간 도형들을 한 화면에 그리기

같은 원리로 공간의 여러 개체들도 한 화면에 나타낼 수 있다. 앞에서 작도했던 gf1과 gf2를 함께 나타내 본다. 평면의 그림들을 합칠 때와 마찬가지로 gf12= Show[{gf1, gf2}]에서는 FaceGrid, AxesLabel 등과 같은 옵션이 gf1의 옵션을 따르고 있으며, gf21= Show[{gf2, gf1}]에서는 FaceGrid, AxesLabel 등과 같은 옵션이 gf2의 옵션을 따르고 있다.

```
In[46]:= gf12 = Show[{gf1, gf2}];
         gf21 = Show[{gf2, gf1}];
         gf3 = GraphicsGrid[{{gf12, gf21}}, ImageSize → 370]
```

Out[48]=

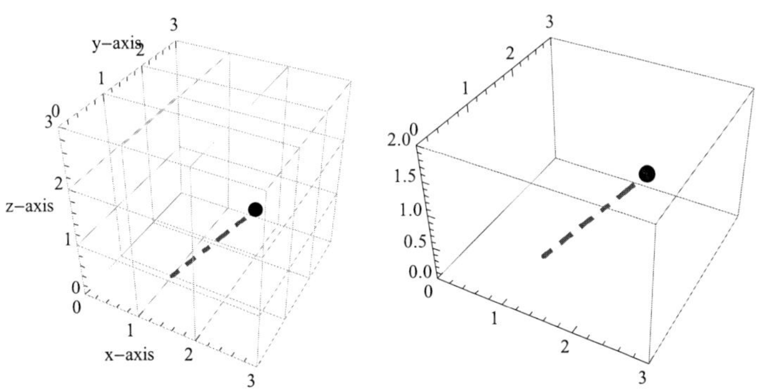

제 8장 함수 직접 만들어 사용하기

지금까지 우리가 다룬 명령어들은 *Mathematica* 내장함수들이다. 물론 아직 다 언급하지 못한 내장함수들이 엄청나게 많이 있지만 사용자가 원하는 내장함수가 없을 수도 있다. 그 경우에는 필요로 하는 함수를 사용자가 직접 만들어야 할 것이다. 이제 본격적으로 사용자 함수를 만들어 보기로 하자.

1. 변수에 값을 할당하는 두 가지 방법: 즉시 할당(=)과 나중 할당(:=)

함수를 정의하는 방법을 제대로 이해하기 위해선 먼저 =와 :=의 차이를 정확히 이해할 필요가 있다. 3장 1.6절에서 =와 :=의 차이를 잠깐 살펴보았었는데 이제 그 차이를 자세히 알아보자.

x = expr	변수 *x* 에 expr을 즉시 실행한 결과를 할당한다. (즉시 할당, Immediate Assignment)
x := exp	변수 *x* 에 expr이라는 표현 자체를 할당한다. expr의 실행은 나중에 이루어진다. (나중 할당, Delayed Assignment)

다음 예를 보자.

```
In[1]:= x1 = 3
Out[1]= 3
In[2]:= x2 := 3
In[3]:= {x1, x2}
Out[3]= {3, 3}
```

실행해 본 결과가 싱겁다. 마지막 결과를 보면 x1과 x2는 같아 보인다. 그러나 다음 예를 보면 =와 :=의 차이를 분명하게 알 수 있을 것이다.

RandomReal[ ]	폐구간 [0, 1] 에 있는 실수를 임의로 추출한다.
RandomInteger[{*a*, *b*}]	폐구간 [*a*, *b*] 에 있는 정수를 임의로 추출한다.
RandomReal[{*a*, *b*}]	폐구간 [*a*, *b*] 에 있는 실수를 임의로 추출한다.
RandomComplex[{$a+b\,i$, $c+d\,i$}]	꼭짓점이 $a+b\,i$, $a+d\,i$, $c+b\,i$, $c+d\,i$인 복소평면의 닫힌 사각형에서 복소수를 임의로 추출한다.
RandomInteger[{*a*, *b*}, num]	*a* 와 *b* 사이의 정수를 num개만큼 임의로 추출한다.

```
In[4]:= y1 = RandomInteger[{1, 1000}]
Out[4]= 224
In[5]:= y2 := RandomInteger[{1, 1000}]
        y2
Out[6]= 825
```

이제 y1과 *y*2를 다시 호출하여 보자.

In[7]:= `{y1, y2}`

Out[7]= `{224, 857}`

y1은 전과 동일한 값을 출력하는 반면 y2는 전혀 다른 값을 출력하였다. y1 = RandomInteger[{1, 1000}]은 RandomInteger[{1, 1000}]을 실행하여 추출된 난수의 생성값 자체를 y1이라는 문자에 즉시 할당한 것이므로 차후에 *y*를 두 번, 세 번 호출하여도 동일한 값이 출력된다. 그러나 y2:=RandomInteger[{1,1000}]는 y2를 호출할 때마다 RandomInteger[{1, 1000}]이 재실행되고 그 새로운 결과가 출력되는 것이다. 다시 한 번 더 y1과 y2를 호출하여 그 결과를 확인해 보자.

In[8]:= `{y1, y2}`

Out[8]= `{224, 44}`

=와 :=의 차이에 대하여 더 자세히 알고자 하는 이는 문서 센터에서 ImmediateAndDelayedDefinitions를 검색하여 읽어보기 바란다.

2. 함수 정의하기

이제 사용자 함수를 정의하는 방법에 대하여 알아보자. 결론부터 말하자면 사용자 함수를 정의하는 방법에는 크게 다음과 같은 두 가지 방법이 있다.

f[x_] := expr	*f*[*x*] 가 호출될 때마다 expr을 실행하여 그 결과를 출력한다. (나중 정의)
f[x_] = expr	expr을 즉시 실행하여 그 결과를 *f*[*x*] 에 할당한다. (즉시 정의)

예를 들어 다음을 보자.

In[9]:=
```
f1[x_] := √x ;
f2[x_] = √x ;
```

In[11]:= `{f1[1], f1[2], f1[3], f1[t], f1[가나다], f2[1], f2[2], f2[3], f2[t], f2[가나다]}`

Out[11]= $\{1, \sqrt{2}, \sqrt{3}, \sqrt{t}, \sqrt{\text{가나다}}, 1, \sqrt{2}, \sqrt{3}, \sqrt{t}, \sqrt{\text{가나다}}\}$

차이가 없어 보인다. 그러나 두 정의 사이에는 분명히 차이가 있으며 그 차이는 앞에서 살펴본 변수에 대한 즉시 할당과 나중 할당의 차이와 근본적으로 같다. 앞에서는 변수를 다루기에 할당이라는 용어를 사용하였는데 여기서는 함수를 다루기에 할당이라는 표현보다는 정의라는 표현을 쓰도록 하겠다.

2.1. 나중 정의 *f*[*x*_] := expr과 즉시 정의 *f*[*x*_] = expr 의 비교

둘의 차이를 예를 들어 설명하도록 하겠다. 다음을 보자.

In[12]:=
```
g1[x_] := RandomInteger[{1, 1000}] + x;
g2[x_] = RandomInteger[{1, 1000}] + x;
```

In[14]:= `{g1[1], g1[2], g1[x], g1[y], g1[z]}`

Out[14]= `{746, 198, 406 + x, 940 + y, 464 + z}`

In[15]:= `{g2[1], g2[2], g2[x], g2[y], g2[z]}`

Out[15]= `{916, 917, 915 + x, 915 + y, 915 + z}`

g1[x]를 호출하면 그 때마다 RandomInteger[{1, 1000}] + x를 실행하여 그 결과를 출력하기에 정수부의 값이 달라지고 있다. 그러나 g2의 경우에는 처음 RandomInteger[{1, 1000}] + x를 실행하였을 때 출력된 RandomInteger[{1,1000}]를 그 때 이미 g2[x_]의 정의에 사용하였으며 다시 RandomInteger[{1,1000}]를 실행하지 않는다. 따라서 정수부가 변하지 않는다.

한 가지 예를 더 들어보도록 하겠다.

```
In[16]:= a = 10; s[x_] := x + a ; t[x_] = x + a ;

In[17]:= {s[1], t[1]}

Out[17]= {11, 11}
```

$s[1] = 1 + a = 1 + 10 = 11$이고 $t[1] = 1 + a = 1 + 10 = 11$이기에 {11, 11}의 값을 얻은 것이다. 이번에는 a = 100으로 새로이 a값을 정하여 보자. 그리고 난 후, 다시 $s[1]$과 $t[1]$의 값을 계산하여 본다.

```
In[18]:= a = 100;
         {s[1], t[1]}

Out[19]= {101, 11}
```

위 결과를 분석해보자. $s[1] = 101$이 나온 이유를 살펴보면, s[x]에 대해서는 $s[x]$를 호출할 때마다 식 $x + a$는 새로이 실행되어 그 값이 변하고 있다. 그것은 변수 x뿐만이 아니라 상수 a에 대한 값도 얼마든지 바뀔 수 있다는 뜻이다. 따라서 $s[1] = 1 + a = 1 + 100 = 101$이 되는 것이다. 이제 $t[1] = 11$이 나온 이유를 살펴보면, x에 대해서는 유동적인 값을 대응시킬 수 있지만, 식에 있는 a는 제일 처음 할당된 값 $a = 10$으로 고정되어 그 자체로 $s[x_] = x + a = x + 10$이 되어 버린 것이다. 다시 말해 a=10; $t[x] = x + a$;를 실행하는 순간, $t[x_] = x + 10$이 된 것이므로 $t[1] = 1 + 10 = 11$의 결과가 출력된 것이다.

수학계에서는 일반적으로 A=B를 A는 B와 같다는 의미로 사용하고, f(x):=expr을 f(x)는 expr로 정의라는 의미로 사용한다. *Mathematica* 에서도 =보다는 :=을 이용하여 함수를 정의하는 것이 보통이나 반드시 그러해야 할 이유는 없다.

2.2. *f*[*x*_] := expr과 *f*[*x*] := expr의 비교

역시 예를 들어 설명을 해 보도록 하겠다. 다음에 주어진 명령들을 실행해 보자.

```
In[20]:= g[x_] := √x ;
         h[x] := √x ;
         {g[1], g[x], h[1], h[x]}

Out[22]= {1, √x , h[1], √x }
```

입력 h[1]에 대한 출력이 1이 아니고 h[1]이다. 이는 *Mathematica* 가 h[1]이 무엇인지를 이해하지 못한다는 것이다. 사실 h[x] := $\sqrt{x}$는 함수의 정의라는 관점에서가 아니라 변수의 나중 할당이라는 관점에서 해석되어져야 한다. 즉 좌변의 h[x]는 네 문자 h, [, x,]로 이루어진 변수고 여기서 x는 변수로서의 역할을 전혀 하지 않고 있다. h[x]라는 표현 자체가 하나의 변수인 것이며 x를 다른 것으로 바꾸면 그것은 h[x]와는 전혀 상관없는 것이 되어 버리는 것이다. f[x] = expr도 변수의 즉시 할당이라는 관점에서 해석되어져야 한다.

_는 *Mathematica* 의 강력한 기능 중 하나인 패턴 인식에서 쓰이는 기호다. 이 장의 3절과 4절, 그리고 22장의 2.6절을 참고하라.

이처럼 정의(:=)와 할당(=)은 잘 구별해서 사용해야 한다. 변수를 선언하는 x_ 와 =, :=의 관계를 잘 이해하고 이들을 상황에 맞게 잘 조합하여 식을 만드는 것은 여러분들이 원하는 작업을 수행하는 알고리즘을 구현하는 데에 상당히 중요한 역할을 하게 될 것이다.

2.3. 다변수 함수 정의하기

함수를 정의할 때 변수는 여러 개를 설정할 수 있다.

$f[x\_, y\_]$:= expr	$f[x, y]$가 호출될 때마다 expr을 실행하여 그 결과를 출력한다. 즉, 이변수 함수 $f(x, y)$ = exp을 의미한다. 세 개 이상의 변수를 설정하는 것도 가능

```
In[23]:= ClearAll[f]  (* 앞에서 사용한 함수에 대한 모든 값과 정의를 삭제하자. *)

In[24]:= f[x_] := x;
         f[x_, y_] := x + √y
```

이 경우 함수명은 모두 f지만 입력되는 변수의 개수에 따라 대응되는 정의가 다르다. 확인해 보자.

```
In[26]:= f[2]

Out[26]= 2

In[27]:= f[1, -3]

Out[27]= 1 + ⅈ √3
```

이렇게 정의된 함수 f에 대하여 $f[1, 2, 3]$과 같이 세 개의 변수를 입력하면 어떻게 될까? 이 경우, 위에서 정의된 일변수 혹은 이변수의 형식을 벗어났기에 *Mathematica*는 $f[1, 2, 3]$을 그저 하나의 심볼로만 인식한다.

```
In[28]:= f[1, 2, 3]

Out[28]= f[1, 2, 3]
```

또한 함수를 정의함에 있어 변수의 개수는 얼마든지 늘일 수 있다.

```
In[29]:= f[x_, y_, z_, u_] := Max[{x, y, z, u}]

In[30]:= f[1.4, √2, 1.5, √3]

Out[30]= √3
```

3. 변수의 개수가 일정하지 않은 함수 정의하는 방법

위에서 살펴본 바와 같이 f[x_, y_, ...]으로 함수를 정의할 때는 변수의 개수가 정해지게 된다. 그런데 Plus, Times와 같은 함수를 보면 변수의 개수에 대한 제한이 전혀 없다.

```
In[31]:= {Plus[], Plus[2], Plus[2, 3], Plus[2, 3, 5]}

Out[31]= {0, 2, 5, 10}
```

이와 같이 변수의 개수가 유동적으로 변하는 함수를 작성하는 기법은 패턴 인식과 관련이 있으며 고급 프로그래밍에서 요긴하게 쓰인다. 함수 작성 시 옵션과 관련된 부분에서 변수의 개수를 유동적으로 정하는 지식이 필요하므로 간략하게 관련 내용을 소개한다.

3.1. *f*[*x*_], *f*[*x*__], *f*[*x*___]

f[x_]	변수 *x*의 값이 반드시 1 개 입력되어야 한다.
f[x__]	변수 *x*의 값이 반드시 1 개 이상 입력되어야 한다.
f[x___]	변수 *x*의 값이 반드시 입력되지 않아도 된다.

f[x_]는 앞에서 설명하였으므로 여기서는 *f*[x__] 와 *f*[x___]에 대하여 설명한다.

3.1.1. *f*[x__] (즉 _ 두 개)의 용례 1

다음을 보자.

```
In[32]:= ClearAll[g1, g2] (* 앞에서 사용한 함수에 대한 모든 값과 정의를 삭제하자. *)
         g1[x__] := x⊕1
         {g1[], g1[3] , g1[3, 5] , g1[x, y, z]}

Out[34]= {g1[], 3⊕1, 3⊕5⊕1, x⊕y⊕z⊕1}
```

이제 왜 이런 결과가 출력되었는지 살펴보자. g1[]는 x__에 해당하는 입력값이 한 개도 없기에 위 정의가 적용되지 않아 g1[] 그대로 출력되었다. g1[3]이 3⊕1이 되는 이유는 명백하다. 나머지 결과를 이해하기 위해서는 식 *x*⊕1의 FullForm을 살펴보는 것이 필요하다.

```
In[35]:= FullForm[x⊕1]

Out[35]//FullForm= CirclePlus[x, 1]
```

사실은 다음이 성립한다.

g1[3,5] = CirclePlus[3,5,1],   g1[x,y,z] = CirclePlus[x,y,z,1]

이것의 DisplayForm이 3⊕5⊕1, x⊕y⊕z⊕1이다.

3.1.2. *f*[x__] (즉 _ 두 개)의 용례 2

다음을 보자.

```
In[36]:= g2[x__] := x^2⊕x⊕1

In[37]:= {g2[], g2[3], g2[3, 1], g2[x, y, z]}

Out[37]= {g2[], 9⊕3⊕1, 3⊕3⊕1⊕1, x^(y^(z^2))⊕x⊕y⊕z⊕1}
```

이제 왜 이런 결과가 출력되었는지 살펴보자. g2[]는 x__에 해당하는 입력값이 1개도 없기에 위 정의가 적용되지 않아 g2[]가 그대로 출력되었다. g2[3]가 9⊕3⊕1가 된 이유는 명백하다. 나머지 결과를 이해하기 위해서는 x^2⊕x⊕1의 FullForm을 보는 것이 필요하다.

```
In[38]:= FullForm[x^2⊕x⊕1]

Out[38]//FullForm= CirclePlus[Power[x, 2], x, 1]
```

따라서 g2[x__] := CirclePlus[Power[*x*, 2], *x*, 1]이다.

이제 g3[x, y] = CirclePlus[Power[x, y, 2], x, y, 1], g3[x, y, z] = CirclePlus[Power[x, y, z, 2], x, y, z, 1] 인데, 이것들의 DisplayForm이 x^{y^2}⊕x⊕y⊕1, $x^{y^{z^2}}$⊕x⊕y⊕z⊕1이다.

x___는 기본적으로 x__와 같은 연산 논리를 갖는다. 다만, x__에 대해서는 반드시 1개 이상의 변수값이

입력되어져야 하나 x___에 대해서는 반드시 그러할 필요는 없다. 아래 예제에서 살펴보겠지만 x___는 변수값이 없을 경우 무효처리된다.

3.1.3. *f*[x___] (즉 _ 세 개)의 용례 1

다음을 살펴보자.

```
In[39]:= h1[x___] := x⊕1;

In[40]:= {h1[], h1[3], h1[3, 5], h1[x, y, z]}

Out[40]= {CirclePlus[1], 3⊕1, 3⊕5⊕1, x⊕y⊕z⊕1}
```

이제 위의 결과를 살펴보자. h1[]는 변수타입 x___의 입력값이 없음에도 h1[] = CirclePlus[1]이라는 값을 얻었다. 이는 g1[]을 입력하면 g1[]이 출력되는 것과는 다른 결과다. 이것이 바로 x__와 x___의 차이점이다. 함수 g1은 변수타입이 x__이므로 최소 1개 이상의 변수를 입력해야 하는데 그렇지 못하였기에 g1[x__] := $x \oplus 1$ 이라는 정의를 적용하지 못하나, 함수 *h*는 변수타입이 x___이므로 변수가 없어도 h의 정의가 적용되는 것이다. 다만, 왜 h1[] = CirclePlus[1]인가를 이해해야 하는데 글로써 설명하기가 쉽지 않다. 굳이 설명을 하자면 x___에 대한 입력값이 없으면 *Mathematica*는 함수를 정의하는 처음 식에서 x의 존재 자체를 무효처리하고 나머지만을 가지고 식을 정의한다. 즉, h1[x___] := $x \oplus 1$ = CirclePlus[*x*, 1]에서 h1[]는 변수 x를 무효처리하고 나머지 부분만으로 정의하면 h1[] = CirclePlus[1]이 된다. 이처럼 변수가 없을 경우를 제외하고는 h1[x___] := $x \oplus 1$는 g1[x__] := $x \oplus 1$과 같은 계산논리를 갖는다.

3.1.4. *f*[x___] (즉 _ 세 개)의 용례 2

다음을 보자.

```
In[41]:= h2[x___] := x^2 ⊕ x ⊕ 1

In[42]:= {h2[], h2[3], h2[3, 1], h2[x, y, z]}

Out[42]= {2⊕1, 9⊕3⊕1, 3⊕3⊕1⊕1, x^y^z^2 ⊕x⊕y⊕z⊕1}
```

이제 위의 결과를 살펴보자. h2[ ]는 x___의 입력값이 없음에도 h2[ ]=2⊕1이라는 값을 얻었다. 이는 g2[x__] := $x^2 \oplus x \oplus 1$에 대하여 g2[]를 입력하면 g2[]가 출력되는 것과는 다른 결과다. 이것이 바로 변수타입 x__와 x___의 차이점이다. 함수 *g*는 변수타입이 x__이므로 최소 1개 이상의 변수를 입력해야 하는데 g2[]는 그렇지 못하기에 위 정의가 아예 적용되지 않는 것이나, 함수 *h*2는 변수타입이 x___이므로 변수가 없어도 그 계산의 값이 출력된 것이다. 다시 말해, h2[x___] := $x^2 \oplus x \oplus 1$ = CirclePlus[1, *x*, Power[*x* , 2]]에서 h2[ ]는 변수 *x*를 무효처리하고 CirclePlus[1, Power[2]]를 출력한다. 이처럼 변수가 없을 경우를 제외하고는 h2[x___] := $x^2 + x + 1$는 g2[x__] := $x^2 + x + 1$과 같은 계산논리를 갖는다.

이상의 예에서 모든 ⊕를 +로 바꾸어 넣고 위 내용을 재해석해 보면 저자가 전달하고자 하는 바가 더욱 더 명확하게 전달되리라고 믿는다. 더 자세한 내용을 알고자 하는 사람은 문서 센터에서 Functions With Variable Numbers Of Arguments를 검색하여 나오는 문서들을 읽어보기 바란다.

3.2. _, __, ___에 대한 이해와 활용

_, __, ___는 사실 패턴을 이용하여 뭔가를 찾고 추가작업을 하고자 할 때 사용하는 기호다.

_	(Blank)	단 1 개의 대상에 대한 패턴
__	(BlankSequence)	1 개 이상의 대상에 대한 패턴
___	(BlankNullSequence)	없을 수도 있고 1 개일 수도 있고 여러 개일 수도 있는 대상에 대한 패턴

3.2.1. 패턴을 이용한 추출

Blank를 변수타입과 적절히 활용하면, 여러 개의 입력값에 대하여 사용자가 원하는 패턴의 변수값을 추출해 낼 수 있다. 다음 두 함수 A와 B를 비교해 본다.

```
In[43]:= Clear[A, f]; A[___, 0, x__, 0, ___] := f[e, x, π]
```

함수 A[___, 0, *x*__,0,___]는 여러 입력값들에 대하여 0과 0사이에 존재하는 *x*__값들을 추려낸 후 *f*[*e*, *x*, *π*]를 출력한다. 단, 여기서 변수타입이 *x*__이므로 반드시 1개 이상의 *x*값들이 존재하여야 함수 A가 정의된다.

```
In[44]:= A[6, 5, 0, 2, 0, 3, 4]

Out[44]= f[e, 2, π]

In[45]:= A[0, 1, 2, 3, 2, 0]

Out[45]= f[e, 1, 2, 3, 2, π]

In[46]:= A[2, 3, 0, 4, 5]

Out[46]= A[2, 3, 0, 4, 5]

In[47]:= A[2, 3, 0, 0, 4, 5]

Out[47]= A[2, 3, 0, 0, 4, 5]
```

A[2, 3, 0, 4, 5]는 0과 0사이 자체가 존재하지 않아 함수 A가 정의되지 못하였고, A[2, 3, 0, 4, 5]는 0과 0사이에 존재하는 *x*값들이 없기에 함수 A가 정의되지 못하였다. 이번에는 변수타입 x__를 x___로 바꾼 함수 B를 정의해보자.

```
In[48]:= B[___, 0, x___, 0, ___] := f[e, x, π]
```

함수 B[___, 0, x__, 0,___]는 여러개의 입력값들에 대하여 0과 0사이에 존재하는 *x*__값들을 추려낸 후 *f*[*e*, *x*, *π*]를 출력한다. 하지만 여기서는 변수타입이 x___이므로 0과 0사이에 반드시 1개 이상의 *x*값이 존재하지 않아도 함수 B가 정의된다.

```
In[49]:= B[6, 5, 0, 2, 0, 3, 4]

Out[49]= f[e, 2, π]

In[50]:= B[0, 1, 2, 3, 2, 0]

Out[50]= f[e, 1, 2, 3, 2, π]

In[51]:= B[2, 3, 0, 4, 5]

Out[51]= B[2, 3, 0, 4, 5]

In[52]:= B[2, 3, 0, 0, 4, 5]

Out[52]= f[e, π]
```

B[2, 3, 0, 4, 5]는 0과 0사이 자체가 존재하지 않아 함수 B가 정의되지 못하였으나, B[2, 3, 0, 0, 4, 5]는 0과 0사이가 일단 존재는 하나 다만 그 사이에 존재하는 x값들이 없기에 f[e, x, π]에서 x가 아예 무효처리된 f[e, π]를 출력한다.

위 예에서 f를 Plus나 Times, List 등으로 바꾸어 실행해 보라. 이 책의 22장 2.6절에 패턴에 관하여 조금 더 자세한 내용이 있다.

3.3. 사용자 함수 만들 때 x___를 활용하여 옵션 설정하기

3.3.1. 사용자 함수 만들 때 옵션 설정하기

사용자 함수를 정의함에 있어서 옵션을 넣고 싶을 때가 있을 텐데 이때 변수타입 x__, x___을 요긴하게 활용할 수 있다. 아래의 MyGraph라는 사용자 함수를 살펴보자.

```
In[53]:= MyGraph[gf_, {var_, x1_, x2_}, opt___] :=
           Plot[gf, {var, x1, x2}, opt, PlotStyle → RGBColor[0, 0, 1], ImageSize → 190]

In[54]:= f[x_] := Sin[x]

In[55]:= MyGraph[f[x], {x, -Pi, Pi}]
```

Out[55]=

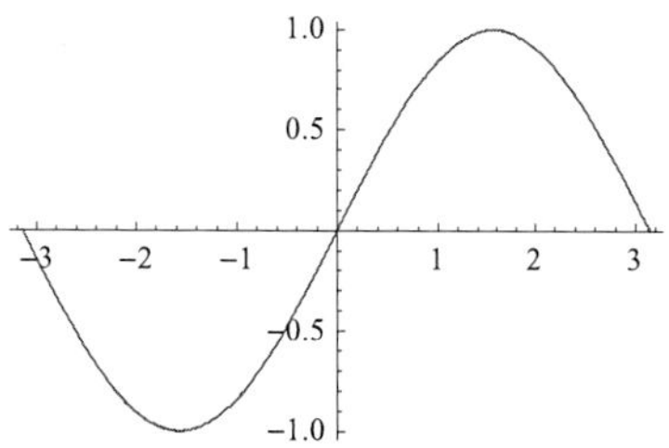

MyGraph[f[x], {x, –Pi, Pi}]의 결과로 PlotStyle이 설정된 함수의 그래프를 얻었다. 그러나 변수타입 opt___에 우리는 얼마든지 새로운 옵션들을 입력할 수 있다.

```
In[56]:= MyGraph[f[x], {x, -Pi, Pi}, PlotStyle → Dashing[{0.02}], PlotLabel → f[x]]
```

Out[56]=

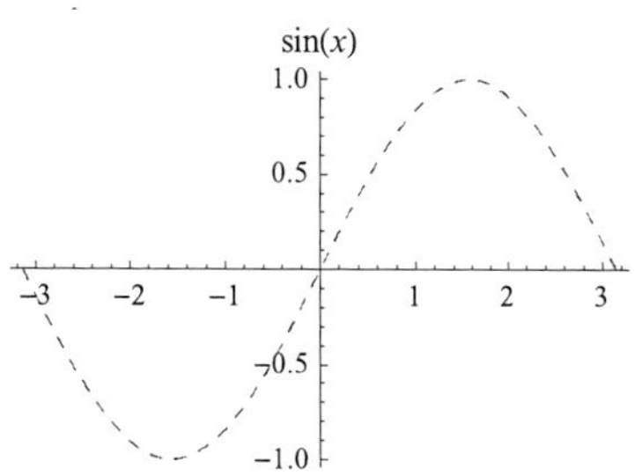

```
In[57]:= MyGraph[Sin[x], {x, -π, π}, PlotStyle → Dashing[{0.02}], PlotLabel → Sin[x]]
```

Out[57]=

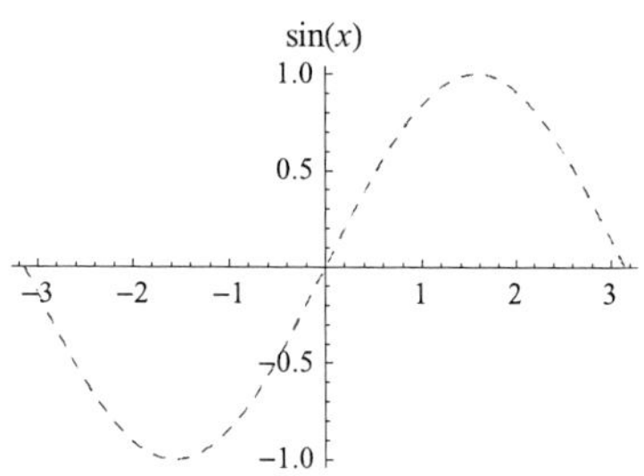

새롭게 PlotStyle→Dashing[{0.02}]을 지정하자. 이미 Graph함수에서 정의되어 있는 PlotStyle→RGBColor[0, 0, 1]가 PlotStyle→Dashing[{0.02}]로 변경되었다. 그것은 Graph함수를 정의내릴 때 opt를 PlotStyle→RGBColor[0, 0, 1]보다 앞서 배치를 하였기에 opt의 내용을 우선 반영한 것이다. 따라서 앞으로 사용자 함수의 정의를 내릴 때, opt는 항상 초기 설정된 옵션들의 앞쪽에 배치하도록 하자.

4. 특정한 조건을 만족하는 값만 입력으로 받아들이는 함수 정의하기

수를 변수로 하는 함수를 정의할 때 때론 그 수가 정수라든가 실수 등의 특정한 수집합에만 속할 것을 원할 경우가 있다. 이때는 변수타입 *x*_ 바로 뒤에 *x*에 대한 조건을 부여할 수 있다. 예로, 순열의 수를 구하는 함수를 작성해 보자.

```
In[58]:= F[n_, r_] := n! / (n - r)!

In[59]:= F[6, 3]

Out[59]= 120
```

문제는 순열의 수를 구할 때 *n*과 *r*은 자연수인데 *Mathematica*는 자연수가 아닌 수에 대해서도 나름대로의 결과를 출력한다는 점이다.

```
In[60]:= F[6, 3.5]

Out[60]= 216.649
```

사실, 이는 *Mathematica* 의 뛰어난 점이기도 하다. 수학에는 Gamma라는 기호로 표현되는 오일러 감마 함수라는 게 있는데 이 함수는 복소수에 대하여 정의되며 자연수 n에 대하여 Gamma[n]은 (*n*-1)!과 같다. *Mathematica*는 이를 이용하여 *x*!을 Gamma[*x*-1]로 출력한다. 즉 2.5!의 의미는 Gamma[3.5]다. 어쨌거나, 일반 독자들에게는 이런 상황이 혼란스러울 수 있으므로 차라리 순열의 수를 출력하는 함수를 정의할 때 자연수만을 변수로 받아도록 함수를 정의하고 싶을 수 있다. *Mathematica*에서는 이런 설정이 가능하다.

f[x_pattern]	pattern을 만족하는 값만을 변수 *x* 로 받아들인다. 그 이외의 경우, 변수로 받아들이지 않는다. Integer(정수), Rational (유리수), Real (실수), Complex (복소수) 가 있다.

```
In[61]:= P[n_Integer, r_Integer] := n! / (n - r)!

In[62]:= P[6, 3]

Out[62]= 120

In[63]:= P[6, 3.5]

Out[63]= P[6, 3.5]
```

참고로, 변수에 조건을 가하는 방법으로 다음과 같은 방법도 있다. x가 음이 아닌 실수일 때만 $\sqrt{x}$를 정의하고자 하는 예다.

```
In[64]:= Clear[f]
         f[x_] := √x  /; x ∈ Reals && x ≥ 0
         {f[2], f[0], f[-2], √-2 , f[ⅈ]}
Out[66]= {√2 , 0, f[-2], ⅈ √2 , f[ⅈ]}
```

이에 대한 설명은 22장의 2.6절에서 찾아볼 수 있는데 더 자세한 걸 알고 싶으면 문서 센터에서 Cases, Position 또는 Patterns 등을 검색하여 읽어보기 바란다.

5. 함수를 정의하는 다른 방법: 순수함수 (*f*[#1, #2, ...]&)

일반적인 수식 계산을 넘어 프로그래밍 언어로 *Mathematica*를 활용하고자 할 경우 유용한 함수의 정의방법이 있어 소개한다. 순수함수(Pure function)이라고 부르는 이 함수 표현방법은 활용할 수 있으면 좋고, 활용하지는 못하더라도 다른 이들이 제작한 명령문의 알고리즘을 이해하기 위해서 최소한의 문법을 알아둘 필요가 있다.

Function[*x*, expr]	변수를 *x* 로 하는 식 expr을 함수로 정의한다. 이렇게 정의된 함수값은 Function[*x*, expr][x0] 와 같이 구한다.
Function[{*x*, *y*, *z*}, expr]	변수를 *x*, *y*, *z* 로 하는 식 expr을 함수로 정의한다. 이렇게 정의된 함수값은 Function[{*x*, *y*, *z*} expr][x0, y0, z0] 와 같이 구한다.

```
In[67]:= Function[x, x^2]
Out[67]= Function[x, x²]
In[68]:= Function[x, x^2][5]
Out[68]= 25
```

하지만 이렇게 표현을 한다면 차라리 함수를 f[x_] := x^2으로 정의하는 것과 차이가 없어 보인다. 실제로는 아래와 같이 함수와 변수를 축약해서 사용하는 경우가 더 많다.

#	Slot[1] 의 축약명. 일변수 함수의 변수의 역할을 한다.(#1 과 같은표현이다.)
#*n*	Slot[*n*] 의 축약명. 다변수 함수의 *n* 번째 변수 역할을 한다.
&	Function 의 축약명. (#1, #2, ..., #*n* 에 대한 식) &[var_1, var_2, ... var_n] 과 같이 사용한다.

함수 f[x_] := x^2 을 순수함수로 표현하여 $x = 5$일 때의 함수값을 구하여 보자.

```
In[69]:= #² &[5]
Out[69]= 25
```

이번에는 이변수함수 f[x_, y_] := x^y을 순수함수로 표현하여 $x = 3,\ y = 4$일 때의 함수값을 구하여 보자.

```
In[70]:= #1^#2 &[3, 4]
Out[70]= 81
```

In[71]:= $\#^{\#2}$ &[3, 4]

Out[71]= 81

#1 은 #으로 써도 된다. 순수함수가 어떨 때 유용한지 알아보자. 한 Input 셀에 여러 단계의 명령을 실행하여 순차적으로 결과를 얻고자 할 때 중간중간에 사용자 함수를 써야 할 때가 있다. 이때 f[x_]:=expr을 써서 함수를 정의하는 부분, 또 이 함수를 실제로 사용하는 부분이 따로 들어가게 되면 곤란한 경우가 발생할 수 있다. 이때 순수함수를 이용하여 함수를 정의하면서 동시에 사용해 버리면 그 곤란을 피할 수 있다. 이 책의 22장 2.8절에서 순수함수에 대한 설명을 조금 더 찾아볼 수 있다.

6. Module을 이용한 함수 정의

주어진 변숫값에 대하여 여러 명령어들을 순차적으로 실행한 끝에 나온 결과를 최종적으로 출력하는 함수를 만들 수 있는데 Module은 이럴 때 사용되는 함수다. Module을 이용해서 함수를 만들 수 있는 능력을 갖추는 것은 매우 중요한데 기본이 되는 몇 개의 함수만 알고 있어도 이들을 잘 조합하고 순차적으로 적용하여 수많은 함수들을 만들어 낼 수 있기 때문이다.

다음은, 이제까지 공부한 내용들과 Module를 이용하여, 두 함수 f와 g를 받아들여 (1) f의 그래프를 그리고 (2) g의 그래프를 그린 후 (3) 한꺼번에 보여주는 함수를 정의하여 보자.

```
In[72]:= myPlot[f_, g_] :=
   Module[{aa, bb}, aa = Plot[f, {x, -1, 1}]; bb = Plot[g, {x, -1, 1}]; Show[aa, bb]]
```

이를 $f[x] = x$, $g[x] = x^2$에 대하여 적용해 보자.

In[73]:= myPlot$[x, x^2]$

Out[73]=

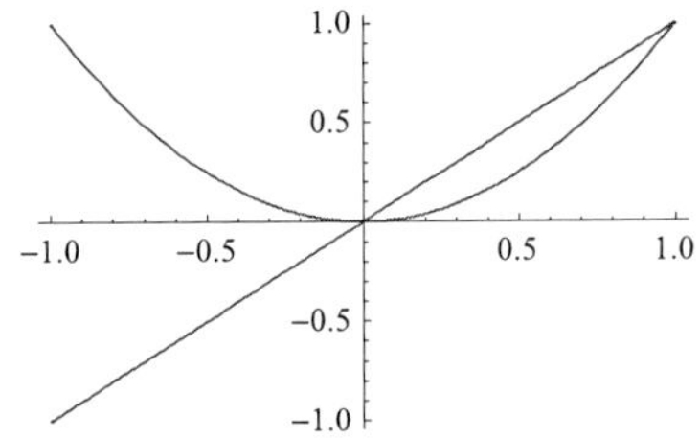

위에서 a와 b는 지역변수(Local Variable)라 하여 Module 안에서만 쓰이는 변수다. 즉 Module 바깥에서는 변수로 인식되지 않는다.

In[74]:= {aa, bb}

Out[74]= {aa, bb}

6.1. 지역변수

Module 내에서만 독립적인 변수로서의 역할을 하는 것을 지역변수라고 하며 전역변수로부터 구별된다. 다음 예를 살펴보자.

```
In[75]:= Remove["Global`*"]
```

```
In[76]:= a = 1;
   b = -2;
   c = a + b;
```

위의 문자 a, b, c는 *Mathematica* 세션 전체에서 그 값을 활용할 수 있다. 따라서 이것은 전역변수이다. 예를 들어 현 상황에서 다음 이차방정식 $ax^2+bx+c=0$의 해를 살펴 보자.

```
In[79]:= Solve[a x^2 + b x + c == 0, x]
Out[79]= {{x → 1 - √2}, {x → 1 + √2}}
```

지극히 당연하지만 만약 *a*, *b*, *c*를 문자로 취급하면서 $ax^2+bx+c=0$의 해를 구하고자 했던 거라면 이는 원하지 않는 결과다. 물론 Clear[a, b, c]를 실행해 *a*, *b*, *c*에 할당된 값을 삭제하고 나서 방정식의 해를 구할 수도 있겠지만, 많은 분량의 프로그램을 작성할 때는 이제 변수로 사용하고자 하는 *a*, *b*, *c*가 이미 앞에서 쓰인 적이 있는지, 쓰인 적이 있다면 이미 특정한 값을 할당받았는지 아닌지 고민을 하게 될 것이다. 이럴 때 필요한 것이 바로 지역변수다.

Module[{*x*, *y*, *z*}, body]	*x*, *y*, z를 지역변수로 선언하고, body계산을 실행한다.

```
In[80]:= Module[{a, b, c}, Solve[a x^2 + b x + c == 0, x]]
Out[80]= {{x → (-b$490 - √(b$490^2 - 4 a$490 c$490))/(2 a$490)}, {x → (-b$490 + √(b$490^2 - 4 a$490 c$490))/(2 a$490)}}
```

해가 구하여졌지만, 문자 *a*, *b*, *c*가 a$숫자, b$숫자, c$숫자 형태로 출력되었다. 이유는 Module 내의 *a*, *b*, *c*를 지역변수(문자)로 취급하여 계산했다 하여도 그 값의 출력에 대한 표현은 *Mathematica* 세션 내에서 이루어지기 때문에 우리가 앞서 사용한 문자 *a*, *b*, *c* ($a=1$, $b=-2$, $c=a+b$)와 구분하기 위해서다. 위 명령을 반복하여 실행하면 $ 뒤의 숫자가 갱신되며 앞의 결과와 구별되는 답이 출력된다.

```
In[81]:= Module[{a, b, c}, Solve[a x^2 + b x + c == 0, x]]
Out[81]= {{x → (-b$497 - √(b$497^2 - 4 a$497 c$497))/(2 a$497)}, {x → (-b$497 + √(b$497^2 - 4 a$497 c$497))/(2 a$497)}}
```

이제 우리가 Remove["Global`*"]을 한 시점으로 부터 지금까지 Global`내에 어떤 문자들이 사용되었는지 알아보자.

```
In[82]:= ?Global`*
▼ Global`
a    a$490    a$497    b    b$490    b$497    c    c$490    c$497    x
```

위에서 a$숫자, b$숫자, c$숫자 형태로 나와 있는 것은 지역변수이고 그냥 a, b, c로 나와 있는 것은 전역변수다. 이처럼 Module을 이용한 지역변수의 활용은 우리가 복잡한 사용자 함수를 작성할 때, 앞선 작업에서 어떤 문자를 사용하였는지 걱정하지 않고 작업할 수 있게 해 준다.

▶ 주사위를 *n*번 던질 때 나오는 눈의 평균을 구하는 함수 작성

Mean[list]	list에 대한 평균을 계산한다.
Variance[list]	list에 대한 분산을 계산한다.
StandardDeviation[list]	list에 대한 표준편차를 계산한다.

```
In[83]:= val = RandomInteger[{1, 6}, 10]
Out[83]= {1, 5, 3, 2, 5, 1, 5, 3, 5, 5}
```

```
In[84]:= Mean[val]

Out[84]= 7/2
```

1부터 6까지 자연수를 10개 임의로 추출하여 평균을 구하는 함수를 Module을 이용하여 작성해 보자.

```
In[85]:= avg[n_] := Module[{val1}, val1 := RandomInteger[{1, 6}, n]; N[Mean[val1]]]
```

이제 Module 내에 있는 1부터 6까지 자연수 *n*개 val1의 평균을 구해 보자.

```
In[86]:= Mean[val1]

Out[86]= Mean[val1]
```

할 수 없다. 이유는 val1은 지역변수이므로 Module 밖에서 val1은 그저 문자 val1일 뿐이다. 그렇다면 val1의 값을 *Mathematica* 세션에서 호출하여 보고 싶다면 어떻게 해야 할까?

```
In[87]:= avg[n_] := Module[{}, val2 := RandomInteger[{1, 6}, n]; N[Mean[val2]]]
```

Module 내의 지역변수 선언 부분을 삭제하면 val2는 *Mathematica* 세션 내에서 호출할 수 있다. 확인해 보자.

```
In[88]:= avg[10]

Out[88]= 3.3

In[89]:= val2

Out[89]= {1, 2, 5, 3, 4, 2, 1, 4, 6, 4}

In[90]:= N[Mean[val2]]

Out[90]= 2.9
```

그런데 예상치 못한 결과가 얻어졌다. avg[10]에 대한 결과값(4.2)과 val2로 호출한 리스트의 평균값 N[Mean[val2]]의 값(2.2)이 다르지 않은가? 그것은 :=를 사용하였기 때문에 발생하는 현상이다. 현재 avg의 정의에 의하면 val2를 호출할 때마다 Table[Random [Integer, {1, 6}], {n}]가 재실행되어 그 값이 출력되기 때문에 avg[10]을 실행할 때의 val2와 나중에 실행하는 val2는 다를 수 있는 것이다. 따라서 이와 같은 경우에는 =를 이용하여 avg[10]을 실행할 때의 자료를 호출한다.

```
In[91]:= avg[n_] := Module[{}, val3 = RandomInteger[{1, 6}, n]; N[Mean[val3]]]

In[92]:= avg[10]

Out[92]= 3.

In[93]:= val3

Out[93]= {6, 5, 1, 2, 1, 4, 3, 3, 2, 3}

In[94]:= N[Mean[val3]]

Out[94]= 3.
```

Module을 이용하여 함수를 정의하면 문자를 지역변수, 전역변수로 구분하여 활용할 수 있다는 장점 외에도 여러 단계의 계산들을 묶어 하나의 함수로 사용할 수 있다는 장점이 있다.

이 장의 내용은 지금까지 소개한 *Mathematica* 사용법 중에서 제일 어려운 부분이라 생각되는데, 그래도 이 장의 내용을 이해하도록 노력해야 한다. 즉시 할당과 나중 할당, 즉시 정의와 나중 정의, Blank와

BlankSequence, BlankNullSequence, 그리고 마지막으로 순수함수 등을 이해하는 것은 단순히 *Mathematica* 내장명령만을 사용하는 것을 넘어서 자신만의 함수를 정의하고 사용할 수 있게 되는 능력배양의 첫걸음이다.

제 9장 리스트

*Mathematica*를 잘 다룰 수 있게 되기 위해서는 리스트(List)를 잘 이해하고 다룰 수 있어야 한다.

1. 리스트란?

*Mathematica*에서 {*a*, *b*, *c*} 등은 리스트다. 리스트는 중고등학교 수학교과에서 집합을 나타내는 기호를 그대로 사용하여 나타내나 *Mathematica*에서 말하는 리스트는 수학에서 말하는 집합과는 그 개념이 조금 다르다. 예를 들어 리스트에서는 순서와 중복이 허용된다.

```
In[1]:= SameQ[{1, 2}, {2, 1}]

Out[1]= False

In[2]:= SameQ[{1, 1, 2, 3}, {1, 2, 3}]

Out[2]= False
```

{}	공 리스트.
Union[list]	주어진 list에서 중복되는 것을 없애고 순서를 정리한 리스트를 출력한다.
Join[list1, list2]	list1과 list2를 붙여서 만든 리스트를 출력한다.
Union[list1, list2]	list1, list2를 Join한 후 위에 설명된 Union을 적용한 리스트를 출력한다.
Intersection[list1, list2]	list1, list2의 중복되는 원소를 없애고 순서를 정리한 리스트를 출력한다.
Complement[list1, list2]	list1에서 list2의 원소들을 없앤 후 Union한 리스트를 출력한다.

```
In[3]:= U = {1, 2, 3, 4, 5, 6, 7, 8, 9, 10};
        a = {4, 2, 3, 1, 4};
        b = {3, 4, 5, 8, 8};
        c = {3, 5, 7, 9, 9};

In[7]:= Union[a]

Out[7]= {1, 2, 3, 4}

In[8]:= Join[a, b]

Out[8]= {4, 2, 3, 1, 4, 3, 4, 5, 8, 8}

In[9]:= Union[a, b]

Out[9]= {1, 2, 3, 4, 5, 8}

In[10]:= Intersection[a, b, c]

Out[10]= {3}

In[11]:= Complement[a, b]

Out[11]= {1, 2}
```

*Mathematica*에서 $a - b$는 우리가 수학에서 말하는 $a - b$(즉, 집합a에서 집합b를 뺀 차집합)가 아니다.

In[12]:= `a - b`

Out[12]= `{1, -2, -2, -7, -4}`

위 답의 의미는 아래 예를 통해서 알 수 있다.

```
In[13]:= Clear[a, b, c, x, y, z];
         {a, b, c} - {x, y, z}

Out[14]= {a - x, b - y, c - z}
```

2. 리스트 사용하기

리스트는 우리가 *Mathematica*를 이용하여 수학적 문제를 해결하려는 과정 곳곳에 쓰이는 개념이다. 이제 리스트를 생성하는 방법과 생성된 리스트를 자유롭게 조작하는 방법을 본격적으로 살펴보자.

2.1. 리스트 만들기

리스트를 생성하는 명령어로는 Table, Range, Array 등이 있다. 이중에 가장 보편적으로 사용하는 Table의 활용에 대하여 알아보자.

2.1.1. Table의 활용

Table[$f[i]$, {i, i_{min}, i_{max}}]	{$f[i_{min}]$, $f[i_{min}+1]$, .., $f[i_{max}-1]$, $f[i_{max}]$} 를 출력한다.
Table[$f[i]$, {i, i_{min}, i_{max}, d}]	$(i_{max}-i_{min})$ 이 d 의 배수인 경우 {$f[i_{min}]$, $f[i_{min}+d]$, .., $f[i_{max}-d]$, $f[i_{max}]$} 를 출력한다.

$(i_{max}-i_{min})$이 d의 배수가 아닌 경우에도 결과가 출력되는데 그 결과의 해석은 문서 센터에서 Table에 대한 해설을 참조하라. 다음 세 번째, 네 번째 명령어에서 이런 현상을 관찰할 수 있다.

수열 $f_n = n$을 제 10항까지 나열해보자.

```
In[15]:= Table[i, {i, 1, 10}]

Out[15]= {1, 2, 3, 4, 5, 6, 7, 8, 9, 10}
```

수열 $f_n = n$의 제 n항 까지의 합 S_n에 대하여, S_n을 제 10항까지 나열해보자.

In[16]:= Table$\left[\sum_{i=1}^{k} i, \{k, 1, 10\}\right]$

Out[16]= `{1, 3, 6, 10, 15, 21, 28, 36, 45, 55}`

이번에는 수열 $f_n = n$에 대하여 홀수번째 항과 홀수번째 항까지의 합을 나열해 보자.

```
In[17]:= Table[i, {i, 1, 10, 2}]     (* 10-1 은 2의 배수가 아니다. *)

Out[17]= {1, 3, 5, 7, 9}
```

In[18]:= Table$\left[\sum_{i=1}^{k} i, \{k, 1, 10, 2\}\right]$ `(* 10-1 은 2의 배수가 아니다. *)`

Out[18]= `{1, 6, 15, 28, 45}`

Table은 두 개 이상의 변수를 취급할 수 있다. 두 개 이상의 변수를 취급할 때 각각의 변수가 어떻게 대응하여 리스트를 생성하는지 그 패턴을 잘 알고 활용을 해야 한다. 다음 예를 잘 관찰해 보기 바란다.

Table[$f[i, j]$, {i, i_{min}, i_{max}}, {j, j_{min}, j_{max}}]	식 $f[i, j]$를 $i = i_{min}$ 부터 + 1 씩 증가된 $i = i_{max}$ 까지에 대하여 $j = j_{min}$ 부터 + 1 씩 증가한 $j = j_{max}$ 까지 값을 대입한다.

In[19]:= **Table[f[i, j], {i, 1, 2}, {j, 1, 3}]**

Out[19]= {{f[1, 1], f[1, 2], f[1, 3]}, {f[2, 1], f[2, 2], f[2, 3]}}

위에서 형식 {i, 1, 2}, {j, 1, 3}은 i가 1에서 2까지 +1씩 증가할 때마다 j도 1에서 3까지 +1씩 증가하여 그 값에 대한 함숫값을 리스트로 만들라는 의미이다. 즉, {$i = 1$에 대한, j = 1, 2, 3일 때의 함숫값}, {$i = 2$ 에 대한, $j = 1$, 2, 3일 때의 함숫값}이 하나의 전체 리스트로 나타내어진 것이다. 같은 방법으로 아래의 결과도 분석해보기 바란다.

In[20]:= **Table[f[i, j], {i, 1, 3}, {j, 1, 2}]**

Out[20]= {{f[1, 1], f[1, 2]}, {f[2, 1], f[2, 2]}, {f[3, 1], f[3, 2]}}

Table[$f[i, j]$, {i, i_{min}, i_{max}, d_i}, {j, j_{min}, j_{max}, d_j}]	식 $f[i, j]$를 $i = i_{min}$ 부터 + d_i씩 증가된 $i = i_{max}$ 까지에 대해 $j = j_{min}$ 부터 + d_j 씩 증가한 $j = j_{max}$ 까지의 값을 대입한다.

In[21]:= **Table[f[i, j], {i, 1, 5, 2}, {j, 1, 10, 3}]**

Out[21]= {{f[1, 1], f[1, 4], f[1, 7], f[1, 10]},
{f[3, 1], f[3, 4], f[3, 7], f[3, 10]}, {f[5, 1], f[5, 4], f[5, 7], f[5, 10]}}

MatrixForm[list]	행렬로 해석될 수 있는 list를 행렬의 꼴로 나타낸다.

In[22]:= **MatrixForm[Table[f[i, j], {i, 1, 5, 2}, {j, 1, 10, 3}]]**

Out[22]//MatrixForm=

$$\begin{pmatrix} f[1, 1] & f[1, 4] & f[1, 7] & f[1, 10] \\ f[3, 1] & f[3, 4] & f[3, 7] & f[3, 10] \\ f[5, 1] & f[5, 4] & f[5, 7] & f[5, 10] \end{pmatrix}$$

2.2. 리스트 다루기

주어진 리스트로부터 원소를 추출하거나 제거하는 등의 연산을 거친 후에야 원하는 데이터가 얻어지는 경우가 있다. *Mathematica*에서 어떻게 리스트에서 원소들을 추출하거나 삭제하는지 알아보자.

First[list]	list 의 첫번째 원소를 추출한다.
Last[list]	list 의 마지막 원소를 추출한다.
Rest[list]	list 의 첫번째 원소를 제외한 나머지 원소들로 이루어진 리스트를 출력한다.
Part[list, n]	list 의 n 번째 원소를 추출한다.

In[23]:= **data = {1, 2, 3, 4, 5};**

```
In[24]:= { First[data], Last[data] }
Out[24]= {1, 5}
In[25]:= Rest[data]
Out[25]= {2, 3, 4, 5}
In[26]:= { Part[data, 3], Part[data, 5], Part[data, -1], Part[data, -3] }
Out[26]= {3, 5, 5, 3}
```

Part 명령어는 조금이라도 깊이있는 *Mathematica* 프로그래밍을 하고자 할 때 반드시 필요한 함수다. Part[list,*n*]에서 *n*은 양의 정수, 음의 정수 둘 다 가능하다. 양의 정수는 앞에서부터의 위치, 음의 정수는 뒤에서부터의 위치를 의미한다.

리스트에서 필요한 원소를 추출할 때 제일 많이 쓰이는 것은 Part와 같은 의미를 가진 더블 브래킷(Double-Bracket, [[ ]])이다. 이는 제시된 리스트의 깊이(Level)에 따라 얼마든지 편리하게 확장하여 빠르게 추출할 수 있기 때문이다. 여기서 리스트의 깊이란, 리스트 안에 몇 개의 리스트가 또 들어가 있는가의 정도를 말하며 이 책의 22장 1절에 간략하게 소개되어 있다.

list[[*i*]]	list 의 *i* 번째 원소를 추출한다. Part[list, *i*] 와 동일.
list[[*i*, *j*]]	list 의 *i* 번째 리스트의 *j* 번째 원소를 추출한다. Part[list, *i*, *j*] 와 동일.
list[[*i*, *j*, *k*]]	list 의 *i* 번째 리스트의 *j* 번째 리스트에 대한 *k* 번째 원소를 추출한다. Part[list, *i*, *j*, *k*] 와 동일

다음 예를 살펴 보자.

```
In[27]:= data2 = { 1, {2, 3}, {4, {5}, 6}, 7, {{8}, {{9}}} };
In[28]:= data2[[3]]
Out[28]= {4, {5}, 6}
In[29]:= data2[[3, 2]]
Out[29]= {5}
In[30]:= data2[[3, 2, 1]]
Out[30]= 5
```

더블 브래킷을 잘 활용할 수 있음은 데이터를 잘 처리할 수 있는 능력의 밑바탕이 되는 만큼 조금 더 복잡한 데이터 배열을 다루어 보도록 하자.

Length[list]	list 의 원소의 개수를 출력한다.

```
In[31]:= Length[data2]
Out[31]= 5
```

이제, 우리가 원하는 원소를 더블 브래킷을 활용하여 추출하면서 더블 브래킷의 개념을 잡아가도록 하자.

```
In[32]:= data2[[3]]          (* data2 의 3번째 원소 추출 *)
Out[32]= {4, {5}, 6}
```

data2의 3번째 원소 역시 하나의 리스트 {4,{5},6}으로 구성되어 있다. 이번에는 이 중에서의 2번째 원소인 {5}만을 추출하여 보자.

```
In[33]:= data2[[3, 2]]        (* data2 의 3번째 원소의 2번째 원소 추출 *)

Out[33]= {5}
```

data2의 3번째 원소의 2번째 원소는 {5}이고 이 역시, 하나의 리스트 {5}로 구성되어 있다. 여기서 1번째 원소인 5를 추출하자.

```
In[34]:= data2[[3, 2, 1]]        (* data2 의 3번째 원소의 2번째 원소의 1번째 원소 추출 *)

Out[34]= 5

In[35]:= data2[[3]][[2]][[1]]        (* 위와 같은 표현이나 바람직하지 않은 표현. 위의 방법을 권장함 *)

Out[35]= 5
```

중요한 개념인 만큼 한 번 더 실습을 하여보자. 위의 data2에서 원소 9를 추출하여 본다.

```
In[36]:= data2[[5, 2, 1, 1]]

Out[36]= 9
```

여기서 역으로 data2에 9가 어디어디에 들어 있는지 알고 싶을 때는 Position이란 명령어를 쓰면 된다.

```
In[37]:= Position[data2, 9]

Out[37]= {{5, 2, 1, 1}}
```

리스트에서 원소를 추출하여야 하는 경우가 발생하는 대표적인 예는 Solve, NSolve 등이 출력한 결과에서 정말로 방정식의 해만을 추출하는 경우라고 할 수 있다. 다음 예를 보자.

In[38]:= sol = NSolve$[x^3 == 1, x]$

```
Out[38]= {{x → -0.5 - 0.866025 i}, {x → -0.5 + 0.866025 i}, {x → 1.}}

In[39]:= sol[[1]]

Out[39]= {x → -0.5 - 0.866025 i}

In[40]:= sol[[1, 1]]

Out[40]= x → -0.5 - 0.866025 i

In[41]:= sol[[1, 1, 2]]

Out[41]= -0.5 - 0.866025 i
```

Take[list, *n*]	list 의 앞으로부터 *n* 개의 원소들로 이루어진 리스트를 출력한다.
Take[list, −*n*]	list 의 뒤로부터 *n* 개의 원소들로 이루어진 리스트를 출력한다.
Take[list, {*m*, *n*}]	list 의 앞으로부터 *m* 번째에서 *n* 번째까지의 원소들로 이루어진 리스트를 출력한다.
Take[list, {−*m*, −*n*}]	list 의 뒤로부터 *m* 번 째에서 *n* 번째까지의 원소들로 이루어진 리스트를 출력한다.

```
In[42]:= data3 = {1, 2, 3, 4, 5, 6, 7, 8, 9, 10};
```

```
In[43]:= Take[data3, 6]
Out[43]= {1, 2, 3, 4, 5, 6}
In[44]:= Take[data3, -3]
Out[44]= {8, 9, 10}
In[45]:= Take[data3, {3, 8}]
Out[45]= {3, 4, 5, 6, 7, 8}
In[46]:= Take[data3, {-5, -2}]
Out[46]= {6, 7, 8, 9}
```

Drop[list, *n*]	list 의 앞에서부터 *n* 개를 제외한 나머지 원소들의 리스트를 출력한다.
Drop[list, −*n*]	list 의 뒤에서부터 *n* 개를 제외한 나머지 원소들의 리스트를 출력한다.
Drop[list, {*m*, *n*}]	list 의 앞으로부터 *m* 번째에서 *n* 번째까지의 원소를 제외한 리스트를 출력한다.
Drop[list, {−*m*, −*n*}]	list 의 뒤로부터 *m* 번째에서 *n* 번째까지의 원소를 제외한 리스트를 출력한다.

```
In[47]:= Drop[data3, 4]
Out[47]= {5, 6, 7, 8, 9, 10}
In[48]:= Drop[data3, -6]
Out[48]= {1, 2, 3, 4}
In[49]:= Drop[data3, {2, 5}]
Out[49]= {1, 6, 7, 8, 9, 10}
In[50]:= Drop[data3, {-8, -5}]
Out[50]= {1, 2, 7, 8, 9, 10}
```

Sort[list]	list 를 정렬한다.
Reverse[list]	list 를 역으로 배열한다.
RotateLeft[list, *n*]	list 의 처음 *n* 개 원소들을 떼어내 끝에 갖다 붙인 리스트를 출력한다.
RotateRight[list, *n*]	list 의 마지막 *n* 개 원소들을 떼어내 앞에 갖다 붙인 리스트를 출력한다.

```
In[51]:= data4 = Table[RandomReal[{0, 1}], {5}]
Out[51]= {0.364504, 0.132702, 0.293543, 0.81831, 0.722356}
In[52]:= Sort[data4]
Out[52]= {0.132702, 0.293543, 0.364504, 0.722356, 0.81831}
```

Sort는 숫자에 대해서는 작은 값부터 커지는 순으로 정렬하고, 문자에 대해서는 가나다순이나 알파벳순으로 정렬한다. 숫자와 한글 자모, 영어 알파벳 등이 섞여 있는 리스트를 정렬하면 어떤 순서로 정렬될까? 한 번 실험해 보아라. 숫자에 대해서 큰 값부터 작아지는 순으로 정렬하기 위해서는 일단 Sort를 적용한 후 그 결과에 Reverse를 적용하거나 Sort에 Greater 옵션을 적용하면 된다.

```
In[53]:= Reverse[data4]
Out[53]= {0.722356, 0.81831, 0.293543, 0.132702, 0.364504}
In[54]:= Reverse[Sort[data4]]
Out[54]= {0.81831, 0.722356, 0.364504, 0.293543, 0.132702}
In[55]:= RotateLeft[data4, 2]
Out[55]= {0.293543, 0.81831, 0.722356, 0.364504, 0.132702}
In[56]:= RotateRight[data4, 2]
Out[56]= {0.81831, 0.722356, 0.364504, 0.132702, 0.293543}
```

Append[list, *e*]	list 의 맨 뒤에 원소 *e* 를 삽입한다.
Prepend[list, *e*]	list 의 맨 앞에 원소 *e* 를 삽입한다.

```
In[57]:= data5 = {x, y, z, u, v};
In[58]:= Prepend[data5, 1]
Out[58]= {1, x, y, z, u, v}
In[59]:= Append[data5, 2]
Out[59]= {x, y, z, u, v, 2}
In[60]:= Append[ Prepend[data5, 1], 2]
Out[60]= {1, x, y, z, u, v, 2}
```

Insert[list, *e*, *i*]	list 의 *i* 번째 위치에 원소 *e* 를 삽입한다. Insert[list, *e*, {*i*}] 도 같은 표현.
Insert[list, *e*, {*i*, *j*}]	list[[*i*]] 의 *j* 번째 위치에 원소 *e* 를 삽입한다.
Insert[list, *e*, {*i*, *j*, *k*}]	list[[*i*, *j*]] 의 *k* 번째 위치에 원소 *e* 를 삽입한다. *i*, *j*, *k* 의 개수는 확장가능.

```
In[61]:= data6 = {1, {2, {3}}, 4, {5}}
Out[61]= {1, {2, {3}}, 4, {5}}
In[62]:= Insert[data6, m, 2]
Out[62]= {1, m, {2, {3}}, 4, {5}}
```

Insert[data6,m,{2,3}] 는 data6[[2]]의 3번째 위치에 원소 m을 삽입함을 말한다.

```
In[63]:= Insert[data6, m, {2, 3}]
Out[63]= {1, {2, {3}, m}, 4, {5}}
```

Insert[data6,m,{2,2,1}] 는 data6[[2,2]]의 1번째 위치에 원소 m을 삽입함을 말한다.

```
In[64]:= Insert[data6, m, {2, 2, 1}]
Out[64]= {1, {2, {m, 3}}, 4, {5}}
```

물론 여기서의 *i*, *j*, *k* 들은 음의 값을 가질 수도 있다.

```
In[65]:= Insert[data6, m, -2]
Out[65]= {1, {2, {3}}, 4, m, {5}}
```

더 나아가 한 원소를 여러 군데 삽입하는 것도 가능하다. 아래의 예는 data6={1,{2,{3}},4,{5}}의 {1}, {2,1}, {2,2}, {−1}의 위치에 원소 m을 삽입한 결과이다.

```
In[66]:= Insert[data6, m, {{1}, {2, 1}, {2, 2}, {-1}}]
Out[66]= {m, 1, {m, 2, m, {3}}, 4, {5}, m}
```

서로 다른 원소들을 여러 군데에 삽입하고자 할 때는 Insert를 여러 번 적절히 사용하여 할 수 있다. 아래의 예는 data6={1,{2,{3}},4,{5}}의 홀수 성분값(1,3,5) 오른쪽에 원소(1,3,5)를 한 번 더 단계별로 삽입하는 과정이다.

```
In[67]:= a1 = Insert[data6, 1, {2}]
Out[67]= {1, 1, {2, {3}}, 4, {5}}
In[68]:= b1 = Insert[a1, 3, {3, 2, 2}]
Out[68]= {1, 1, {2, {3, 3}}, 4, {5}}
In[69]:= c1 = Insert[b1, 5, {5, 2}]
Out[69]= {1, 1, {2, {3, 3}}, 4, {5, 5}}
```

물론 위와 같이 프로그래밍을 하는 것은 상당히 원시적인 방법이다. 다만, 여기서는 리스트를 조작하는 법을 연습한다는 생각으로 이해하고 실습하도록 하자.

Delete[list, *i*]	list의 *i* 번째 원소를 삭제한다. Delete[list, {*i*}] 도 같은 표현이다.
Delete[list, {*i*, *j*}]	list[[*i*]] 의 *j* 번째 원소를 삭제한다.
Delete[list, {*i*, *j*, *k*}]	list[[*i*, *j*]] 의 *k* 번째 원소를 삭제한다. *i*, *j*, *k* 의 개수는 확장이 가능하다.

```
In[70]:= c1
Out[70]= {1, 1, {2, {3, 3}}, 4, {5, 5}}
```

뒤로부터 세 번째 원소를 삭제하고자 하면 다음과 같이 하면 된다.

```
In[71]:= Delete[c1, -3]
Out[71]= {1, 1, 4, {5, 5}}
```

다음 명령어 Delete[c1,{-3,1}]은 c1의 -3번째 원소와 1번째 원소를 삭제한다는 의미가 아님을 유의하자. 이는 c1[[-3]]의 1번째 원소를 삭제하는 것이다.

```
In[72]:= Delete[c1, {-3, 1}]
Out[72]= {1, 1, {{3, 3}}, 4, {5, 5}}
```

c1의 -3번째 원소와 1번째 원소를 삭제하려고 할 경우에는 Delete[c1,{{-3},{1}}]와 같이 각각의 위치를 { }

로 묶어주면 된다.

```
In[73]:= Delete[c1, {{-3}, {1}}]
Out[73]= {1, 4, {5, 5}}
```

ReplacePart[list, *e*, *i*]	list 의 *i* 번째 원소를 *e* 로 교체한다. ReplacePart[list, *e*, {*i*}] 도 같은 표현이다.
ReplacePart[list, *e*, {*i*, *j*}]	list[[*i*]] 의 *j* 번째 원소를 *e* 로 교체한다.
ReplacePart[list, *e*, {*i*, *j*, *k*}]	list[[*i*, *j*]] 의 *k* 번째 원소를 *e* 로 교체한다. *i*, *j*, *k* 의 개수는 확장 가능하다.

```
In[74]:= c1
Out[74]= {1, 1, {2, {3, 3}}, 4, {5, 5}}
In[75]:= ReplacePart[c1, x, 3]
Out[75]= {1, 1, x, 4, {5, 5}}
```

Delete[c1,{3,1}]는 c1의 3번째 원소와 1번째 원소를 x로 교체한다는 의미가 아님을 유의하자. 이는 c1[[3]]의 1번째 원소를 x로 교체한다는 것이다.

```
In[76]:= ReplacePart[c1, x, {3, 1}]
Out[76]= {1, 1, {x, {3, 3}}, 4, {5, 5}}
```

c1의 3번째 원소와 1번째 원소를 x로 교체하려할 경우에는 Delete[c1,x,{{3},{1}}]와 같이 각각의 위치를 { } 로 묶어주어야 한다.

```
In[77]:= ReplacePart[c1, x, {{3}, {1}}]
Out[77]= {x, 1, x, 4, {5, 5}}
```

Partition[list, *n*]	list의 원소들을 n개씩 묶어 만든 부분리스트들의 리스트를 출력한다.
Flatten[list]	list의 모든 부분리스트를 리스트가 아니게 해제한다.
Flatten[list, *n*]	list의 모든 부분리스트를 n번째 깊이까지 리스트가 아니게 해제한다.

```
In[78]:= data7 = {1, 2, 3, 4, 5, 6, 7, 8, 9, 10};
In[79]:= Partition[data7, 3]
Out[79]= {{1, 2, 3}, {4, 5, 6}, {7, 8, 9}}
```

Partition[list,n]을 실행하였을 때 list를 *n*개씩 묶어 남는 나머지 원소들은 버려진다. 이제 Flatten에 대한 예제를 살펴보자.

```
In[80]:= data8 = {1, 2, {3, 4}, 5, {{6}, 7}, {8, {9, {10}}}};
```

Flatten[data8]은 data8의 모든 부분리스트를 해제한다.

```
In[81]:= Flatten[data8]
Out[81]= {1, 2, 3, 4, 5, 6, 7, 8, 9, 10}
```

Flatten[data8,1]은 data8의 1번째 깊이의 부분리스트까지 해제한다. data8의 원소는 1, 2, {3,4}, 5, {{6},7}, {8,{9,{10}}}으로 구성되어 있다. 총 6개의 원소인 것이다. 이 원소들의 1번째 부분리스트를 제거한다는 것은 {3,4}, {{6},7}, {8,{9,{10}}}의 첫번째 { }를 해제하여 data8에 나열한다는 것이다.

```
In[82]:= Flatten[data8, 1]

Out[82]= {1, 2, 3, 4, 5, {6}, 7, 8, {9, {10}}}
```

같은 맥락으로 Flatten[data8,2]은 data8의 2번째 깊이의 부분리스트까지 해제함을 알 수 있다.

```
In[83]:= Flatten[data8, 2]

Out[83]= {1, 2, 3, 4, 5, 6, 7, 8, 9, {10}}
```

2.2.1. FullForm으로 이해하는 Flatten[list, *n*]

우리가 어떤 명령의 본래 형식 전체를 보려면, FullForm[expr]을 이용하여 볼 수 있었다. 이를 통하여 Flatten[list, *n*]을 이해하여 보자.

```
In[84]:= data8
         FullForm[data8]

Out[84]= {1, 2, {3, 4}, 5, {{6}, 7}, {8, {9, {10}}}}

Out[85]//FullForm= List[1, 2, List[3, 4], 5, List[List[6], 7], List[8, List[9, List[10]]]]
```

Flatten[data8,1]이라는 명령은 data8의 부분리스트를 1번째까지 해제하라는 것으로 1, 2, List[1, 2], 1, List[1, 2, List[3]]의 1번째 List를 해제하여 나열한 것이다. 따라서 List[1,2]은 1, 2로 나열될 것이고 List[1, 2, List[3]]는 1,2,List[3]로 나열될 것이다.

```
In[86]:= Flatten[data8, 1]

Out[86]= {1, 2, 3, 4, 5, {6}, 7, 8, {9, {10}}}
```

Flatten[data8,2]이라는 명령은 data8의 부분리스트를 2번째까지 해제하라는 것으로 1, 2, List[1, 2], 1, List[1, 2, List[3]]의 1번째 List는 물론 2번째 List까지 해제하여 나열한 것이다. 따라서 List[1, 2]은 1, 2로 나열될 것이고 List[1, 2, List[3]]는 2번째 List까지 해제하여야 하기에 1, 2, 3으로 나열될것이다.

```
In[87]:= Flatten[data8, 2]

Out[87]= {1, 2, 3, 4, 5, 6, 7, 8, 9, {10}}
```

MemberQ[list, *e*]	*e*가 list의 원소면 참, 원소가 아니면 거짓을 출력한다.
Count[list, *e*]	list 내에 있는 *e* 의 개수를 세어준다.

어떤 데이터가 주어졌을 때 얻고자 하는 값(원소)이 있는지 없는지의 여부를 알아볼 필요가 발생하는 경우가 있다. 물론, 눈으로 일일이 살펴 찾아볼 수도 있지만 자료가 방대할 경우 이를 자동으로 판별하는 기능이 있다면 좋을 것이다. 또한, 존재가 확인된 원소들의 개수를 알아야 할 경우도 있을 것이다.

```
In[88]:= data9 = {1, 2, {1, 2}, 1, {1, 2, {3}}}; Length[data9]

Out[88]= 5
```

위의 data9이라는 리스트는 1, 2, {1, 2}, 1, {1, 2, {3}} 총 5개의 원소로 구성되어 있다. 이 원소들 중, 원소 1의 존재성과 그 개수를 세어보자.

In[89]:= **{MemberQ[data9, 1], Count[data9, 1]}**

Out[89]= {True, 2}

총 6개의 원소중에 1이라는 원소는 2개 뿐이다. 만약, 부분리스트까지 포함하여 1이라는 원소의 개수를 찾고 싶다면 앞서 소개한 Flatten을 함께 이용하면 될 것이다.

In[90]:= **Flatten[data9]**

Out[90]= {1, 2, 1, 2, 1, 1, 2, 3}

In[91]:= **Count[Flatten[data9], 1]**

Out[91]= 4

3. 리스트 활용 능력 제고를 위한 제언

리스트는 행렬, 벡터를 비롯하여 더 복잡한 배열의 데이터도 나타내며 *Mathematica*를 이용하여 수학적 문제를 해결하고자 하면 반드시 알아두어야 할 중요한 개념이다. 그만큼 리스트를 잘 다룰 수 있는 능력이 곧 *Mathematica* 활용능력의 초석이다. 지금까지 리스트를 생성하고 다루는 함수들을 여럿 소개하였는데 *Mathematica*에서 다루는 리스트 관련 함수들은 이제까지 소개된 것들이 전부가 아니다. 다만, 지면상의 한계로 사용빈도가 높다고 생각되는 것만을 다룬 것이다. 또한 한 함수에 대해서도 여기서 소개된 사용법이 그 함수를 다룰 수 있는 사용법의 전부가 아니다. 반드시 문서 센터 검색을 통하여 가능한 사용법을 모두 알아보는 습관을 가지자. 예를 들어, Partition이라는 명령어에 대해서 이 책에서는 가장 기본적인 Partition[list, *n*]만을 소개하였다. 그러나 실제 문서 센터로 검색을 하여보면 Partition[list, *n*]이외의 다양한 사용법과 그 예제들을 만나볼 수 있다.

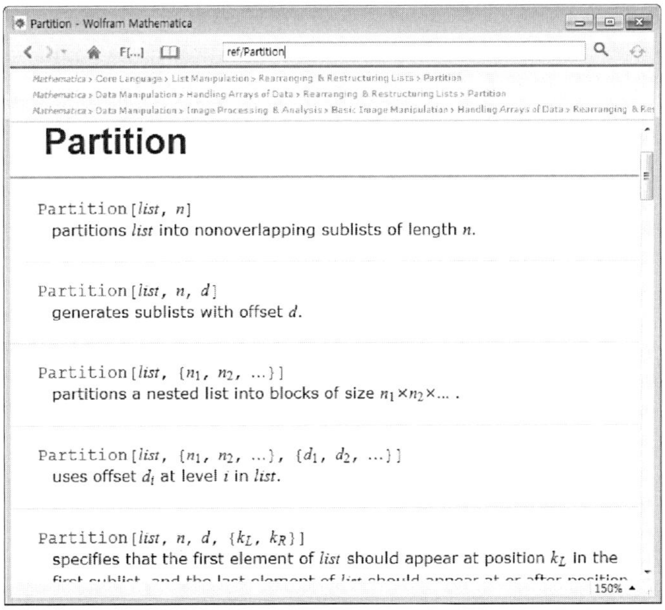

[그림-1]

이 책에서 소개된 명령어를 문서 센터로 검색할 때, 명령어 그룹에 있는 다른 명령어들도 함께 살펴보자. (이들은 유사명령어 혹은 같은 계열에 있는 명령어들이다.)

예를 들어, 우리가 앞에서 다룬 리스트를 문서 센터에서 검색하면 ▹SEE ALSO에 Sequence, ListPlot, Listable 등의 명령어들이 링크되어 있음을 볼 수 있다. 이들은 모두 리스트와 유사하거나 관련이 있는 명령어들로써 링크를 따라가면서 해당문서를 살펴본다면 *Mathematica* 의 기능을 좀 더 많이 알게 될 것이다.

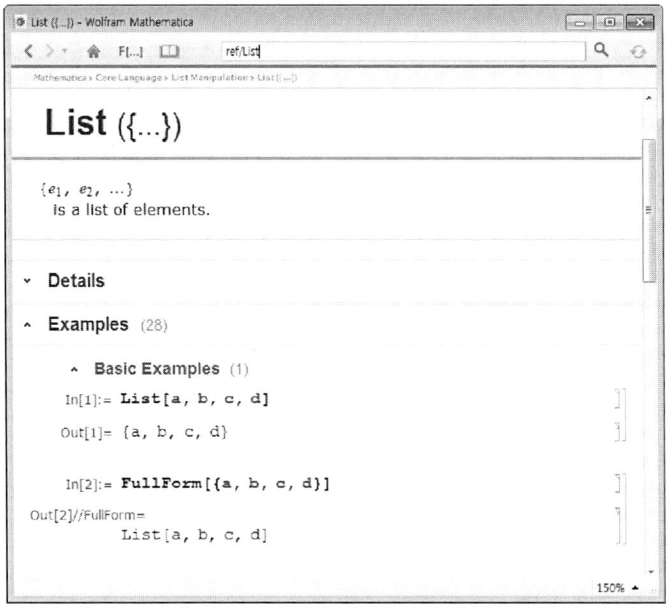

[그림-2]

이와 같이 같은 그룹에 속한 명령어까지 여러분들이 폭넓게 살펴보는 노력을 한다면 새로운 명령어에 대한 경험적 학습이 이루어지기도 한다. 리스트를 검색해 본 결과, [그림-2]와 같이 여러 예가 있다. 그냥 지나치지 말고 살펴보자. 명령어 사용법을 쉽게 터득하는 방법 중 하나는 예제를 잘 분석하는 것이다.

4. 수치자료의 시각화

리스트의 활용에 대한 마지막 설명으로 수로 이루어진 자료의 시각화에 대한 내용을 소개하고자 한다. 자료를 시각화하는 것은 자료의 성향을 한눈에 살펴볼 수 있는 좋은 방법이다.

4.1. 1차원 수치자료를 곡선으로 나타내기

ListPlot[{ y_1, y_2, ...}]	순서쌍 {1, y_1}, {2, y_2} ... 를 그래프로 나타낸다.
ListPlot[{{x_1, y_1}, {x_2, y_2}, ...}]	순서쌍 {x_1, y_1}, {x_2, y_2} ... 를 그래프로 나타낸다.

In[92]:= `Short[Options[ListPlot]]`

Out[92]//Short= $\{\texttt{AlignmentPoint} \to \texttt{Center},\ \texttt{AspectRatio} \to \frac{1}{\texttt{GoldenRatio}},$
$\texttt{Axes} \to \texttt{True},\ \texttt{AxesLabel} \to \texttt{None},\ \ll 49 \gg,$
$\texttt{TargetUnits} \to \texttt{Automatic},\ \texttt{Ticks} \to \texttt{Automatic},\ \texttt{TicksStyle} \to \{\}\}$

ListPlot에는 {1, 2, *a*, *b*}와 같이 문자로 구성된 리스트는 사용할 수 없다. 다음과 같이 실습해 보자.

In[93]:= $\texttt{seq = Table}\left[\frac{1}{n}, \{n, 1, 30\}\right]$

Out[93]= $\left\{1, \frac{1}{2}, \frac{1}{3}, \frac{1}{4}, \frac{1}{5}, \frac{1}{6}, \frac{1}{7}, \frac{1}{8}, \frac{1}{9}, \frac{1}{10}, \frac{1}{11}, \frac{1}{12}, \frac{1}{13}, \frac{1}{14}, \frac{1}{15}, \frac{1}{16}, \frac{1}{17}, \frac{1}{18}, \frac{1}{19}, \frac{1}{20}, \frac{1}{21}, \frac{1}{22}, \frac{1}{23}, \frac{1}{24}, \frac{1}{25}, \frac{1}{26}, \frac{1}{27}, \frac{1}{28}, \frac{1}{29}, \frac{1}{30}\right\}$

In[94]:= `ListPlot[seq, PlotStyle → PointSize[0.02]]`

Out[94]=

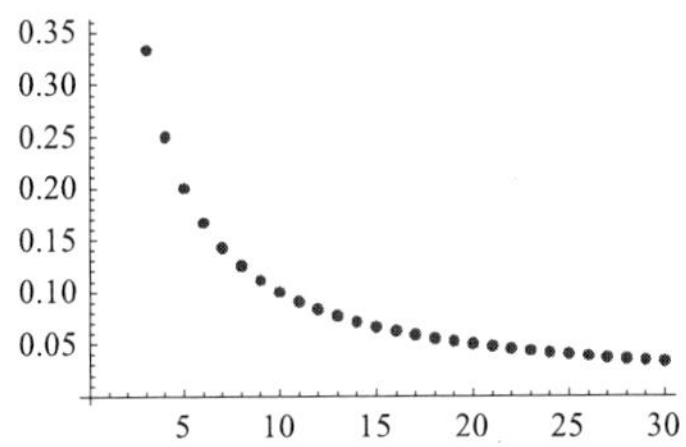

위의 결과는 수열 $a_n = \frac{1}{n}$을 그래프로 나타낸 것이다. ListPlot의 활용법은 기본적으로 Plot과 흡사하다. 다만, 점들을 선분으로 이어주는 Joined라는 옵션이 더 있다.

In[95]:= `ListPlot[seq, PlotStyle → PointSize[0.02], Joined → True]`

Out[95]=

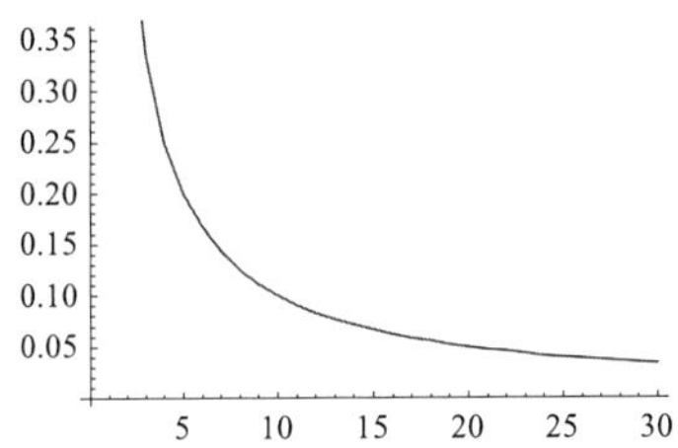

이번에는 수의 순서쌍 {*x*1, *y*1}, {*x*2, *y*2} ... 등으로 이루어진 리스트의 그래프를 작성하여 보자. 예로, 6장에서 그려보았던 $f[x] = \mathrm{Sin}\left[\frac{1}{x}\right]$의 그래프를 다시 그려 보자. 이 그래프를 잘 그리기 위한 첫걸음은 0으로 수렴하는 *x*의 값들을 '잘' 택하는 것이다. 한 가지 방법으로 ∞로 균등하게 발산하는 수열 $\left\{\frac{\pi}{2}\frac{n}{10}\right\}_{n=1}^{\infty}$의 역수를 택한다. 그러면 $f[x] = \mathrm{Sin}\left[\frac{1}{x}\right]$의 그래프의 점들은 다음과 같이 나타내어질 것이다. 지면 관계상 출력은 생략하였다.

In[96]:= $\texttt{pair1 = Table}\left[\left\{\frac{2}{\pi}\frac{10}{n}, \texttt{Sin}\left[\frac{\pi}{2}\frac{n}{10}\right]\right\}, \{n, 1, 500, 1\}\right];$

이제 그래프를 그려 보자.

In[97]:=
```
ListPlot[pair1, PlotRange → {{0, 2/π}, {-1, 1}},
  LabelStyle → {4}, PlotStyle → {RGBColor[0, 0, 1], PointSize[0.02]}]
```

Out[97]=

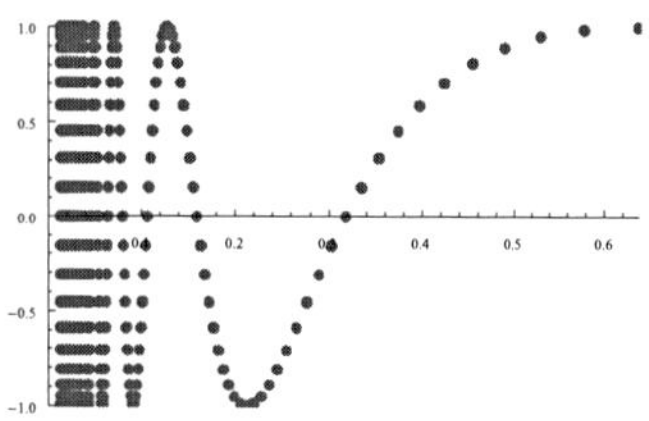

In[98]:=
```
ListPlot[pair1, PlotRange → {{0, 2/π}, {-1, 1}}, Joined → True,
  LabelStyle → {8}, PlotStyle → {RGBColor[0, 0, 1], PointSize[0.02]}]
```

Out[98]=

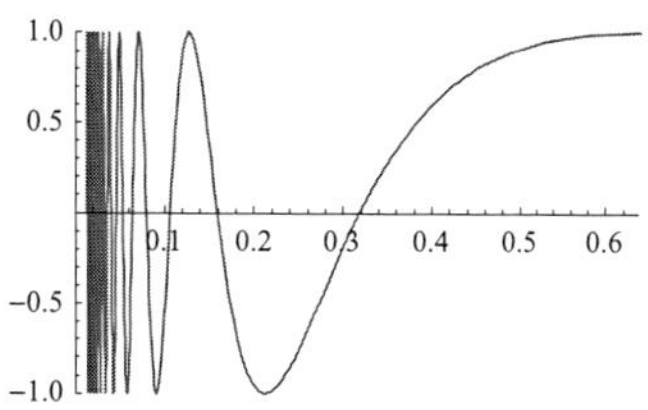

Plot으로 얻어지는 그래프도 사실은 이렇게 유한 개의 점들을 선분으로 이어 얻어지는 것이다.

4.2. 2차원 수치자료를 곡면으로 나타내기

ListPlot3D[list]	m × n 형태의 리스트 list에 대하여 {*i*, *j*, list[[*i*, *j*]]} 를 지나는 곡면을 출력한다. (단 $1 \le i \le m$, $1 \le j \le n$)

▶ 이변수 함수 $f[x, y] = x^2 + y^2 \; (-1 \le x \le 1,\ -1 \le y \le 1)$ 의 그래프 그리기.

In[99]:=
```
Plot3D[x^2 + y^2, {x, -1, 1}, {y, -1, 1}, AxesLabel → {"x", "y", "z"},
  BoxRatios → {1, 1, 1}, LabelStyle → {8}]
```

Out[99]=

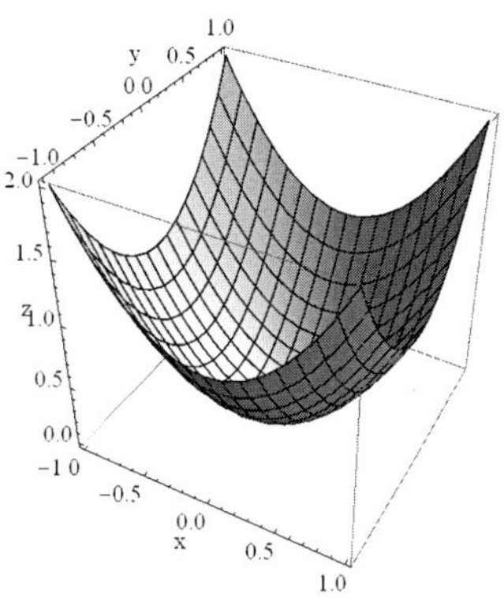

위와 같이 그려지는 $f[x, y] = x^2 + y^2 \; (-1 \le x \le 1,\ -1 \le y \le 1)$의 그래프를 ListPlot3D를 이용하여 그려보면 아래와 같다.

▶ ListPlot3D를 이용한 $f[x, y] = x^2 + y^2 \ (-1 \le x \le 1, \ -1 \le y \le 1)$ 의 그래프 그리기

```
In[100]:= pair2 = Table[x^2 + y^2, {x, -1, 1, 0.1}, {y, -1, 1, 0.1}];

In[101]:= ListPlot3D[pair2, AxesLabel → {"x", "y", "z"},
           BoxRatios → {1, 1, 1}, LabelStyle → {8}]
```

Out[101]=

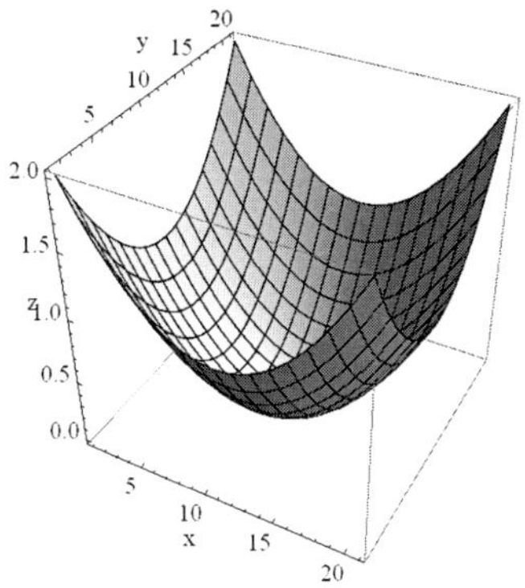

똑같은 그래프인 것 같으나 다른 점이 분명히 있다. x축, y축에 나타난 값들을 잘 살펴보라.

▶ ListPointPlot3D를 이용한 $f[x, y] = x^2 + y^2 \ (-1 \le x \le 1, \ -1 \le y \le 1)$ 의 그래프 그리기

ListPointPlot3D는 점 $\{x, y, z\}$ 들로 이루어진 리스트를 그래프로 그려주는 함수이다. 점들의 리스트를 만들어내는 방법으로 Table을 쓸 수 있다. 그런데 Table을 사용하여 점들의 좌표를 출력하면 [그림-3]과 같이 점들의 리스트의 리스트가 출력되어 자료 구조가 맞지 않다. 따라서 ListPointPlot3D를 이용하려면 이 점들의 리스트의 리스트를 점들의 리스트로 만들어 주어야 한다. 여기서 앞에서 공부한 리스트를 다루는 능력이 필요하다.

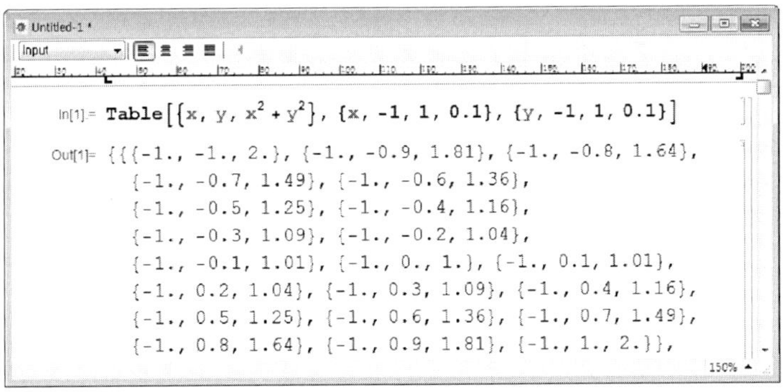

[그림-3]

```
In[102]:= pair3 =
            Partition[Flatten[Table[{x, y, x^2 + y^2}, {x, -1, 1, 0.1}, {y, -1, 1, 0.1}]], 3];
```

```
In[103]:= ListPointPlot3D[pair3, LabelStyle → {8}]
```

Out[103]=

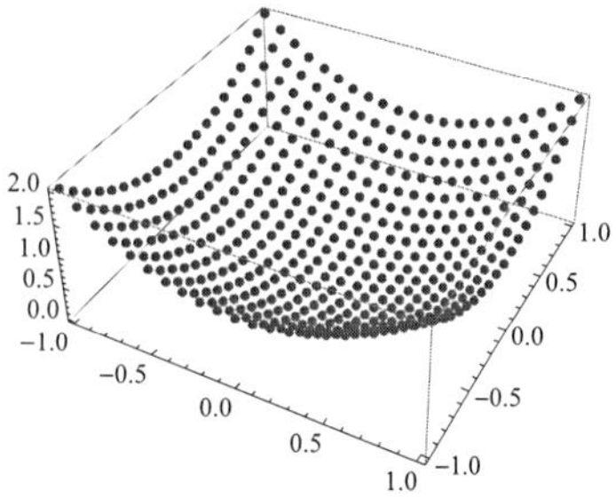

▶ ListSurfacePlot3D를 이용한 $f[x,\ y] = x^2 + y^2(-1 \le x \le 1,\ -1 \le y \le 1)$ 의 그래프 그리기

ListSurfacePlot3D는 $\{\{x_1,\ y_1,\ z_1\},\ \{x_2,\ y_2,\ z_2\},\ \ldots\}$과 같이 $n\times 3$ 행렬의 꼴로 주어진 자료를 곡면 그림으로 출력하여 준다. 따라서 ListSurfacePlot3D를 이용할 때 이 자료 배열에 부분리스트가 있는 경우 이들을 모두 풀어 ListSurfacePlot3D가 이용할 수 있는 형태로 재구성하여야 한다.

```
In[104]:= pair4 = Table[{x, y, x^2 + y^2}, {x, -1, 1, 0.1}, {y, -1, 1, 0.1}];

In[105]:= ListSurfacePlot3D[Flatten[pair4, 1], Axes → True, BaseStyle → {8}]
```

Out[105]=

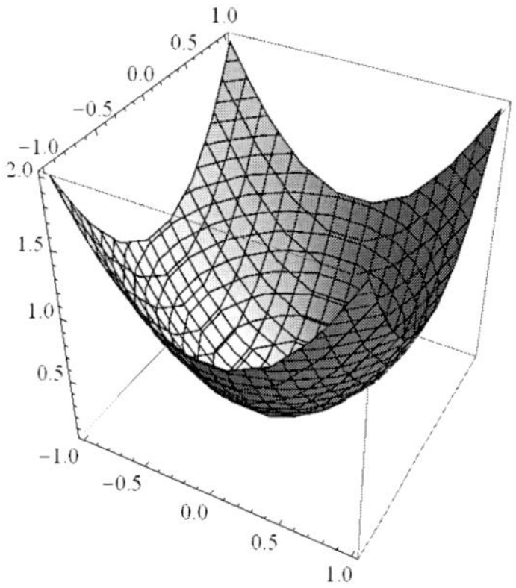

제 10장 극한

1. 극한

*Mathematica*는 수열의 극한과 함수의 극한 모두를 다룰 수 있는데 이때 Limit라는 내장함수를 이용한다.

$\lim_{x\to 0}\frac{\text{Sin}[3\,x]}{x}$ 를 추정해보자. 우선 다음과 같이 함수 $f[x]$ 를 정의하고 $f[0]$ 이 무엇인지를 살펴보자.

In[1]:= `f[x_] := Sin[3 x]/x`

In[2]:= `f[0]`

Power::infy : Infinite expression $\frac{1}{0}$ encountered. ≫

Infinity::indet : Indeterminate expression 0 ComplexInfinity encountered. ≫

Out[2]= `Indeterminate`

위 함수는 $x=0$에서 정의되어 있지 않다는 메시지를 볼 수 있다. 이번에는 $x=0$ 근방에서의 그래프의 개형을 살펴 보자.

In[3]:= `Plot[f[x], {x, -3, 3}, ImageSize → 220, PlotStyle → RGBColor[1, 0, 0]]`

Out[3]=

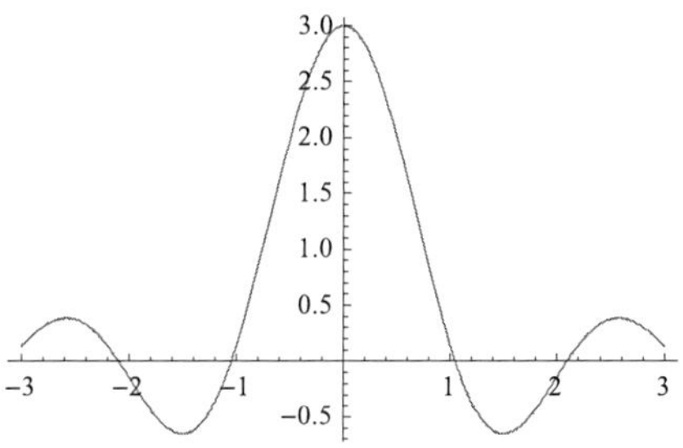

그래프만으로 판단하자면 $x=0$에서의 함숫값이 존재하는 것처럼 보이나, 그것은 시각적으로 그렇게 보이는 것 뿐이다. 이제 *Mathematica* 내장함수 Limit를 이용하여 극한값을 구해 보자.

Limit [$f[x]$, $x\to x_0$, options]	$x\to x_0$ 일 때 함수 $f[x]$ 의 극한(이 존재 하는 경우) 값을 출력한다.

In[4]:= `Limit[f[x], x → 0]`

Out[4]= 3

간단하게 $\lim_{x\to 0}\frac{\text{Sin}[3\,x]}{x}$을 계산해 주었다. 이번에는 $x=0$ 근방의 값들에 대해서 함숫값의 변화를 관찰하고 값들의 변화를 통하여 구하고자 하는 극한값이 3임을 확인해 보자.

▶ 우극한 $\lim_{x\to 0+}\frac{\text{Sin}[3\,x]}{x}$에 대한 함숫값의 변화 관찰

먼저 0보다 크면서 0으로 수렴하는 실수 10개를 임의로 추출하여 작은 수부터 배열하자.

```
In[5]:= rightxvals = Sort[Table[RandomReal[{0, 2^-n}], {n, 0, 9}]]

Out[5]= {0.000988902, 0.00149852, 0.00165163, 0.0041588,
         0.0284195, 0.0370576, 0.100296, 0.106565, 0.166276, 0.508962}
```

이 수들에 대하여 함숫값을 계산하여야 하는데 수 하나하나를 일일이 x에 대입하기는 번거롭다. 이를 수월하게 행하는 방법은 이미 소개된 /. 를 이용하는 것이다.

```
In[6]:= f [x] /. x → rightxvals

Out[6]= {3., 2.99999, 2.99999, 2.99992, 2.99637,
         2.99382, 2.95494, 2.94916, 2.87712, 1.96289}
```

이런 계산을 할 때 쓸 수 있는 내장함수를 하나 더 소개해 본다.

Map[*f*, {x1, x2, x3, ...}]	{*f*[x1], *f*[x2], *f*[x3], ...} 을 출력한다.

```
In[7]:= rightfvals = Map[f, rightxvals]

Out[7]= {3., 2.99999, 2.99999, 2.99992, 2.99637,
         2.99382, 2.95494, 2.94916, 2.87712, 1.96289}
```

위의 결과를 살펴보니 함숫값이 점점 3에 수렴함을 볼 수 있다. 따라서 함수의 $x = 0$에서의 우극한은 3이라고 추정할 수 있다.

▶ 좌극한 $\lim_{x \to 0-} \frac{\text{Sin}[3x]}{x}$에 대한 함숫값의 변화 관찰

이번에는 0보다 작으면서 0으로 수렴하는 실수 10개를 추출하여 작은 수부터 배열하고 그 함숫값을 구해 보자.

```
In[8]:= leftxvals = Sort[Table[RandomReal[{-2^-n, 0}], {n, 0, 9}]]

Out[8]= {-0.421995, -0.25549, -0.241774, -0.0435231, -0.0156582,
         -0.00848999, -0.00705022, -0.00563679, -0.00344165, -0.0018255}

In[9]:= leftfvals = Map[f, leftxvals]

Out[9]= {2.26046, 2.71477, 2.74379, 2.99148,
         2.9989, 2.99968, 2.99978, 2.99986, 2.99995, 2.99999}
```

위의 결과를 살펴보면 이번에도 역시 함숫값이 점점 3에 수렴한다. 따라서 함수의 $x = 0$에서의 좌극한은 3이라고 추정할 수 있다. 우극한, 좌극한이 모두 3으로 추정되므로 함수 f의 $x = 0$에서의 극한값은 3이라고 추정할 수 있다. 이제 좀 더 세련되게 위의 실험결과를 테이블로 나타내어 보자.

TableForm[list, options]	list를 테이블 형식으로 출력한다.

x값의 변화를 배열한 leftxvals과 rightfvals를 하나의 리스트로 묶고 이에 대한 함숫값들 leftfvals과 rightfvals를 하나의 리스트로 묶은 후 결합하여 $\{x, f(x)\}$와 같이 순서쌍들로 이루어진 리스트를 만들 수 있다. 이렇게 만들어진 리스트를 테이블 형식으로 나타내어 보자.

```
In[10]:= xvals = Join[ leftxvals, rightxvals]

Out[10]= {-0.421995, -0.25549, -0.241774, -0.0435231, -0.0156582,
          -0.00848999, -0.00705022, -0.00563679, -0.00344165,
          -0.0018255, 0.000988902, 0.00149852, 0.00165163, 0.0041588,
          0.0284195, 0.0370576, 0.100296, 0.106565, 0.166276, 0.508962}
```

```
In[11]:= fvals = Join[ leftfvals, rightfvals]

Out[11]= {2.26046, 2.71477, 2.74379, 2.99148, 2.9989, 2.99968,
          2.99978, 2.99986, 2.99995, 2.99999, 3., 2.99999, 2.99999,
          2.99992, 2.99637, 2.99382, 2.95494, 2.94916, 2.87712, 1.96289}
```

이제 결합한 xvals와 fvals의 각 원소들을 순서쌍으로 만들자.

```
In[12]:= pairs = Table[{xvals[[i]], fvals[[i]]}, {i, 1, Length[xvals]}]

Out[12]= {{-0.421995, 2.26046}, {-0.25549, 2.71477},
          {-0.241774, 2.74379}, {-0.0435231, 2.99148}, {-0.0156582, 2.9989},
          {-0.00848999, 2.99968}, {-0.00705022, 2.99978}, {-0.00563679, 2.99986},
          {-0.00344165, 2.99995}, {-0.0018255, 2.99999}, {0.000988902, 3.},
          {0.00149852, 2.99999}, {0.00165163, 2.99999}, {0.0041588, 2.99992},
          {0.0284195, 2.99637}, {0.0370576, 2.99382}, {0.100296, 2.95494},
          {0.106565, 2.94916}, {0.166276, 2.87712}, {0.508962, 1.96289}}
```

이렇게 만들어진 리스트를 테이블 형식으로 나타내자.

```
In[13]:= TableForm[pairs]

Out[13]//TableForm=
        -0.421995      2.26046
        -0.25549       2.71477
        -0.241774      2.74379
        -0.0435231     2.99148
        -0.0156582     2.9989
        -0.00848999    2.99968
        -0.00705022    2.99978
        -0.00563679    2.99986
        -0.00344165    2.99995
        -0.0018255     2.99999
        0.000988902    3.
        0.00149852     2.99999
        0.00165163     2.99999
        0.0041588      2.99992
        0.0284195      2.99637
        0.0370576      2.99382
        0.100296       2.95494
        0.106565       2.94916
        0.166276       2.87712
        0.508962       1.96289
```

리스트를 테이블 형식으로 나타낼 때 각 행과 열에 대한 정보를 나타내 주면 더욱 좋을 것이다. 이러한 꾸밈을 지원해주는 TableForm의 옵션을 살펴보자.

TableAlignments	TableForm의 데이터를 정렬한다. (Left, Center, Right)
TableSpacing	TableForm의 행 간격, 열 간격을 설정한다. {row spacing, column spacing}
TableHeadings	TableForm의 행 라벨과 열 라벨을 설정한다. {{row labels}, {column labels}}

```
In[14]:= TableForm[pairs, TableAlignments → Right, TableSpacing → {1, 3},
          TableHeadings → {{1, 2, 3, 4, 5, 6, 7, 8, 9,
            10, 11, 12, 13, 14, 15, 16, 17, 18, 19, 20}, {"x", "f(x)"}}]
```

Out[14]//TableForm=

	x	f(x)
1	-0.421995	2.26046
2	-0.25549	2.71477
3	-0.241774	2.74379
4	-0.0435231	2.99148
5	-0.0156582	2.9989
6	-0.00848999	2.99968
7	-0.00705022	2.99978
8	-0.00563679	2.99986
9	-0.00344165	2.99995
10	-0.0018255	2.99999
11	0.000988902	3.
12	0.00149852	2.99999
13	0.00165163	2.99999
14	0.0041588	2.99992
15	0.0284195	2.99637
16	0.0370576	2.99382
17	0.100296	2.95494
18	0.106565	2.94916
19	0.166276	2.87712
20	0.508962	1.96289

```
In[15]:= TableForm[pairs, TableAlignments → Right, TableSpacing → {1, 3},
          TableHeadings → {{1, 2, 3, 4, 5, 6, 7, 8, 9,
            10, 11, 12, 13, 14, 15, 16, 17, 18, 19, 20}, {"x", "f(x)"}}]
```

Out[15]//TableForm=

	x	f(x)
1	-0.421995	2.26046
2	-0.25549	2.71477
3	-0.241774	2.74379
4	-0.0435231	2.99148
5	-0.0156582	2.9989
6	-0.00848999	2.99968
7	-0.00705022	2.99978
8	-0.00563679	2.99986
9	-0.00344165	2.99995
10	-0.0018255	2.99999
11	0.000988902	3.
12	0.00149852	2.99999
13	0.00165163	2.99999
14	0.0041588	2.99992
15	0.0284195	2.99637
16	0.0370576	2.99382
17	0.100296	2.95494
18	0.106565	2.94916
19	0.166276	2.87712
20	0.508962	1.96289

TableHeadings → {{1, 2, 3, 4, 5, 6, 7, 8, 9, 10, 11, 12, 13, 14, 15, 16, 17, 18, 19, 20}, {"x", "f(x)"}}]에서 {1, 2, 3, 4,..., 19, 20}를 직접 하나하나 입력하지 않고 Table을 이용하여 다음과 같이 간단하게 넣어줄 수 있다.

```
In[16]:= TableForm[pairs, TableAlignments → Right, TableSpacing → {1, 3},
              TableHeadings → {Table[k, {k, 1, 20}], {"x", "f(x)"}}];
```

그런데 만약 행의 개수가 50개라면 이것을 또 고쳐야 한다. 다음과 같이 하면 데이터의 크기에 상관없이 원하는 결과를 얻을 수 있는데 지면 관계상 세미콜론(;)을 붙여 출력이 나오지 않도록 설정하였다.

```
In[17]:= TableForm[pairs, TableAlignments → Right, TableSpacing → {1, 3},
              TableHeadings → {Table[k, {k, 1, Length[pairs]}], {"x", "f(x)"}}];
```

이렇게 하여, 우리는 $\lim_{x\to 0+}\frac{\text{Sin}[3\,x]}{x}$과 $\lim_{x\to 0-}\frac{\text{Sin}[3\,x]}{x}$의 값을 실험을 통하여 살펴보았다. 그런데 *Mathematica*의 Limit 함수는 우극한을 구할 것이냐 좌극한을 구할 것이냐를 선택할 수 있는 옵션을 가지고 있다.

Limit[$f[x]$, $x\to x_0$, Direction → 1]	$x\to x_0$일 때 함수 $f[x]$의 좌극한을 구한다.
Limit[$f[x]$, $x\to x_0$, Direction → −1]	$x\to x_0$일 때 함수 $f[x]$의 우극한을 구한다.

```
In[18]:= Limit[f[x], x → 0, Direction → 1]

Out[18]= 3

In[19]:= Limit[f[x], x → 0, Direction → -1]

Out[19]= 3
```

►► Limit 를 이용하여 극한을 계산할 때 주의할 점: 다음을 보자.

```
In[20]:= Limit[Abs[x]/x, x → 0]

Out[20]= 1
```

$\lim_{x\to 0}\frac{\text{Abs}[x]}{x}$=1이라는 결과를 얻었다. 그러나 이는 맞는 결과가 아니다. Direction을 이용하여 좌극한과 우극한을 알아보자.

```
In[21]:= {Limit[Abs[x]/x, x → 0, Direction → 1], Limit[Abs[x]/x, x → 0, Direction → -1]}

Out[21]= {-1, 1}
```

분명히 좌극한과 우극한이 다르기에 $\lim_{x\to 0}\frac{\text{Abs}[x]}{x}$의 극한값은 존재하지 않는다. 따라서 *Mathematica*가 출력한 Limit[$g[x]$, $x\to 0$] = 1이라는 결과는 분명히 잘못되어 보인다. 강조하건데, *Mathematica*의 단편적인 계산결과를 너무 신뢰하는 일이 없도록 하자. 연산은 *Mathematica*가 하지만 판단과 분석은 결국 우리가 하는 것이다.

Limit[$\frac{\text{Abs}[x]}{x}$, $x\to 0$] = 1에 대한 해석은 이렇다. Limit 함수는 사실 한 방향으로의 극한값만을 출력하는 함수며 기본적으로 Direction이 -1로 설정되어 있다. 즉 Limit[$\frac{\text{Abs}[x]}{x}$, $x\to 0$]은 Limit[$\frac{\text{Abs}[x]}{x}$, $x\to 0$, Direction → −1]과 같으며 따라서 1을 출력하는 것이다. 비슷한 현상을 Limit[$\frac{1}{x}$, $x\to 0$]에서 살펴볼 수 있다. 자세한 사항을 알고 싶으면 문서 센터에서 Limit를 검색하여 나오는 글을 읽어 보라.

▶ 이번에는 Limit 함수를 이용하지 않고 계산을 통하여 $\lim_{x\to-\frac{9}{2}} \frac{2x^2+25x+72}{72-47x-14x^2}$를 구하여 보자. $-\frac{9}{2}=-4.5$이므로 그래프를 생각할 때는 $x=-4.5$ 근방에서의 그래프를 그린다.

In[22]:=
```
h[x_] := (2 x^2 + 25 x + 72)/(72 - 47 x - 14 x^2)
```

In[23]:=
```
Plot[h[x], {x, -5, -4}, LabelStyle → {8},
  PlotStyle → RGBColor[0.25, 0.25, 0.75],
  PlotRange → {{-5, -4}, {-0.2, 0.2}}]
```

Out[23]=

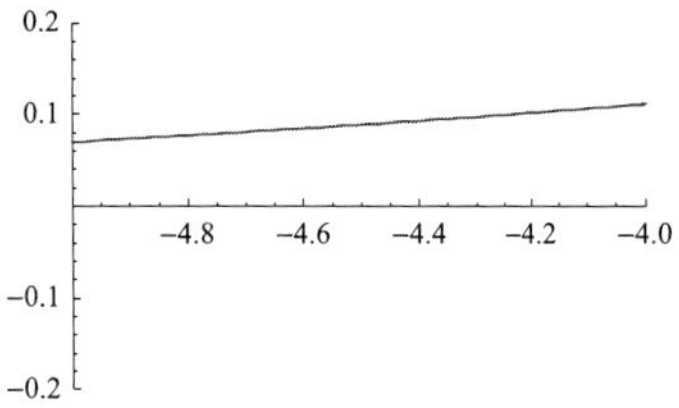

In[24]:=
```
h[-9/2]
```

Power::infy : Infinite expression $\frac{1}{0}$ encountered. ≫

Infinity::indet : Indeterminate expression 0 ComplexInfinity encountered. ≫

Out[24]= Indeterminate

$h[-\frac{9}{2}]$ = Indeterminate라는 메시지를 얻었다. Indeterminate는 부정형이라는 뜻인데 분수 꼴로 주어진 함수의 극한에서 부정형이 발생하는 경우 보통 분모와 분자를 인수분해한 후 약분을 함으로써 함수의 극한값을 구할 수 있다. 그럼 함수 $h[x]$의 분모와 분자를 추출하여 각각 인수분해하여 보자.

Numerator[expr]	유리식 expr의 분자를 추출한다.
Denominator[expr]	유리식 expr의 분모를 추출한다.

In[25]:=
```
분자 = Factor[Numerator[h[x]]]
```

Out[25]= (8 + x) (9 + 2 x)

In[26]:=
```
분모 = Factor[Denominator[h[x]]]
```

Out[26]= - (9 + 2 x) (- 8 + 7 x)

주어진 분수함수의 분모와 분자를 인수분해한 결과, 분모 분자는 공통인수 $(9+2x)$를 가지고 있다. 비록 $x\to-\frac{9}{2}$이므로 $9+2x\to 0$ 이기는 하지만 $9+2x\neq 0$임은 분명하다. 따라서 약분이 가능할 것이다.

In[27]:=
```
Cancel[h[x]]
```

Out[27]= $\frac{-8-x}{-8+7x}$

따라서 $\lim_{x\to-\frac{9}{2}} \frac{2x^2+25x+72}{72-47x-14x^2}$은 다음과 같이 그 값을 구할 수 있다.

In[28]:= `Cancel[h[x]] /. x → -` $\frac{9}{2}$

Out[28]= $\frac{7}{79}$

이렇게 하여 우리가 구하고자 하는 함수의 극한값을 Limit를 이용하지 않고 구하여 보았다. 물론, Limit를 이용하면 아래와 같이 아주 쉽게 구하여 질 것이나 앞서도 언급했던 것처럼 *Mathematica*의 모든 결과를 신뢰할 수만은 없기에 이렇듯 *Mathematica*를 이용하여 결과를 한 단계 한 단계 얻어가는 것도 *Mathematica*를 활용하는 중요한 부분 중의 하나다.

In[29]:= `Limit[h[x], x → -9 / 2]`

Out[29]= $\frac{7}{79}$

1.1. 여러 가지 함수의 극한

Limit를 이용하여 함수의 극한을 구하는 예들을 더 소개해 본다.

In[30]:= `Limit[` $\frac{\text{Sin}[x]}{x}$ `, x → 0]`

Out[30]= 1

In[31]:= `Limit[` $\left(1+\frac{1}{n}\right)^n$ `, n → ∞]`

Out[31]= e

In[32]:= `Limit[` $(1+x)^{\frac{1}{x}}$ `, x → 0]`

Out[32]= e

In[33]:= `Limit[` $\frac{1+4x-16x^2-64x^3}{20x^2+13x+2}$ `, x → -∞]`

Out[33]= ∞

In[34]:= `Limit[Sin[x], x → ∞]`

Out[34]= `Interval[{-1, 1}]`

Limit[Sin[x], $x \to \infty$]의 결과로 Interval[{−1, 1}]이라는 메세지를 얻었다. 이 결과의 의미는 $x \to \infty$일 때 Sin[x]의 그래프가 어떻게 행동하는가를 이해함으로써 알 수 있다.

2. 점화수열의 일반항 구하기

*Mathematica*는 점화식으로 주어진 수열의 일반항을 구할 수 있다. 물론 모든 점화식의 일반항을 다 구할 수 있는 것은 아니다.

RSolve[eqn, *a*[*n*], *n*]	점화식 eqn 의 일반항 *a*[*n*] 을 *n* 에 관한 식으로 계산한다.
RSolve[{eqn1, eqn2, eqn3}, {*a*[*n*], *b*[*n*]}, *n*]	점화식 eqn1, eqn2, eqn3 의 일반항 *a*[*n*], *b*[*n*] 을 *n* 에 관한 식으로 계산한다. 방정식의 개수 및 변수의 개수는 확장 가능하다.

점화식 $a[1] = 2,\ a[n+1] = 2\,a[n] + 1$로 주어진 점화수열의 일반항을 구해 보자.

```
In[35]:= Remove["Global`*"];
         RSolve[{a[n + 1] == 2 a[n] + 1, a[1] == 2}, a[n], n]
```

Out[36]= $\left\{\left\{a[n] \to \frac{1}{2}\left(-2 + 3 \times 2^n\right)\right\}\right\}$

일반항을 구할 때 순수함수(8장 참조)로 얻고 싶을 때는 *a*[*n*]이 아니라 *a*라고 하면 된다.

```
In[37]:= sol = RSolve[{a[n + 1] == 2 a[n] + 1, a[1] == 2}, a, n]
```

Out[37]= $\left\{\left\{a \to \text{Function}\left[\{n\},\ \frac{1}{2}\left(-2 + 3 \times 2^n\right)\right]\right\}\right\}$

```
In[38]:= A = sol[[1, 1, 2]]
```

Out[38]= $\text{Function}\left[\{n\},\ \frac{1}{2}\left(-2 + 3 \times 2^n\right)\right]$

```
In[39]:= Table[A[i], {i, 1, 10}]

Out[39]= {2, 5, 11, 23, 47, 95, 191, 383, 767, 1535}
```

일반항을 구하였으므로 극한을 구해 볼 수 있다.

```
In[40]:= Limit[A[n], n → ∞]

Out[40]= ∞
```

▶ 피보나치 수열 $a[1] = 1,\ a[2] = 1,\ a[n] = a[n-1] + a[n-2]$의 일반항을 구하여보자.

```
In[41]:= Remove["Global`*"];
         sol = RSolve[{a[1] == 1, a[2] == 1, a[n] == a[n - 1] + a[n - 2]}, a, n]

Out[42]= {{a → Function[{n}, Fibonacci[n]]}}

In[43]:= B = sol[[1, 1, 2]]

Out[43]= Function[{n}, Fibonacci[n]]

In[44]:= Table[B[i], {i, 1, 10}]

Out[44]= {1, 1, 2, 3, 5, 8, 13, 21, 34, 55}

In[45]:= Limit[B[n], n → ∞]

Out[45]= ∞
```

예제-1. 두 컵 A와 B에 물이 각각 1 리터씩 들어 있다. 이제 A컵으로부터 물을 반 덜어내 B컵에 담고, 그 다음 B컵에서 물을 반 덜어내 A컵에 담는다. 이와 같은 조작을 한없이 반복할 때, A컵과 B컵에 들어 있는 물의 양이 어떻게 변하는지 알아보라.

[풀이]

n단계에 대한 A컵을 물의 양을 $a[n]$, B컵의 물의 양을 $b[n]$이라 하면,

$a[0]=1,\ b[0]=1,\ a[n+1]=\frac{3}{4}a[n]+\frac{1}{2}b[n],\ b[n+1]=\frac{1}{4}a[n]+\frac{1}{2}b[n]$ 이다.

```
In[46]:= sol = RSolve[{a[n + 1] == 3/4 a[n] + 1/2 b[n],
            b[n + 1] == 1/4 a[n] + 1/2 b[n], a[0] == 1, b[0] == 1}, {a, b}, n]
```

Out[46]= $\left\{\left\{a \to \text{Function}\left[\{n\}, \frac{1}{3} 2^{-2n}\left(-1+2^{2+2n}\right)\right], b \to \text{Function}\left[\{n\}, \frac{1}{3} 4^{-n}\left(1+2^{1+2n}\right)\right]\right\}\right\}$

```
In[47]:= A = sol[[1, 1, 2]];
         B = sol[[1, 2, 2]];

In[49]:= limitA = Limit[A[n], n → ∞]
```

Out[49]= $\frac{4}{3}$

```
In[50]:= limitB = Limit[B[n], n → ∞]
```

Out[50]= $\frac{2}{3}$

따라서 위와 같은 조작을 한없이 반복할 때 A컵, B컵의 물의 양은 각각 $\frac{4}{3}$리터, $\frac{2}{3}$리터에 수렴한다고 할 수 있다. ■

마지막으로 점화식으로 주어진 수열의 항을 실제로 많이 구하고자 할 때 주의해야 할 점 한 가지를 소개한다. 예를 들어 피보나치 수열의 첫 서른 개 항을 내장함수 Fibonacci[n]을 쓰지 않고 모두 구하고자 하면 평범한 생각으로는 다음과 같이 하면 되지 않을까 하고 생각할 수 있다.

```
In[51]:= Clear[a];
         a[1] = 1; a[2] = 1;
         a[n_] := a[n - 1] + a[n - 2];
         Table[a[n], {n, 1, 30}]

Out[54]= {1, 1, 2, 3, 5, 8, 13, 21, 34, 55, 89, 144, 233, 377,
          610, 987, 1597, 2584, 4181, 6765, 10946, 17711, 28657,
          46368, 75025, 121393, 196418, 317811, 514229, 832040}
```

그런데 이렇게 하면 시간이 많이 걸린다. 만약 첫 100항을 구하고자 한다면 위 방법으로 할 수는 있겠지만 굉장한 인내심을 필요로 한다. 이 경우 *Mathematica*를 제대로 활용하는 법은 다음과 같이 하는 것이다. 이유를 알고 싶으면 문서 센터에서 tutorial/FunctionsThatRememberValuesTheyHaveFound를 찾아 읽어보기 바란다.

```
In[55]:= Clear[a];
         a[1] = 1; a[2] = 1;
         a[n_] := a[n] = a[n - 1] + a[n - 2];
         Table[a[n], {n, 1, 30}]
```

```
Out[58]= {1, 1, 2, 3, 5, 8, 13, 21, 34, 55, 89, 144, 233, 377,
   610, 987, 1597, 2584, 4181, 6765, 10946, 17711, 28657,
   46368, 75025, 121393, 196418, 317811, 514229, 832040}
```

제 11장 미분

고등학교에서는 일변수 함수 $y = f(x)$를 x에 대한 미분만 다루는데 이를 상미분, 또는 간단히 줄여서 미분이라고 한다. 대학교에서는 다변수 함수 $w = f(x, y, z, \ldots)$에 대한 미분까지 다루는데 이를 편미분이라 한다. *Mathematica*는 상미분을 편미분의 특수한 경우로 다루어 편미분으로 상미분까지 취급한다.

1. 미분법

1.1. 상미분, 편미분

편미분을 하고자 할 때는 변수를 지정해주어야 하며 그 변수를 제외한 나머지 변수는 모두 상수로 취급한다.

$D[f, x]$	$\frac{\partial f}{\partial x}$
$D[f, \{x, n\}]$	$\frac{\partial^n f}{\partial x^n}$
$D[f, x, y, z]$	$\frac{\partial^3 f}{\partial z \partial y \partial x}$
$D[f, \{\{x, y, z, \ldots\}\}]$	$\left\{\frac{\partial f}{\partial x}, \frac{\partial f}{\partial y}, \frac{\partial f}{\partial z}, \ldots\right\}$

$D[f, x, y, z]$는 f를 먼저 x에 대하여, 그리고 y에 대하여, 마지막으로 z에 대하여 미분하는 것이다. 일반적으로 대부분의 함수 f에 대하여 $D[f, x, y, z]$, $D[f, z, y, x]$, $D[f, x, z, y]$ 등은 결과적으로 모두 같으므로 x, y, z의 순서에 별 의미를 두지 않으나 모든 경우에 다 같은 것은 아니므로 위 기호에서 미분의 순서가 어떻게 되는지 개념적으로는 알아두어야 할 것이다.

미분을 나타내는 부호 ' 는 작은따옴표로써 컨텍스트로 사용되는 `가 아니다. 미분을 나타내는 방법에는 여러 가지가 있는데, 아래 세 가지 표현은 모두 같은 명령이다.

```
In[1]:= f[x_] := x^3 + x + 3

In[2]:= {D[f[x], x], f'[x], ∂x f[x]}

Out[2]= {1 + 3 x^2, 1 + 3 x^2, 1 + 3 x^2}
```

그러나 $\frac{\partial f}{\partial x}$는 *Mathematica*에서는 의미가 없는 기호다.

```
In[3]:= ∂ f
        ───
        ∂ x

Derivative::novar : ∂f cannot be interpreted. A partial derivative requires a subscript differentiation variable. >>
```

우리는 미분을 나타내는 기호로 가급적 D를 사용한다.

고계도함수를 구하는 법에 대하여 살펴보자. 아래는 $\frac{\partial^3 g(x,y)}{\partial y \partial y \partial x}$를 계산하는 코드다.

```
In[4]:= g[x_, y_] := x^3 + Sin[x] Cos[y] + y^4
```

```
In[5]:= {∂x,y,y g[x, y], D[g[x, y], x, y, y]}
Out[5]= {-Cos[x] Cos[y], -Cos[x] Cos[y]}
```

여러 미분변수들에 대한 고계도함수를 다음과 같이 계산하는 방법도 있다.

Derivative[n_1, n_2, ...][f][x, y, ...]	$\frac{\partial^n f}{\ldots \partial y^{n_2} \partial x^{n_1}}$	(단, $n = n_1 + n_2 + \ldots$)

Derivative[n_1, n_2, ...][f][x, y, ...]는 함수 f를 x에 대하여 n_1번, y에 대하여 n_2번... 미분을 한다.

```
In[6]:= h[x_, y_] := x^6 + x^4 y^5 + y^3
In[7]:= Derivative[2, 3] [h] [x, y]
Out[7]= 720 x^2 y^2
In[8]:= D[h[x, y], x, x, y, y, y]
Out[8]= 720 x^2 y^2
```

1.2. 전미분

다변수 함수 $f[x, y, \ldots]$의 전미분(Total Derivative)은 미분변수 외의 문자들은 모두 미분변수의 함수로 간주하고 f를 미분하여 얻은 것이다.

Dt[f]	(모든 문자들을 서로 독립인 변수로 보고) f 의 전미분을 구한다.
Dt[f, x]	x 만을 변수로 보고 f 의 전미분(total derivative) 을 구한다.

```
In[9]:= g[x_, y_] := Sin[x + y] + y;
        Dt[g[x, y]]
Out[10]= Dt[y] + Cos[x + y] (Dt[x] + Dt[y])
```

Dt[$g[x, y]$, x]는 x만을 변수로 보고 y는 x의 함수로 보아 $g[x, y]$를 미분한 것라고 할 수 있으며, Dt[$g[x, y]$, y]는 y만을 변수로 보고 x는 y의 함수로 보아 $g[x, y]$를 미분한 것이라고 할 수 있다.

```
In[11]:= {Dt[g[x, y], x], Dt[g[x, y], y]}
Out[11]= {Dt[y, x] + Cos[x + y] (1 + Dt[y, x]), 1 + Cos[x + y] (1 + Dt[x, y])}
```

Dt[f, {x, n}]와 Dt[f, x, y, z]는 *Mathematica*의 문서 센터에 각각 $\frac{d^n f}{d x^n}$와 $\frac{d^3 f}{dx\,dy\,dz}$로 간단하게 소개되어 있으나 그 설명을 통하여 Dt[f, {x, n}]와 Dt[f, x, y, z]의 의미를 파악하기는 쉽지 않다. 다음 예를 통하여 계산원리를 파악할 수 있기를 바란다.

```
In[12]:= {Dt[g[x, y], x, x], Dt[g[x, y], {x, 2}], Dt[g[x, y], x, y]}
Out[12]= {Dt[y, {x, 2}] + Cos[x + y] Dt[y, {x, 2}] - (1 + Dt[y, x])^2 Sin[x + y],
          Dt[y, {x, 2}] + Cos[x + y] Dt[y, {x, 2}] - (1 + Dt[y, x])^2 Sin[x + y],
          - (1 + Dt[x, y]) (1 + Dt[y, x]) Sin[x + y]}
```

1.3. 미분에서의 변수 속성

전미분은 미분변수 외의 다른 문자들은 모두 미분변수의 함수로 취급하고, 편미분은 미분변수 이외의 다른 문자들을 모두 상수로 취급한다. 그러나 때로는 미분변수 외의 문자 중 몇 개는 상수로 몇 개는 미분변수의 함수로 다루어야 할 때가 있다. 이때는 아래와 같이 미분변수 외의 변수를 상수로 할 것이냐 미분변수의 함수로 할 것이냐를 설정할 수 있다.

Constants → {*x*, *y*, ...}	*x*, *y*, ... 를 상수로 선언한다.
NonConstants → {*x*, *y*, ...}	*x*, *y*, ... 를 미분변수의 함수로 선언한다.

```
In[13]:= g[x_, y_, z_] := Sin[x] + Sin[y] + Sin[z]

In[14]:= D[g[x, y, z], x]

Out[14]= Cos[x]
```

1.3.1. 편미분 $\frac{\partial g}{\partial x}$에서 *y*를 *x*의 함수로 선언하는 경우

```
In[15]:= D[g[x, y, z], x, NonConstants → {y}]

Out[15]= Cos[x] + Cos[y] D[y, x, NonConstants → {y}]
```

1.3.2. 편미분 $\frac{\partial g}{\partial x}$에서 *y*를 상수로 설정하는 경우

```
In[16]:= Dt[g[x, y, z], x]

Out[16]= Cos[x] + Cos[y] Dt[y, x] + Cos[z] Dt[z, x]

In[17]:= Dt[g[x, y, z], x, Constants → {y}]

Out[17]= Cos[x] + Cos[z] Dt[z, x, Constants → {y}]
```

문자의 속성을 상수로 지정하는 방법은 또 있다.

SetAttributes[*x*, attribute]	문자 *x* 를 attribute 라는 속성으로 지정한다.
Attributes[*x*]	문자 *x* 의 속성을 보여준다.
ClearAttributes[*x*, attribute]	문자 *x* 의 attribute 라는 속성을 해제한다.

```
In[18]:= g[x, y, z]

Out[18]= Sin[x] + Sin[y] + Sin[z]

In[19]:= Dt[g[x, y, z], x]

Out[19]= Cos[x] + Cos[y] Dt[y, x] + Cos[z] Dt[z, x]

In[20]:= SetAttributes[y, Constant]

In[21]:= Attributes[y]

Out[21]= {Constant}

In[22]:= Dt[g[x, y, z], x]

Out[22]= Cos[x] + Cos[z] Dt[z, x]
```

SetAttributes를 이용하였을 경우, 후에 그 문자의 처음의 속성을 이용하고 싶다면 ClearAttributes로 속성을 해제 하면 된다.

```
In[23]:= ClearAttributes[y, Constant]

In[24]:= Attributes[y]

Out[24]= {}

In[25]:= Dt[g[x, y, z], x]

Out[25]= Cos[x] + Cos[y] Dt[y, x] + Cos[z] Dt[z, x]
```

1.4. 식이 명확하게 주어지지 않은 함수에 대한 미분

*Mathematica*는 다음과 같이 식이 명확하게 주어지지 않은 함수도 미분할 수 있다.

```
In[26]:= f[x] := Sin[g[x + y]] + g[x]

In[27]:= D[f[x], x]

Out[27]= g'[x] + Cos[g[x + y]] g'[x + y]

In[28]:= Dt[f[x], x]

Out[28]= g'[x] + Cos[g[x + y]] (1 + Dt[y, x]) g'[x + y]
```

1.5. 음함수 미분하기

▶ $x^2 + y^2 == 1$ 로 주어진 음함수 $y = y(x)$ 에 대하여 $\dfrac{dy}{dx}$ 를 구하여 보자.

이는 y를 x에 대한 식으로 간주하여 편미분하는 것이다. 일단 다음과 같이 y를 $y(x)$로 바꿔 놓고 계산하는 방법이 있다.

```
In[29]:= R1 = D[x^2 + y[x]^2 == 1, x]

Out[29]= 2 x + 2 y[x] y'[x] == 0

In[30]:= SolR1 = Solve[R1, y'[x]]

Out[30]= {{y'[x] -> -x/y[x]}}
```

▶ $x^2 + y^2 == 1$ 로 주어진 $y = y(x)$ 에 대하여 $\dfrac{d^2y}{dx^2}$ 를 편미분을 이용하여 구하여 보자.

```
In[31]:= R2 = D[x^2 + y[x]^2 == 1, {x, 2}]

Out[31]= 2 + 2 y'[x]^2 + 2 y[x] y''[x] == 0

In[32]:= SolR2 = R2 /. SolR1

Out[32]= {2 + 2 x^2/y[x]^2 + 2 y[x] y''[x] == 0}

In[33]:= Sol = Solve[SolR2, y''[x]]

Out[33]= {{y''[x] -> (-x^2 - y[x]^2)/y[x]^3}}
```

▶ $x^2 + y^2 == 1$ 로 주어진 $y = y(x)$ 에 대하여 $\dfrac{dy}{dx}$ 를 전미분을 이용하여 구하여 보자.

```
In[34]:= D1 = Dt[x^2 + y^2 == 1, x]
Out[34]= 2 x + 2 y Dt[y, x] == 0
In[35]:= SolD1 = Solve[D1, Dt[y, x]]
Out[35]= {{Dt[y, x] → -x/y}}
```

▶ $x^2 + y^2 == 1$ 로 주어진 $y = y(x)$ 에 대하여 $\dfrac{d^2 y}{dx^2}$ 를 전미분을 이용하여 구하여 보자.

```
In[36]:= D2 = Dt[x^2 + y^2 == 1, {x, 2}]
Out[36]= 2 + 2 Dt[y, x]^2 + 2 y Dt[y, {x, 2}] == 0
In[37]:= SolD2 = D2 /. SolD1[[1]]
Out[37]= 2 + 2 x^2/y^2 + 2 y Dt[y, {x, 2}] == 0
In[38]:= Sol = Solve[SolD2, Dt[y, {x, 2}]][[1]]
Out[38]= {Dt[y, {x, 2}] → (-x^2 - y^2)/y^3}
```

1.6. *Mathematica*를 이용하여 미분문제 해결하기

예제-1. 함수 $f(x) = 2x^3 + 3x^2 - 12x + 7$ 의 $x = -1$ 에서의 접선의 방정식을 구하고 그래프를 그려라.

[풀이]

```
In[39]:= Clear[f]
In[40]:= f[x_] := 2 x^3 + 3 x^2 - 12 x + 7
In[41]:= Tanf[x_] := f'[-1] (x + 1) + f[-1]
In[42]:= gf1 = Plot[f[x], {x, -4.5, 4.5}, PlotStyle → {Dashing[{0.02}]}];
         gf2 = Plot[Tanf[x], {x, -4.5, 4.5}, PlotStyle → Red];
         Show[{gf1, gf2}, Prolog → {Text["y=f(x)", {2, f[3] - 0.1}],
            Text["y=f'(x)", {1.5, Tanf[3]}]}]
```

Out[44]=

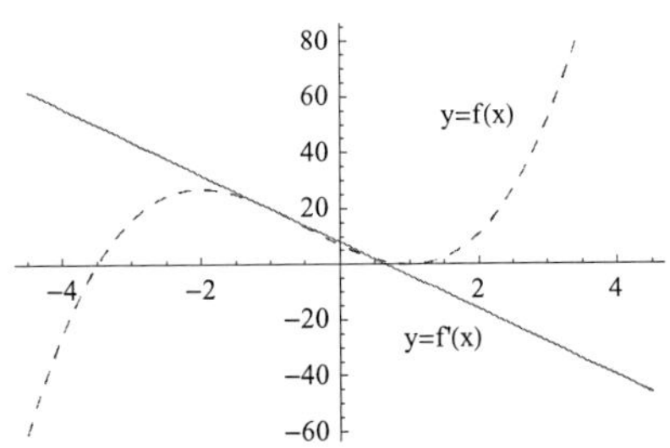

이상으로 풀이가 완결되었다. ■

예제-2. 함수 $f(x) = (1 + x^3)^{100}$ 의 n 계 도함수를 구하는 함수를 정의하고, 이를 이용하여 $n = 5$ 까지의 도함수와 $x = 2$ 에서의 미분계수를 표로 나타내어라.

[풀이]

```
In[45]:= Clear[f]

In[46]:= f[x_] := (1 + x^3)^100

In[47]:= Df[n_] := D[f[x], {x, n}] ;
         pair1 = Table[ {n, Simplify[Df[n]]}, {n, 1, 5}];
         TableForm[pair1, TableHeadings → {{}, {"n", "f^(n) (x)"}}, TableAlignments → Left]
```

Out[49]//TableForm=

n	$f^{(n)}(x)$
1	$300\,x^2\,(1 + x^3)^{99}$
2	$300\,x\,(1 + x^3)^{98}\,(2 + 299\,x^3)$
3	$600\,(1 + x^3)^{97}\,(1 + 893\,x^3 + 44\,551\,x^6)$
4	$178\,200\,x^2\,(1 + x^3)^{96}\,(10 + 1784\,x^3 + 44\,551\,x^6)$
5	$712\,800\,x\,(1 + x^3)^{95}\,(5 + 2955\,x^3 + 219\,780\,x^6 + 3\,296\,774\,x^9)$

```
In[50]:= Dfval[n_] := Df[n] /. {x → 2};
         pair2 = Table[ {n, N[Dfval[n]]}, {n, 1, 5}];
         TableForm[pair2, TableHeadings → {{}, {"n", "f^(n) (2)"}}, TableAlignments → Left]
```

Out[52]//TableForm=

n	$f^{(n)}(2)$
1	3.54152×10^{97}
2	4.71022×10^{99}
3	6.24883×10^{101}
4	8.26906×10^{103}
5	1.09145×10^{106}

이상으로 풀이가 완결되었다. ■

예제-3. 함수 $f(x) = 3x^3 - 9x^2 + 2x + 3$ 가 $g(x) = 3x - 4$ 과 평행한 접선을 갖는지 알아보고, 만약 평행한 접선을 갖는 경우 직선과 접선의 그래프를 그려라.

[풀이]

```
In[53]:= Clear[f, g]

In[54]:= f[x_] := 3 x^3 - 9 x^2 + 2 x + 3; g[x_] := 3 x - 4;

In[55]:= Plot[{f[x], g[x]}, {x, -1, 3},
          PlotStyle → {RGBColor[0, 0, 1], RGBColor[0, 0.5, 0.25]}]
```

Out[55]=

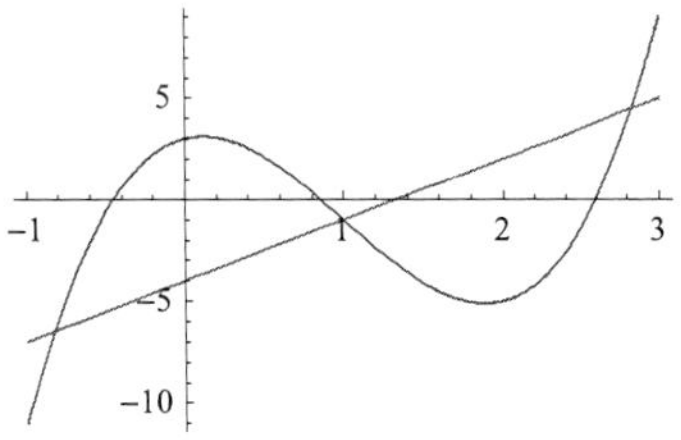

```
In[56]:= sol = NSolve[f'[x] == 3, x]

Out[56]= {{x → -0.0540926}, {x → 2.05409}}

In[57]:= eq = Table[ f'[sol[[i, 1, 2]]] (x - sol[[i, 1, 2]]) +
              f[sol[[i, 1, 2]]], {i, 1, Length[sol]}]

Out[57]= {2.86501 + 3. (0.0540926 + x), -4.86501 + 3. (-2.05409 + x)}

In[58]:= Plot[Evaluate[Join[{f[x], g[x]}, eq]], {x, -1, 3},
           PlotStyle → {RGBColor[0, 0, 1], RGBColor[0, 0.5, 0.25],
                    Dashing[{0.02}], Dashing[{0.02}]}]
```

Out[58]=

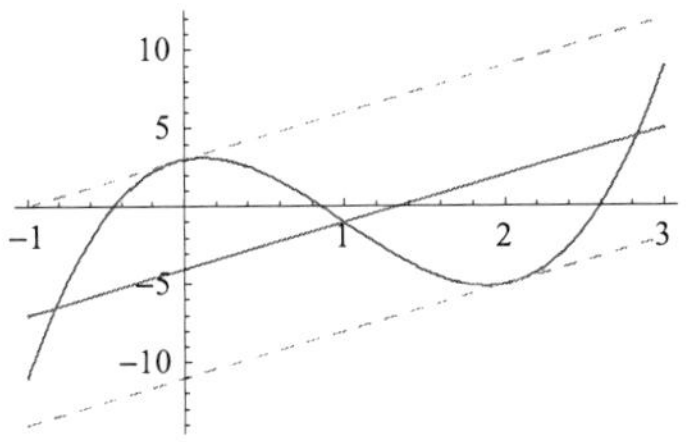

이상으로 풀이가 완결되었다. ■

예제-4. 함수 $f(x) = 2^x - x$ 의 구간 $[-5, 5]$ 에서의 극댓값, 극솟값, 최댓값, 최솟값을 구하시오.

[풀이]

```
In[59]:= Clear[f]; f[x_] := 2^x - x

In[60]:= f'[x]

Out[60]= -1 + 2^x Log[2]

In[61]:= sol = FindRoot[f'[x] == 0, {x, 0.5}]

Out[61]= {x → 0.528766}

In[62]:= Plot [{f[x], f'[x]}, {x, -5, 5},
          PlotStyle → {{RGBColor[0, 0, 1], Thickness[0.005]},
                    {RGBColor[1, 0, 0], Dashing[{0.01}]} },
          Prolog → {Line[{{sol[[1, 2]], -2}, {sol[[1, 2]], 10}}]}]
```

Out[62]=

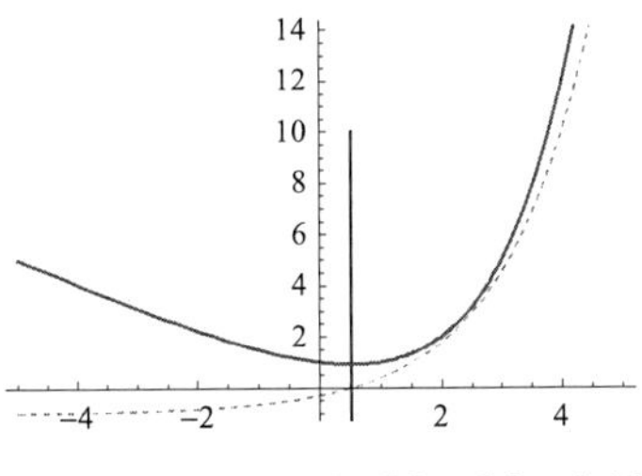

```
In[63]:= fvals = N[{ f[-5], f[sol[[1, 2]]], f[5]}]

Out[63]= {5.03125, 0.913929, 27.}
```

극댓값: 없음, 극솟값: $f(0.528766) = 0.913929$, 최댓값: $f(5) = 27$, 최솟값: $f(0.528766) = 0.913929$.

이상으로 풀이가 완결되었다. ■

예제-5. 함수 $f(x) = \dfrac{x^6 - 24x^4}{256}$ 의 극댓값, 극솟값, 변곡점을 구하고,
일계도함수와 이계도함수의 그래프를 그려라.

[풀이]

```
In[64]:= Clear[f]

In[65]:= f[x_] := (x^6 - 24 x^4)/256

In[66]:= sol1 = NSolve[f'[x] == 0, x]

Out[66]= {{x → -4.}, {x → 0.}, {x → 0.}, {x → 0.}, {x → 4.}}

In[67]:= pt1 = Union[Table[sol1[[i, 1, 2]], {i, 1, Length[sol1]}]]

Out[67]= {-4., 0., 4.}

In[68]:= sol2 = NSolve[ f''[x] == 0 , x]

Out[68]= {{x → -3.09839}, {x → 0.}, {x → 0.}, {x → 3.09839}}

In[69]:= pt2 = Union[Table[sol2[[i, 1, 2]], {i, 1, Length[sol2]}]]

Out[69]= {-3.09839, 0., 3.09839}

In[70]:= pts = Union[pt1, pt2]

Out[70]= {-4., -3.09839, 0., 3.09839, 4.}

In[71]:= p1 = Plot [f[x], {x, -5, 5},
             PlotRange → {-10, 4},
             PlotStyle → {Thickness[0.01], RGBColor[1, 0, 0]}, PlotLabel → "y=f(x)"];
         p2 = Plot [f'[x], {x, -5, 5},
             PlotRange → {-5, 5},
             PlotStyle → RGBColor[0, 0.5, 0.25],
             PlotLabel → "D[f,x]"];
         p3 = Plot [f''[x], {x, -5, 5},
             PlotRange → {-5, 5},
             PlotStyle → Dashing[{0.01}], PlotLabel → StyleForm["D[f,{x,2}]"]];

In[74]:= Show [GraphicsGrid[{{p1, p2, p3}}], ImageSize → 540]
```

Out[74]=

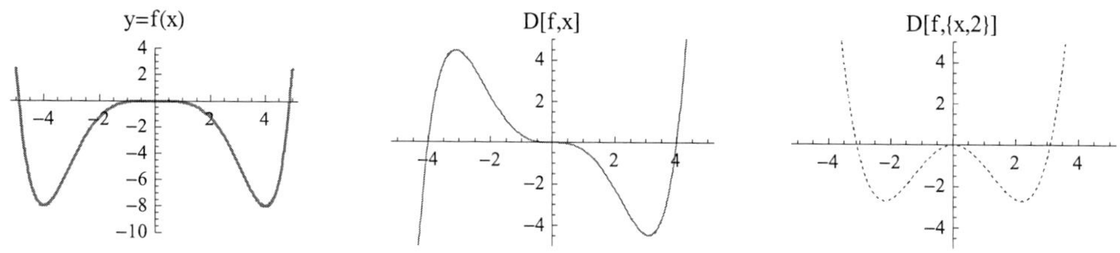

```
In[75]:= p4 = Plot [{f[x], f'[x], f''[x]}, {x, -5, 5},
             PlotRange → {-9, 5},
             PlotStyle → {{Thickness[0.005], RGBColor[1, 0, 0]},
                          RGBColor[0, 0.5, 0.25], Dashing[{0.01}]}];
         Show [p4, GridLines → {pts, {}}, ImageSize → 180]
```

Out[76]=

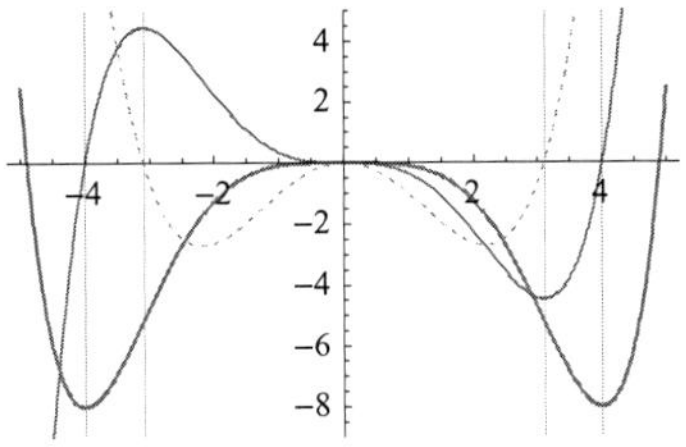

그래프로 판별하는 극댓값 및 극솟값:

▶ $x = -4$ 근방에서 $f'(x)$의 부호가 음에서 양으로 변하므로 f는 $x = -4$에서 극솟값 $f(-4) = -8$을 가진다.

▶ $x = 0$ 근방에서 $f'(x)$의 부호가 양에서 음으로 변하므로 f는 $x = 0$에서 극댓값 $f(0) = 0$을 가진다.

▶ $x = 4$ 근방에서 $f'(x)$의 부호가 음에서 양으로 변하므로 f는 $x = 4$에서 극솟값 $f(4) = -8$을 가진다.

그래프로 판별하는 변곡점:

▶ $x = -3.09839$ 근방에서 $f''(x)$의 부호가 양에서 음으로 변하므로 이 점은 변곡점이다.
▶ $x = 3.09839$ 근방에서 $f''(x)$의 부호가 음에서 양으로 변하므로 이 점은 변곡점이다.
이상으로 풀이가 완결되었다. ■

2. 미분방정식 풀기

*Mathematica*는 미분방정식의 해를 구하는 다양한 알고리즘을 가지고 있다. 이에 대한 자세한 내용은 문서센터에서 알 수 있는데 여기서는 최소한의 활용법을 소개해 본다.

DSolve[eqn, *y*, *x*]	x에 대한 y의 미분방정식 eqn의 해 y를 구한다.
NDSolve[eqn, *y*, {*x*, *x*1, *x*2}]	x에 대한 y의 미분방정식 eqn의 해 y를 $x1 \le x \le x2$ 일 때의 수치해를 구한다.

▶ DSolve를 이용하여 미분방정식 $y''(x) + y(x) == 0$, $y(0) = 1$, $y'(0) = 2$ 의 해를 구해보자.

```
In[77]:= DSol = DSolve[{y''[x] + y[x] == 0, y[0] == 1, y'[0] == 2}, y, x]

Out[77]= {{y → Function[{x}, Cos[x] + 2 Sin[x]]}}

In[78]:= f = DSol[[1, 1, 2]]

Out[78]= Function[{x}, Cos[x] + 2 Sin[x]]
```

위에서 구한 함수가 정말로 미분방정식의 해가 되는지 확인해 보자.

In[79]:=
```
f[x]
```
Out[79]=
```
Cos[x] + 2 Sin[x]
```
In[80]:=
```
{f''[x] + f[x] == 0, f[0] == 1, f'[0] == 2}
```
Out[80]=
```
{True, True, True}
```
► NDSolve를 이용하여 위에서 이미 다루었던 미분방정식 $y''(x) + y(x) == 0, y(0) = 1,$ $y'(0) = 2$ 의 해를 구해 보자.

In[81]:=
```
NDSol = NDSolve[{y''[x] + y[x] == 0, y[0] == 1, y'[0] == 2}, y, {x, -3, 3}]
```
Out[81]=
```
{{y → InterpolatingFunction[{{-3., 3.}}, <>]}}
```
여기에 등장하는 InterpolatingFunction에 대한 짤막한 이론적 소개를 20장 2.3절에 넣어두었으며 여기서는 이 함수를 활용법하는 법만을 간단히 소개하도록 하겠다. 먼저 다음과 같이 위 해의 이름을 g라 하겠다.

In[82]:=
```
g = NDSol[[1, 1, 2]]
```
Out[82]=
```
InterpolatingFunction[{{-3., 3.}}, <>]
```
이제 NDSolve를 이용하여 우리가 구한 미분방정식의 해가 참인지 위에서와 같은 방법으로 확인해 보자.

In[83]:=
```
{g''[x] + g[x] == 0, g[0], g'[0]}
```
Out[83]=
```
{InterpolatingFunction[{{-3., 3.}}, <>][x] +
    InterpolatingFunction[{{-3., 3.}}, <>][x] == 0, 1., 2.}
```
식 $g''(x) + g(x) == 0$이 참이라는 결론은 주어지지 않는다. 이는 기본적으로 g가 진짜 해가 아닌 근사해이기 때문이다. 그러나 다음과 같이 그래프를 통하여 시각적으로 우리가 구한 해가 수치적으로 옳음을 알 수 있다.

In[84]:=
```
GraphicsGrid[{{
    Plot[f[x], {x, -3, 3}, ImageSize → 160],  (* DSolve로 구한 해 *)
    Plot[g[x], {x, -3, 3}, ImageSize → 160] }}]  (* NDSolve로 구한 해 *)
```
Out[84]=

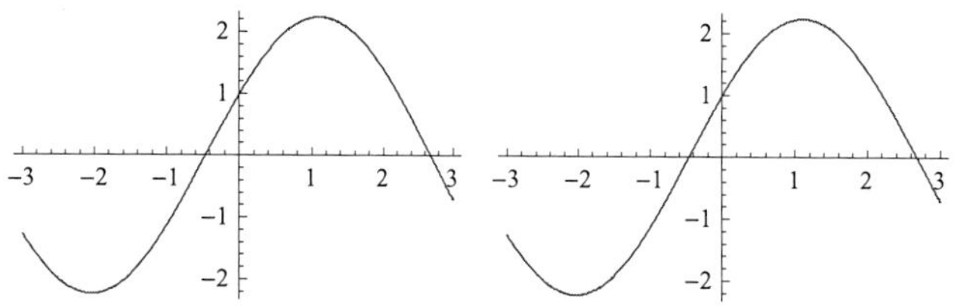

위의 예에서는 DSolve와 NDSolve 모두 주어진 미분방정식의 해를 구할 수 있었다. 그러나 DSolve로는 해를 구할 수 없는 미분방정식도 있다. 예를 들어 단진자 운동에 대한 미분방정식을 생각해 보자. 이는 실의 길이(L), 추의 질량(m), 중력가속도(g), 각의 초깃값(θ_0), 각속도의 초깃값(θ_1), 마찰계수(k)가 주어졌을 때, 진폭(θ)과 시각(t)의 관계를 t를 매개변수로 하여 나타내어 주는 미분방정식이다.

In[85]:=
```
L = 5; m = 3; g = 9.8; θ0 = Pi / 3; θ1 = 0; k = 0.3; time = 100;
```
그러나 이 미분방정식은 DSolve로 풀리지 않는다.

```
In[86]:= DSolve[{m L θ''[t] == -m g Sin[θ[t]] - k L θ'[t], θ[0] == θ0, θ'[0] == θ1}, θ, t]

   Solve::ifun : Inverse functions are being used by Solve, so some
       solutions may not be found; use Reduce for complete solution information. ≫

Out[86]= DSolve[{15 θ''[t] == -29.4 Sin[θ[t]] - 1.5 θ'[t], θ[0] == π/3, θ'[0] == 0}, θ, t]
```

이와 같은 경우에는 수치적인 해를 구하여주는 NDSolve를 이용하여 미분방정식을 푼다.

```
In[87]:= sol = NDSolve[{m L θ''[t] == -m g Sin[θ[t]] - k L θ'[t],
                  θ[0] == θ0, θ'[0] == θ1}, θ, {t, 0, time}]

Out[87]= {{θ → InterpolatingFunction[{{0., 100.}}, <>]}}
```

이제 위에서 구한 해의 그래프를 그리고 이것이 무엇을 나타내는지 생각해 보자.

```
In[88]:= fθ[t_] := sol[[1, 1, 2]][t]

In[89]:= Plot[fθ[t], {t, 0, 50}]
```

Out[89]=

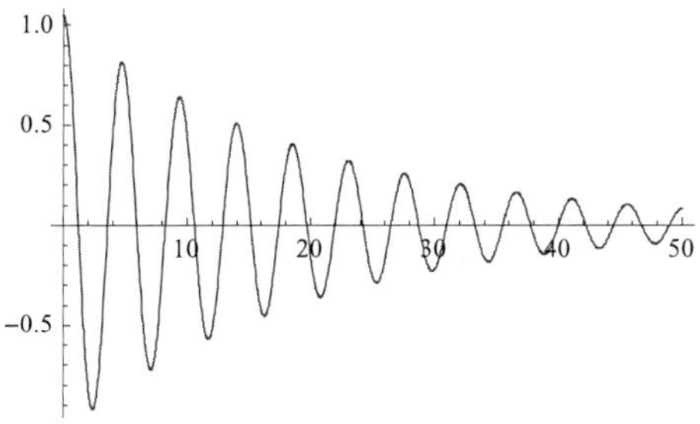

위 그래프는 주어진 단진자운동에서 시각(t)에 따른 진폭(θ)을 나타낸 것이다. 시간이 흐를수록 진폭이 줄어드는 현상과 그래프가 나타내는 바가 일치함을 볼 수 있다. 여기에서는 미분방정식의 활용에 대한 예로써 소개하는 것으로 한다.

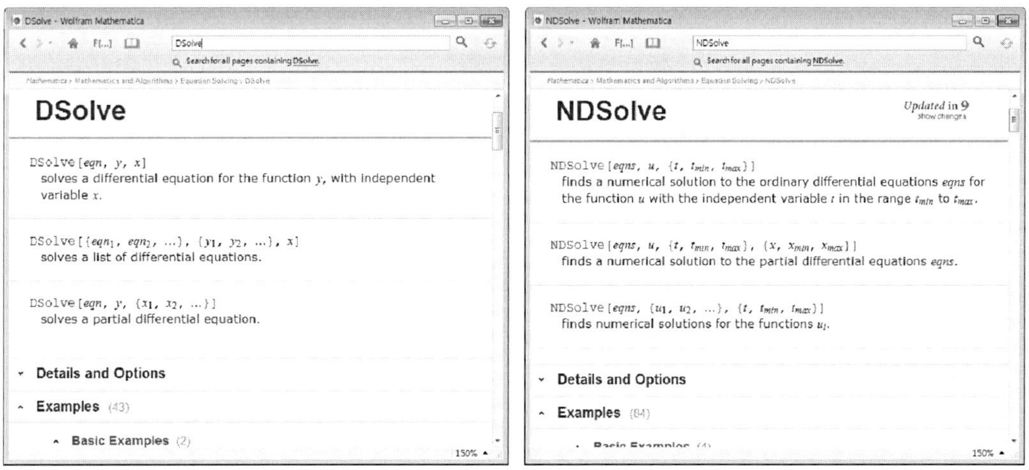

[그림-1]

이와 같이 *Mathematica*는 물체의 운동에 대한 미분방정식, 열전도에 대한 편미분방정식 등 공학계열에서 필요로 하는 복잡한 미분방정식의 해를 구하여 준다. 또한 DSolve 및 NDSolve의 기본 설정은 Method→ Automatic으로 설정되어 있으나 그 해를 구하는 다양한 방법 (Method → ExplicitRungeKutta, Method →

StiffnessSwitchin, Method → Extrapolation 등 약 25여개의 미분방정식 풀이를 위한 방법을 제공한다고 한다.)을 제공하고 있다. 아쉽게도 이 책에서는 최소한의 사용법만을 소개하였다. 따라서 이에 대한 진보된 활용의부분은 [그림-1]과 같이 문서 센터에서 NDSolve를 검색하여 ▷Further Examples의 많은 해법들을 살펴보아야할 것이다. 이는 여러분들의 몫으로 남긴다.

제 12장 반복문과 지역변수

반복문은 프로그래밍의 꽃이라 할 수 있다. *Mathematica*에는 반복문을 구현하는 내장함수가 여럿 있다.

1. 반복문

1.1. Table

Table은 반복문의 대표적인 *Mathematica* 내장함수로 이미 9장에서 소개하였다.

1.2. Sum

Sum[$f[i]$, {i, $\mathrm{i_{min}}$, $\mathrm{i_{max}}$}]	$f[i]$ 를 $i = \mathrm{i_{min}}$ 부터 + 1 씩 증가하여 $i = \mathrm{i_{max}}$ 까지 대입후, 더한다.
Sum[$f[i]$, {i, $\mathrm{i_{min}}$, $\mathrm{i_{max}}$, d}]	$f[i]$ 를 $i = \mathrm{i_{min}}$ 부터 + d 씩 증가하여 $i = \mathrm{i_{max}}$ 까지 대입후, 더한다.

수열 $f_i = i$ 의 제10항까지의 합을 구하여 보자.

```
In[1]:= Sum[i, {i, 1, 10}]
Out[1]= 55
```

물론 팔레트를 이용하여 그 값을 구할 수도 있다.

In[2]:= $\sum_{k=1}^{10} k$

Out[2]= 55

이번에는 수열 $f_i = i$에 대하여 제 10항까지의 항들 중 홀수 번째 항들만의 합을 구하여 보자.

```
In[3]:= Sum[i, {i, 1, 10, 2}]
Out[3]= 25
```

In[4]:= $\sum_{i=1}^{5} (2\,i - 1)$

Out[4]= 25

Sum도 Table과 마찬가지로 두 개 이상의 변수를 취급할 수 있다. 또한 Sum의 배열 형식은 Table의 배열 형식과 동일하다.

Sum[$f[i, j]$, {i, $\mathrm{i_{min}}$, $\mathrm{i_{max}}$}, {j, $\mathrm{j_{min}}$, $\mathrm{j_{max}}$}]	식 $f[i, j]$ 를 $i = \mathrm{i_{min}}$ 부터 + 1 씩 증가한 $i = \mathrm{i_{max}}$ 까지에 대하여 $j = \mathrm{j_{min}}$ 부터 + 1 씩 증가한 $j = \mathrm{j_{max}}$ 까지 값을 대입하여 더한다.

```
In[5]:= Sum[f[i, j], {i, 1, 2}, {j, 1, 3}]
Out[5]= f[1, 1] + f[1, 2] + f[1, 3] + f[2, 1] + f[2, 2] + f[2, 3]
```

위의 형식 {i, 1, 2}, {j, 1, 3}은 i가 1에서 2까지 +1씩 증가할 때마다, j도 1에서 3까지 +1씩 증가하여 그 값에 대한 함수값들의 합을 구한다는 의미이다. 즉, ($i=1$에 대한, $j=1, 2, 3$일 때의 함수값들의 합) + (i=2에 대한, $j=1, 2, 3$일 때의 함수값들의 합)을 말한다. 같은 방법으로 아래의 결과도 분석 해보기 바란다.

```
In[6]:= Sum[f[i, j], {i, 1, 3}, {j, 1, 2}]
Out[6]= f[1, 1] + f[1, 2] + f[2, 1] + f[2, 2] + f[3, 1] + f[3, 2]
```

Sum[$f[i, j]$, {i, i_{min}, i_{max}, d_i}, {j_{min}, j_{max}, d_j}]	식 $f[i, j]$를 $i=i_{min}$ 부터 d_i 씩 증가된 $i=i_{max}$ 까지에 대하여 $j=j_{min}$ 부터 d_j 씩 증가한 $j=j_{max}$ 까지 값을 대입하여 더한다.

```
In[7]:= Sum[f[i, j], {i, 1, 5, 2}, {j, 1, 10, 3}]
Out[7]= f[1, 1] + f[1, 4] + f[1, 7] + f[1, 10] + f[3, 1] + f[3, 4] +
         f[3, 7] + f[3, 10] + f[5, 1] + f[5, 4] + f[5, 7] + f[5, 10]
```

► $1^2+2^2+3^2+...+20^2$ 을 계산하여보자.

```
In[8]:= Sum[i^2, {i, 1, 20}]
Out[8]= 2870
```

물론 Table이나 Sum을 이용하지 않고 아래와 같이 구할 수도 있다.

```
In[9]:= a[n_] := n^2; s[1] = a[1]; s[n_] := s[n-1] + a[n]; s[20]
Out[9]= 2870
```

► list = {{-2, 1, 0, -5, 3}, {4, 0, -2, -1, 0}, {1, 0, 0, 4, 9}}의 모든 성분의 합을 계산하여보자.

```
In[10]:= list = {{-2, 1, 0, -5, 3}, {4, 0, -2, -1, 0}, {1, 0, 0, 4, 9}};
In[11]:= Sum[list[[i, j]], {i, 1, 3}, {j, 1, 5}]
Out[11]= 12
```

► 수열 $a(n) = n + \frac{1}{n}$의 부분합을 $s(n)$이라 할 때, $a(1)$, ..., $a(5)$와 $s(1)$, ..., $s(5)$를 모두 구하고 TableForm으로 나타내어보자.

```
In[12]:= Clear[a, s]; a[n_] := n + 1/n; s[n_] := Sum[a[i], {i, 1, n}]
In[13]:= list = Table[{i, a[i], s[i]}, {i, 1, 5}];
In[14]:= TableForm[list, TableAlignments → Center, TableSpacing → {2, 4},
          TableHeadings → {None, {"n", "a[n]", "s[n]"}}]
```

Out[14]//TableForm=

n	a[n]	s[n]
1	2	2
2	$\frac{5}{2}$	$\frac{9}{2}$
3	$\frac{10}{3}$	$\frac{47}{6}$
4	$\frac{17}{4}$	$\frac{145}{12}$
5	$\frac{26}{5}$	$\frac{1037}{60}$

1.3. Do

Do, For, While은 C나 C++, Fortran에도 있는 반복문 명령어다. 단, 문법에 조금씩 차이가 있다. 먼저 Do의 용법에 대하여 알아보자.

Do[$f[i]$, {i, i_{min}, i_{max}}]	식 $f[i]$ 를 $i = i_{min}$ 부터 + 1 씩 증가하여 $i = i_{max}$ 까지 계산한다.
Do[$f[i]$, {i, i_{min}, i_{max}, d}]	식 $f[i]$ 를 $i = i_{min}$ 부터 + d 씩 증가하여 $i = i_{max}$ 까지 계산한다.

예제-1. n = 1, 2, 3, 4 에 대하여 n! 을 계산하여라.

[풀이]

```
In[15]:= f[n1_, n2_] := Do[i!, {i, n1, n2}]

In[16]:= f[1, 4]
```

문법에 맞게 입력을 했는데 결과는 나오지 않았다. Do문은 Table과는 다르게 실행은 하되 그 결과를 출력하지는 않는다. 출력을 원할 때는 Print라는 명령을 함께 활용하여야 한다.

Print[expr]	expr을 *Mathematica* Notebook 화면에 출력한다.

```
In[17]:= Print[f[1, 4]]

  Null
```

그래도 출력되지 않는다. 왜냐하면 Do 문은 그 실행결과를 따로 저장하지 않기 때문이다. 다음과 같이 Do문 내에 Print를 삽입하면 된다.

```
In[18]:= g[n1_, n2_] := Do[Print[i!], {i, n1, n2}]

In[19]:= g[1, 4]

  1

  2

  6

  24
```

그래도 불만족스러운 점은, 지금 상태에서는 이 중에서 내가 원하는 값만을 출력하거나 추출해 사용할 수가 없다는 것이다. 이러한 경우, 아래와 같이 반복문 내의 값을 $a[i]$에 할당하면 원하는 값을 추출해 낼 수 있다.

```
In[20]:= Clear[a, b];
         h1[n1_, n2_] := Do[Print[a[i] = i!], {i, n1, n2}]

In[22]:= h1[1, 4]

  1

  2

  6

  24
```

In[23]:= `{a[1], a[2], a[3], a[4]}`

Out[23]= `{1, 2, 6, 24}`

이상으로 풀이가 완결되었다. ■

Do문에서 값을 얻기만 하고 Do문 자체의 출력을 원치 않을 경우에는 아래와 같이 Print 명령을 삭제하면 된다.

```
In[24]:= h2[n1_, n2_] := Do[b[i] = i!, {i, n1, n2}]

In[25]:= h2[1, 5]

In[26]:= b[4]

Out[26]= 24
```

예제-2. $S(n)=\sum_{k=1}^{n} k^3$ 일 때 Do를 이용하여 $S(1)$, $S(2)$, $S(3)$ 을 출력해 보아라.

[풀이]

```
In[27]:= Clear[s, S]
         s[1] = 0;
         S[n_] := Do[ Print[ s[k + 1] = s[k] + k^3 ], {k, 1, n}]

In[30]:= S[3]

1

9

36
```

이상으로 풀이가 완결되었다. ■

Do문에서 인덱스를 활용하는 법은 Table, Sum에서 인덱스를 활용하는 법과 같다.

Do[$f[i, j]$, {i, i_{min}, i_{max}}, {j, j_{min}, j_{max}}]	식 $f[i, j]$ 를 $i = i_{min}$ 부터 + 1 씩 증가된 $i = i_{max}$ 까지에 대하여 $j = j_{min}$ 부터 + 1 씩 증가한 $j = j_{max}$ 까지 계산한다.
Do[$f[i, j]$, {i, i_{min}, i_{max}, d_i}, {j, j_{min}, j_{max}, d_j}]	식 $f[i, j]$ 를 $i = i_{min}$ 부터 + d_i 씩 증가된 $i = i_{max}$ 까지에 대하여 $j = j_{min}$ 부터 + d_j 씩 증가한 $j = j_{max}$ 까지 계산한다.

아래 구체적 예들을 통하여 위 설명이 뜻하는 바를 살펴보자.

▶ 반복 변수의 증분이 1 인 아닌 경우를 처리 하는 방법

```
In[31]:= Do[Print[n^2], {n, 1, 10, 3}]

1

16

49

100
```

▶ 반복 변수가 2개인 경우 1

```
In[32]:= Do[Print[{s, t}], {s, 1, 3, 2}, {t, 1, s + 1}]
   {1, 1}
   {1, 2}
   {3, 1}
   {3, 2}
   {3, 3}
   {3, 4}
```

위에서 s와 t의 패턴을 보면, 먼저 등장하는 인덱스 s의 값을 정하고 나서 거기에 따라 인덱스 t의 값을 변화시키고 있으며 고정된 s의 값에 따른 t의 값의 변화가 모두 이루어지면 이제 s를 한 단계 전진시켜 고정하고 다시 t의 값을 변화시킨다.

▶ 반복 변수가 2개인 경우 2

```
In[33]:= Do[Print[{s, t}], {s, 1, 5}, {t, 1, s - 2}]
   {3, 1}
   {4, 1}
   {4, 2}
   {5, 1}
   {5, 2}
   {5, 3}
```

위 결과를 보면 $s = 1, 2$에 대한 $\{s, t\}$값이 없다. 이유는 $s = 1$일 때 $\{t, 1, s - 2\} = \{t, 1, -1\}$이고, $s = 2$일 때 $\{t, 1, s - 2\} = \{t, 1, 0\}$이기 때문에 반복 변수 t에 해당하는 값이 없다. 따라서 $s = 3$부터 $s = 5$까지의 $\{s, t\}$ 결과만이 출력되었다.

1.4. For

For[start, test, *i*++, body]	일단 start를 실행한다. 그리고 test를 실행하여 그 결과가 참이면 body와 *i*++ 을 실행하고 다시 test를 실행하여 참, 거짓을 판단하여 참이면 다시 앞의 과정을 반복 실행한다. 이 과정은 test가 거짓이 될 때 끝난다.

```
In[34]:= For[i = 1, i ≤ 4, i++, Print[i !]]
   1
   2
   6
   24
```

이 For문의 출력결과는 Do문의 출력결과와 같다. $i = 1$에서 출발하여 $i \leq 4$가 만족되는 한 i를 +1씩 증가시키며 $i!$을 계산한 후 인쇄한 것이다.

$S(n)=\sum_{k=1}^{n} k^3$일 때 For를 이용하여 S(1), S(2), S(3)을 출력하여보자. 이는 앞에서 Do문을 이용하여 구현해 본 문제이다.

```
In[35]:= Clear[s, S];
         S[n_] := For[i = 1, i < n + 1, i++,
           s[0] = 0; s[i] = s[i - 1] + i^3; Print[s[i]] ]
```

```
In[37]:= S[3]
```

```
1

9

36
```

여기서 body 부분은 $s[0]=0;\ s[i]=s[i-1]+i^3;$ Print[$s[i]$]이다. 이처럼 body 부분에는 우리가 원하는 식을 자유롭게 삽입하여 반복 연산을 수행할 수 있다. 위 계산을 좀 더 간략하게 수행하여 보자.

x += dx 이는 $x = x + dx$와 같다.

```
In[38]:= Clear[s, S];
         s = 0;
         S[n_] := For[i = 1, i ≤ n, i++, s += i^3; Print[s]]
```

```
In[41]:= S[3]
```

```
1

9

36
```

1.5. While

While[test, body]	test가 참이면 body를 실행한 후 다시 test의 참, 거짓 여부를 판단하여 반복실행하며, test가 거짓이면 종료한다.

While문을 이용하여 1!부터 4!까지의 계산을 출력해 보자.

```
In[42]:= i = 0;
         While[(i = i + 1) < 5, Print[i !]]
```

```
1

2

6

24
```

예제-3. $S(n)=\sum_{k=1}^{n} k^3$ 일 때 While을 이용하여 $S(1)$, $S(2)$, $S(3)$ 을 출력하여라.

[풀이]

다음과 같이 여러 가지 방법으로 할 수 있다.

```
In[44]:= Clear[s, S]; i = 0;
         S[n_] := While[(i = i + 1) ≤ n, s[0] = 0; s[i] = s[i - 1] + i^3; Print[s[i]]]

In[46]:= S[3]

1

9

36

In[47]:= Clear[s, S]; i = 0; s = 0;
         S[n_] := While[(i += 1) ≤ n, s += i^3; Print[s]]

In[49]:= S[3]

1

9

36

In[50]:= Clear[s, S]; i = 0; s = 0;
         S[n_] := While[i < n, i++; s += i^3; Print[s]]

In[52]:= S[3]

1

9

36
```

이상으로 풀이가 완결되었다. ■

이제 $S(n) = \sum_{k=1}^{n} k^3$ 에 대하여 S(1)부터 S(3)까지 출력하는 함수를 Module과 Do, For 또는 While을 이용하여 작성하여 보자. 다음과 같이 하면 된다.

```
In[53]:= f[n_] := Module[{s}, s[1] = 0; Do[Print[s[k + 1] = s[k] + k^3], {k, 1, n}]]
         g[n_] := Module[{s}, s = 0; For[i = 1, i ≤ n, i++, s += i^3; Print[s]]]
         h[n_] := Module[{s}, i = 0; s = 0; While[i < n, i++; s += i^3; Print[s]]]

In[56]:= f[3]

1

9

36

In[57]:= g[3]

1

9

36
```

In[58]:= `h[3]`

1

9

36

지금까지 *Mathematica*의 대표적인 반복문인 Table, Sum, Do, For, While을 살펴보았다. 사실 이 많은 반복문 중에 한 가지만 제대로 활용할 줄 알아도 웬만한 반복문은 대부분 구현할 수 있다. 따라서 여러분들은 문제상황에 맞추어 본인이 편하게 느끼는 반복문을 선택하여 활용하면 될 것이다. Table은 가장 기본적인 반복문 명령어다. 하지만 Table 이외의 다른 반복문에 대해서도 최소한의 문법은 이해하고 있어야 후에 다른 이들이 구현한 알고리즘을 이해하고 분석할 수 있을 것이다.

2. 함수의 반복 합성

연산의 규칙적인 반복 적용과 함께 함수의 규칙적인 반복 합성도 생각할 수 있다.

Nest[f, x, n]	f@f@…f@f[x]를 출력한다. (f를 x에 n번 반복 적용한다.)
NestList[f, x, n]	{x, f[x], f@f[x], …, f@f@…f@f[x]}를 출력한다.

함수 $f(x) = 1 + \sqrt{x}$ 와 Nest 함수를 이용하여 다음과 같이 $1 + \sqrt{1 + \sqrt{1 + \sqrt{x}}}$ 를 표현할 수 있다.

In[59]:= `Clear[f, x]; f[x_] := 1 + √x`

In[60]:= `Nest[f, x, 3]`

Out[60]= $1 + \sqrt{1 + \sqrt{1 + \sqrt{x}}}$

이제 다음과 같이 $1 + \left(1 + \left(1 + \left(1 + \left(1 + 3^{1/2}\right)^{1/2}\right)^{1/2}\right)^{1/2}\right)^{1/2}$ 의 값을 추정할 수 있다.

In[61]:= `{ Nest[f, 3, 5], N[Nest[f, 3, 5]] }`

Out[61]= $\left\{1 + \sqrt{1 + \sqrt{1 + \sqrt{1 + \sqrt{1 + \sqrt{3}}}}}, 2.61906\right\}$

다음은 NestList의 용례다.

In[62]:= `NestList[f, x, 5]`

Out[62]= $\left\{x, 1 + \sqrt{x}, 1 + \sqrt{1 + \sqrt{x}}, 1 + \sqrt{1 + \sqrt{1 + \sqrt{x}}}, 1 + \sqrt{1 + \sqrt{1 + \sqrt{1 + \sqrt{x}}}}, 1 + \sqrt{1 + \sqrt{1 + \sqrt{1 + \sqrt{1 + \sqrt{x}}}}}\right\}$

```
In[63]:= NestList[f, 3, 5] // N

Out[63]= {3., 2.73205, 2.65289, 2.62877, 2.62135, 2.61906}
```

FoldList[*f*, *x*, {*a*, *b*, *c*, ...}]	{*x*, *f*[*x*, *a*], *f*[*f*[*x*, *a*], *b*], *f*[*f*[*f*[*x*, *a*], *b*], *c*], ... }를 출력한다.
Fold[*f*, *x*, {*a*, *b*, *c*, ...}]	FoldList[*f*, *x*, {*a*, *b*, *c*, ...}] 의 제일 마지막 원소를 출력한다.

함수 $f(x) = 1 + \sqrt{x}$ 와 Fold 함수를 이용하여 $1 + \sqrt{2 + \sqrt{3 + \sqrt{x}}}$ 를 표현해 보자. Fold를 이용하여 위의 식을 표현하기 위해서는 {1, 2, 3}을 필요로 한다. 물론, Table[*i*, {*i*, 1, 3}]과 같이 표현할 수도 있겠으나 Table을 소개할 때 언급만 했었던 Range를 이용하면 훨씬 수월하다.

Range[*n*]	1 부터 n까지의 자연수들로 이루어진 리스트를 출력한다.
Range[i_{min}, i_{max}]	i_{min} 부터 1 씩 증가하여 i_{max} 까지의 수들로 이루어진 리스트를 출력한다.
Range[i_{min}, i_{max}, *d*]	i_{min} 부터 *d* 씩 증가하여 i_{max} 까지의 수들로 이루어진 리스트를 출력한다.

```
In[64]:= f[x_, i_] := i + √x ;
         Fold[f, x, Reverse[Range[3]]]
```

Out[65]= $1 + \sqrt{2 + \sqrt{3 + \sqrt{x}}}$

이제 함수 $f(x) = 1 + \sqrt{x}$ 와 Fold 함수를 이용하여 $1 + \sqrt{2 + \sqrt{3 + x}}$ 를 표현해 보면 다음과 같다.

```
In[66]:= f[x_, i_] := i + √x ;
         Fold[f, x, Reverse[Range[3]]] /. √x → x
```

Out[67]= $1 + \sqrt{2 + \sqrt{3 + x}}$

제 13장 함수꾸러미 사용법

*Mathematica*는 수천 개의 명령어를 가지고 있지만 그렇다고 해서 모든 함수를 다 가지고 있는 것은 아니다. 그러나 *Mathematica*는 필요한 경우 함수들을 추가하여 사용할 수 있는 확장성을 제공하는데, 이때 여러 함수들을 한데 묶어 놓은 묶음이 함수꾸러미(패키지)다. 함수꾸러미에 대한 자세한 설명은 문서 센터에서 tutorial/MathematicaPackages를 검색하면 볼 수 있다. 또한 guide/StandardExtraPackages를 검색하면 *Mathematica*를 설치할 때 같이 설치되는 함수꾸러미들의 종류와 기능을 알 수 있다.

1. *Mathematica* 9.0 AddOns 함수꾸러미

CCodeGenerator	*Mathematica* 코드를 C코드로 변환하기 위한 함수들의 꾸러미
CCompilerDriver	*Mathematica*에서 설치된 *C* 컴파일러를 이용하여, 운용파일이나 라이브러리 등을 만들 수 있도록 해주는 함수들의 꾸러미
ClusterIntegration	클러스터 구성 시, 기존의 설치된 그리드 엔진들을 이용하기 위한 함수들의 꾸러미
CompliedFunctionTools	연산 속도 향상을 위한 *Mathematica* 컴파일러에서 제공되는 기능들을 안내하는 함수들의 꾸러미
Parallel	병렬 연산을 위한 함수들의 꾸러미
SymbolicC	*C* 언어의 표현들을 이용하기 위한 함수들의 꾸러미

예를 들어 CCodeGenerator 함수꾸러미를 불러들이기 위한 방법은 다음과 같다.

```
In[1]:= << CCodeGenerator`
```

이제 이 함수꾸러미에 들어 있는 함수들의 목록을 보기 위해선 다음과 같이 하면 된다.

```
In[2]:= ? CCodeGenerator`*
```

▼ CCodeGenerator`

CCodeExport	CCodeStringGenerate	SymbolicCGenerate
CCodeGenerate	LibraryGenerate	$CCodeGenerateDirectory

이제 각 함수가 하는 일을 간단히 알고 싶으면 ?CCodeGenerator`*의 결과에서 각 함수나 변수 이름을 눌러보면 된다. 자세한 용법을 알고 싶으면 문서 센터로 가서 각 이름으로 검색하여 보면 된다.

한번 불러들인 함수꾸러미를 끄고 싶을 때가 있다. 그런데 함수꾸러미만 끄는 방법은 없다. 정 함수꾸러미를 끄고 싶을 땐 [메뉴] → [Evaluation] → [Quit Kernel] 을 이용하여 커널을 끈다.

2. *Mathematica* 9.0 Standard Extra 함수꾸러미

문서 센터에서 'Standard Extra Packages'를 검색하면 다음과 같은 함수꾸러미들이 있다는 글이 뜬다.

2.1. Statistics 관련

Analysis of Variance	통계 분석인 ANOVA 관련 함수들의 꾸러미
Hierarchical Clustering	데이터의 계층 구조에 따른 분석을 위한 함수들의 꾸러미

Hypothesis Testing	가설, 검증을 위한 함수들의 꾸러미
Multivariate Statistics	여러 형태의 다변량 분석을 위한 함수들의 꾸러미
Statistical Plots	여러 통계 자료들의 시각화를 위한 함수들의 꾸러미

이 함수꾸러미들을 불러오는 방법은 문서 센터에서 각 어구들을 검색해 보고 나오는 결과들을 해석하면 알 수 있다. 단, 검색어는 빈칸을 무시하여 입력해야 할 때가 있다. 예를 들어 문서 센터에서 'Analysis of Variance'를 검색하면 검색결과가 없다고 나오나 'AnalysisofVariance'를 검색하면 ANOVA 함수꾸러미라는 이름이 나온다. 즉, Analysis of Variance 함수꾸러미를 불러오려면 다음과 같이 하면 된다.

```
In[3]:= << ANOVA`
```

2.2. Plotting, Charting, Graphing 관련

Error Bar Plotting	Error Bar를 나타내기 위한 함수들의 꾸러미
Splines	데이터의 spline fitting을 하기 위한 함수들의 꾸러미

2.3. Discrete Math 관련

Combinatorica	순열, 조합 관련 함수들의 꾸러미
Computational Geometry	VoronoiDiagram 등과 같은계산기하학 관련함수들의꾸러미
Graph Utilities	그래프와 관련된 여러가지 함수들의 꾸러미

2.4. Calculus 관련

Equation Trekker	ODE 계산결과를 GUI로 보여주기 위한 함수들의 꾸러미
Fourier Series	수치적 푸리에 변환 및 분석 관련 함수들의 꾸러미
Function Approximations	근사해 관련 함수들의 꾸러미
Numerical Calculus	미적분 관련 문제에서 수치적 해를 찾는데 도움되는 함수 꾸러미
Numerical Differential Equation Analysis	수치 미분방정식 분석을 위한 알고리즘 및 기타 함수들의 꾸러미
Variational Methods	변분법의 기법들을 적용하기 위한 함수들의 꾸러미

2.5. Algebra 관련

Finite Fields	유한체 관련 함수들의 꾸러미
Quaternions	4 원수 관련 함수들의 꾸러미

2.6. Polyhedra와 Polytopes 관련

Polyhedron Operations	다면체를 변형시키는 함수들의 꾸러미
Polytopes	다면체 관련 함수들의 꾸러미

2.7. 전산 및 소수 계산 관련

Computer Arithmetic	하드웨어의 부동 소수점 연산과 *Mathematica* 연산된 결과 비교를 위한 함수 꾸러미
Primality Proving	소수 관련 함수들의 꾸러미

2.8. Cartography와 Dates 관련

Calendar	날짜, 연도 등에 대한 연산 관련 함수들의 꾸러미
Geodesy	지리, 지도 관련 함수들의 꾸러미
World Plotting	세계지도 그래프를 그리는데 관련된 함수들의 꾸러미

2.9. Sound 관련

Audio	*Mathematica*로 소리를 만들어내는 데에 관련된 함수들의 꾸러미
Music	다양한 악기와 음계 등을 이용하는 데에 관련된 함수들의 꾸러미

2.10. Physical Quantities와 Properties 관련

Black – Body Radiation	흑체 복사 관련 함수들의 꾸러미
Resonance Absorption Lines	공명 흡수 관련 물리현상을 다루는 함수들의 꾸러미
Standard Atmosphere	미국 상공의 대기환경 값들과 고도의 관계를 그래프로 그려주는 함수 꾸러미

2.11. 기타

Benchmarking	해당 컴퓨터에서 *Mathematica* 의 구동 성능을 측정하고 벤치마킹 자료와 비교해 주는 함수의 꾸러미
Developer Utilities	*Mathematica*의 특정 내부 알고리즘이나 기능들을 직접적으로 이용할 수 있는 함수들의 꾸러미
Experimental Functionss	*Mathematica*의 향후 버전에 포함시키기 위하여 시험중인 함수들의 꾸러미
Notation	새로운 기호들을 만들 수 있게 해 주는 함수들의 꾸러미
XML	XML 연동과 관련된 함수들의 꾸러미

3. 사용자가 개발한 함수꾸러미 사용법

3.1. 함수꾸러미의 확장자

*Mathematica*의 함수꾸러미 파일의 확장자는 *.m 또는 .mx다. *.m의 내용은 평범한 텍스트로, *.mx의 내용은 암호화된 텍스트로 되어 있다.

3.2. 설치법

함수꾸러미 설치는 매우 쉽다. *.m 파일을 $UserBaseDirectory의 하위 디렉토리 중 Applications 디렉토리에 넣는다. 그냥 넣어도 되고 적당한 디렉토리를 만들어 그 안에 넣어도 된다. $UserBaseDirectory는 다음과 같이 확인할 수 있다.

In[4]:= **$UserBaseDirectory**

Out[4]= C:\Users\dagham\AppData\Roaming\Mathematica

3.3. 사용법

예를 들어 $UserBaseDirectory/Applications에 SymbolicComputing.m이라는 함수꾸러미가 있는 경우 노트북에서 다음과 같이 하여 함수꾸러미를 실행할 수 있다.

In[5]:= **<< SymbolicComputing`**

이제 SymbolicComputing.m에 들어 있는 함수들을 사용할 수 있다. 이 함수꾸러미에 대한 자세한 설명은 부록에 있으니 참고하기 바란다.

4. 컨텍스트

4.1. 컨텍스트란?

*Mathematica*에서 함수이름이나 변수이름은 모두 심볼이다. 그런데 모든 심볼은 반드시 어떤 한 컨텍스트(Context)에 등록되어 있어야 한다. 심볼과 컨텍스트 사이의 관계는 파일과 디렉토리 사이의 관계와 아주 비슷하다. 먼저 파일과 디렉토리 사이의 관계에 대하여 생각해 보자.

(1) 한 파일은 반드시 어떤 한 디렉토리에 들어 있어야 한다.
(2) 여러 디렉토리에 같은 이름의 파일들이 있다면 그 파일들은 사실 같은 파일들이 아니다.
(3) 한 디렉토리에 같은 이름의 파일이 여러 개 있을 수는 없다.

다음은 심볼과 컨텍스트 사이에 성립하는 관계다.

(1) 한 심볼은 반드시 한 컨텍스트에 등록되어 있어야 한다.
(2) 여러 컨텍스트에 같은 이름의 심볼들이 있다면 그 심볼들은 사실 같은 심볼들이 아니다.
(3) 한 컨텍스트에 같은 이름의 심볼이 여러 개 있을 수는 없다.

위에서 SymbolicComputing 함수꾸러미를 실행하면 SC로 시작하는 수많은 함수들이 도입되는데 그 함수들은 SymbolicComputing`이라는 컨텍스트에 등록되어 있다. 예를 들어 SCEvalDeriv라는 함수가 SymbolicComputing 꾸러미에 등록되어 있음은 다음과 같이 알 수 있다.

In[6]:= **Context[SCEvalDeriv]**

Out[6]= SymbolicComputing`

Context[symbol]	symbol에 대한 컨텍스트 정보를 나타낸다.
$Context	현재 *Mathematica* 세션의 컨텍스트를 나타낸다.
$ContextPath	현재 설정되어 있는 컨텍스트들을 리스트로 나타낸다.

왜 이와 같이 컨텍스트라는 것을 도입하는 것일까? 그것은, 같은 이름의 함수나 변수가 여러 군데 쓰이더라도 문제가 생기지 않게 그 이름들을 구별하기 위한 것이다. 예를 들어 서로 다른 두 함수꾸러미가

있는데 모두 *f*라는 함수를 가지고 있다고 하자. 이름은 같지만 사실은 서로 다른 함수이기 때문에 구별이 가능해야 할 것인데 그 때 바로 컨텍스트를 쓰는 것이다. 사실 디렉토리라는 것도 실제로 존재하는 것이 아니라 파일을 구별하기 위하여 설정한 가상의 존재인 것처럼 컨텍스트도 같은 이름을 가질 지도 모르는 심볼들을 구분하기 위하여 그룹을 짓는 것이라 할 수 있다.

컨텍스트를 좀더 이해하기 위하여 *Mathematica* 세션의 현재 컨텍스트를 알아 볼 필요가 있다.

```
In[7]:= $Context
Out[7]= Global`
```

현재 *Mathematica* 세션에서의 현재 컨텍스트는 Global`이라고 한다. 이 의미는 현재의 *Mathematica* Notebook의 모든 사용자의 심볼(Symbol : 문자, 변수, 내장함수를 제외한 사용자 함수 등)은 Global`이라는 컨텍스트에 등록된다는 의미이다. 확인하여 보자.

```
In[8]:= n = 3; f[x_Integer] := Expand[(a + b)^x]; f[n]
Out[8]= a^3 + 3 a^2 b + 3 a b^2 + b^3
In[9]:= ? Global`*
```

▼ Global`

a	b	f	n	x	x$

이제 드디어 우리가 3장에서 무턱대고 사용했던 ?Global`*의 의미를 알 수 있게 되었다. ?Global`*는 Global`이라는 컨텍스트에 등록된 모든 심볼들을 나열하여 준다. 또한 나열된 심볼을 클릭하면 그 심볼에 관련된 정보를 보여준다. 예를 들어 위에서 *f*를 마우스로 클릭하면 *f*에 관련된 정보를 보여준다. 우리가 정의한 함수 *f*는 엄밀히 말하여 Global`*f*다.

이와 같이 우리가 사용한 심볼은 모두 Global`이라는 컨텍스트에 등록된다. 그러나 Integer, Expand와 같은 *Mathematica* 내장함수들은 Global` 그룹에 나타나지 않았다. *Mathematica*의 내장함수는 우리가 사용하는 컨텍스트와 독립된 컨텍스트 내에 등록되어 있기 때문이다.

```
In[10]:= {Context[Integer], Context[Expand], Context[Plot], Context[FullForm]}
Out[10]= {System`, System`, System`, System`}
```

*Mathematica*를 새로 구동하자마자 새 Notebook에서 $ContextPath를 실행해 보면 Global`과 System` 이 두 개의 컨텍스트만 존재함을 볼 수 있다. 지금 이 노트북에서 $ContextPath를 실행하면 조금 더 많은 컨텍스트들을 볼 수 있다. 위에서 불러들인 많은 함수꾸러미들의 이름이 컨텍스트로 받아들여져 있음을 볼 수 있다.

```
In[11]:= $ContextPath
Out[11]= {SymbolicComputing`, Units`, ANOVA`, HypothesisTesting`,
  CCodeGenerator`, CCompilerDriver`, ResourceLocator`, SymbolicC`,
  CompiledFunctionTools`Opcodes`, CompiledFunctionTools`,
  PacletManager`, QuantityUnits`, WebServices`, System`, Global`}
```

4.2. 심볼 삭제하기

우리가 사용한 심볼을 삭제하는 방법에 대하여 알아보자. 우선 Global`에 등록된 심볼을 알아본다.

In[12]:= **?Global`***

▼ Global`

a	b	f	n	x	x$

특정 심볼에 대하여 그 정보를 알기 위해서는 위 결과의 *a*, *b*, *f*, ...을 마우스로 클릭하여 그 정보를 얻을수도 있지만, 아래와 같이 ?f 처럼 그 정보를 얻을수도 있다.

In[13]:= **?f**

```
Global`f

f[x_Integer] := Expand[(a + b)^x]
```

이제 Clear를 이용하여 심볼을 삭제하고 다시 Global`에 등록된 심볼을 알아 보자.

In[14]:= **Clear[f]**

In[15]:= **?Global`***

▼ Global`

a	b	f	n	x	x$

In[16]:= **?f**

```
Global`f
```

Global`에 등록된 심볼 *f*는 삭제되지 않았지만, 심볼 *f*의 속성은 삭제되었다. 이번에는 심볼 *n*을 Remove로 삭제하여 보자.

In[17]:= **?n**

```
Global`n

n = 3
```

In[18]:= **Remove[n]**

In[19]:= **?Global`***

▼ Global`

a	EditDefinition	f	x$
b	EditIn	x	

In[20]:= **?n**

Information::notfound : Symbol n not found. ≫

Remove를 이용하여 심볼 *n*을 삭제하였더니 Global` 내에 등록된 심볼 *n* 자체가 삭제되었다. 이것이 3장에서 소개한 Clear와 Remove의 엄밀한 차이이다.

Clear[symbol]	Global`내에 등록된 심볼의 속성을 삭제하나 심볼 자체는 존재한다.
Remove[symbol]	Global`내에 등록된 심볼의 속성을 삭제하며 심볼 자체도 삭제된다.

4.3. 심볼의 컨텍스트 변경

우리가 어떠한 작업을 하는데 문자 pair를 사용하였다고 하자. 그러면 아마 이 문자는 Global`에 등록이 될 것이다. 그런데 작업 중간에 어떤 함수꾸러미를 불러 사용을 했는데 그 함수꾸러미 속에도 문자 pair가 사용된 곳이 있다면 어떻게 될까? 아마도 새로 실행된 부분의 pair만이 남아있고 그 이전의 pair에 대한 정보는 삭제될 것이다. 이러한 문제는 여러분들이 앞으로 작성하게 될 사용자 함수꾸러미에서도 마찬가지이다. 사용자 입장에서는 둘 다 필요로 하는 정보인데, 우연찮은 이 상황과 그 엉뚱한 결과에 어려움이 생기게 된다. 바로 이때 필요한 부분이 심볼에 대한 컨텍스트 변경이다.

```
In[21]:= Remove["Global`*"];

In[22]:= pair = 1;

In[23]:= ?Global`*
```

```
Global`pair

pair = 1
```

Global`에 등록된 pair라는 심볼을 불러올 때 pair를 실행하면 된다.

```
In[24]:= pair

Out[24]= 1
```

그러나 실제 심볼 pair의 정확한 명칭은 Global`pair이다.

```
In[25]:= Global`pair

Out[25]= 1
```

그럼에도 우리가 편하게 pair로 호출할 수 있는 이유는 *Mathematica*는 기본적으로 {Global`, System`}이 컨텍스트경로(ContextPath)로 되어있기 때문이다.

```
In[26]:= $ContextPath

Out[26]= {SymbolicComputing`, Units`, ANOVA`, HypothesisTesting`,
  CCodeGenerator`, CCompilerDriver`, ResourceLocator`, SymbolicC`,
  CompiledFunctionTools`Opcodes`, CompiledFunctionTools`,
  PacletManager`, QuantityUnits`, WebServices`, System`, Global`}
```

이런 관점에서 보면, 내장함수 Expand의 정확한 명칭은 System`Expand임을 독자들도 이해할 수 있을 것이다.

In[27]:= System`Expand[$(x + y)^2$]

Out[27]= $x^2 + 2\,x\,y + y^2$

이제 본격적으로 문제를 제기한다. 어떤 함수꾸러미에서 pair라는 심볼이 사용되었다. 이것을 우리가 앞서 Global`에 등록했던 pair와 구분지어 사용하려면 어떻게 해야 하는가?

symbol	Global`symbol과 같은 의미다.
Context1`symbol	Context1`내에 심볼이 등록된다.
Context1`Context2`symbol	Context1`Context2`내에 심볼이 등록된다.

다음은 MyContext라는 컨텍스트와 거기에 등록되어 있는 심볼 pair를 동시에 정의하며 또한 이 심볼에 2를 할당하는 코드다.

```
In[28]:= MyContext`pair = 2

Out[28]= 2
```

이렇게 구별지어진 두 개의 pair를 구별지어 불러오려면 다음과 같이 하면 된다.

```
In[29]:= pair

Out[29]= 1

In[30]:= MyContext`pair

Out[30]= 2
```

우리가 생성한 MyContext`내에 등록된 심볼의 정보를 알아보고 싶으면 ?Global`*과 같이 컨텍스트의 이름만 바꾸어 주면 된다.

```
In[31]:= ?Global`*

▼ Global`

pair                x                y

In[32]:= ?MyContext`*

MyContext`pair

MyContext`pair = 2
```

물론 우리가 생성한 MyContext`내에 등록된 심볼의 삭제(Clear, Remove) 방법도 Global`에서와 동일하다.

```
In[33]:= Clear[MyContext`pair]

In[34]:= ?MyContext`*

MyContext`pair

In[35]:= Remove[MyContext`pair]

In[36]:= ?MyContext`*

Information::nomatch : No symbol matching MyContext`* found. >>
```

함수꾸러미를 직접 작성하지 않는다면 컨텍스트 때문에 고민할 경우는 거의 없을 것이라고 생각되지만 그래도 간단히 소개해 보았다.

제 14장 자료 저장 및 불러오기

*Mathematica*로 얻어진 계산 결과나 그림 등을 다른 프로그램에서 쓸 수 있게 하거나 다른 프로그램에서 만들어진 자료를 *Mathematica*에서 쓰려면 일단 자료 파일이나 이미지 파일 등으로 자료를 저장해야 한다. 이 장에서는 *Mathematica*로 얻어진 자료를 파일로 저장하는 법, 자료 파일을 *Mathematica*로 불러오는 법 등을 살펴보도록 한다. *Mathematica* 6부터 디렉토리와 파일 관리를 위한 함수들이 많이 추가되어서 예전보다 파일 관리가 수월해졌다.

1. 디렉토리

1.1. 디렉토리와 파일을 다루는 함수들

디렉토리와 파일을 다루는 명령어에는 다음과 같은 것들이 있다. 각 명령어를 누르면 하단에 그 명령어에 대한 설명이 나온다.

In[1]:= **? *Directory***

```
System`
CopyDirectory        ParentDirectory          $LaunchDirectory
CreateDirectory      RenameDirectory          $PreferencesDirectory
DeleteDirectory      ResetDirectory           $RootDirectory
Directory            SetDirectory             $TemporaryDirectory
DirectoryName        $AddOnsDirectory         $TopDirectory
DirectoryQ           $BaseDirectory           $UserAddOnsDirectory
DirectoryStack       $HomeDirectory           $UserBaseDirectory
HomeDirectory        $InitialDirectory        $UserDocumentsDirectory
NotebookDirectory    $InstallationDirectory
```

In[2]:= **? *File***

```
System`
AbsoluteFileName     FileHash                 GetFileName
ContextToFilename    FileInformation          ImageFileApply
ContextToFileName    FileName                 ImageFileFilter
CopyFile             FileNameDepth            ImageFileScan
DeleteFile           FileNameDialogSettings   IncludeFileExtension
EndOfFile            FileNameDrop             NotebookFileName
ExpandFileName       FileNameJoin             RenameFile
File                 FileNames                SetFileDate
FileBaseName         FileNameSetter           SetFileLoadingContext
FileByteCount        FileNameSplit            ToFileName
FileDate             FileNameTake             $InputFileName
FileExistsQ          FilePrint                $LoadedFiles
FileExtension        FileType                 $PasswordFile
FileFormat           FindFile
```

이름만으로도 무슨 일을 하는 함수인지 짐작할 수 있는 것들도 많은데 여기서는 사용빈도가 높은 것을 중심으로 해설한다.

1.2. 작업 디렉토리

*Mathematica*가 자료를 열거나 저장하는 작업을 하기 위해서는 먼저 작업 디렉토리가 설정되어 있어야 한다. 이는 *Mathematica*의 현재 '작업 공간' 정도로 이해하면 될 것이다. Import/Export 명령을 써서 자료를 불러오거나 내보내고자 할 때 *Mathematica*는 기본적으로 이 디렉토리를 사용한다. 현재 설정되어 있는 작업 디렉토리는 다음과 같이 알아낼 수 있다.

Directory[ ]	현재 작업 디렉토리로 설정되어 있는 디렉토리의 이름을 출력한다.

```
In[3]:= Directory[]
Out[3]= C:\Users\user\Documents
```

작업 디렉토리에 있는 파일과 디렉토리들의 이름은 다음과 같이 알아낼 수 있다.

```
In[4]:= FileNames[]
Out[4]= {My Music, My Pictures, My Work}
```

현재 실행 중인 노트북이 있는 디렉토리 이름은 다음과 같이 알아낼 수 있다.

```
In[5]:= NotebookDirectory[]
Out[5]= C:\Users\user\Desktop\
```

1.3. 디렉토리 관리

1.3.1. 디렉토리 생성

CreateDirectory["name"]	현 작업 디렉토리에 name이라는 이름의 디렉토리를 생성한다. 디렉토리 이름은 대소문자, 띄어쓰기 등을 모두 구별한다.

```
In[6]:= CreateDirectory["Work"]
Out[6]= C:\Users\user\Documents\Work
```

FileNames[ ]로 확인해 보면 Work 디렉토리가 생성되었음을 알 수 있다. 그러나 이것은 디렉토리가 만들어진 것일 뿐, 작업디렉토리가 변경된 것은 아니다.

1.3.2. 작업 디렉토리 변경

SetDirectory["name"]	작업 디렉토리가 현재 작업 디렉토리에 있는 name이라는 디렉토리로 변경된다.

작업 디렉토리를 우리가 생성한 Work 디렉토리로 변경하려면 다음과 같이 하면 된다.

```
In[7]:= SetDirectory["Work"]
Out[7]= C:\Users\user\Documents\Work
```

작업 디렉토리가 변경되었다. 확인해보자.

```
In[8]:= Directory[]
Out[8]= C:\Users\user\Documents\Work
```

1.3.3. 이전 작업 디렉토리 설정으로 되돌아가기

ResetDirectory[ ]	현 작업 디렉토리 전의 작업 디렉토리를 다시 새로운 작업 디렉토리로 설정한다.

```
In[9]:= ResetDirectory[];
        Directory[]

Out[10]= C:\Users\user\Documents
```

1.3.4. 하위 디렉토리 만들기

앞에서 만든 Work 디렉토리에 SubWork라는 디렉토리를 만들어 보자. 방법은 현 작업 디렉토리를 Work로 변경하고 SubWork 디렉토리를 생성하는 것이다.

```
In[11]:= SetDirectory["Work"]

Out[11]= C:\Users\user\Documents\Work

In[12]:= CreateDirectory["SubWork"]

Out[12]= C:\Users\user\Documents\Work\SubWork
```

확인해 보면 Work 디렉토리에 SubWork 디렉토리가 생성되었음을 알 수 있다.

1.3.5. 디렉토리의 삭제

DeleteDirectory["name"]	현 작업 디렉토리에 있는 name이라는 디렉토리를 삭제한다.

우리가 방금 생성한 SubWork라는 디렉토리를 삭제하여 보자.

```
In[13]:= DeleteDirectory["SubWork"]
```

확인해 보면 Work 디렉토리에 있던 SubWork 디렉토리가 삭제되었음을 알 수 있다.

2. 준비작업

데이터는 보통 텍스트(Text), 엑셀(Excel), 이미지(Graphics) 파일 등으로 저장된다. *Mathematica*에서 얻은 결과들을 이 세 가지 데이터 파일로 저장하는 방법을 알아보자.

2.1. 작업 디렉토리 설정

먼저 작업 공간을 현재 작업 중인 노트북이 저장되어 있는 디렉토리로 바꾸자. 앞 절에서 공부한 바와 같이 구체적인 디렉토리를 지정하여 주는 것도 좋지만 현재 작업 중인 노트북이 저장되어 있는 디렉토리를 작업 디렉토리로 설정하는 것이 편리한 경우가 많다. 이는 다음과 같이 하면 된다. 단, 이를 실행하기 위해서는 현 작업 중인 노트북이 어딘가에 저장되어 있는 노트북이어야 한다.

```
In[14]:= SetDirectory@NotebookDirectory[]

Out[14]= C:\Users\user\Desktop

In[15]:= Directory[]

Out[15]= C:\Users\user\Desktop
```

이제 여기에 Data라는 디렉토리를 하나 만들고 Data 디렉토리를 작업 디렉토리로 하자.

```
In[16]:= CreateDirectory["Data"]   (* 이미 Data라는 디렉토리가 있다면 삭제 후 실행하자. *)
Out[16]= C:\Users\user\Desktop\Data
In[17]:= SetDirectory[%]
Out[17]= C:\Users\user\Desktop\Data
```

작업 디렉토리가 어떻게 설정되었는지 다시 알아본다.

```
In[18]:= Directory[]
Out[18]= C:\Users\user\Desktop\Data
```

현재 열려 있는 노트북이 있는 디렉토리에 Work 디렉토리를 만들고 그 디렉토리를 작업공간으로 설정하였다.

2.2. 실습용 자료 만들어 보기

사용할 자료를 하나 만들어 놓자. 아래는 구간 $[0,2\pi]$에 있는 실수 11개에 대한 삼각함수들의 값을 Table로 나타낸 자료다.

```
In[19]:= X = Table[N[2 Pi/10 n], {n, 0, 10}];
         SinX = Map[Sin, X];
         CosX = Map[Cos, X];
         TanX = Map[Tan, X];
In[23]:= data = Table[{X[[i]], SinX[[i]], CosX[[i]], TanX[[i]]}, {i, 1, Length[X]}]
Out[23]= {{0., 0., 1., 0.}, {0.628319, 0.587785, 0.809017, 0.726543},
          {1.25664, 0.951057, 0.309017, 3.07768},
          {1.88496, 0.951057, -0.309017, -3.07768},
          {2.51327, 0.587785, -0.809017, -0.726543},
          {3.14159, 1.22465×10^-16, -1., -1.22465×10^-16},
          {3.76991, -0.587785, -0.809017, 0.726543},
          {4.39823, -0.951057, -0.309017, 3.07768},
          {5.02655, -0.951057, 0.309017, -3.07768},
          {5.65487, -0.587785, 0.809017, -0.726543},
          {6.28319, -2.44929×10^-16, 1., -2.44929×10^-16}}
```

```
In[24]:= dataform = TableForm[data, TableHeadings → {Range[Length[data]],
            {"x", "Sin(x)", "Cos(x)", "Tan(x)"}},
          TableAlignments → Right, TableSpacing → {2, 2}]
```

Out[24]//TableForm=

	x	Sin(x)	Cos(x)	Tan(x)
1	0.	0.	1.	0.
2	0.628319	0.587785	0.809017	0.726543
3	1.25664	0.951057	0.309017	3.07768
4	1.88496	0.951057	-0.309017	-3.07768
5	2.51327	0.587785	-0.809017	-0.726543
6	3.14159	1.22465×10^{-16}	-1.	-1.22465×10^{-16}
7	3.76991	-0.587785	-0.809017	0.726543
8	4.39823	-0.951057	-0.309017	3.07768
9	5.02655	-0.951057	0.309017	-3.07768
10	5.65487	-0.587785	0.809017	-0.726543
11	6.28319	-2.44929×10^{-16}	1.	-2.44929×10^{-16}

3. 데이터를 파일로 저장하기

데이터를 파일로 저장하는 명령어로는 Save, Put, Export 등이 있다. 데이터를 저장할 때는 값만 저장할 수도 있고, 표현까지 저장할 수도 있다. 다른 응용 프로그램과의 호환성을 생각한다면 값만을 저장하는 것이 좋다.

3.1. Save

Save["filename", expr]	현 작업 디렉토리에 filename이라는 파일(이 없으면그 파일을 생성함) 의 끝에 expr을 추가한다.
Save["dir1\dir2\filename", expr]	현 작업 디렉토리의 하위 디렉토리 dir1\dir2\ 에 있는 filename라는 이름의 파일 끝에 expr을 추가한다.

이제 현 작업 디렉토리인 Data 디렉토리에 위에서 만들어 놓은 data와 dataform을 각각 data01.txt와 data02.txt로 저장해보자. 위의 명령어 뒤에 data를 붙이면 명령어를 통해서 나온 수치들만을 저장하고 dataform을 붙이면 수치와 명령어까지 저장한다.

```
In[25]:= Save["data01.txt", data]
```

```
In[26]:= Save["data02.txt", dataform]
```

데이터 파일이 제대로 생성이 되었는지 data01.txt 및 data02.txt 파일을 열어보자. [그림-1]과 같이 Save로 만들어진 데이터 파일에는 저장할 대상에 할당된 변수(즉 data 또는 dataform)와 = 그리고 그 저장할 대상이 InputForm의 꼴로 저장되어 있음을 볼 수 있다. (InputForm에 대해선 문서 센터를 참조하라.)

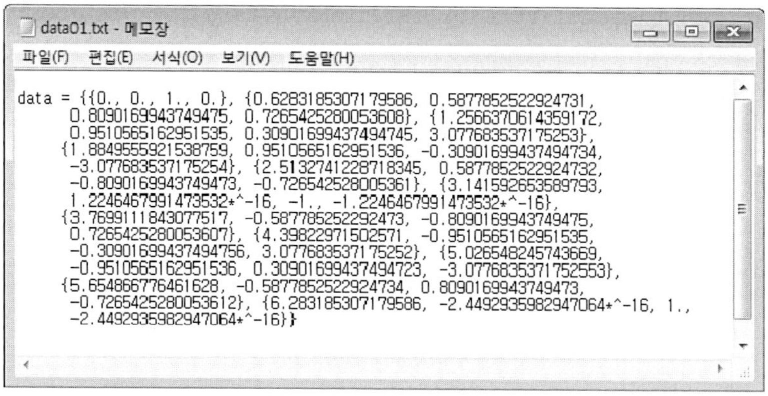

data01.txt - 메모장

파일(F) 편집(E) 서식(O) 보기(V) 도움말(H)

```
data = {{0., 0., 1., 0.}, {0.628318530717958б, 0.5877852522924731,
      0.8090169943749475, 0.7265425280053608}, {1.2566370614359172,
      0.9510565162951535, 0.30901699437494745, 3.077683537175253},
     {1.8849555921538759, 0.9510565162951536, -0.30901699437494734,
      -3.077683537175254}, {2.5132741228718345, 0.5877852522924732,
      -0.8090169943749473, -0.726542528005361}, {3.141592653589793,
      1.2246467991473532*^-16, -1., -1.2246467991473532*^-16},
     {3.7699111843077517, -0.587785252292473, -0.8090169943749475,
      0.7265425280053607}, {4.39822971502571, -0.9510565162951535,
      -0.30901699437494756, 3.0776835371752} , {5.026548245743669,
      -0.9510565162951536, 0.30901699437494723, -3.0776835371752553},
     {5.654866776461628, -0.5877852522924734, 0.8090169943749473,
      -0.7265425280053612}, {6.283185307179586, -2.4492935982947064*^-16, 1.,
      -2.4492935982947064*^-16}}
```

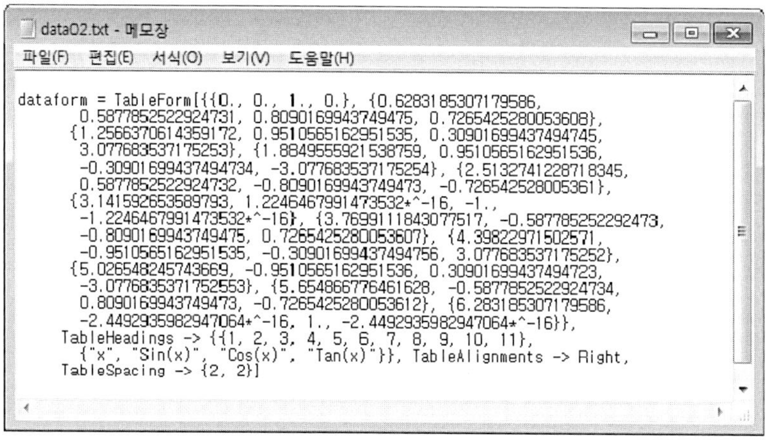

data02.txt - 메모장

파일(F) 편집(E) 서식(O) 보기(V) 도움말(H)

```
dataform = TableForm[{{0., 0., 1., 0.}, {0.6283185307179586,
       0.5877852522924731, 0.8090169943749475, 0.7265425280053608},
      {1.2566370614359172, 0.9510565162951535, 0.30901699437494745,
       3.077683537175253}, {1.8849555921538759, 0.9510565162951536,
       -0.30901699437494734, -3.077683537175254}, {2.5132741228718345,
       0.5877852522924732, -0.8090169943749473, -0.726542528005361},
      {3.141592653589793, 1.2246467991473532*^-16, -1.,
       -1.2246467991473532*^-16}, {3.7699111843077517, -0.587785252292473,
       -0.8090169943749475, 0.7265425280053607}, {4.39822971502571,
       -0.9510565162951535, -0.30901699437494756, 3.077683537175252},
      {5.026548245743669, -0.9510565162951536, 0.30901699437494723,
       -3.0776835371752553}, {5.654866776461628, -0.5877852522924734,
       0.8090169943749473, -0.7265425280053612}, {6.283185307179586,
       -2.4492935982947064*^-16, 1., -2.4492935982947064*^-16}},
     TableHeadings -> {{1, 2, 3, 4, 5, 6, 7, 8, 9, 10, 11},
       {"x", "Sin(x)", "Cos(x)", "Tan(x)"}}, TableAlignments -> Right,
     TableSpacing -> {2, 2}]
```

[그림-1]

위의 두 가지 결과를 하나의 데이터 파일로 저장할 수도 있는데 그렇게 하는 데는 두 가지 방법이 있다.

3.1.1. 여러 개의 데이터를 하나의 데이터 파일로 저장하기

data03.txt - 메모장

파일(F) 편집(E) 서식(O) 보기(V) 도움말(H)

```
data = {{0., 0., 1., 0.}, {0.6283185307179586, 0.5877852522924731,
      0.8090169943749475, 0.7265425280053608}, {1.2566370614359172,
      0.9510565162951535, 0.30901699437494745, 3.077683537175253},
     {1.8849555921538759, 0.9510565162951536, -0.30901699437494734,
      -3.077683537175254}, {2.5132741228718345, 0.5877852522924732,
      -0.8090169943749473, -0.726542528005361}, {3.141592653589793,
      1.2246467991473532*^-16, -1., -1.2246467991473532*^-16},
     {3.7699111843077517, -0.587785252292473, -0.8090169943749475,
      0.7265425280053607}, {4.39822971502571, -0.9510565162951535,
      -0.30901699437494756, 3.077683537175252}, {5.026548245743669,
      -0.9510565162951536, 0.30901699437494723, -3.0776835371752553},
     {5.654866776461628, -0.5877852522924734, 0.8090169943749473,
      -0.7265425280053612}, {6.283185307179586, -2.4492935982947064*^-16, 1.,
      -2.4492935982947064*^-16}}

dataform = TableForm[{{0., 0., 1., 0.}, {0.6283185307179586,
       0.5877852522924731, 0.8090169943749475, 0.7265425280053608},
      {1.2566370614359172, 0.9510565162951535, 0.30901699437494745,
       3.077683537175253}, {1.8849555921538759, 0.9510565162951536,
```

[그림-2]

이미 데이터를 모두 구해놓은 상태라면, 하나의 데이터 파일에 이 모든 데이터를 한꺼번에 저장하는 것이 편리할 것이다. 그 방법은 저장할 대상을 리스트로 묶어 Save명령을 실행하는 것이다.

```
In[27]:= Save["data03.txt", {data, dataform}]
```

C:\Program Files\Wolfram Research\Mathematica\9.0\Work\Data디렉토리에서 data03.txt 파일을 열어 실행 결과를 확인해 본다. [그림-2]와 같이 두 데이터가 모두 순서대로 저장되었음을 알 수 있다.

3.1.2. 수시로 데이터를 하나의 데이터 파일로 저장하기

때로는 사용자가 여러 단계의 계산을 거치면서 얻어지는 데이터들을 수시로 저장하고자 할 때도 있다. 이 경우에는 동일한 파일명으로 계속 저장한다. Save 명령은 덮어쓰지 않고 누적하여 데이터를 저장한다.

```
In[28]:= Save["data04.txt", data]          (* 첫 번째 저장 *)
```

첫 번째 저장 후, data04.txt 파일을 확인하면 [그림-3]의 (상)과 같다. 이후 다시 같은 파일명으로 두 번째 저장을 한 후, data04.txt 파일을 확인하면 [그림-3]의 (하)와 같이 dataform이 누적되어 저장되었음을 알 수 있다.

```
In[29]:= Save["data04.txt", dataform]    (* 두 번째 저장 *)
```

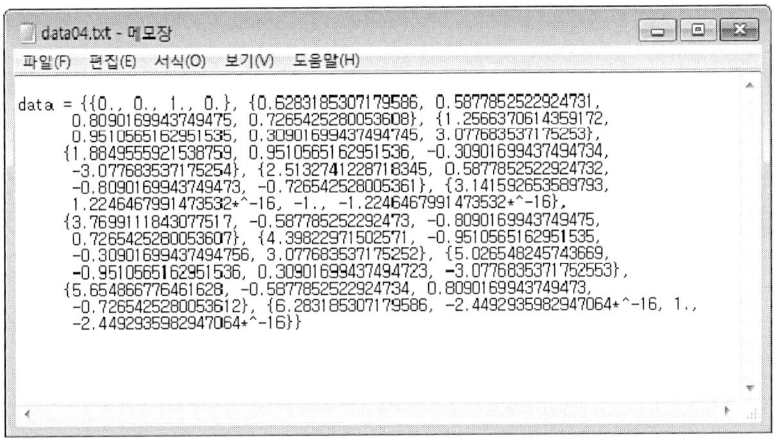
```
data04.txt - 메모장
파일(F) 편집(E) 서식(O) 보기(V) 도움말(H)

data = {{0., 0., 1., 0.}, {0.628318530717958‬6, 0.5877852522924731,
    0.8090169943749475, 0.7265425280053608}, {1.2566370614359172,
    0.9510565162951535, 0.3090169943749474‬5, 3.077683537175253},
   {1.8849555921538759, 0.9510565162951536, -0.30901699437494734,
    -3.077683537175254}, {2.5132741228718345, 0.5877852522924732,
    -0.8090169943749473, -0.7265425280053611}, {3.141592653589793,
    1.2246467991473532*^-16, -1., -1.2246467991473532*^-16},
   {3.7699111843077517, -0.587785252292473, -0.8090169943749475,
    0.7265425280053607}, {4.39822971502571, -0.9510565162951535,
    -0.30901699437494756, 3.077683537175252}, {5.026548245743669,
    -0.9510565162951536, 0.30901699437494723, -3.0776835371752553},
   {5.654866776461628, -0.5877852522924734, 0.8090169943749473,
    -0.7265425280053612}, {6.283185307179586, -2.4492935982947064*^-16, 1.,
    -2.4492935982947064*^-16}}
```

```
data04.txt - 메모장
파일(F) 편집(E) 서식(O) 보기(V) 도움말(H)

data = {{0., 0., 1., 0.}, {0.6283185307179586, 0.5877852522924731,
    0.8090169943749475, 0.7265425280053608}, {1.2566370614359172,
    0.9510565162951535, 0.30901699437494745, 3.077683537175253},
   {1.8849555921538759, 0.9510565162951536, -0.30901699437494734,
    -3.077683537175254}, {2.5132741228718345, 0.5877852522924732,
    -0.8090169943749473, -0.7265425280053611}, {3.141592653589793,
    1.2246467991473532*^-16, -1., -1.2246467991473532*^-16},
   {3.7699111843077517, -0.587785252292473, -0.8090169943749475,
    0.7265425280053607}, {4.39822971502571, -0.9510565162951535,
    -0.30901699437494756, 3.077683537175252}, {5.026548245743669,
    -0.9510565162951536, 0.30901699437494723, -3.0776835371752553},
   {5.654866776461628, -0.5877852522924734, 0.8090169943749473,
    -0.7265425280053612}, {6.283185307179586, -2.4492935982947064*^-16, 1.,
    -2.4492935982947064*^-16}}
dataform = TableForm[{{0., 0., 1., 0.}, {0.6283185307179586,
     0.5877852522924731, 0.8090169943749475, 0.7265425280053608},
    {1.2566370614359172, 0.9510565162951535, 0.30901699437494745,
     3.077683537175253}, {1.8849555921538759, 0.9510565162951536,
```

[그림-3]

Save를 이용한 데이터 저장은,

1. 저장할 대상을 가리키는 변수이름과 = 그리고 저장할 대상이 InputForm의 꼴로 저장된다.
2. 저장될 데이터가 덮어쓰기 되는 것이 아니라 누적되며 저장된다.

이는 작업 중에 생성되는 데이터를 추가할 때 편리하다.

3.2. Put

기존의 데이터를 새로운 데이터로 덮어쓰고자 할 때는 Save가 아닌 Put을 쓴다.

Put[expr, "filename"]	현 작업 디렉토리에 expr을 filename이라는 파일명으로 저장한다. 이는 expr >> filename 과 같은 표현이다.
Put[expr, "dir1\dir2\filename"]	현 작업 디렉토리의 하위 디렉토리 dir1\dir2에 expr을 filename이라는 파일명으로 저장한다. 이는 expr >> dir1\dir2\filename 과 같은 표현이다.

Put을 이용하여 data를 data05.txt 파일로 저장하여 확인 후, dataform을 다시 data05.txt 파일로 저장하여 보자.

data05.txt - 메모장

파일(F) 편집(E) 서식(O) 보기(V) 도움말(H)

```
{{0., 0., 1., 0.}, {0.6283185307179586, 0.5877852522924731,
  0.8090169943749475, 0.7265425280053608}, {1.2566370614359172,
  0.9510565162951535, 0.3090169943749474 5, 3.077683537175253},
 {1.8849555921538759, 0.9510565162951536, -0.30901699437494734,
  -3.077683537175254}, {2.5132741228718345, 0.5877852522924732,
  -0.8090169943749473, -0.7265425280053 61},
 {3.141592653589793, 1.2246467991473532*^-16, -1., -1.2246467991473532*^-16},
 {3.7699111843077517, -0.587785252292473, -0.8090169943749475,
  0.7265425280053607}, {4.39822971502571, -0.9510565162951535,
  -0.30901699437494756, 3.077683537175252},
 {5.026548245743669, -0.9510565162951536, 0.30901699437494723,
  -3.0776835371752553}, {5.654866776461628, -0.5877852522924734,
  0.8090169943749473, -0.7265425280053612},
 {6.283185307179586, -2.4492935982947064*^-16, 1., -2.4492935982947064*^-16}}
```

data05.txt - 메모장

파일(F) 편집(E) 서식(O) 보기(V) 도움말(H)

```
TableForm[{{0., 0., 1., 0.}, {0.6283185307179586, 0.5877852522924731,
   0.8090169943749475, 0.7265425280053608}, {1.2566370614359172,
   0.9510565162951535, 0.30901699437494745, 3.077683537175253},
  {1.8849555921538759, 0.9510565162951536, -0.30901699437494734,
   -3.077683537175254}, {2.5132741228718345, 0.5877852522924732,
   -0.8090169943749473, -0.7265425280053 61}, {3.141592653589793,
   1.2246467991473532*^-16, -1., -1.2246467991473532*^-16},
  {3.7699111843077517, -0.587785252292473, -0.8090169943749475,
   0.7265425280053607}, {4.39822971502571, -0.9510565162951535,
   -0.30901699437494756, 3.077683537175252}, {5.026548245743669,
   -0.9510565162951536, 0.30901699437494723, -3.0776835371752553},
  {5.654866776461628, -0.5877852522924734, 0.8090169943749473,
   -0.7265425280053612}, {6.283185307179586, -2.4492935982947064*^-16, 1.,
   -2.4492935982947064*^-16}}, TableHeadings ->
  {{1, 2, 3, 4, 5, 6, 7, 8, 9, 10, 11}, {"x", "Sin(x)", "Cos(x)", "Tan(x)"}},
 TableAlignments -> Right, TableSpacing -> {2, 2}]
```

[그림-4]

In[30]:= `Put[data, "data05.txt"]` (* 첫 번째 저장 *)

첫 번째 저장 후, data05.txt 파일을 열면 [그림-4]의 (상)과 같은 데이터 파일을 확인 할 수 있다. Put으로 저장된 데이터 파일에는 Save로 저장된 데이터 파일과 달리 저장할 대상에 할당된 문자는 저장되지 않음을 확인할 수 있다. 이후 아래와 같이 두 번째 저장 후, 다시 한 번 data05.txt 파일을 열면 [그림-4]의 (하)와 같은 데이터 파일을 확인할 수 있다. Put의 저장방식은 덮어쓰기임을 알 수 있다. [그림-3]과 비교해 보자.

In[31]:= `Put[dataform, "data05.txt"]` (* 두 번째 저장 *)

3.3. Export

*Mathematica*는 다양한 저장 형식을 지원하는데 여기서는 그 중 텍스트 형식과 엑셀 형식, 이미지 형식에 대해 간단히 살펴보기로 한다. 그 외의 형식에 대해서는 [그림-5]와 같이 문서 센터를 이용하자.

Export["filename", expr, "format"]	현 작업 디렉토리에 expr을 format 형식으로 파일명을 filename으로 하여 저장한다.
Export["dir1\dir2\filename", expr, "format"]	현 작업 디렉토리의 하위 디렉토리 dir1\dir2에 expr을 format 형식으로 파일명을 filename으로 하여 저장한다.

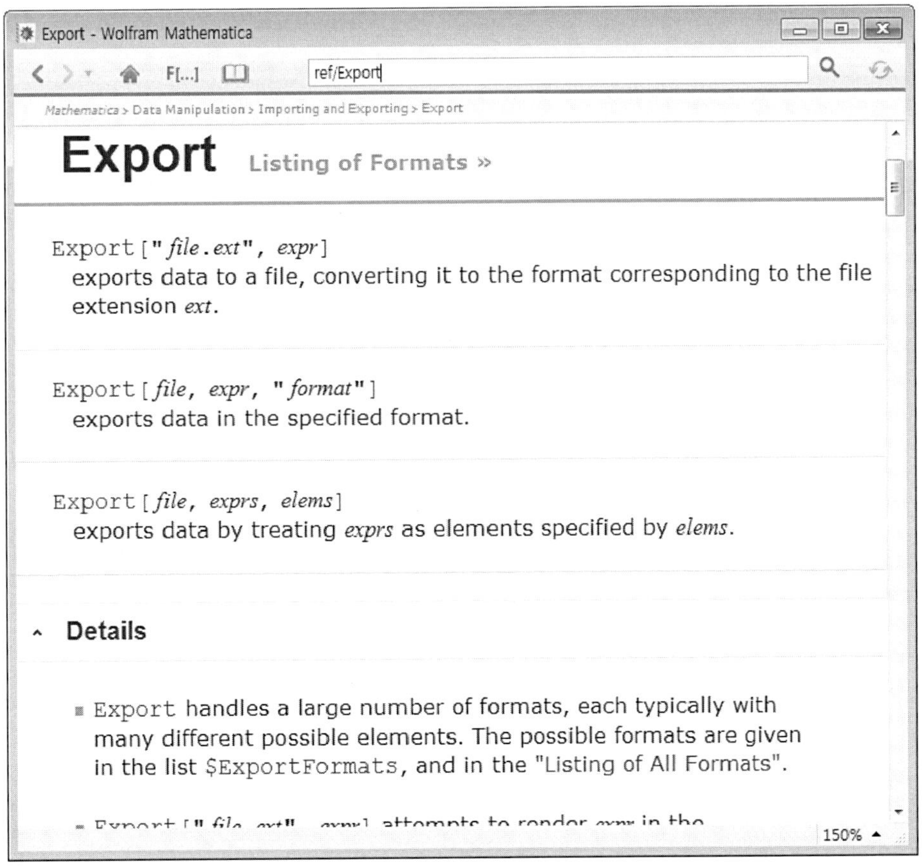

[그림-5]

3.3.1. Export를 이용하여 데이터를 텍스트 파일로 저장하기

위에서 만든 data 및 dataform을 Export를 이용하여 각각 텍스트 파일 data06.txt 및 data07.txt로 저장하여 보자.

```
In[32]:= Export["data06.txt", data]
         Export["data07.txt", dataform]

Out[32]= data06.txt

Out[33]= data07.txt
```

[그림-6]과 같이 저장된 데이타 파일을 확인하면, 리스트로 구성된 데이터 저장 파일 data06.txt 및 TableForm으로 구성된 데이터 저장 파일 data07.txt 모두가 *Mathematica* InputForm으로 저장되어 있음을 확인할 수 있다.

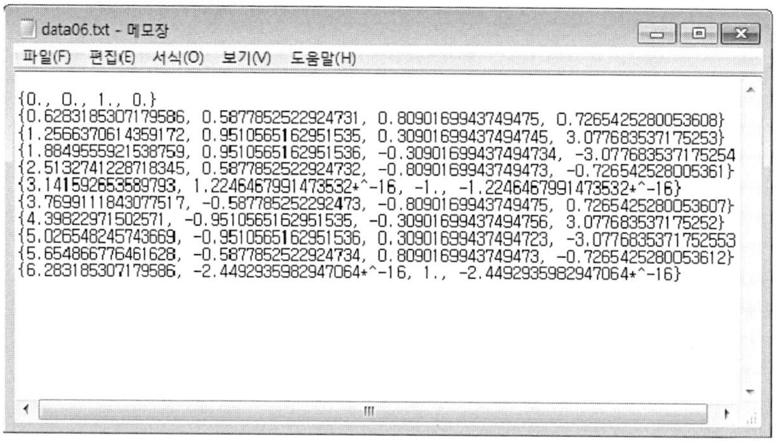

data06.txt - 메모장

파일(F) 편집(E) 서식(O) 보기(V) 도움말(H)

```
{0., 0., 1., 0.}
{0.6283185307179586, 0.5877852522924731, 0.8090169943749475, 0.7265425280053608}
{1.2566370614359172, 0.9510565162951535, 0.30901699437494745, 3.0776835371175253}
{1.8849555921538759, 0.9510565162951536, -0.30901699437494734, -3.077683537175254
{2.5132741228718345, 0.5877852522924732, -0.8090169943749473, -0.7265425280053610}
{3.141592653589793, 1.2246467991473532*^-16, -1., -1.2246467991473532*^-16}
{3.7699111843077517, -0.587785252292473, -0.8090169943749475, 0.7265425280053607}
{4.39822971502571, -0.9510565162951535, -0.30901699437494756, 3.077683537175252}
{5.026548245743669, -0.9510565162951536, 0.30901699437494723, -3.0776835371752553
{5.654866776461628, -0.5877852522924734, 0.8090169943749473, -0.7265425280053612}
{6.283185307179586, -2.4492935982947064*^-16, 1., -2.4492935982947064*^-16}
```

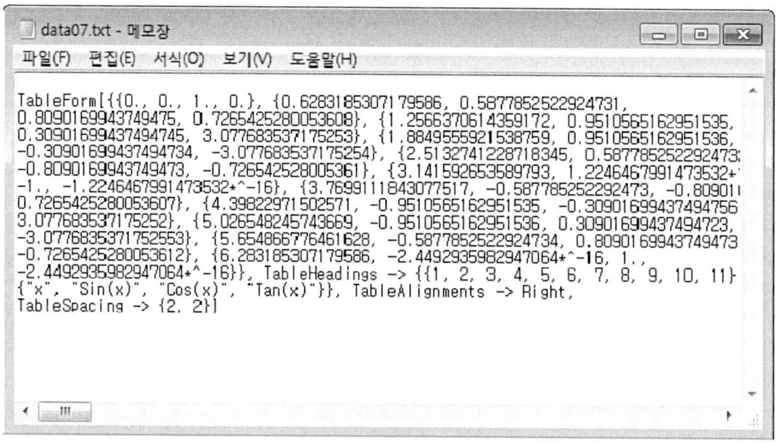

data07.txt - 메모장

파일(F) 편집(E) 서식(O) 보기(V) 도움말(H)

```
TableForm[{{0., 0., 1., 0.}, {0.6283185307179586, 0.5877852522924731,
0.8090169943749475, 0.7265425280053608}, {1.2566370614359172, 0.9510565162951535,
0.30901699437494745, 3.077683537175253}, {1.8849555921538759, 0.9510565162951536,
-0.30901699437494734, -3.077683537175254}, {2.5132741228718345, 0.587785252292473:
-0.8090169943749473, -0.7265425280053610}, {3.141592653589793, 1.2246467991473532*
-1., -1.2246467991473532*^-16}, {3.7699111843077517, -0.587785252292473, -0.809011
0.7265425280053607}, {4.39822971502571, -0.9510565162951535, -0.30901699437494756
3.077683537175252}, {5.026548245743669, -0.9510565162951536, 0.30901699437494723,
-3.0776835371752553}, {5.654866776461628, -0.5877852522924734, 0.8090169943749473
-0.7265425280053612}, {6.283185307179586, -2.4492935982947064*^-16, 1.,
-2.4492935982947064*^-16}}, TableHeadings -> {{1, 2, 3, 4, 5, 6, 7, 8, 9, 10, 11}
{"x", "Sin(x)", "Cos(x)", "Tan(x)"}}, TableAlignments -> Right,
TableSpacing -> {2, 2}]
```

[그림-6]

3.3.2. Export를 이용하여 엑셀 파일로 데이터 저장하기

Export를 이용하여 data 및 dataform을 각각 엑셀 파일 data08.xls 및 data09.xls로 저장해 보자.

```
In[34]:= Export["data08.xls", data, "XLS"]
         Export["data09.xls", dataform, "XLS"]
Out[34]= data08.xls
Out[35]= data09.xls
```

확인해 보면, 리스트 및 TableForm으로 구성된 데이터가 모두 엑셀 파일로 저장되었다.

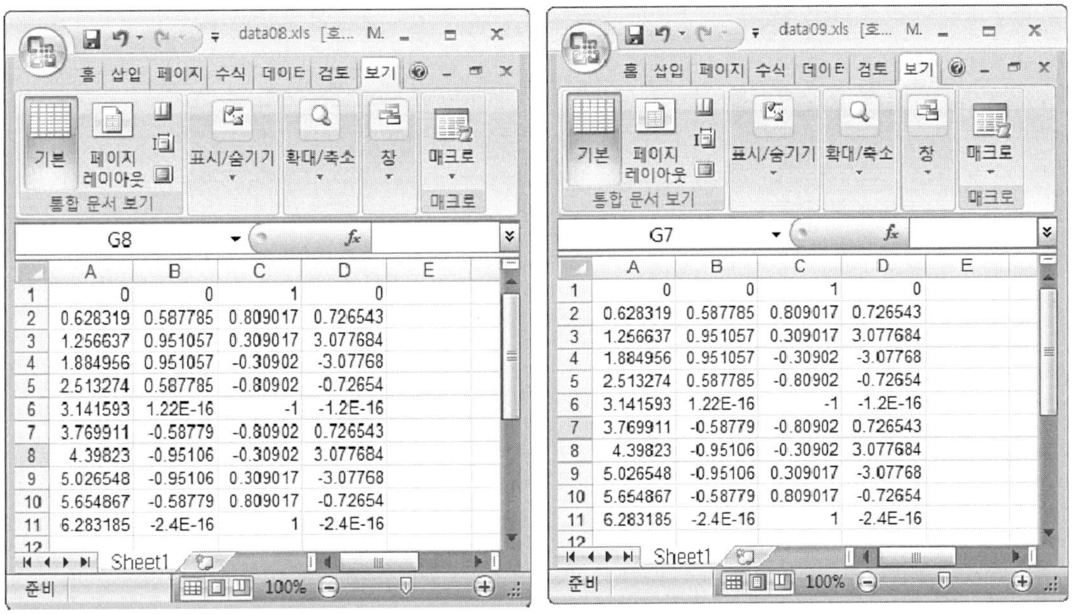

[그림-7]

2차원 리스트로 구성된 데이터를 엑셀 파일로 저장할 때, 엑셀 파일의 i행 j열에 있는 셀에 원 데이터의 $\{i,\ j\}$ 원소가 들어간다. 아래의 예로 확인을 해본다.

```
In[36]:= matA = Table[a[i, j], {i, 1, 5}, {j, 1, 8}];
In[37]:= MatrixForm[matA]
Out[37]//MatrixForm=
```

$$\begin{pmatrix} a[1,1] & a[1,2] & a[1,3] & a[1,4] & a[1,5] & a[1,6] & a[1,7] & a[1,8] \\ a[2,1] & a[2,2] & a[2,3] & a[2,4] & a[2,5] & a[2,6] & a[2,7] & a[2,8] \\ a[3,1] & a[3,2] & a[3,3] & a[3,4] & a[3,5] & a[3,6] & a[3,7] & a[3,8] \\ a[4,1] & a[4,2] & a[4,3] & a[4,4] & a[4,5] & a[4,6] & a[4,7] & a[4,8] \\ a[5,1] & a[5,2] & a[5,3] & a[5,4] & a[5,5] & a[5,6] & a[5,7] & a[5,8] \end{pmatrix}$$

```
In[38]:= Export["data10.xls", matA, "XLS"]
Out[38]= data10.xls
```

[그림-8]은 데이터 matA를 엑셀 파일로 저장한 결과다.

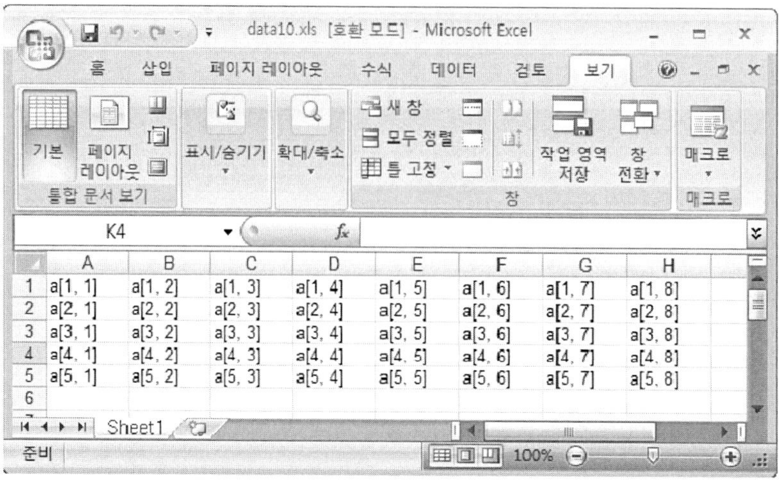

	A	B	C	D	E	F	G	H
1	a[1, 1]	a[1, 2]	a[1, 3]	a[1, 4]	a[1, 5]	a[1, 6]	a[1, 7]	a[1, 8]
2	a[2, 1]	a[2, 2]	a[2, 3]	a[2, 4]	a[2, 5]	a[2, 6]	a[2, 7]	a[2, 8]
3	a[3, 1]	a[3, 2]	a[3, 3]	a[3, 4]	a[3, 5]	a[3, 6]	a[3, 7]	a[3, 8]
4	a[4, 1]	a[4, 2]	a[4, 3]	a[4, 4]	a[4, 5]	a[4, 6]	a[4, 7]	a[4, 8]
5	a[5, 1]	a[5, 2]	a[5, 3]	a[5, 4]	a[5, 5]	a[5, 6]	a[5, 7]	a[5, 8]

[그림-8]

3.3.3. Export를 이용하여 이미지 파일로 데이터 저장하기

이미지 파일 형식으로는 bmp, jpg, gif, pdf 등이 있다. 위에서 만든 데이터의 dataform을 Export를 이용하여 이미지 파일로 저장해보자. [그림-9]는 data11.pdf 파일을 열어본 결과다.

In[39]:=
```
Export["data11.jpg", dataform, "JPG"] ;
Export["data11.gif", dataform, "GIF"];
Export["data11.pdf", dataform, "PDF"];
```

Export를 이용여 데이터를 저장할 때,

1. 저장할 대상을 다양한 저장 형식으로 저장할 수 있다.
2. 저장형식이 매우 다양하다. 이는 문서 센터에서 살펴볼 수 있다.
3. 저장될 데이터가 덮어쓰기 된다.

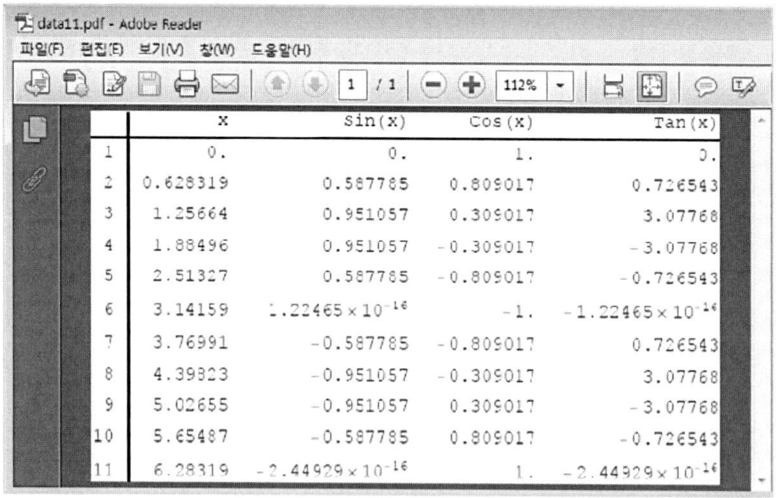

	x	Sin(x)	Cos(x)	Tan(x)
1	0.	0.	1.	0.
2	0.628319	0.587785	0.809017	0.726543
3	1.25664	0.951057	0.309017	3.07768
4	1.88496	0.951057	-0.309017	-3.07768
5	2.51327	0.587785	-0.809017	-0.726543
6	3.14159	1.22465×10^{-16}	-1.	-1.22465×10^{-16}
7	3.76991	-0.587785	-0.809017	0.726543
8	4.39823	-0.951057	-0.309017	3.07768
9	5.02655	-0.951057	0.309017	-3.07768
10	5.65487	-0.587785	0.809017	-0.726543
11	6.28319	-2.44929×10^{-16}	1.	-2.44929×10^{-16}

[그림-9]

4. 파일로 저장되어 있는 자료 불러오기

*Mathematica*에서 생성해 놓은 데이터 파일 혹은 외부 응용프로그램에서 얻어진 데이터 파일을 *Mathematica*에서 불러와서 사용하는 방법을 알아보자. 앞에서도 언급했지만 어떤 프로그램이든 데이터 파일은 리스트로 구성된 텍스트 형식으로 만들어 두는 것이 가장 보편적이다. 데이터 파일을 호출하기 위하여 우선 현 *Mathematica* 세션에 등록된 모든 심볼들을 삭제한다.

```
In[43]:= Remove["Global`*"]
```

이제 데이터 파일을 불러와 보자. 여기서는 우리가 앞에서 생성해 놓은 데이터 파일들을 불러와 보기로 한다. 이들 데이터 파일들은 저장형식이 서로 다르며 데이터 형식에 따라 불러와서 사용하는 방법도 조금씩 다르다.

4.1. Get

Get["filename"]	현 작업 디렉토리에 있는 filename이라는 파일을 불러온다. 이는 << filename 과 같은 표현이다.
Get["dir1\dir2\filename"]	현 작업 디렉토리의 서브 디렉토리 dir1의 서브 디렉토리 dir2에 있는 파일 filename을 불러온다. 이는 << dir1\dir2\filename 과 같은 표현이다.

Get 명령어는 리스트 혹은 *Mathematica* 표현(22장 1절 참조)의 형식으로 저장된 텍스트 파일을 불러올 때 쓴다. 실험을 위해 위에서 이미 만들어 둔 텍스트 파일 data03.txt을 이용한다.

```
In[44]:= Directory[]

Out[44]= C:\Users\user\Desktop\Data

In[45]:= << data03.txt;
```

이제 data03.txt 에 저장되어 있던 data와 dataform이라는 이름으로 저장되어 있던 자료를 이용할 수 있다.

```
In[46]:= data

Out[46]= {{0., 0., 1., 0.}, {0.628319, 0.587785, 0.809017, 0.726543},
  {1.25664, 0.951057, 0.309017, 3.07768},
  {1.88496, 0.951057, -0.309017, -3.07768},
  {2.51327, 0.587785, -0.809017, -0.726543},
  {3.14159, 1.22465×10^-16, -1., -1.22465×10^-16},
  {3.76991, -0.587785, -0.809017, 0.726543},
  {4.39823, -0.951057, -0.309017, 3.07768},
  {5.02655, -0.951057, 0.309017, -3.07768},
  {5.65487, -0.587785, 0.809017, -0.726543},
  {6.28319, -2.44929×10^-16, 1., -2.44929×10^-16}}
```

In[47]:= `Style[dataform, 11]`

Out[47]=

	x	Sin(x)	Cos(x)	Tan(x)
1	0.	0.	1.	0.
2	0.628319	0.587785	0.809017	0.726543
3	1.25664	0.951057	0.309017	3.07768
4	1.88496	0.951057	-0.309017	-3.07768
5	2.51327	0.587785	-0.809017	-0.726543
6	3.14159	1.22465×10^{-16}	-1.	-1.22465×10^{-16}
7	3.76991	-0.587785	-0.809017	0.726543
8	4.39823	-0.951057	-0.309017	3.07768
9	5.02655	-0.951057	0.309017	-3.07768
10	5.65487	-0.587785	0.809017	-0.726543
11	6.28319	-2.44929×10^{-16}	1.	-2.44929×10^{-16}

dataform과 같이 TableForm으로 저장된 데이터에서 성분을 추출해야 할 때가 있다. 이럴 때는 아래와 같이 9장에서 공부한 리스트의 원소 추출법을 이용하면 된다.

In[48]:= `dataform[[1]]`

Out[48]=
```
{{0., 0., 1., 0.}, {0.628319, 0.587785, 0.809017, 0.726543},
 {1.25664, 0.951057, 0.309017, 3.07768},
 {1.88496, 0.951057, -0.309017, -3.07768},
 {2.51327, 0.587785, -0.809017, -0.726543},
 {3.14159, 1.22465 × 10^-16, -1., -1.22465 × 10^-16},
 {3.76991, -0.587785, -0.809017, 0.726543},
 {4.39823, -0.951057, -0.309017, 3.07768},
 {5.02655, -0.951057, 0.309017, -3.07768},
 {5.65487, -0.587785, 0.809017, -0.726543},
 {6.28319, -2.44929 × 10^-16, 1., -2.44929 × 10^-16}}
```

Get을 이용하여 데이터 파일을 불러올 때에는

1. 데이터 파일이 텍스트 파일이어야 한다.
2. 데이터의 내용이 리스트 혹은 *Mathematica* 표현 형식으로 구성되어 있어야 한다.

4.2. Import

앞에서 생성해 놓은 엑셀 및 이미지형식의 데이터 파일을 *Mathematica*로 불러 오려면 Import라는 명령을 이용하여야 한다.

Import["filename", "format"]	현 작업 디렉토리에 있는 format 형식의 filname 파일을 불러온다.
Import["dir1\dir2\filename", "format"]	현 작업 디렉토리의 서브디렉토리 dir1\dir2 에 있는 format 형식의 파일명 filename을 불러온다.

엑셀 파일로 저장되어 있는 데이터 파일 : data08.xls

```
In[49]:= Import["data08.xls", "XLS"]

Out[49]= {{{0., 0., 1., 0.}, {0.628319, 0.587785, 0.809017, 0.726543},
  {1.25664, 0.951057, 0.309017, 3.07768},
  {1.88496, 0.951057, -0.309017, -3.07768},
  {2.51327, 0.587785, -0.809017, -0.726543},
  {3.14159, 1.22465×10^-16, -1., -1.22465×10^-16},
  {3.76991, -0.587785, -0.809017, 0.726543},
  {4.39823, -0.951057, -0.309017, 3.07768},
  {5.02655, -0.951057, 0.309017, -3.07768},
  {5.65487, -0.587785, 0.809017, -0.726543},
  {6.28319, -2.44929×10^-16, 1., -2.44929×10^-16}}}
```

이미지 파일로 저장되어 있는 데이터파일 : data11.gif

```
In[50]:= gf = Import["data11.gif", "GIF"];

In[51]:= Show[gf, ImageSize → 240]
```

Out[51]=

	x	Sin(x)	Cos(x)	Tan(x)
1	0.	0.	1.	0.
2	0.628319	0.587785	0.809017	0.726543
3	1.25664	0.951057	0.309017	3.07768
4	1.88496	0.951057	-0.309017	-3.07768
5	2.51327	0.587785	-0.809017	-0.726543
6	3.14159	1.22465×10^{-16}	-1.	-1.22465×10^{-16}
7	3.76991	-0.587785	-0.809017	0.726543
8	4.39823	-0.951057	-0.309017	3.07768
9	5.02655	-0.951057	0.309017	-3.07768
10	5.65487	-0.587785	0.809017	-0.726543
11	6.28319	-2.44929×10^{-16}	1.	-2.44929×10^{-16}

Import를 이용한 자료 호출은,

1. 텍스트 파일, 엑셀 파일, 이미지 파일 모두를 받아들일 수 있다.

2. 다만, 데이터의 내용이 리스트 혹은 *Mathematica* 표현 형식으로 구성된 텍스트 파일의 경우 Import보다는 Get을 이용하는 것이 자료를 받아들인 후 자료를 관리하기가 쉽다.

제 15장 행렬

1. 행렬에 대한 여러 가지 기본 연산

1.1. 행렬 만들기

*Mathematica*에서 행렬은 리스트로 표현된다. 가장 간단한 2×2 행렬의 경우에는 [메뉴 막대]→[Palettes]→[Basic Math Assistant] 팔레트를 이용하여 쉽게 구현할 수 있다.

In[1]:= $A = \begin{pmatrix} a[1,1] & a[1,2] \\ a[2,1] & a[2,2] \end{pmatrix}$

```
Out[1]= {{a[1, 1], a[1, 2]}, {a[2, 1], a[2, 2]}}
```

```
In[2]:= MatrixForm[A]
```

Out[2]//MatrixForm=

$\begin{pmatrix} a[1,1] & a[1,2] \\ a[2,1] & a[2,2] \end{pmatrix}$

이처럼 행렬의 각 성분 $a(i, j)$는 리스트의 $\{i, j\}$ 성분이 된다. 물론 행렬의 크기가 커지고 성분을 수월하게 입력하고 싶을 경우에는 팔레트 $\begin{pmatrix} \square & \square \\ \square & \square \end{pmatrix}$와 같은 형태로 행렬을 만들 수도 있다. 또한 [그림-1]과 같이 [메뉴 막대]→[Insert]→[Table/Matrix]→[New]를 선택하여 원하는 크기의 행렬을 만들어 낼 수도 있다.

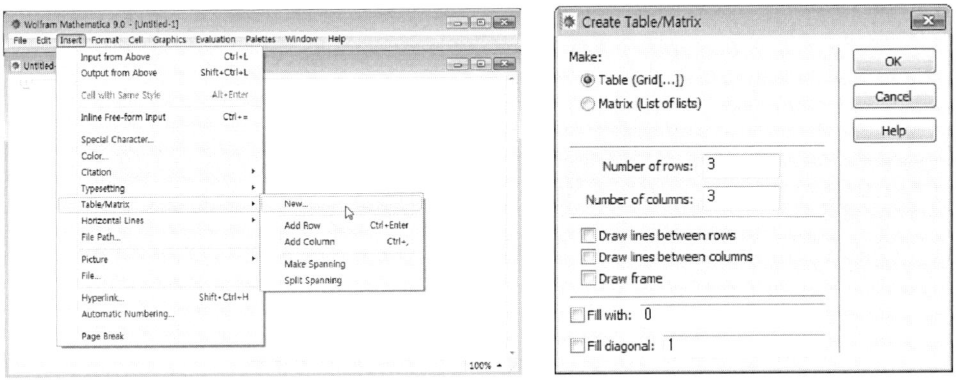

[그림-1]

In[3]:= $B = \begin{pmatrix} \square & \square & \square \\ \square & \square & \square \\ \square & \square & \square \end{pmatrix}$

```
Out[3]= {{□, □, □}, {□, □, □}, {□, □, □}}
```

1.2. 행렬에 대한 여러 가지 기본 연산

우선 연산에 활용할 두 행렬 matA, matB를 만들어 놓자.

```
In[4]:= matA = {{-1, 0, 3}, {2, 2, 1}, {0, -3, 1}};
        matB = {{0, 1, 1}, {-3, -2, 2}, {1, 0, 0}};
        {MatrixForm[matA], MatrixForm[matB]}
```

Out[6]= $\left\{\begin{pmatrix} -1 & 0 & 3 \\ 2 & 2 & 1 \\ 0 & -3 & 1 \end{pmatrix}, \begin{pmatrix} 0 & 1 & 1 \\ -3 & -2 & 2 \\ 1 & 0 & 0 \end{pmatrix}\right\}$

```
In[7]:= matA + matB // MatrixForm (*행렬의 덧셈*)
```

Out[7]//MatrixForm=

$$\begin{pmatrix} -1 & 1 & 4 \\ -1 & 0 & 3 \\ 1 & -3 & 1 \end{pmatrix}$$

```
In[8]:= matA - matB // MatrixForm (*행렬의 뺄셈*)
```

Out[8]//MatrixForm=

$$\begin{pmatrix} -1 & -1 & 2 \\ 5 & 4 & -1 \\ -1 & -3 & 1 \end{pmatrix}$$

matA.matB	두 행렬 matA와 matB의 곱을 계산한다.
Inverse[matA]	행렬 matA의 역행렬을 계산한다.

```
In[9]:= matA.matB // MatrixForm (*행렬의 곱셈*)
```

Out[9]//MatrixForm=

$$\begin{pmatrix} 3 & -1 & -1 \\ -5 & -2 & 6 \\ 10 & 6 & -6 \end{pmatrix}$$

행렬의 곱셈에 대한 기호는 마침표(.)다. 이를 곱셈기호(×)로 사용하여 엉뚱한 결과를 얻는 일이 없기를 바란다. 예를 들어 다음을 살펴보자.

```
In[10]:= matC1 = matA × matB; matC2 = matA * matB; matC3 = matA matB;
         {MatrixForm[matC1], MatrixForm[matC2], MatrixForm[matC3]}
```

Out[11]= $\left\{\begin{pmatrix} 0 & 0 & 3 \\ -6 & -4 & 2 \\ 0 & 0 & 0 \end{pmatrix}, \begin{pmatrix} 0 & 0 & 3 \\ -6 & -4 & 2 \\ 0 & 0 & 0 \end{pmatrix}, \begin{pmatrix} 0 & 0 & 3 \\ -6 & -4 & 2 \\ 0 & 0 & 0 \end{pmatrix}\right\}$

matC1의 $\{i, j\}$ 성분은 matA의 $\{i, j\}$ 성분과 matB의 $\{i, j\}$ 성분의 곱임을 알 수 있다. matC2와 matC3에 대해서도 마찬가지다.

```
In[12]:= Inverse[matA] // MatrixForm (*행렬의 역행렬*)
```

Out[12]//MatrixForm=

$$\begin{pmatrix} -\frac{5}{23} & \frac{9}{23} & \frac{6}{23} \\ \frac{2}{23} & \frac{1}{23} & -\frac{7}{23} \\ \frac{6}{23} & \frac{3}{23} & \frac{2}{23} \end{pmatrix}$$

```
In[13]:= matA.Inverse[matA] (*역행렬의 성질 A.A^-1=E*)
Out[13]= {{1, 0, 0}, {0, 1, 0}, {0, 0, 1}}
```

이미 알고 있겠지만, 모든 행렬이 역행렬을 가지는 것은 아니다.

```
In[14]:= matC = {{2, 3}, {2, 3}}; Inverse[matC]

  Inverse::sing : Matrix {{2, 3}, {2, 3}} is singular. >>

Out[14]= Inverse[{{2, 3}, {2, 3}}]
```

행렬은 선형연립방정식의 해를 구하는 데에 중요한 역할을 한다. 연립방정식 $x+y+z=1$, $x+2y+3z=5$, $3x-y+z=3$의 해를 구하여 보자.

```
In[15]:= A = {{1, 1, 1}, {1, 2, 3}, {3, -1, 1}}; P = {1, 5, 3}; X = {x, y, z};
```

연립방정식을 리스트로 표현하여 Solve를 이용해 풀어낼 수 있다.

```
In[16]:= A.X == P

Out[16]= {x + y + z, x + 2 y + 3 z, 3 x - y + z} == {1, 5, 3}

In[17]:= Solve[A.X == P, X]
```

Out[17]= $\left\{\left\{x \to -\frac{1}{3},\ y \to -\frac{4}{3},\ z \to \frac{8}{3}\right\}\right\}$

역행렬을 이용하여 그 해를 구할 수 있다.

```
In[18]:= Inverse[A].P
```

Out[18]= $\left\{-\frac{1}{3},\ -\frac{4}{3},\ \frac{8}{3}\right\}$

2. 행렬에 대한 여러 가지 고급 연산

*Mathematica*에는 행렬에 대한 연산을 지원하는 다양한 내장함수들이 있으며 [그림-2]와 같이 [Documentation Center], [Function Navigator], [Virtual Book]을 통해서 그 함수들에 대한 정보를 살펴볼 수 있다.

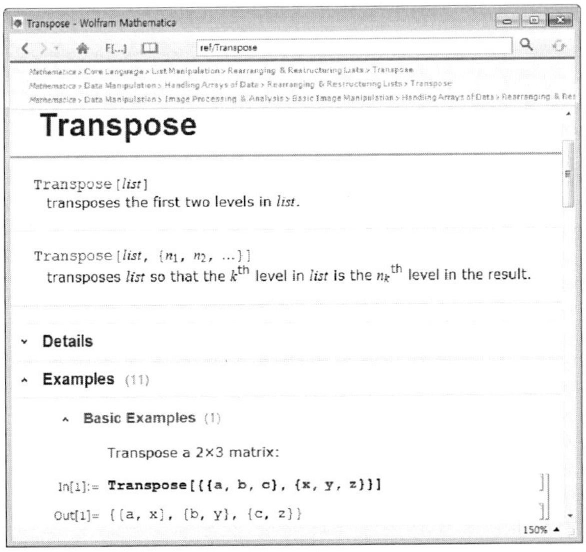

[그림-2]

2.1. 항등행렬

정사각행렬 중에서 대각원소는 모두 1, 나머지 원소는 모두 0인 행렬을 항등행렬(Identity Matrix) 또는 단위행렬(Unit Matrix)이라고 한다. 그런데 모든 원소가 1인 사각행렬을 Unit Matrix라고 한다는 것도 알아두자(http://mathworld.wolfram.com/UnitMatrix.html 참고) .

IdentityMatrix[*n*]	$n\times n$ 항등행렬을 생성한다.
Dimensions[list]	리스트의 크기를 출력한다.

```
In[19]:= IdentityMatrix[3]
Out[19]= {{1, 0, 0}, {0, 1, 0}, {0, 0, 1}}
In[20]:= IdentityMatrix[3] // MatrixForm
Out[20]//MatrixForm=
 1 0 0
 0 1 0
 0 0 1
In[21]:= IdentityMatrix[3] // Dimensions  (*행렬의 크기*)
Out[21]= {3, 3}
```

물론 사용자 함수를 이용하여 항등행렬을 만들어 낼 수도 있다. 항등행렬은 *n*차 정사각행렬이므로 변수는 *n*이고 각 성분 a_{ij}는 $i=j$이면 1, $i\neq j$이면 0이다. 여기서 조건문을 활용하면 좋은데 *Mathematica*에서 조건문을 만들어내는 함수로는 If, Which, Piecewise, Switch 등이 있으며, 여기서는 If의 활용을 소개해본다.

If[condition, *T*]	condition이 참이면 T를 출력하고 거짓이면 아무 출력도 하지 않는다.
If[condition, *T*, *F*]	condition이 참이면 T를 출력하고 거짓이면 F를 출력한다.

```
In[22]:= UnitMatrix[n_] :=
          Module[{}, f[i_, j_] := If[i == j, 1, 0]; Table[f[i, j], {i, 1, n}, {j, 1, n}]]
In[23]:= UnitMatrix[4]
Out[23]= {{1, 0, 0, 0}, {0, 1, 0, 0}, {0, 0, 1, 0}, {0, 0, 0, 1}}
In[24]:= MatrixForm[UnitMatrix[4]]
Out[24]//MatrixForm=
 1 0 0 0
 0 1 0 0
 0 0 1 0
 0 0 0 1
```

2.2. 대각행렬

DiagonalMatrix[list]	Length[list]×Length[list] 크기의 대각행렬을 생성한다.

대각행렬이란 비대각원소는 모두 0인 정사각행렬을 말한다.

```
In[25]:= DiagonalMatrix[{a, b, c, d}]

Out[25]= {{a, 0, 0, 0}, {0, b, 0, 0}, {0, 0, c, 0}, {0, 0, 0, d}}

In[26]:= DiagonalMatrix[{a, b, c, d}] // MatrixForm

Out[26]//MatrixForm=
```

$$\begin{pmatrix} a & 0 & 0 & 0 \\ 0 & b & 0 & 0 \\ 0 & 0 & c & 0 \\ 0 & 0 & 0 & d \end{pmatrix}$$

대각행렬을 출력하는 함수를 직접 만들어 보자. 리스트 x를 받아들여 g_{ij}를 만들어 내는데 $i = j$면 $g_{ij} = x[[i]], i \neq j$면 $g_{ij} = 0$으로 정의하도록 한다.

```
In[27]:= DiagonalMatrix1[x_List] :=
           Module[{g}, g[i_, j_] := If[ i == j, x[[i]], 0];
            Table[g[i, j], {i, 1, Length[x]}, {j, 1, Length[x]}]];

In[28]:= DiagonalMatrix1[{3, -2, 5}]

Out[28]= {{3, 0, 0}, {0, -2, 0}, {0, 0, 5}}

In[29]:= MatrixForm[DiagonalMatrix1[{3, -2, 5}]]

Out[29]//MatrixForm=
```

$$\begin{pmatrix} 3 & 0 & 0 \\ 0 & -2 & 0 \\ 0 & 0 & 5 \end{pmatrix}$$

2.3. 영행렬

ConstantArray[0, {m, n}]	모든 원소가 0 인 $m \times n$ 행렬을 나타낸다.

Mathematica 내장함수 ConstantArray를 이용하면 쉽게 영행렬을 만들 수 있다.

```
In[30]:= ConstantArray[0, 3] // MatrixForm

Out[30]//MatrixForm=
```

$$\begin{pmatrix} 0 \\ 0 \\ 0 \end{pmatrix}$$

```
In[31]:= ConstantArray[0, {2, 2}] // MatrixForm

Out[31]//MatrixForm=
```

$$\begin{pmatrix} 0 & 0 \\ 0 & 0 \end{pmatrix}$$

다음과 같이 사용자 함수를 정의하여 영행렬을 만들어 낼 수도 있다.

```
In[32]:= zeroMatrix[m_, n_] := Table[0, {i, 1, m}, {j, 1, n}]

In[33]:= zeroMatrix[3, 4]

Out[33]= {{0, 0, 0, 0}, {0, 0, 0, 0}, {0, 0, 0, 0}}
```

```
In[34]:= MatrixForm[zeroMatrix[3, 4]]

Out[34]//MatrixForm=
 ( 0 0 0 0 )
 ( 0 0 0 0 )
 ( 0 0 0 0 )
```

2.4. 주어진 행렬의 전치행렬

Transpose[matA]	행렬 matA의 전치행렬을 출력한다.

```
In[35]:= A = Table[m[i, j], {i, 1, 2}, {j, 1, 3}];
         MatrixForm[A]

Out[36]//MatrixForm=
 ( m[1, 1]  m[1, 2]  m[1, 3] )
 ( m[2, 1]  m[2, 2]  m[2, 3] )

In[37]:= TransA = Transpose[A];
         MatrixForm[TransA]

Out[38]//MatrixForm=
 ( m[1, 1]  m[2, 1] )
 ( m[1, 2]  m[2, 2] )
 ( m[1, 3]  m[2, 3] )
```

2.5. 성긴 행렬

대부분의 원소가 모두 0인 크기가 아주 큰 행렬(성긴 행렬, Sparse Matrix)을 생성해야 하는 경우, 아래와 같이 수월하게 그런 행렬을 생성해 낼 수 있다.

SparseArray[{ $pos_1 \to val_1$, $pos_2 \to val_2$, … }, { m, n }]	위치 pos_1, pos_2, … 에 있는 성분이 val_1, val_2, … 이고 그 이외의 성분은 0 인 $m \times n$ 성긴 행렬
Normal[sparsrarray]	생성된 성긴 행렬을 리스트로 출력한다.
MatrixForm[sparsrarray]	생성된 성긴 행렬을 MatrixForm으로 출력한다.

```
In[39]:= mat = SparseArray[{{1, 1} → a, {2, 3} → b, {3, 2} → c, {4, 4} → d}, {5, 5}]

Out[39]= SparseArray[<4>, {5, 5}]

In[40]:= Normal[mat]

Out[40]= {{a, 0, 0, 0, 0}, {0, 0, b, 0, 0}, {0, c, 0, 0, 0}, {0, 0, 0, d, 0}, {0, 0, 0, 0, 0}}

In[41]:= MatrixForm[mat]

Out[41]//MatrixForm=
 ( a 0 0 0 0 )
 ( 0 0 b 0 0 )
 ( 0 c 0 0 0 )
 ( 0 0 0 d 0 )
 ( 0 0 0 0 0 )
```

2.6. 행렬의 행렬식 및 소행렬식

Det[mat]	정사각행렬 mat의 행렬식(Determinant) 을 계산한다.
Minors[mat]	행렬 mat의 소행렬식(Minor) 들로 이루어진 행렬을 계산한다.

```
In[42]:= Det[{{a, b}, {c, d}}]

Out[42]= -b c + a d

In[43]:= mat = {{1, -1, 2}, {3, 0, 1}, {0, 2, 2}};
         Det[mat]

Out[44]= 16

In[45]:= Minors[mat] // MatrixForm
```

Out[45]//MatrixForm=

$$\begin{pmatrix} 3 & -5 & -1 \\ 2 & 2 & -6 \\ 6 & 6 & -2 \end{pmatrix}$$

2.7. 주어진 행렬의 기약행 사다리꼴

RowReduce[mat]	행렬 mat의 기약행 사다리꼴(reduced row echelon form) 을 출력한다.

```
In[46]:= mat = {{1, 2, 3}, {4, 5, 6}, {7, 8, 9}};
         MatrixForm[mat]
```

Out[47]//MatrixForm=

$$\begin{pmatrix} 1 & 2 & 3 \\ 4 & 5 & 6 \\ 7 & 8 & 9 \end{pmatrix}$$

In[48]:= $\begin{pmatrix} \mathbf{1} & \mathbf{2} & \mathbf{3} \\ \mathbf{4} & \mathbf{5} & \mathbf{6} \\ \mathbf{7} & \mathbf{8} & \mathbf{9} \end{pmatrix}$

```
Out[48]= {{1, 2, 3}, {4, 5, 6}, {7, 8, 9}}

In[49]:= RowReduce[mat] // MatrixForm
```

Out[49]//MatrixForm=

$$\begin{pmatrix} 1 & 0 & -1 \\ 0 & 1 & 2 \\ 0 & 0 & 0 \end{pmatrix}$$

기약행 사다리꼴은 행렬이 가지는 어떤 특수한 모양을 말하며 이는 행렬을 이용하여 선형연립방정식의 해를 구할 때 등장한다. 예를 들어, 선형연립방정식 $x+y-z=1$, $x+2y+5z=1$, $2x+y+3z=-2$ 의 해를 아래와 같이 구할 수 있다.

In[50]:=
```
system = (1  1  -1  1
          1  2   5  1
          2  1   3 -2);
RowReduce[system] // MatrixForm
```

Out[51]//MatrixForm=

$$\begin{pmatrix} 1 & 0 & 0 & -\frac{17}{11} \\ 0 & 1 & 0 & \frac{24}{11} \\ 0 & 0 & 1 & -\frac{4}{11} \end{pmatrix}$$

이를 해석하면 주어진 선형연립방정식의 해는 $x=-\frac{17}{11}$, $y=\frac{24}{11}$, $z=-\frac{4}{11}$ 임을 알 수 있다.

선형연립방정식 $\{x+y-z==1,\ x+2y+5z==1,\ 2x+y+3z==-2\}$의 계수와 등식의 우변으로 이루어진 행렬을 가우스 소거법으로 변환시켰을 때 생성된 기약행 사다리꼴 행렬의 마지막 열에 있는 값들이 주어진 방정식의 해다. 다음과 같이 LinearSolve라는 내장함수를 이용하여 풀 수도 있다.

LinearSolve[matA, matB]	두 행렬 matA와 matB에 대하여 행렬방정식 matA. X = matB의 해를 구한다.

In[52]:=
```
coefficient = (1  1  -1
               1  2   5
               2  1   3); rightside = (1
                                       1
                                       -2);
```

In[53]:=
```
LinearSolve[coefficient, rightside]
```

Out[53]= $\left\{\left\{-\frac{17}{11}\right\}, \left\{\frac{24}{11}\right\}, \left\{-\frac{4}{11}\right\}\right\}$

이상의 내장함수 이외에도 행렬의 연산에 관한 다양한 내장 함수들이 있는데 [Documentation Center], [Function Navigator], [Virtual Book] 을 통해서 찾아 볼 수 있다.

2.8. 선형연립방정식계의 계수행렬

LinearEquationsToMatrices[eqns , vars]	변수 vars에 대한 선형연립방정식계 eqns를 계수와 상수로 분리하여 리스트로 나타낸다.

In[54]:=
```
eq = {3 x - 5 y + 7 z == x + 1, -2 x + 5 z == z - 2, -3 y + 9 z + 3 == -1};
Solve[eq, {x, y, z}]
```

Out[55]= $\left\{\left\{x \to -\frac{11}{6},\ y \to -\frac{35}{12},\ z \to -\frac{17}{12}\right\}\right\}$

주어진 선형연립방정식계의 해를 구하기보다는 그 계수들을 뽑아 뭔가를 하고 싶을 때가 있을 것이다. 여기서는 계수들을 뽑아 행렬을 만든 후 원래 주어진 선형연립방정식계의 해를 구하는 법을 살펴본다.

In[56]:=
```
system = CoefficientArrays[eq, {x, y, z}]
```

Out[56]=
```
{SparseArray[<3>, {3}], SparseArray[<7>, {3, 3}]}
```

In[57]:=
```
Normal[system]   (* SparseArray를 List 형태로 바꿔주기 위해서 Normal을 취함 *)
```

Out[57]=
```
{{-1, 2, 4}, {{2, -5, 7}, {-2, 0, 4}, {0, -3, 9}}}
```

```
In[58]:= coefficientMat = Normal[system[[2]]]
         rightSides = -Normal[system[[1]]]
         (* LinearEquationsToMatrices에서는 상수항을 우변으로 넘기지만
           CoefficientArrays로 바뀌면서 우변에 0만 남기기 때문에 -를 취해준다. *)

Out[58]= {{2, -5, 7}, {-2, 0, 4}, {0, -3, 9}}

Out[59]= {1, -2, -4}

In[60]:= MatrixForm[system[[1]]]

Out[60]//MatrixForm=
```

$$\begin{pmatrix} -1 \\ 2 \\ 4 \end{pmatrix}$$

```
In[61]:= Inverse[coefficientMat].rightSides
```

Out[61]= $\left\{-\frac{11}{6}, -\frac{35}{12}, -\frac{17}{12}\right\}$

2.9. 행렬의 결합

```
In[62]:= matA = Table[a[i, j], {i, 1, 3}, {j, 1, 3}]; MatrixForm[matA]

Out[62]//MatrixForm=
```

$$\begin{pmatrix} a[1,1] & a[1,2] & a[1,3] \\ a[2,1] & a[2,2] & a[2,3] \\ a[3,1] & a[3,2] & a[3,3] \end{pmatrix}$$

```
In[63]:= matB = Table[b[i, j], {i, 1, 3}, {j, 1, 3}]; MatrixForm[matB]

Out[63]//MatrixForm=
```

$$\begin{pmatrix} b[1,1] & b[1,2] & b[1,3] \\ b[2,1] & b[2,2] & b[2,3] \\ b[3,1] & b[3,2] & b[3,3] \end{pmatrix}$$

Join[matA, matB, 2]	두 행렬 matA, matB를 가로로 붙여 새로운 행렬을 만든다.
Join[matA, matB]	두 행렬 matA, matB를 세로로 붙여 새로운 행렬을 만든다.

```
In[64]:= Join[matA, matB, 2] // MatrixForm

Out[64]//MatrixForm=
```

$$\begin{pmatrix} a[1,1] & a[1,2] & a[1,3] & b[1,1] & b[1,2] & b[1,3] \\ a[2,1] & a[2,2] & a[2,3] & b[2,1] & b[2,2] & b[2,3] \\ a[3,1] & a[3,2] & a[3,3] & b[3,1] & b[3,2] & b[3,3] \end{pmatrix}$$

```
In[65]:= Join[matA, matB] // MatrixForm

Out[65]//MatrixForm=
```

$$\begin{pmatrix} a[1,1] & a[1,2] & a[1,3] \\ a[2,1] & a[2,2] & a[2,3] \\ a[3,1] & a[3,2] & a[3,3] \\ b[1,1] & b[1,2] & b[1,3] \\ b[2,1] & b[2,2] & b[2,3] \\ b[3,1] & b[3,2] & b[3,3] \end{pmatrix}$$

ArrayFlatten[{{M_{11}, M_{12}}, {M_{21}, M_{22}}}]	행렬들의 리스트 {{M_{11}, M_{12}}, {M_{21}, M_{22}}} 를 한 행렬로 결합한다.

```
In[66]:= matBlock = ArrayFlatten[{{IdentityMatrix[3], matA},
                         {matB, {{1, 2, 3}, {4, 5, 6}, {7, 8, 9}}}}]

Out[66]= {{1, 0, 0, a[1, 1], a[1, 2], a[1, 3]}, {0, 1, 0, a[2, 1], a[2, 2], a[2, 3]},
  {0, 0, 1, a[3, 1], a[3, 2], a[3, 3]}, {b[1, 1], b[1, 2], b[1, 3], 1, 2, 3},
  {b[2, 1], b[2, 2], b[2, 3], 4, 5, 6}, {b[3, 1], b[3, 2], b[3, 3], 7, 8, 9}}

In[67]:= ArrayFlatten[{{IdentityMatrix[3], matA},
           {matB, {{1, 2, 3}, {4, 5, 6}, {7, 8, 9}}}}] // MatrixForm

Out[67]//MatrixForm=
    1        0        0       a[1, 1]  a[1, 2]  a[1, 3]
    0        1        0       a[2, 1]  a[2, 2]  a[2, 3]
    0        0        1       a[3, 1]  a[3, 2]  a[3, 3]
  b[1, 1]  b[1, 2]  b[1, 3]     1        2        3
  b[2, 1]  b[2, 2]  b[2, 3]     4        5        6
  b[3, 1]  b[3, 2]  b[3, 3]     7        8        9
```

2.10. 행렬의 추출

Take[mat, {n_1, n_2}]	행렬 mat의 n_1 번째부터 n_2 번째까지의 행을 추출한다.
Take[mat, All, {m_1, m_2}]	행렬 mat의 m_1 번째부터 m_2 번째까지의 열을 추출한다.
Take[mat, {n_1, n_2}, {m_1, m_2}]	행렬 mat의 n_1 번째부터 n_2 번째까지의 행과 m_1 번째부터 m_2 번째까지의 열로 이루어진 부분행렬을 추출한다.

```
In[68]:= Take[matBlock, 2]    (* 위에 정의된 matBlock의 첫 두 행을 취한다. *)
         Take[matBlock, 2] // MatrixForm

Out[68]= {{1, 0, 0, a[1, 1], a[1, 2], a[1, 3]}, {0, 1, 0, a[2, 1], a[2, 2], a[2, 3]}}

Out[69]//MatrixForm=
  1  0  0  a[1, 1]  a[1, 2]  a[1, 3]
  0  1  0  a[2, 1]  a[2, 2]  a[2, 3]

In[70]:= Take[matBlock, All, {3, 5}]
         Take[matBlock, All, {3, 5}] // MatrixForm

Out[70]= {{0, a[1, 1], a[1, 2]}, {0, a[2, 1], a[2, 2]},
  {1, a[3, 1], a[3, 2]}, {b[1, 3], 1, 2}, {b[2, 3], 4, 5}, {b[3, 3], 7, 8}}

Out[71]//MatrixForm=
    0      a[1, 1]  a[1, 2]
    0      a[2, 1]  a[2, 2]
    1      a[3, 1]  a[3, 2]
  b[1, 3]    1        2
  b[2, 3]    4        5
  b[3, 3]    7        8
```

```
In[72]:= Take[matBlock, {2, 3}, {3, 5}]
         Take[matBlock, {2, 3}, {3, 5}] // MatrixForm

Out[72]= {{0, a[2, 1], a[2, 2]}, {1, a[3, 1], a[3, 2]}}

Out[73]//MatrixForm=
 ( 0  a[2, 1]  a[2, 2] )
 ( 1  a[3, 1]  a[3, 2] )
```

2.11. 삼각행렬

MatrixForm[UpperTriangularize[mat]]	주어진 행렬 mat의 대각선 아랫 부분을 모두 0 으로 바꾼다.
MatrixForm[LowerTriangularize[mat]]	주어진 행렬 mat의 대각선 윗 부분을 모두 0 으로 바꾼다.

```
In[74]:= MatrixForm[UpperTriangularize[matA]]

Out[74]//MatrixForm=
 ( a[1, 1]  a[1, 2]  a[1, 3] )
 (    0     a[2, 2]  a[2, 3] )
 (    0        0     a[3, 3] )
```

위의 명령어는 행렬이 이미 주어져 있을 때 적용된다. 그래서 아래와 같이 삼각행렬을 직접 만드는 방법을 생각해 보자.

```
In[75]:= LowerDiagonalMatrix[f_, n_Integer?NonNegative] :=
          Array[If[# ≥ #2, f[##], 0] &, {n, n}]

In[76]:= UpperDiagonalMatrix[f_, n_Integer?NonNegative] :=
          Array[If[# ≤ #2, f[##], 0] &, {n, n}]

In[77]:= UpperDiagonalMatrix[m, 4] // MatrixForm

Out[77]//MatrixForm=
 ( m[1, 1]  m[1, 2]  m[1, 3]  m[1, 4] )
 (    0     m[2, 2]  m[2, 3]  m[2, 4] )
 (    0        0     m[3, 3]  m[3, 4] )
 (    0        0        0     m[4, 4] )
```

각 성분 {*i*, *j*}를 함수화할 수도 있다.

```
In[78]:= f[i_, j_] := i^2 - j + 1;
         LowerDiagonalMatrix[f, 4]
         LowerDiagonalMatrix[f, 4] // MatrixForm

Out[79]= {{1, 0, 0, 0}, {4, 3, 0, 0}, {9, 8, 7, 0}, {16, 15, 14, 13}}

Out[80]//MatrixForm=
 (  1   0   0   0 )
 (  4   3   0   0 )
 (  9   8   7   0 )
 ( 16  15  14  13 )
```

물론 이는 아래와 같이 LowerDiagonalMatrix[*f*, *n*]에서의 *f*[*i*, *j*]의 첫번째 입력변수 *i*를 #1, 두번째 입력변수 *j*를 #2로 받은 순수함수로 정의할 수도 있다.

```
In[81]:= LowerDiagonalMatrix[#1^2 - #2 + 1 &, 4]
         LowerDiagonalMatrix[#1^2 - #2 + 1 &, 4] // MatrixForm

Out[81]= {{1, 0, 0, 0}, {4, 3, 0, 0}, {9, 8, 7, 0}, {16, 15, 14, 13}}
```

Out[82]//MatrixForm=

$$\begin{pmatrix} 1 & 0 & 0 & 0 \\ 4 & 3 & 0 & 0 \\ 9 & 8 & 7 & 0 \\ 16 & 15 & 14 & 13 \end{pmatrix}$$

2.12. 기타 특수한 행렬들

명령 ?*Matrix*를 실행하면 위에서 다룬 행렬들 외에도 많은 종류의 특수행렬들이 존재함을 알게 된다. 그 중 두 가지만 소개한다.

HilbertMatrix[*n*]	행렬의 성분 *a*[*i*, *j*]가 $\frac{1}{i+j-1}$로 주어지는 $n\times n$ 행렬을 생성한다.
HilbertMatrix[{*m*, *n*}]	행렬의 성분 *a*[*i*, *j*]가 $\frac{1}{i+j-1}$로 주어지는 $m\times n$ 행렬을 생성한다.
HankelMatrix[*n*]	1, 2, 3, ..., *n*을 이용하여 $n\times n$ Hankel 행렬을 생성한다.
HankelMatrix[list]	list를 이용하여 Hankel 행렬을 생성한다.

```
In[83]:= HilbertMatrix[2] // MatrixForm
```

Out[83]//MatrixForm=

$$\begin{pmatrix} 1 & \frac{1}{2} \\ \frac{1}{2} & \frac{1}{3} \end{pmatrix}$$

```
In[84]:= HilbertMatrix[{3, 5}]
         HilbertMatrix[{3, 5}] // MatrixForm
```

Out[84]= $\left\{\left\{1, \frac{1}{2}, \frac{1}{3}, \frac{1}{4}, \frac{1}{5}\right\}, \left\{\frac{1}{2}, \frac{1}{3}, \frac{1}{4}, \frac{1}{5}, \frac{1}{6}\right\}, \left\{\frac{1}{3}, \frac{1}{4}, \frac{1}{5}, \frac{1}{6}, \frac{1}{7}\right\}\right\}$

Out[85]//MatrixForm=

$$\begin{pmatrix} 1 & \frac{1}{2} & \frac{1}{3} & \frac{1}{4} & \frac{1}{5} \\ \frac{1}{2} & \frac{1}{3} & \frac{1}{4} & \frac{1}{5} & \frac{1}{6} \\ \frac{1}{3} & \frac{1}{4} & \frac{1}{5} & \frac{1}{6} & \frac{1}{7} \end{pmatrix}$$

```
In[86]:= Clear[a, b, c, d]; HankelMatrix[{a, b, c, d}]
         HankelMatrix[{a, b, c, d}] // MatrixForm

Out[87]= {{a, b, c, d}, {b, c, d, 0}, {c, d, 0, 0}, {d, 0, 0, 0}}
```

Out[88]//MatrixForm=

$$\begin{pmatrix} a & b & c & d \\ b & c & d & 0 \\ c & d & 0 & 0 \\ d & 0 & 0 & 0 \end{pmatrix}$$

제 16장 벡터

벡터는 행렬의 일종으로 볼 수 있으며 행렬과 마찬가지로 벡터의 성분표시와 연산은 리스트와 리스트에 대한 연산을 이용하여 이루어진다. 따라서 앞 장에서 공부한 방법을 사용하여 벡터에 대한 성분표현과 연산을 수행할 수 있는데 이 장에서는 일반행렬에서는 이루어지지 않고 벡터에서만 이루어지는 특별한 연산들과 그것들의 시각화에 대한 내용을 담기로 한다.

1. 벡터에 대한 연산들

벡터에 대한 연산에는 덧셈, 뺄셈, 실수배 등의 기본연산이 있으며 이는 행렬에서의 기본연산과 같다.

```
In[1]:= vec1 = {1, 2}; vec2 = {4, 3};
        { vec1 + vec2 , vec1 - vec2, k vec1 }

Out[2]= {{5, 5}, {-3, -1}, {k, 2 k}}
```

주의할 점은, k + vec1, vec1*vec2 등과 같이 보통 수학책에서는 정의되지 않은 연산이 *Mathematica*에서는 정의가 되어 있다는 것이다. 아래의 결과를 보면 그 의미가 명백하므로 설명은 생략한다.

```
In[3]:= { k + vec1, vec1 * vec2 }

Out[3]= {{1 + k, 2 + k}, {4, 6}}
```

벡터에 대한 중요 연산으로는 내적(Inner Product), 외적(Cross Product), 노름(Norm), 법선벡터(Normal vector), 그리고 정사영 벡터(Projection vector) 등이 있다.

Dot[vec1, vec2]	벡터 vec1과 vec2의 내적을 계산한다. vec1.vec2와 같은 표현이다.
Cross[vec1, vec2]	두 3 차원 벡터 vec1과 vec2의 외적을 계산한다. vec1×vec2와 같은 표현이다. (단, 여기서'×'는 크로스를 의미하는 것으로 곱셈'×'의 기호와는 구별된다.)
Norm[vec]	벡터 vec의 Norm을 계산한다. Norm이란, $\|\vec{v}\| = \sqrt{\vec{v}.\vec{v}}$ 을 말한다.
Normalize[vector]	주어진 벡터(vector) 방향으로의 단위벡터를 계산한다.
Projection[vec1, vec2]	벡터 vec1의 vec2 위로의 정사영벡터를 계산한다.

In[4]:= $\{u_1, u_2, u_3\}.\{v_1, v_2, v_3\}$

Out[4]= $u_1\ v_1 + u_2\ v_2 + u_3\ v_3$

벡터의 외적을 표현할 때는 Cross 또는 팔레트 기호 ×를 이용한다.

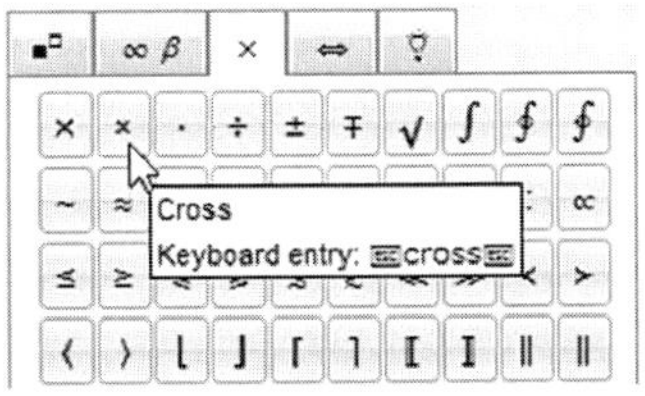

[그림-1]

In[5]:= `Cross[{u1, u2, u3}, {v1, v2, v3}]`

Out[5]= $\{-u_3 v_2 + u_2 v_3, u_3 v_1 - u_1 v_3, -u_2 v_1 + u_1 v_2\}$

In[6]:= `{u1, u2, u3} × {v1, v2, v3}`

Out[6]= $\{-u_3 v_2 + u_2 v_3, u_3 v_1 - u_1 v_3, -u_2 v_1 + u_1 v_2\}$

리스트에 있어서 곱셈기호 *는 아래와 같이 다른 연산을 수행한다. × (Times)도 마찬가지 결과를 준다.

In[7]:= `{u1, u2, u3} * {v1, v2, v3}`

Out[7]= $\{u_1 v_1, u_2 v_2, u_3 v_3\}$

이번에는 주어진 벡터 방향으로의 단위벡터를 구하여 보자. 단위벡터란 크기가 1인 벡터이다.

In[8]:= `V = {v1, v2, v3};`

In[9]:= `Norm[V]  (*벡터 V⃗의 크기. 즉, ||V⃗||을 말한다.*)`

Out[9]= $\sqrt{\text{Abs}[v_1]^2 + \text{Abs}[v_2]^2 + \text{Abs}[v_3]^2}$

절댓값의 성질을 적용하고 싶다면, 아래와 같이 식을 정리할 수 있다.

In[10]:= `normV = Simplify[Norm[V], V ∈ Reals]`

Out[10]= $\sqrt{v_1^2 + v_2^2 + v_3^2}$

따라서 벡터 V의 단위벡터는 $\frac{V}{||V||}$와 같이 구할 수 있다.

In[11]:= $\frac{V}{\text{normV}}$

Out[11]= $\left\{\frac{v_1}{\sqrt{v_1^2 + v_2^2 + v_3^2}}, \frac{v_2}{\sqrt{v_1^2 + v_2^2 + v_3^2}}, \frac{v_3}{\sqrt{v_1^2 + v_2^2 + v_3^2}}\right\}$

주어진 벡터를 그 벡터의 길이로 나누어서 주어진 벡터 방향으로 향하면서 크기가 1인 벡터를 구한다.

In[12]:= `unitV = Normalize[V]`

Out[12]= $\left\{\frac{v_1}{\sqrt{\text{Abs}[v_1]^2 + \text{Abs}[v_2]^2 + \text{Abs}[v_3]^2}}, \frac{v_2}{\sqrt{\text{Abs}[v_1]^2 + \text{Abs}[v_2]^2 + \text{Abs}[v_3]^2}}, \frac{v_3}{\sqrt{\text{Abs}[v_1]^2 + \text{Abs}[v_2]^2 + \text{Abs}[v_3]^2}}\right\}$

In[13]:= `Simplify[Norm[unitV]]`

Out[13]= 1

2. 평면벡터 연산의 시각화

2.1. 평면벡터 그리기

평면벡터를 나타낼 때는 Arrow라는 함수를 사용한다.

Arrow[pt1, pt2]	시작점을 pt1으로 하고 끝점을 pt2로 하는 평면벡터(화살표)를 나타낸다.

```
In[14]:= Arrow[{{0, 0}, {3, 2}}]

Out[14]= Arrow[{{0, 0}, {3, 2}}]
```

위 벡터를 좌표평면에 나타내기 위해서는 Graphics를 사용하면 된다.

```
In[15]:= Graphics[{RGBColor[1, 0, 0], Arrow[{{0, 0}, {3, 2}}]},
          Axes → True, ImageSize → 240, AspectRatio → 0.7]
```

Out[15]=

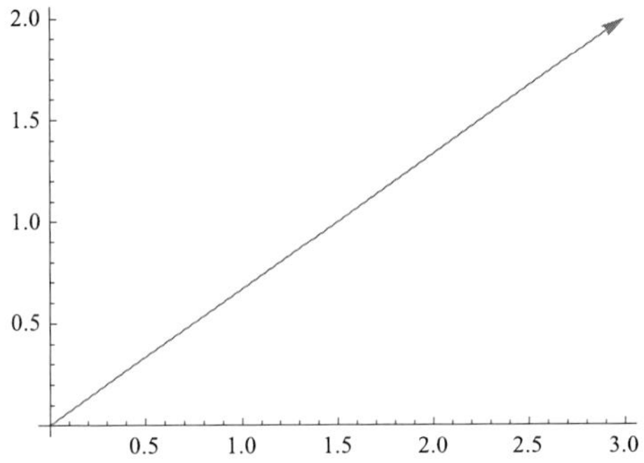

그리고 화살표 부분에 대한 길이의 값은 Arrowheads로 입력이 가능하다. Arrowheads[0.05]가 기본설정이며, 이는 작도되는 벡터의 길이의 0.05 만큼을 화살표의 길이로 한다는 뜻이다.

```
In[16]:= ? Arrowheads
```

Arrowheads[*spec*] is a graphics directive specifying that arrows that follow should have arrowheads with sizes, positions, and forms specified by *spec*. >>

Opacity라는 명령어를 이용하여 화살표의 투명도를 조절할 수 있다.

```
In[17]:= Graphics[{{RGBColor[0, 0, 1], Opacity[0.5], Arrowheads[0.2],
             Arrow[{{0, 0}, {1, 1}}]},
            {RGBColor[1, 0, 0], Arrow[{{0.75, 0.25}, {0.25, 0.75}}]}},
          Axes → True, ImageSize → 240, AspectRatio → 0.7]
```

Out[17]=

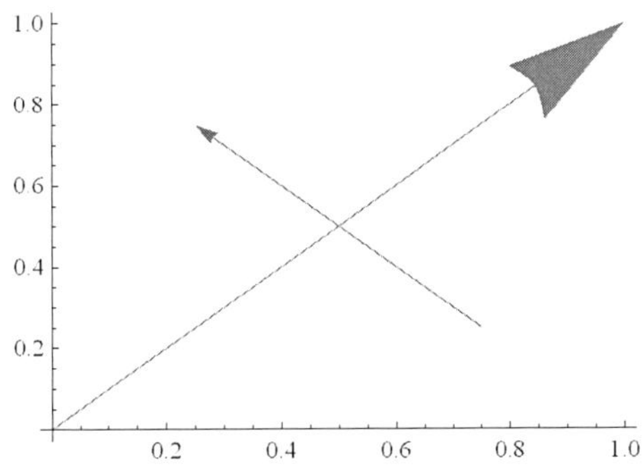

2.2. 평면벡터를 그려주는 함수 정의하기

평면벡터는 한 쌍의 실수 {a,b}로 나타내기도 하고 두 쌍의 실수 {{a,b},{c,d}}로 나타내기도 한다. {a,b}는 시점이 {0,0}, 종점이 {a,b}인 벡터, {{a,b},{c,d}}는 시점이 {a,b}, 종점이 {c,d}인 벡터로 해석한다. 이제 x가

{a,b}이든 {{a,b},{c,d}}이든 상관없이 해당 벡터를 그려주는 함수를 만들어 보자.

```
In[18]:= Vector2D[x_, VectorColor → color_, option___] :=
           Module[{}, If[Dimensions[x] == {2},
             Graphics[{color, Arrowheads[.1], Arrow[{{0, 0}, x}]}, option],
             Graphics[{color, Arrowheads[.1], Arrow[{x[[1]], x[[2]]}]}, option]]]
```

여기서 입력변수 x는 두 가지 벡터 표현을 모두 받아들일 수 있게 작성되어 있다. 즉, 벡터성분의 시작점과 끝점이 입력되도록 하는 형태 {{a, b}, {c, d}} 와 시작점을 원점으로 하여 끝점만 입력하게 하는 형태 {a, b} 두 가지 모두 가능하다. 이 두 가지 형태를 구분하여 주는 것은, 리스트인 x의 Dimensions[x]이다. Dimensions[{{a,b},{c,d}}]={2,2} 이고, Dimensions[{a,b}]= {2}이므로 이 값에 따라 If문으로 나누어서 정의한 것이다.

```
In[19]:= v1 = Vector2D[{3, -2}, VectorColor → RGBColor[0, 0.5, 1], Axes → True,
           PlotRange → {{-3, 4}, {-3, 3}}, ImageSize → 240, AspectRatio → 0.6]
```

Out[19]=
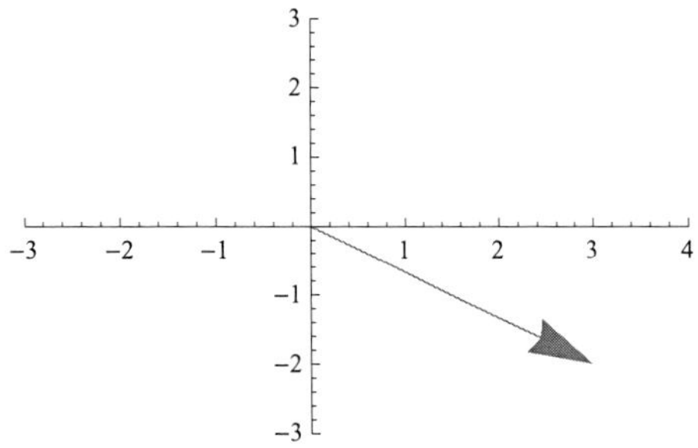

```
In[20]:= v2 = Vector2D[{{-2, 1}, {1, 3}}, VectorColor → RGBColor[0.9, 0.3, 0],
           Axes → True, PlotRange → {{-3, 2}, {-1, 4}}, ImageSize → 240, AspectRatio → 0.6]
```

Out[20]=
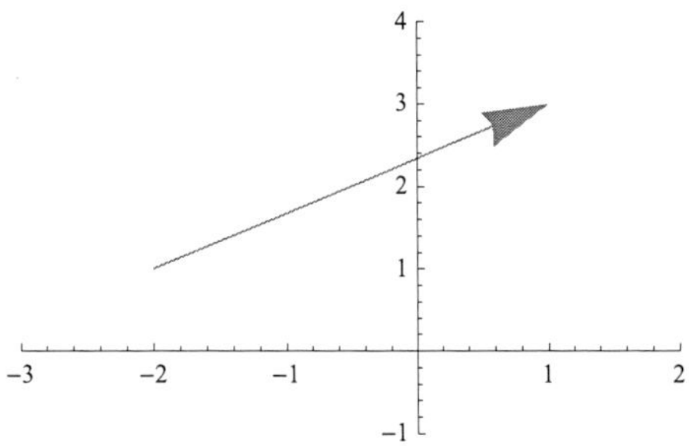

Show를 써서 여러 벡터를 함께 나타낼 수도 있다.

```
In[21]:= Show[v1, v2, ImageSize → 240, AspectRatio → 0.6]
```

Out[21]=
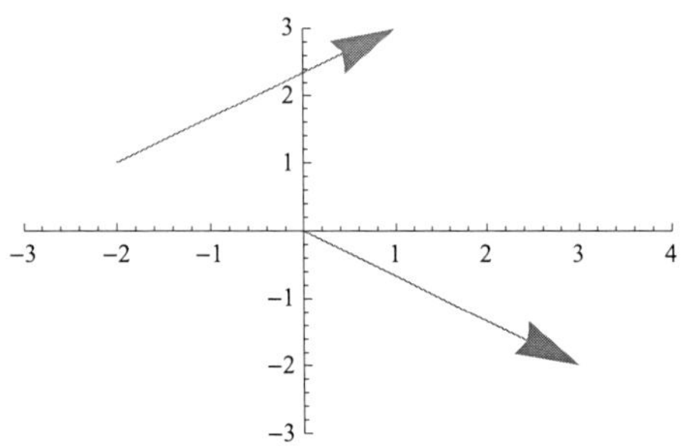

2.3. 두 평면벡터의 합 보여주기

두 위치 벡터의 합은 시각적으로 두 위치 벡터를 변으로 하는 평행사변형의 대각선이다. 이를 작도하는 함수를 작성하여 보자. 일반적으로 위치 벡터의 연산과 작도는 위치벡터의 성분을 이용하여 다루기에, 본 함수는 위치벡터의 성분 x와 y를 변수로 하여 VectorPlus2D[x_,y_,Connect→TF_,option___]와 같이 작성하였다. Connect→True 또는 Connect→False의 효과는 아래 두 출력 그림을 비교하면 알 수 있을 것이다. 결과 그림을 Show로 나타내는데 이 때 이용하고 싶은 Show의 옵션을 추가할 수 있도록 하였다.

```
In[22]:= VectorPlus2D[x_, y_, Connect → TF_, option___] :=
  Module[{vecx, vecy, vecplus},
   vecx = Graphics[{RGBColor[0, 0, 1], Arrowheads[.1], Arrow[{{0, 0}, x}]}];
   vecy = If[TF == True,
     Graphics[{RGBColor[0, 0, 1], Arrowheads[.1], Arrow[{x, x + y}]}],
     Graphics[{RGBColor[0, 0, 1], Arrowheads[.1], Arrow[{{0, 0}, y}]}]];
   vecplus = Graphics[{RGBColor[1, 0, 0], Arrowheads[.1],
      Arrow[{{0, 0}, x + y }]}];
   Show[vecx, vecy, vecplus, option, Axes → True, AxesLabel → {"X", "Y"}]]
```

```
In[23]:= VectorPlus2D[{1, 5}, {5, 6}, Connect → True, ImageSize → 240, AspectRatio → 0.7]
```

Out[23]=

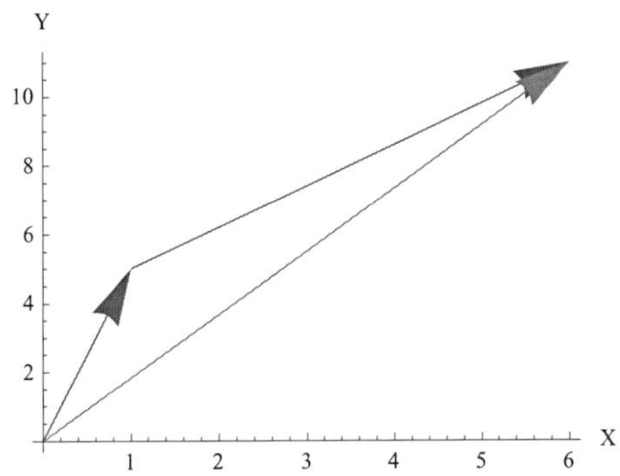


```
In[24]:= VectorPlus2D[{1, 5}, {5, 6}, Connect → False, ImageSize → 240, AspectRatio → 0.7]
```

Out[24]=

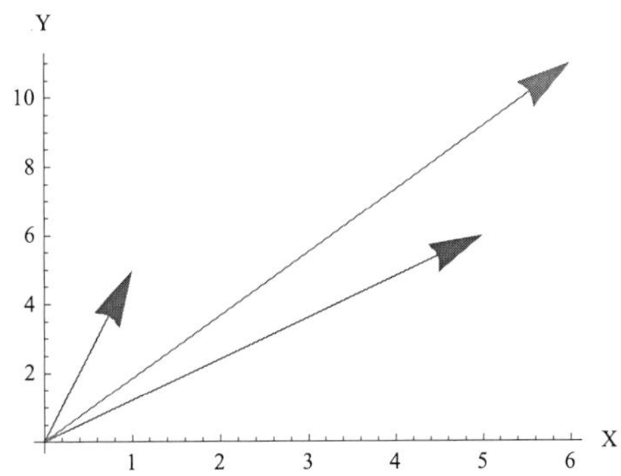

2.4. 두 평면벡터의 차 보여주기

이번에는 같은 패턴으로 벡터의 뺄셈에 대한 작도 함수를 작성하여 본다.

```
In[25]:= VectorMinus2D[x_, y_, Connect → TF_, option___] :=
          Module[{vecx, vecy, vecminus},
           vecx = Graphics[{RGBColor[0, 0, 1], Arrowheads[.1], Arrow[{{0, 0}, x}]}];
           vecy = Graphics[{RGBColor[0, 0, 1], Arrowheads[.1], Arrow[{{0, 0}, y}]}];
           vecminus = If[TF == True,
             Graphics[{RGBColor[1, 0, 0], Arrowheads[.1], Arrow[{y, x}]}],
             Graphics[{RGBColor[1, 0, 0], Arrowheads[.1], Arrow[{{0, 0}, x - y}]}]];
           Show[vecx, vecy, vecminus, option,
            Axes → True, AxesLabel → {"X", "Y"}]]

In[26]:= VectorMinus2D[{1, 5}, {5, 6}, Connect → True, ImageSize → 240, AspectRatio → 0.7]
```

Out[26]=

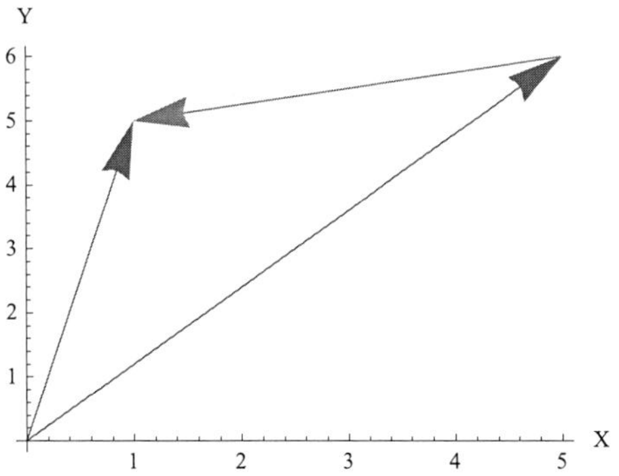


```
In[27]:= VectorMinus2D[{1, 5}, {5, 6},
          Connect → False, ImageSize → 240, AspectRatio → 0.7]
```

Out[27]=

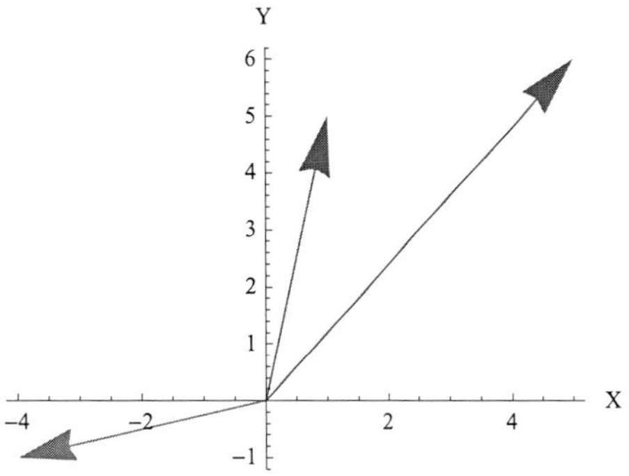

2.5. 한 평면벡터의 실수배 보여주기

주어진 벡터의 실수배를 작도하는 함수는 벡터 $x = \{a, b\}$와 실수 k를 입력변수로 하며 나머지는 앞에서의 방식을 그대로 따라 작성한다.

```
In[28]:= VectorScalar2D[x_, k_, Connect → TF_, option___] :=
          Module[{vecx, scalarvec},
           vecx = Graphics[{RGBColor[0, 0, 1], Arrowheads[.1], Arrow[{{0, 0}, x}]}];
           scalarvec = If[TF == True,
             Graphics[{RGBColor[1, 0, 0], Arrowheads[.1], Arrow[{x, k x + x}]}],
             Graphics[{RGBColor[1, 0, 0], Arrowheads[.1], Arrow[{{0, 0}, k x}]}]];
           Show[vecx, scalarvec, option, Axes → True, AxesLabel → {"X", "Y"}]]
```

```
In[29]:= VectorScalar2D[{1, 5}, 2, Connect → True, ImageSize → 240, AspectRatio → 0.6]
```

Out[29]=

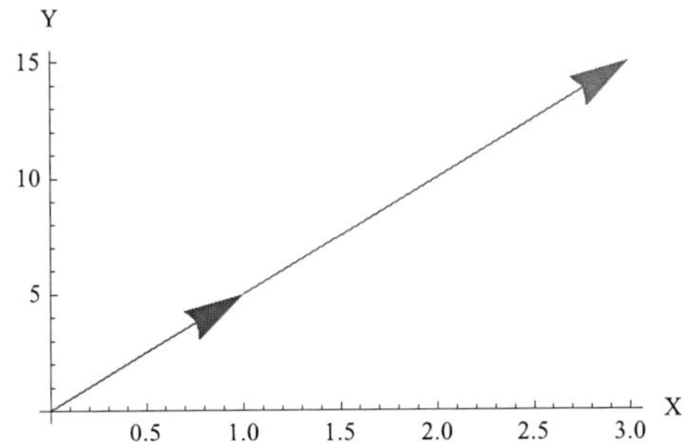


```
In[30]:= VectorScalar2D[{1, 5}, 2, Connect → False, ImageSize → 240, AspectRatio → 0.6]
```

Out[30]=

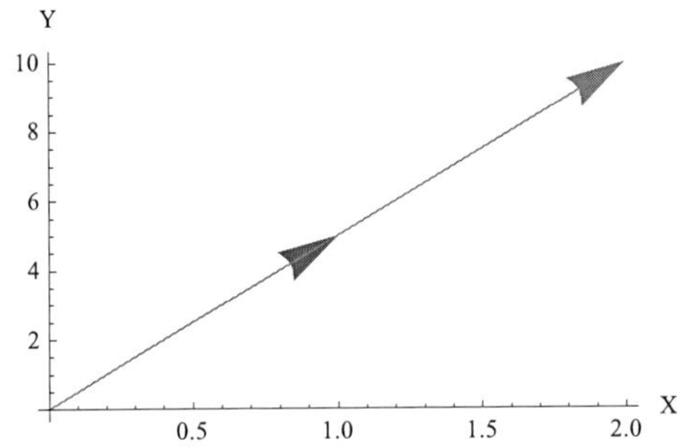

2.6. 평면벡터의 정사영 계산 및 보여주기

이번에는 두 위치벡터 A={2, 1} , B={3, -1}에 대하여 A를 B로 정사영하여 보자. [그림-2]는 벡터 A를 벡터 B로 정사영한 것을 시각적으로 나타낸 것이다. 즉, 벡터 A에서 벡터 B로 내린 수선의 발을 끝점으로 하는 위치 벡터 P가 A를 B로 정사영한 것이다.

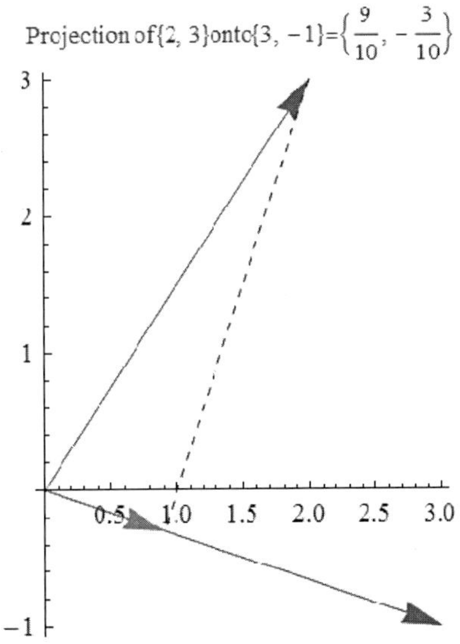

[그림-2]

```
In[31]:= A = {2, 1}; B = {3, -1};

In[32]:= vecA = Vector2D[A, VectorColor → RGBColor[0, 0.501961, 1]];
         vecB = Vector2D[B, VectorColor → RGBColor[0, 0.501961, 1]];
         Show[vecA, vecB, Axes → True, ImageSize → 240, AspectRatio → 0.6]
```

Out[34]=

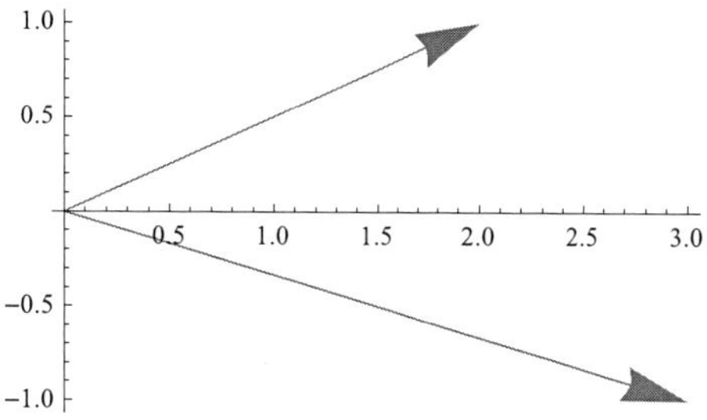

P를 수식으로 나타내면 $\vec{P} = \frac{|\vec{A}|\ Cos[\theta]}{|\vec{B}|} * |\vec{B}| = \frac{|\vec{A}|\ |\vec{B}|\ Cos[\theta]}{|\vec{B}|\ |\vec{B}|} * |\vec{B}| = \frac{\vec{A}\ .\ \vec{B}}{\vec{B}\ .\ \vec{B}} * \vec{B}$ 이다. (단, 여기서 . 는 내적, * 는 스칼라 곱의 기호다.) 따라서 $\vec{P}$는 다음과 같다.

In[35]:= $P = \frac{A.B}{B.B} B$

Out[35]= $\left\{\frac{3}{2}, -\frac{1}{2}\right\}$

Mathematica 내장함수인 Projection을 사용해도 된다.

```
In[36]:= Projection[A, B]
```

Out[36]= $\left\{\frac{3}{2}, -\frac{1}{2}\right\}$

정사영벡터 $\vec{P}$를 작도하면 아래와 같다.

```
In[37]:= vecP = Vector2D[P, VectorColor → RGBColor[1, 0, 0], Axes → True];
         Show[vecP, ImageSize → 240, AspectRatio → 0.6]
```

Out[38]=

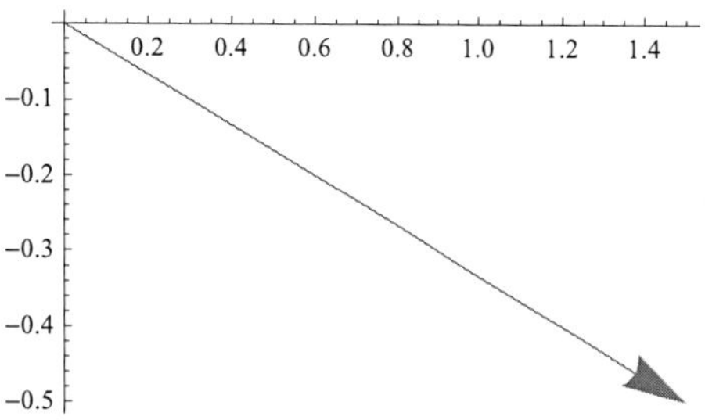

이제, 이 과정을 함수로 작성하여 보자. 그림에 설명을 첨가하기 위하여 다음과 같은 함수들을 사용한다.

ToString[expr]	expr을 계산(Evaluate) 한 후, OutputForm으로 문자열(String) 출력한다.
ToString[expr, format]	expr을 계산(Evaluate) 한 후, format의 형태로 문자열(String) 출력한다. format으로는 StandardForm, TraditionalForm, InputForm, OutputForm이 있다.

StringJoin[string1, string2, ...]	여러 개의 문자열(String) string1, string2, ... 을 나열 후 출력한다.

표현을 문자열로 바꿀 때 그 형식에는 네 가지가 있다. StandardForm은 FrontEnd에서 문자나 표현을 나타내는 표준 형식이고 TraditionalForm은 통상적인 수학 표기형식이다. InputForm은 자판만을 이용하여 *Mathematica*에 입력하는 형식이고 OutputForm은 화면에 자판에 있는 문자와 부호만을 바둑판 형식으로 나타낼 수 있었던 시절에 뭔가를 화면에 표시하던 형식이다.

```
In[39]:= ToString[Sqrt[x^2 + y^3 - 1 / 2], StandardForm]
```

Out[39]= $\sqrt{-\frac{1}{2}+x^2+y^3}$

```
In[40]:= ToString[Sqrt[x^2 + y^3 - 1 / 2], TraditionalForm]
```

Out[40]= $\sqrt{x^2+y^3-\frac{1}{2}}$

```
In[41]:= ToString[Sqrt[x^2 + y^3 - 1 / 2], InputForm]

Out[41]= Sqrt[-1/2 + x^2 + y^3]

In[42]:= ToString[Sqrt[x^2 + y^3 - 1 / 2], OutputForm]

Out[42]=         1      2     3
         Sqrt[-(-) + x   + y ]
                 2
```

네 가지 문자열 형식의 차이를 확인해 볼 수 있다. 그림에 설명을 첨가할 때에는 상황에 알맞게 각각의 문자열 형식을 선택하면 된다.

```
In[43]:= Projection2D[x_, y_, option___] :=
  Module[{v1, v2, v3, v4}, project = (x.y)/(y.y) y;
   v1 = Vector2D[x, VectorColor → RGBColor[0, 0, 1]];
   v2 = Vector2D[y, VectorColor → RGBColor[0, 0, 1]];
   v3 = Vector2D[project, VectorColor → RGBColor[1, 0, 0]];
   v4 = Graphics[{Dashing[{0.02}], Line[{x, project}]}];
   Show[v1, v2, v3, v4, option, Axes → True, ImageSize → 120,
     PlotLabel → Style[StringJoin["Projection of",
      ToString[x, TraditionalForm], "onto", ToString[y, TraditionalForm],
      "=", ToString[project, TraditionalForm]],
      FontSize → 8, FontColor → RGBColor[0.1, 0, 0.5]]]]
```

단순히 문자열을 삽입할 때는 "string"과 같이 따옴표("")를 이용하지만, 어떠한 *Mathematica* 연산의 결과에 대한 표현형식의 문자열을 삽입할 때에는 ToString["expr", format]과 같이 나타내면 연산의 결과값에 대응하는 문자열과 그것에 대한 출력형식을 지정하여 훨씬 보기가 좋다.

```
In[44]:= P = {2, 3}; Q = {3, -1};
         Projection2D[P, Q, ImageSize → 210, AspectRatio → 1]
```

Out[45]=

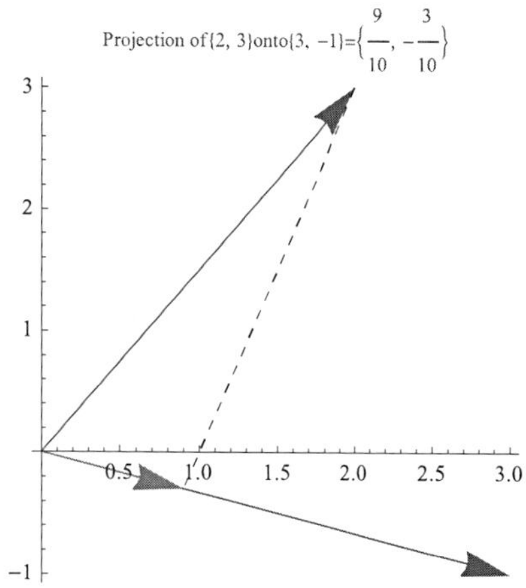

물론, 위 계산의 결과는 내장명령어 Projection을 이용하여 확인할 수 있다.

```
In[46]:= Projection[P, Q]
```

Out[46]= $\left\{\frac{9}{10}, -\frac{3}{10}\right\}$

3. 공간벡터 연산의 시각화

3.1. 공간벡터 그리기

이제 공간벡터를 작도해 보자. 평면벡터를 그릴 때는 Graphics를 사용하였으나 공간벡터를 그릴 때는 Graphics3D를 사용한다.

```
In[47]:= v1 = Graphics3D[{RGBColor[1, 0, 0], Arrowheads[0.2],
                         Arrow[{{0, 0, 0}, {1, 1, 1}}]},
                        FaceGrids → {{1, 0, 0}, {0, -1, 0}, {0, 0, 1}},
                        Axes → True, PlotRange → All, ImageSize → 220]
```

Out[47]=

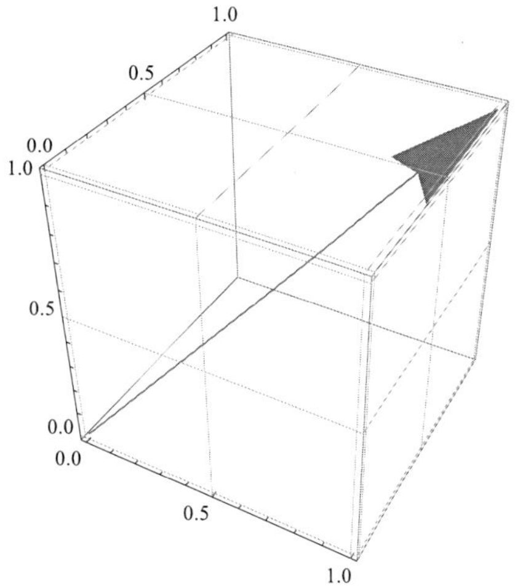

```
In[48]:= v2 = Graphics3D[{Thickness[0.02], RGBColor[1, 0, 0],
          Arrowheads[0.2], Arrow[{{1, 1, 0}, {-1, 0, 1}}]},
        FaceGrids → {{1, 0, 0}, {0, -1, 0}, {0, 0, 1}},
        Axes → True, PlotRange → All, Ticks → False, ImageSize → 220]
```

Out[48]=

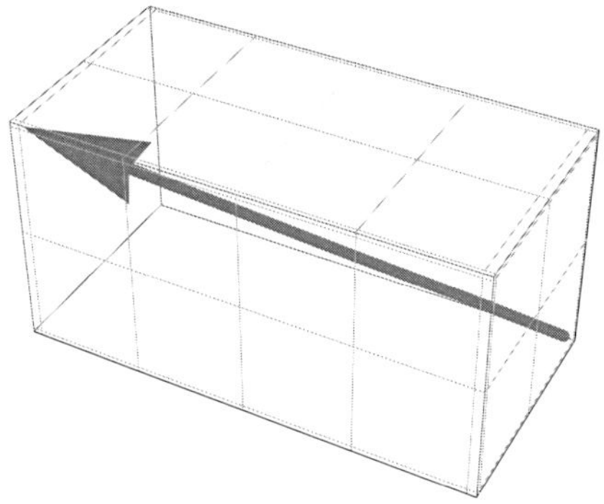

평면벡터의 경우와 마찬가지로 여러 개의 공간벡터를 Show로 함께 나타낼 수도 있다.

3.2. 공간벡터를 그려주는 함수 정의하기

공간벡터를 작도하는 함수를 평면벡터 작도함수 Vector2D와 같은 유형으로 작성해보자.

```
In[49]:= Vector3D[x_, VectorColor → color_, options___] :=
          Module[{ }, If[Dimensions[x] == {3},
            Graphics3D[{color, Arrowheads[0.1], Arrow[{{0, 0, 0}, x}]},
                    options, Axes → True, PlotRange → All],
            Graphics3D[{color, Arrowheads[0.1], Arrow[{x[[1]], x[[2]]}]},
                    options, Axes → True, PlotRange → All] ] ];
```

이와 같이 Vector3D를 작성해 놓으면 여러 공간벡터를 수월하게 그려낼 수 있다.

```
In[50]:= gf1 = Vector3D[{{-3, -2, -2}, {1, 2, 4}}, VectorColor → RGBColor[1, 0, 0]];
        gf2 = Vector3D[{-3, 2, 4}, VectorColor → RGBColor[0, 0, 1]];
        Show[gf1, gf2, ViewPoint → {1, 3, 3}, BoxRatios → {1, 1, 1},
            FaceGrids → {{1, 0, 0}, {0, 1, 0}, {0, 0, 1}}, ImageSize → 220]
```

Out[52]=

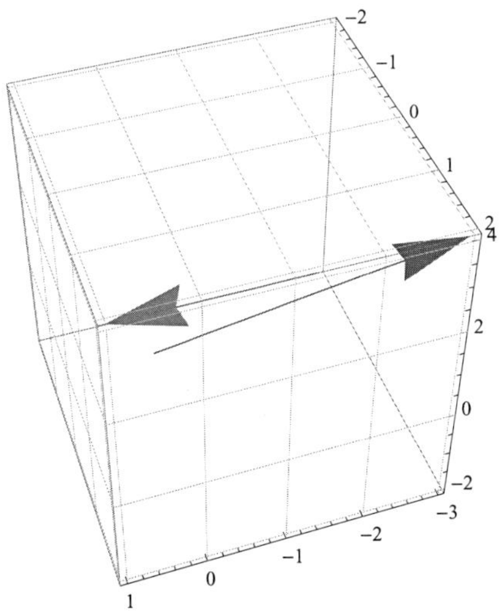

이제 공간벡터에 대한 덧셈, 뺄셈, 실수배에 대한 작도를 평면벡터에서와 같은 패턴으로 작성해 보자.

3.3. 두 공간벡터의 합 보여주기

두 공간벡터 x와 y의 합을 나타내는 함수를 다음과 같이 작성하자. Connect→True or False는 세 벡터에 대한 연결 여부를 지정하며, option은 결과물을 나타낼 때 이용하고 싶은 Graphics3D의 옵션을 추가할 수 있도록 해 준다.

```
In[53]:= VectorPlus3D[x_, y_, Connect → TF_, option___] :=
  Module[{vecx, vecy, vecplus},
   vecx = Graphics3D[{Blue, Arrowheads[0.1], Arrow[{{0, 0, 0}, x}]}];
   vecy = If[TF == True,
          Graphics3D[{Blue, Arrowheads[0.1], Arrow[{x, x + y}]}],
          Graphics3D[{Blue, Arrowheads[0.1], Arrow[{{0, 0, 0}, y}]}]];
   vecplus = Graphics3D[{Red, Arrowheads[0.1], Arrow[{{0, 0, 0}, x + y}]}];
   Show[vecx, vecy, vecplus, option,
       PlotRange → All, Axes → True, AxesLabel → {"X", "Y", "Z"}]]
```

```
In[54]:= VectorPlus3D[{-5, -5, 3}, {1, 3, 4}, Connect → True, ImageSize → 200,
  FaceGrids → {{1, 0, 0}, {0, -1, 0}, {0, 0, 1}}, BoxRatios → {1, 1, 1}]
```

Out[54]=

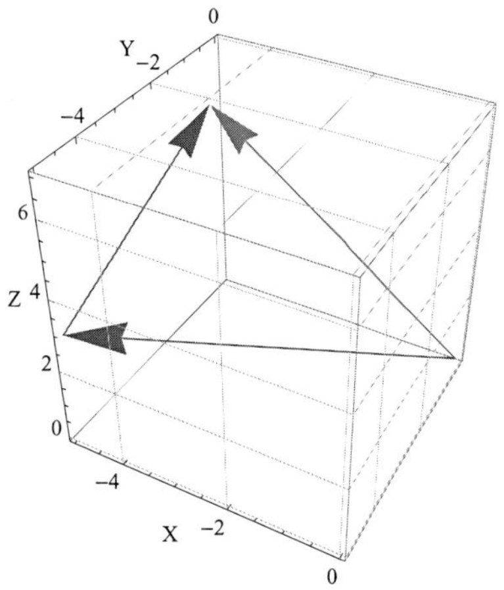

```
In[55]:= VectorPlus3D[{-5, -5, 3}, {1, 3, 4}, Connect → False, ImageSize → 200,
             FaceGrids → {{1, 0, 0}, {0, -1, 0}, {0, 0, 1}}, BoxRatios → {1, 1, 1}]
```

Out[55]=

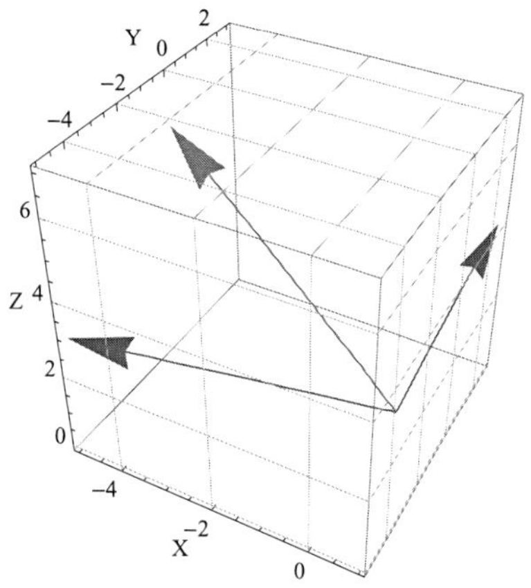

3.4. 두 공간벡터의 차 보여주기

```
In[56]:= VectorMinus3D[x_, y_, Connect → TF_, option___] :=
  Module[{vecx, vecy, vecminus},
   vecx = Graphics3D[{Blue, Arrowheads[0.1], Arrow[{{0, 0, 0}, x}]}];
   vecy = Graphics3D[{Blue, Arrowheads[0.1], Arrow[{{0, 0, 0}, y}]}];
   vecminus = If[TF == True,
        Graphics3D[{Red, Arrowheads[0.1], Arrow[{y, x}]}],
        Graphics3D[{Red, Arrowheads[0.1], Arrow[{{0, 0, 0}, x - y}]}]];
   Show[vecx, vecy, vecminus, option, PlotRange → All, Axes → True,
     AxesLabel → {"X", "Y", "Z"}]]
```

```
In[57]:= VectorMinus3D[{-5, -5, 3}, {1, 3, 4}, Connect → True,
           FaceGrids → {{1, 0, 0}, {0, -1, 0}, {0, 0, 1}},
           BaseStyle → {8}, BoxRatios → {1, 1, 1}, ImageSize → 220]
```

Out[57]=

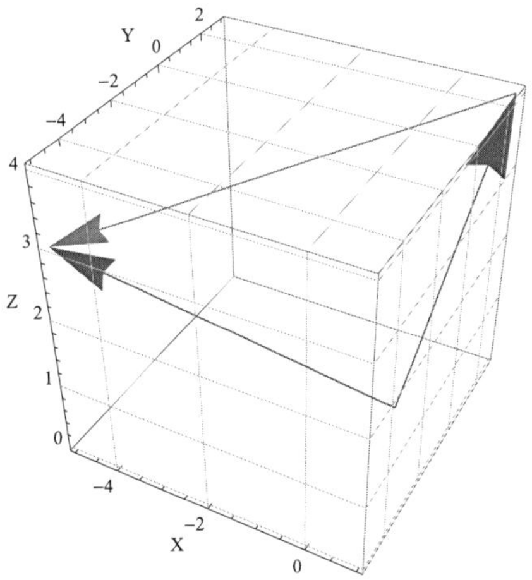


```
In[58]:= VectorMinus3D[{-5, -5, 3}, {1, 3, 4}, Connect → False,
           FaceGrids → {{1, 0, 0}, {0, -1, 0}, {0, 0, 1}}, BaseStyle → {8},
           BoxRatios → {1, 1, 1}, ImageSize → 220]
```

Out[58]=

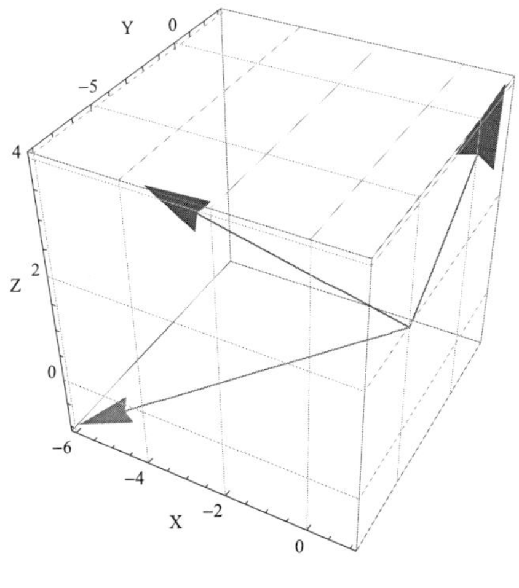

3.5. 한 공간벡터의 실수배 보여주기

```
In[59]:= VectorScalar3D[x_, k_, Connect → TF_, option___] :=
          Module[{vecx, vecscalar},
           vecx = Graphics3D[{Blue, Arrowheads[0.1], Arrow[{{0, 0, 0}, x}]}];
           vecscalar = If[TF == True,
                         Graphics3D[{Red, Arrowheads[0.1], Arrow[{x, x + k x}]}],
                         Graphics3D[{Red, Arrowheads[0.1], Arrow[{{0, 0, 0}, k x}]}]];
           Show[vecx, vecscalar, option, PlotRange → All, Axes → True,
                AxesLabel → {"X", "Y", "Z"}]]
```

```
In[60]:= VectorScalar3D[{1, 2, 1}, 3, Connect → True, PlotRange → All,
                        FaceGrids → {{1, 0, 0}, {0, -1, 0}, {0, 0, 1}},
                        BaseStyle → {8}, BoxRatios → {1, 1, 1}]
```

Out[60]=

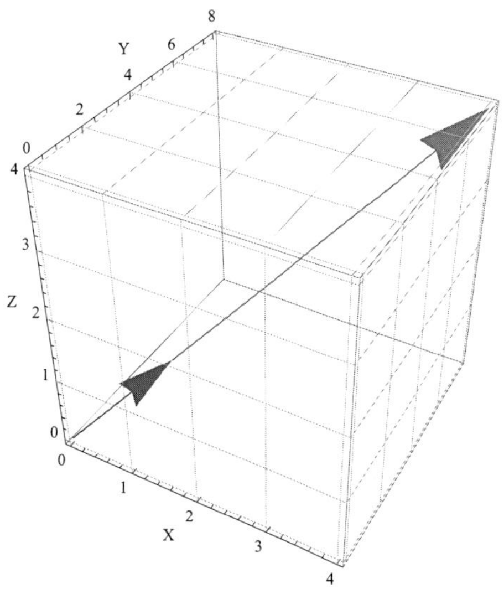

3.6. 공간벡터의 정사영 계산 및 보여주기

공간벡터의 정사영은 평면벡터의 정사영과 같은 방식으로 그릴 수 있다.

```
In[61]:= Projection3D[x_, y_, option___] :=
          Module[{v1, v2, v3, v4}, project = (x.y)/(y.y) y;
               v1 = Vector3D[x, VectorColor → RGBColor[0, 0, 1]];
               v2 = Vector3D[y, VectorColor → RGBColor[0, 0, 1]];
               v3 = Vector3D[project, VectorColor → RGBColor[1, 0, 0]];
               v4 = Graphics3D[{Dashing[{0.02}], Line[{ x, project }]}];
           Print[Style[StringJoin[
              "벡터 ", ToString[x, TraditionalForm], "의 ", ToString[y, TraditionalForm],
              "으로의 사영=", ToString[project, TraditionalForm]],
             FontSize → 8, FontColor → RGBColor[0.1, 0, 0.5] ]];
           Show[v1, v2, v3, v4, option, Axes → True] ]
```

```
In[62]:= P = {2, 3, 5}; Q = {4, 6, 2};
         Projection3D[P, Q, FaceGrids → {{1, 0, 0}, {0, -1, 0}, {0, 0, 1}},
                      BoxRatios → {1, 1, 1}]
```

벡터 {2, 3, 5}의 {4, 6, 2}으로의 사영= $\left\{\frac{18}{7}, \frac{27}{7}, \frac{9}{7}\right\}$

Out[63]=

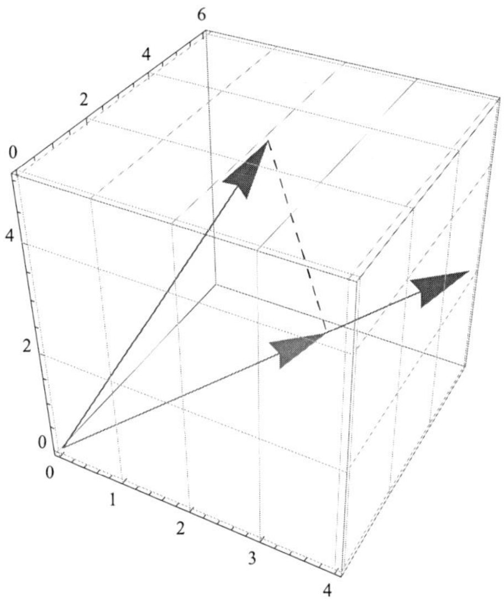

물론 이 계산 결과는 내장명령어 Projection을 이용하여 그 결과를 확인할 수 있다.

```
In[64]:= Projection[P, Q]
```

Out[64]= $\left\{\frac{18}{7}, \frac{27}{7}, \frac{9}{7}\right\}$

이렇게 하여 평면벡터 및 공간벡터에 대한 기본연산을 나타내는 작도함수가 완성되었다. 이것들을 여러분이 자주 활용해야 한다면 사용자 함수꾸러미를 만들어 두는 것도 좋을 것인데 함수꾸러미 작성법에 대해서는 다른 책을 참고하기 바란다. 구글에서 "user defined Mathematica package"를 검색하여 나오는 글들을 읽어보는 것이 함수꾸러미 작성의 첫 걸음이 될 수 있을 것이다.

참고로 다음은 화살표의 머리와 꼬리의 색을 다르게 하는 한 가지 방법이다.

```
In[65]:= a1 = Graphics[Line[{{0, 0}, 0.95 * {2, 1}}]];
         a2 = Graphics[{Arrowheads[0.1], RGBColor[1, 0, 0],
                      Arrow[{{0.95 * 2, 0.95 * 1}, {2, 1}}]}];
         Show[{a1, a2}, Axes → True, AspectRatio → 0.6]
```

Out[67]=

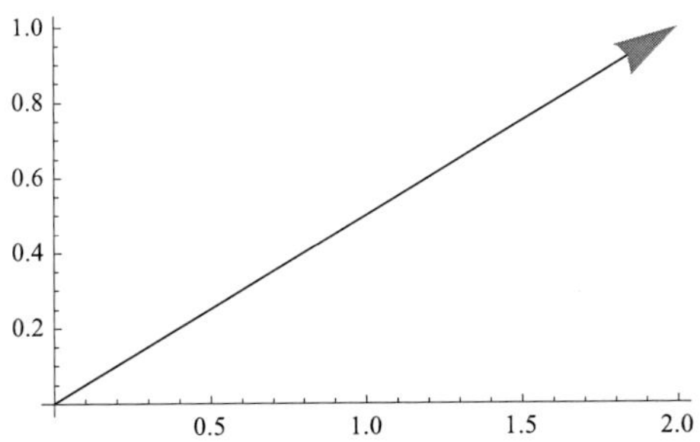

```
In[68]:= b1 = Graphics3D[Line[{{0, 0, 0}, 0.95 * {2, 1, 0}}]];
         b2 = Graphics3D[{Arrowheads[0.1], RGBColor[1, 0, 0],
                    Arrow[{{0.95 * 2, 0.95 * 1, 0}, {2, 1, 0}}]}];
         Show[{b1, b2}, FaceGrids → All, ViewPoint → {0.7, 0.9, -3}, ImageSize → 220]
```

Out[70]=

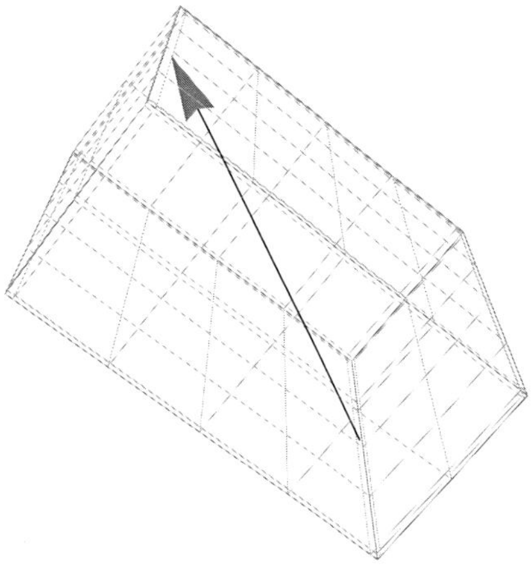

4. 벡터장 그리기

*Mathematica*는 벡터장과 경도벡터장을 그려주는 기능을 가지고 있는데 여기서는 간단한 사용법만 언급한다.

4.1. 2차원 벡터장

VectorPlot[{fx, fy}, {x, x0, x1}, {y, y0, y1}, options]	벡터장 {fx, fy} 의 그래프를 $x0 \le x \le x1$, $y0 \le y \le y1$에서 출력한다.

```
In[71]:= VectorPlot[{Sin[x], Cos[y]}, {x, 0, 1}, {y, 0, 1}, ColorFunction → Hue,
              Axes → True, Frame → False, ImageSize → 240, AspectRatio → 0.7]
```

Out[71]=

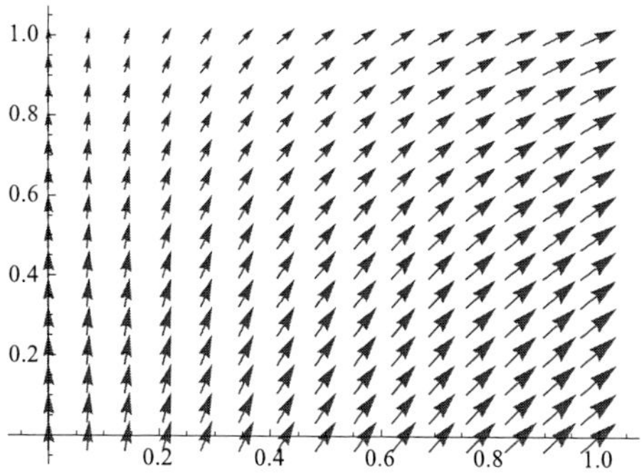

Mathematica 버전 5.2를 쓸 때는 경도벡터장을 나타낼 때 함수꾸러미 Graphics`PlotField`의 PlotGradientField 라는 함수를 사용할 수 있었는데 *Mathematica* 버전 7.0부터는 이 함수가 제공되지 않으며 대신 VectorPlot 이라는 함수가 제공된다. 버전 8.0 이상에서 경도벡터장의 그래프를 출력하는 방법은 다음과 같다.

```
In[72]:= func1 = x^2 + y^2;
         {df1 = D[func1, x], df2 = D[func1, y]}

Out[73]= {2 x, 2 y}
```

In[74]:=
```
VectorPlot[{df1, df2}, {x, -1, 1}, {y, -1, 1},
    ColorFunction → Hue, ImageSize → 240, AspectRatio → 0.7]
```

Out[74]=

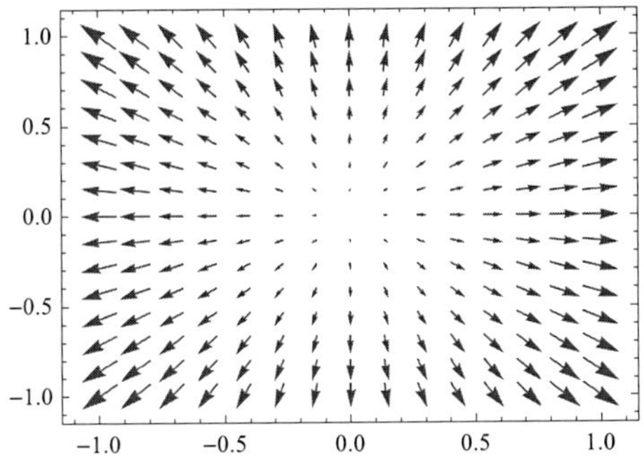

4.2. 평면곡선의 속도 벡터장

ListVectorPlot[{{ pt_1, vec_1}, { pt_2, vec_2}, ... }]	각 위치벡터 vec_k 를 점 pt_k 를 시점으로 하는 벡터의 그래프를 출력한다.

벡터장은 리스트를 이용하여 나타낼 수도 있다. 리스트를 활용하여 나선형 곡선 {x(t), y(t)}={t Sin[t], t Cos[t]}의 속도 벡터들을 그려 보도록 하자.

In[75]:=
```
f = {fx, fy} = {t Sin[t], t Cos[t]}
```

Out[75]=
```
{t Sin[t], t Cos[t]}
```

In[76]:=
```
gf1 = ParametricPlot[f, {t, 0, 6 Pi},
    PlotStyle → Thick, ImageSize → 240, AspectRatio → 1]
```

Out[76]=

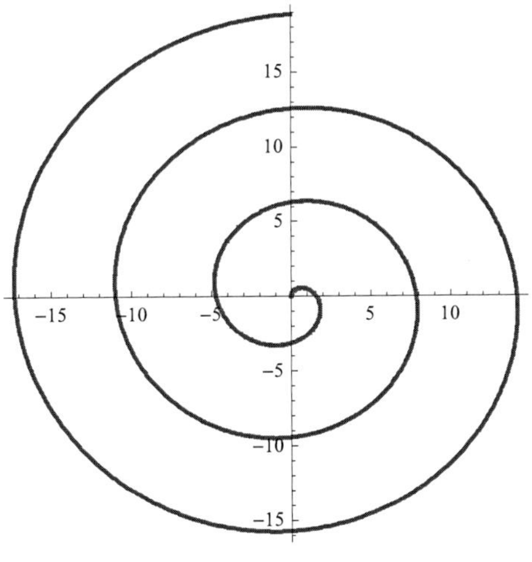

In[77]:=
```
{dfx = D[fx, t], dfy = D[fy, t]}   (* 접선벡터의 위치벡터 *)
```

Out[77]=
```
{t Cos[t] + Sin[t], Cos[t] - t Sin[t]}
```

옵션 VectorColorFunction으로는 벡터의 색상을, VectorScale로는 벡터의 길이를 설정할 수 있는데 이러한 사항은 Options[ListVectorPlot]의 내용을 살펴보면 알 수 있다.

```
In[78]:= gf2 = ListVectorPlot[Table[{{fx, fy}, {dfx, dfy}}, {t, 0, 6 π, π/8}],
           VectorPoints → All, VectorColorFunction → (Hue[#1] &), Axes → True,
           AspectRatio → 1, Frame → False, VectorScale → 0.2, ImageSize → 240]
```

Out[78]=

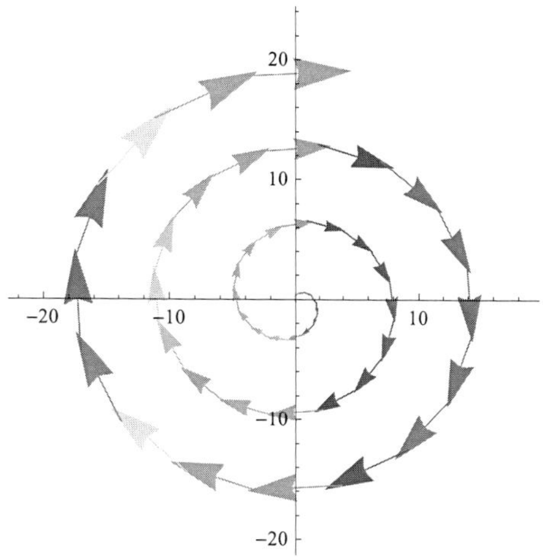

```
In[79]:= Show[gf2, gf1, ImageSize → 240]
```

Out[79]=

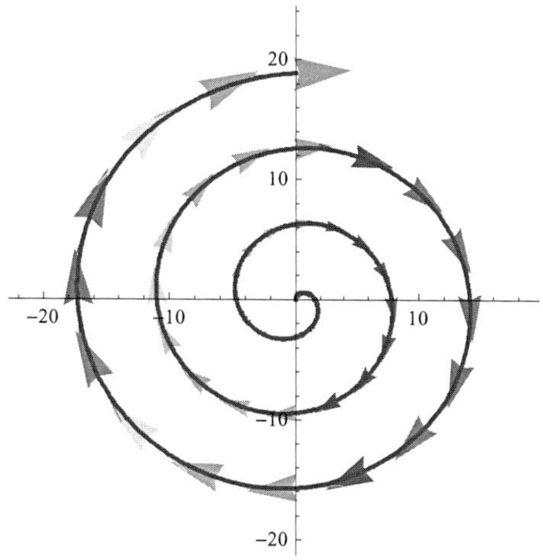

그런데 이 ListVectorPlot이 기대와 달리 작동할 때도 있다. 다음을 살펴보자. list2는 직선 $y=x$에 시점을 두고 있는 벡터들을 나타낸다.

```
In[80]:= Clear[list2];
         list2 = N@Table[{{t, t}, {0, 1}}, {t, 0, 1, 0.1}]

Out[81]= {{{0., 0.}, {0., 1.}}, {{0.1, 0.1}, {0., 1.}},
          {{0.2, 0.2}, {0., 1.}}, {{0.3, 0.3}, {0., 1.}}, {{0.4, 0.4}, {0., 1.}},
          {{0.5, 0.5}, {0., 1.}}, {{0.6, 0.6}, {0., 1.}}, {{0.7, 0.7}, {0., 1.}},
          {{0.8, 0.8}, {0., 1.}}, {{0.9, 0.9}, {0., 1.}}, {{1., 1.}, {0., 1.}}}
```

```
In[82]:= ListVectorPlot[list2, ImageSize → 240, AspectRatio → 0.6]
```

Out[82]=

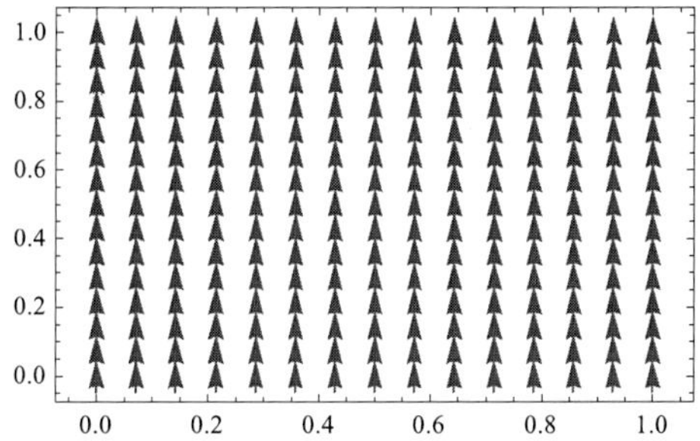

하지만 다음과 같이 VectorPoints → All 이란 옵션을 주면 원하는 결과가 얻어진다.

```
In[83]:= ListVectorPlot[list2, VectorPoints → All, ImageSize → 240, AspectRatio → 0.6]
```

Out[83]=

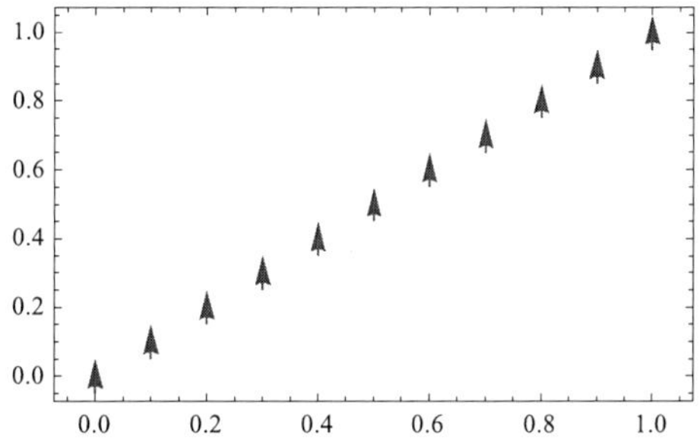

4.3. 3차원 벡터장

VectorPlot3D[{fx, fy, fz}, {x, x0, x1}, {y, y0, y1}, {z, z0, z1}, option]	벡터장 {fx, fy, fz} 의 그래프

```
In[84]:= VectorPlot3D[{x, y, 1}, {x, -1, 1}, {y, -1, 1}, {z, 1, π},
                     VectorColorFunction → (Hue[#1] &), Axes → True]
```

Out[84]=

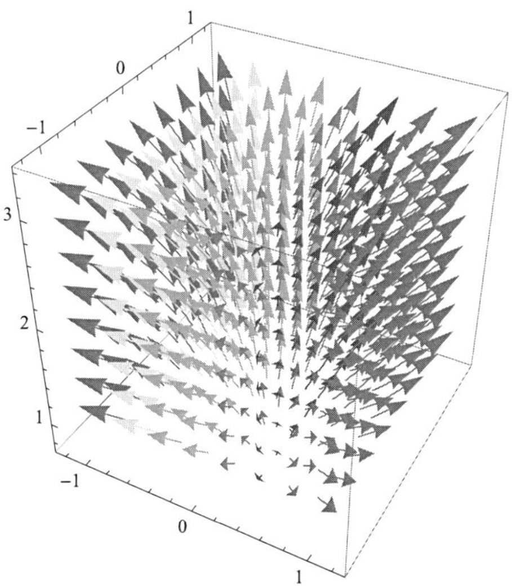

Mathematica 5.2에서 경도벡터장을 나타낼 때 사용했던 함수꾸러미 Graphics`PlotField3D`의 PlotGradientfield3D라는 함수는 버전 7.0이 되면서 없어졌으며 대부분의 관련 함수들은 VectorPlot3D라는

함수로 전부 합쳐졌다. 버전 8.0 이상에서 3D 경도벡터장의 그래프를 출력하는 방법은 다음과 같다. 이때 VectorStyle을 이용하여 옵션을 다양하게 선택할 수 있다.

```
In[85]:= VectorPlot3D[{x, y, 1}, {x, -1, 1}, {y, -1, 1}, {z, -1, π},
            VectorColorFunction → (Hue[#1] &),
            VectorPoints → 6, VectorScale → 0.05]
```

Out[85]=

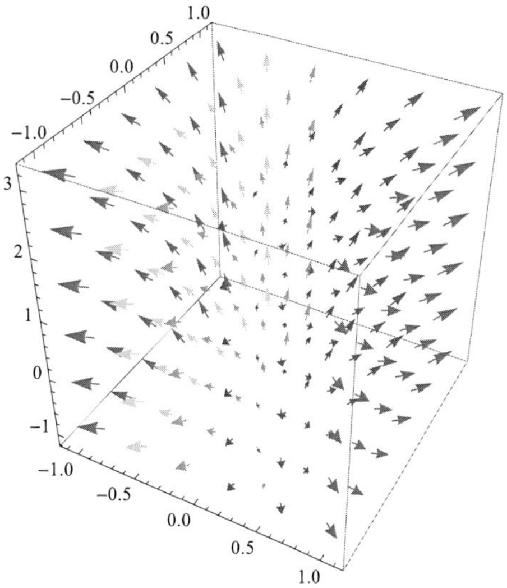

4.4. 공간곡선의 속도 벡터장

4.2절에서 평면곡선의 속도 벡터장을 그려 보았는데 이제 공간곡선의 속도 벡터장을 그려 보자. 예를 들어 다음 공간 곡선의 속도 벡터들을 그려보자.

```
In[86]:= Remove["Global`*"]

In[87]:= g[t_] := {5 Sin[t], 5 Cos[t], t}

In[88]:= gf1 = ParametricPlot3D[g[t], {t, 0, 4 Pi}, BoxRatios → {1, 1, 1}]
```

Out[88]=

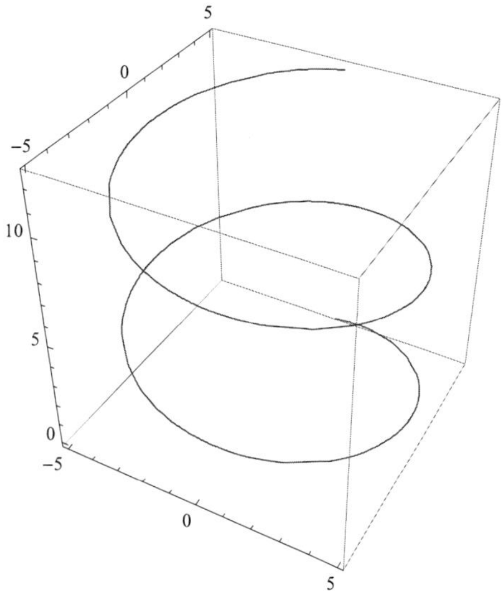

경험상 ListVectorPlot에 대응하는 ListVectorPlot3D라는 함수를 이용하면 될 것 같은데 과연 *Mathematica*는 그런 함수를 제공하고 있다. 그런데 막상 이 함수를 사용하여 보면 우리가 기대하는 결과가 나타나지 않는다.

```
In[89]:= Clear[list3]; list3 = N@Table[{{t, t, t}, {0, 0, 1}}, {t, 0, 1, 0.1}];
         ListVectorPlot3D[list3, VectorPoints → All, BoxRatios → {1, 1, 1}]
```

Out[90]=

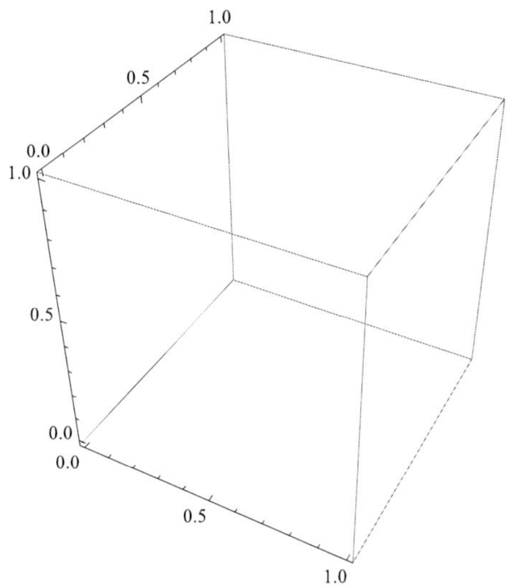

따라서 우리는 다음과 같은 방법을 이용하도록 하겠다.

```
In[91]:= Clear[s];
         pts = Table[{g[t], (D[g[s], s] /. s → t)}, {t, 0, 4 π, 0.2}];
         drawVector[{point_, vector_}] := Arrow[{point, point + vector}];
         Graphics3D[{Blue, drawVector /@ pts}, Axes → True, BoxRatios → {1, 1, 1}]
```

Out[94]=

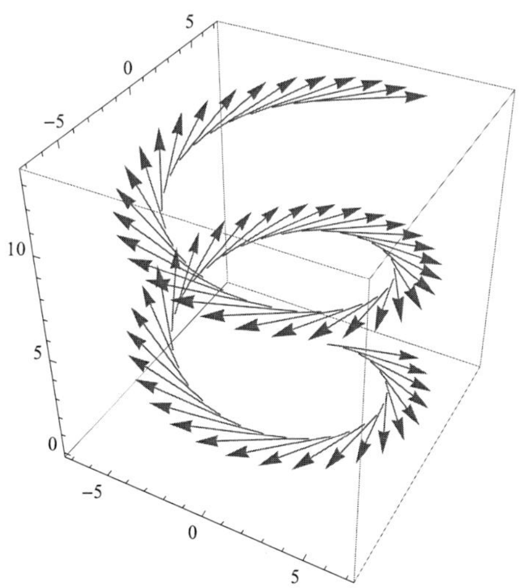

제 17장 적분

미분과 적분은 수학의 꽃이라고 할 만큼 그 활용 분야가 많다. 이 장에서는 *Mathematica*를 적분에 활용하는 방법들에 대하여 살펴보도록 한다.

1. 적분법

1.1. 부정적분과 정적분 정확히 계산하기

Integrate[f, x]	$=\int f\,dx$
Integrate[f, {x, x_1, x_2}]	$=\int_{x_1}^{x_2} f\,dx$
Integrate[f, {x, x_1, x_2}, {y, y_1, y_2}]	$=\int_{y_1}^{y_2}\int_{x_1}^{x_2} f\,dx\,dy$

가장 간단한 함수 sin(x)에 대하여 부정적분 및 정적분을 계산하여 보자.

```
In[1]:= {Integrate[Sin[x], x], ∫Sin[x] ⅆx}
Out[1]= {-Cos[x], -Cos[x]}
```

```
In[2]:= {Integrate[Sin[x], {x, 0, 2 Pi}], ∫_0^(2 π) Sin[x] ⅆx}
Out[2]= {0, 0}
```

*Mathematica*가 모든 함수를 다 적분할 수 있는 것은 아니지만 경우에 따라서는 복잡한 함수들도 적분할 수 있다.

In[3]:= `Integrate[Min[Sin[x], Cos[x]], {x, -3π/2, 3π/2}]`

Out[3]= $\frac{1}{2}\left(-2-5\sqrt{2}-2\,\text{Sin}\left[2\,\text{ArcTan}\left[1+\sqrt{2}\right]\right]\right)$

어떤 적분값은 Bessel, Erfi와 같은 평범하지 않은 함수들로 결과가 표현된다.

In[4]:= $\left\{\int_1^\infty \frac{e^{-x}}{\sqrt{x^2-1}}\,dx,\ \int \text{Exp}\left[a\,x^2\right]dx\right\}$

Out[4]= $\left\{\text{BesselK}[0,1],\ \frac{\sqrt{\pi}\,\text{Erfi}\left[\sqrt{a}\,x\right]}{2\sqrt{a}}\right\}$

위 함수들의 정의는 문서 센터에서 살펴볼 수 있다. 적분을 할 때 조건을 부여할 수도 있다.

Assuming[assumption, expr]	assumption을 expr에 추가적용한다.
Refine[expr]	$Assumptions로 설정된 가정을 적용하여 expr을 개선한다.
Refine[expr, assumption]	$Assumptions로 설정된 가정에 assumption을 추가 적용하여 expr을 개선한다.

위 함수들이 어떻게 쓰이는지 보자. 예를 들어 $x > 0$일 때는 Abs[x] = x이고 $x < 0$일 때는 Abs[x] = $-x$임을 다음과 같이 *Mathematica*가 인식하게 할 수 있다.

```
In[5]:= fun1[x_] = Assuming[x ∈ Reals && x > 0, Refine[Abs[x]]]

Out[5]= x

In[6]:= fun2[x_] = Refine[Abs[x], {x < 0, x ∈ Reals}]

Out[6]= -x

In[7]:= {∫fun1[x] ⅆx, ∫fun2[x] ⅆx}
```

Out[7]= $\left\{\frac{x^2}{2}, -\frac{x^2}{2}\right\}$

다음에서 살펴볼 수 있는 바와 같이 부정적분 $\int$Abs[x] dx는 계산되지 않으며 정적분 $\int_0^x$Abs[t] dt는 우리가 상식적으로 이해하고 있는 결과를 주지 않는다.

```
In[8]:= {∫Abs[x] ⅆx, ∫_0^x Abs[t] ⅆt}
```

Out[8]= $\left\{\int \text{Abs}[x]\,dx,\ \text{ConditionalExpression}\left[\frac{1}{2}\,x\,\text{Abs}[x],\ x^2 + \text{Im}[x]^2 \geq 0\right]\right\}$

그런데 x가 실수라는 가정을 가하면 *Mathematica*는 주어진 식을 아래와 같이 적분한다.

```
In[9]:= Assuming[x ∈ Reals, {∫Abs[x] ⅆx, ∫_0^x Abs[t] ⅆt}]
```

Out[9]= $\left\{\begin{cases} -\frac{x^2}{2} & x \leq 0 \\ \frac{x^2}{2} & \text{True} \end{cases},\ \begin{cases} -\frac{x^2}{2} & x < 0 \\ \frac{x^2}{2} & x > 0 \\ 0 & \text{True} \end{cases}\right\}$

Assuming 및 Refine 함수는 Simplify 및 Integrate 함수 내에서도 활용될 수 있다. 이에 대한 자세한 내용은 문서 센터에서 살펴보도록 한다.

*Mathematica*는 다변수 함수도 적분할 수 있다.

```
In[10]:= ∫_0^1 ∫_0^1 (x^2 + y^2) ⅆx ⅆy   (* 이변수함수의 이중적분 *)
```

Out[10]= $\frac{2}{3}$

1.2. 정적분의 근삿값 계산

Timing[expr]	*Mathematica* 커널이 expr을 처리하는 시간을 출력한다.
N[Integrate[f, {x, x_1, x_2}]]	$\int_{x_1}^{x_2} f\,dx$를 정확하게 계산한 후 그 표현의 근삿값을 출력한다.
NIntegrate[f, {x, x_1, x_2}]	수치적인 방법으로 $\int_{x_1}^{x_2} f\,dx$의 근삿값을 계산한다.

복잡한 함수에 대한 정적분을 계산할 때에는 정확한 적분값을 구할 수 없거나, 구할 수 있다 하더라도 정확한 값보다는 수치적 적분값을 구하는 것이 빠른 경우가 많다.

In[11]:= `Timing[Integrate[Cos[3 x]/Cosh[2 x], {x, 0, ∞}]]`

Out[11]= $\{0.514803,\ \frac{1}{4}\pi\,\mathrm{Sech}\left[\frac{3\pi}{4}\right]\}$

In[12]:= `Timing[NIntegrate[Cos[3 x]/Cosh[2 x], {x, 0, ∞}]]`

Out[12]= {0.031200, 0.147555}

Integrate를 이용하여 얻은 적분값 $\frac{1}{4}\mathrm{Sech}[\frac{3\pi}{4}]$은 대략 0.147555임을 고려하면, Integrate는 NIntegrate와 비교했을 때 정확한 답을 내는 반면 시간이 조금 더 걸린다는 것을 알 수 있다. 즉 정적분 $\int_0^\infty \frac{\mathrm{Cos}[3x]}{\mathrm{Cosh}[2x]}dx$을 구할 때 수치적 방법을 통한 연산이 훨씬 효율적임을 알 수 있다.

In[13]:= `Timing[N[Integrate[Cos[3 x]/Cosh[2 x], {x, 0, ∞}]]]`

Out[13]= {0.218401, 0.147555}

N[Integrate[f, {x, x_1, x_2}]]의 결과와 NIntegrate[f, {x, x_1, x_2}]의 결과는 같지만 다르다.
N[Integrate[f, {x, x_1, x_2}]]은 일단 정확한 결과를 얻은 후 다시 그 결과에 대한 근삿값을 구한 것이다.

2. 적분의 활용

넓이나 부피를 계산할 때 적분이 이용되는 경우가 많다. 이때 넓이나 부피를 구하고자 하는 영역을 시각화하는 것이 적분식을 세우는 데에 그리고 적분의 결과를 해석하는 데에 도움이 될 수 있다.

2.1. 부등식으로 나타내어진 영역의 시각화

여러 개의 부등식으로 주어진 영역을 시각화할 때에는 RegionPlot 또는 RegionPlot3D를 사용하면 된다.

RegionPlot[inequ, {x, x_1, x_2}, {y, y_1, y_2}]	부등식 inequ가 나타내는 영역을 $x_1 \le x \le x_2,\ y_1 \le y \le y_2$ 범위에서 출력한다.
RegionPlot3D[inequ, {x, x_1, x_2}, {y, y_1, y_2}, {z, z_1, z_2}]	부등식 inequ가 나타내는 영역을 $x_1 \le x \le x_2,\ y_1 \le y \le y_2,\ z_1 \le z \le z_2$ 범위에서 출력한다.

In[14]:= `RegionPlot[y ≥ x² || y < -x², {x, -1.5, 1.5}, {y, -1, 1}, Frame → False, Axes → True, AspectRatio → 0.7]`

Out[14]=

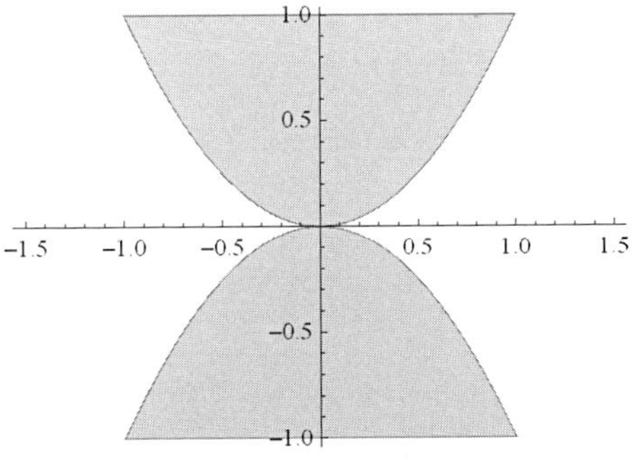

다음은 두 원기둥 $z^2 + y^2 < 1$과 $x^2 + z^2 < 1$의 공통부분을 나타내는 코드다.

```
In[15]:= RegionPlot3D[z² + y² < 1 && x² + z² < 1, {x, -1, 1}, {y, -1, 1}, {z, -1, 1},
                  PlotPoints → 10]
```

Out[15]=

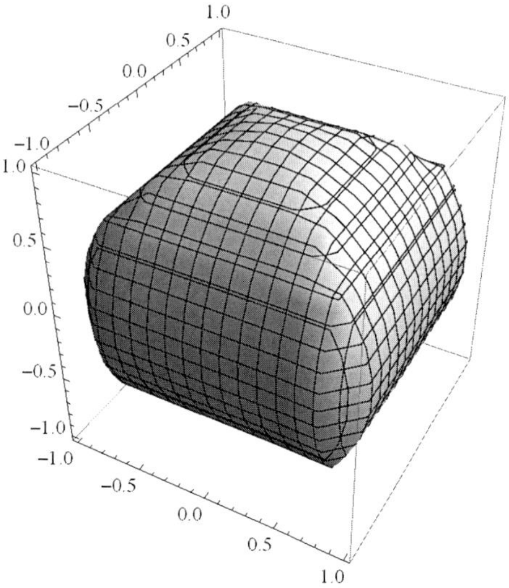

위와 같이 '그리고(&&)'나 '또는(||)'과 같은 논리기호를 사용한 연립부등식으로 평면도형이나 공간도형을 나타낼 수 있다.

두 함수의 그래프 사이의 넓이를 구하고자 할 때 일단 그 영역을 볼 수 있으면 좋을 것이다. 그래프 사이의 영역을 그림으로 나타내는 데는 다음과 같은 방법이 있다.

Plot[f, {x, x_1, x_2}, Filling → Axis]	함수 f 의 그래프와 세 직선 y=0, $x = x_1$, $x = x_2$ 로 둘러싸인 영역을 출력한다.
Plot[{f_1, f_2, ..., f_n}, {x, x_1, x_2}, Filling → {1 → {2}, ..., $n-1$ → {n}}]	함수 f_i 들의 그래프에 대하여 f_i 와 f_{i+1}, 그리고 두 직선 $x = x_1$, $x = x_2$ 이 둘러싸고 있는 $n-1$ 개의 영역들을 색깔로 구분하여 출력한다.

Plot은 주어진 함수의 그래프를 단순히 정해진 구간에 그리는 것이다. 이 명령어에 Filling이란 옵션을 추가함으로써 영역을 보다 더 잘 이해할 수 있게 된다. 아래의 예를 보도록 하자.

```
In[16]:= Plot[ Sin[x], {x, -2, 2}, Filling → Axis,
     FillingStyle → RGBColor[0.5, 0.5, 1]]
```

Out[16]=

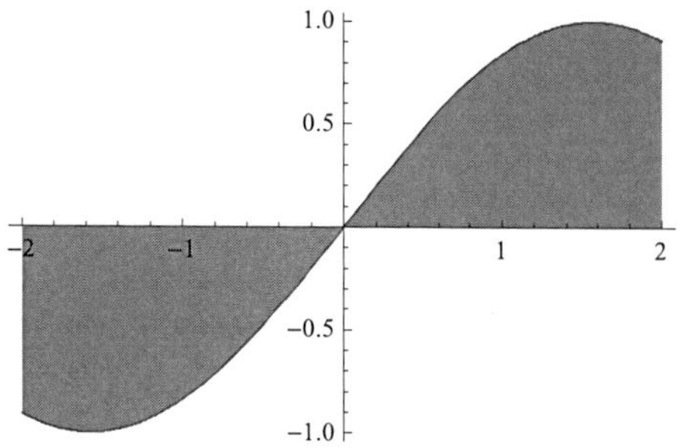

In[17]:=
```
Plot[{x^2, 0, -x^2, -0.5}, {x, -1, 1}, AspectRatio → 1,
    Filling → {1 → {2}, 2 → {3}, 3 → {4}}]
```

Out[17]=

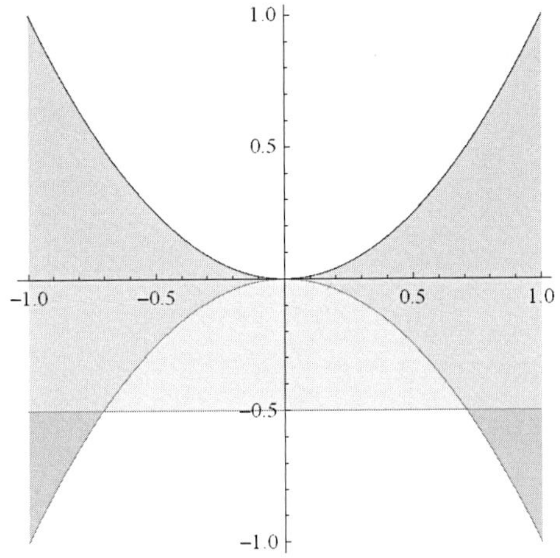

RegionPlot 및 Plot의 옵션들은 문서 센터를 통하여 확인해 보기 바란다. 이제, 넓이나 부피를 구하는 문제에서 주어진 영역을 시각화하고 적분값을 구하여 보도록 하자.

2.2. 넓이나 부피를 계산하는 정적분 문제에서 *Mathematica* 활용하기

예제-1. 두 곡선 $f(x) = x(x-1)(x-2)$, $g(x) = x(x-1)$ 으로 둘러싸인 도형의 넓이를 구하여라.

[풀이]

▶ 두 함수 정의하고 그래프 그리기

In[18]:=
```
f[x_] := x (x - 1) (x - 2);
g[x_] := x (x - 1);
```

In[20]:=
```
gf1 = Plot[{f[x], g[x]}, {x, -1, 3.5},
        PlotRange → {{-1, 3.5}, {-2, 7}},
        PlotStyle → {RGBColor[1, 0, 0], RGBColor[0, 0, 1]}]
```

Out[20]=

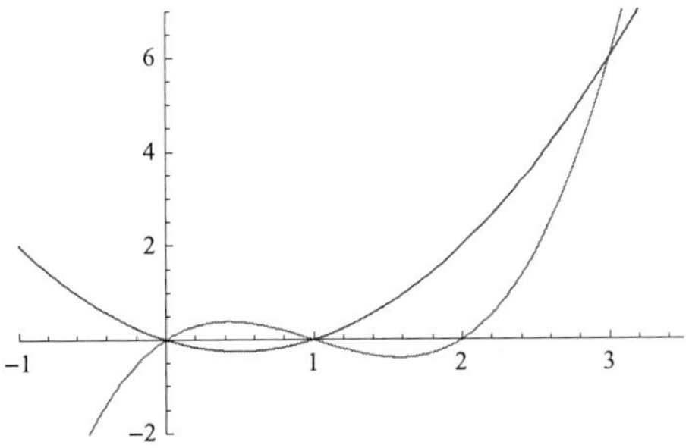

▶ 교점찾기

In[21]:=
```
sol = Solve[f[x] == g[x], x]
```

Out[21]=
```
{{x → 0}, {x → 1}, {x → 3}}
```

▶ 구하고자 하는 영역의 시각화

```
In[22]:= gf2 = Plot[{f[x], g[x]}, {x, 0, 3}, PlotStyle → GrayLevel[1],
               PlotRange → All, Filling → {1 → {2}}]
```

Out[22]=

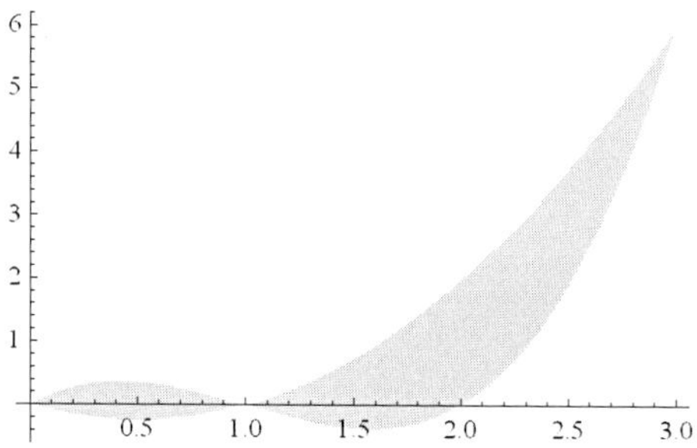

```
In[23]:= Show[gf2, gf1, PlotRange → {{-1, 3.5}, {-2, 7}}]
```

Out[23]=

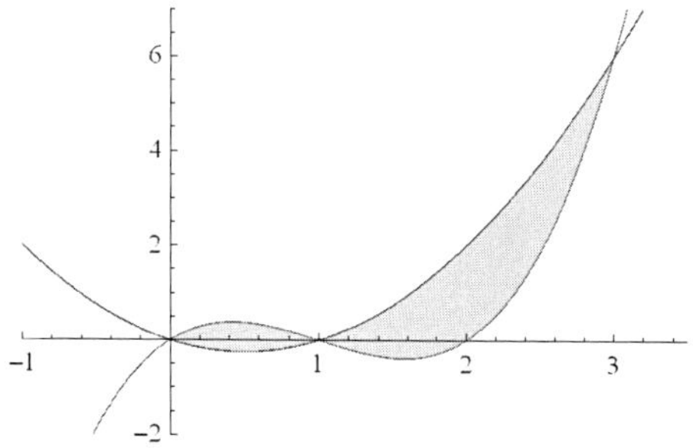

▶ 넓이구하기

In[24]:= $\int_0^3$ **Abs[f[x] - g[x]] dx**

Out[24]= $\frac{37}{12}$

이상으로 풀이가 완결되었다. ■

예제-2. 곡선 $f(x)=x^2$ 과 $g(x)=x+2$ 로 둘러싸인 부분을 x 축에 대하여 회전시켜 생기는 회전체의 부피를 구하여라.

[풀이]

▶ 두 함수 정의하고 그래프 그리기

```
In[25]:= f[x_] := x^2; g[x_] := x + 2;
```

```
In[26]:= gf1 = Plot[{f[x], g[x]}, {x, -2, 2.5}, PlotStyle → {Red, Blue}]
```

Out[26]=

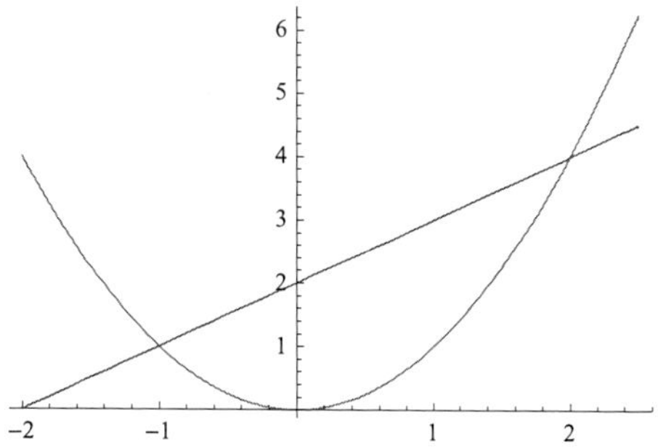

▶ 교점의 좌표 찾기

```
In[27]:= sol = Solve[f[x] == g[x], x]

Out[27]= {{x → -1}, {x → 2}}

In[28]:= pair = Table[{sol[[i, 1, 2]], f[sol[[i, 1, 2]]]}, {i, 1, Length[sol]}]

Out[28]= {{-1, 1}, {2, 4}}
```

▶ 회전시키고자 하는 영역의 시각화

```
In[29]:= gf2 =
          Plot[{f[x], g[x]}, {x, -1, 2}, PlotStyle → GrayLevel[1], Filling → {1 → {2}}];

In[30]:= gf2 = Show[gf2, gf1]
```

Out[30]=

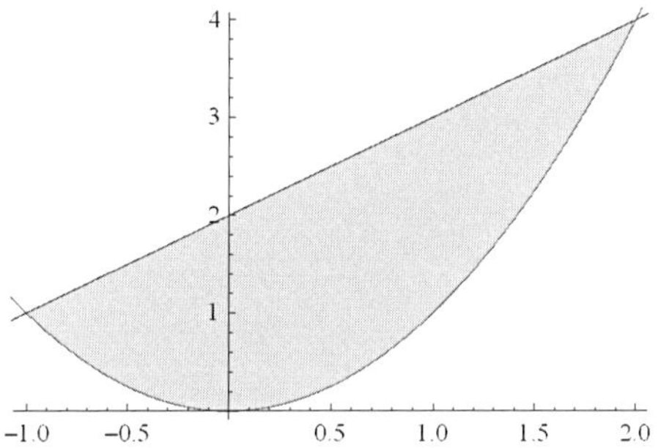

▶ $f(x) = x^2$ 을 $-1 \le x \le 2$ 에서 x 축에 대하여 회전시킨 곡면의 시각화

```
In[31]:= gf3 = ParametricPlot3D[{x, f[x] Cos[u], f[x] Sin[u]}, {x, -1, 2}, {u, 0, 2 Pi},
          PlotRange → All, ViewPoint → {0, 0, 5},
          FaceGrids → {{1, 0, 0}, {0, 1, 0}, {0, 0, 1}, {-1, 0, 0}, {0, -1, 0},
                  {0, 0, -1}}, Boxed → False, AspectRatio → 0.8]
```

Out[31]=

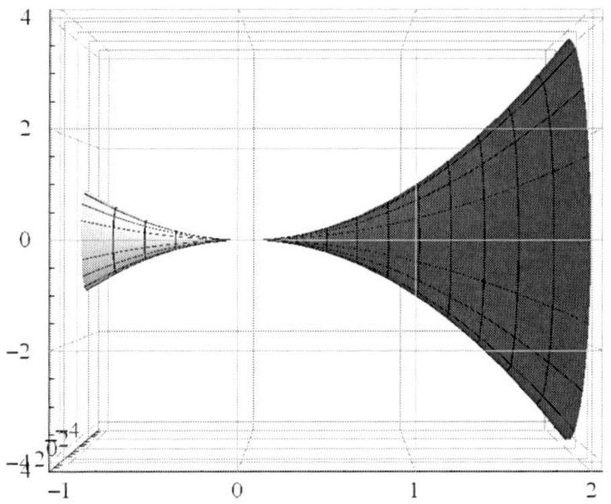

▶ $g(x) = x + 2$ 를 $-1 \le x \le 2$ 에서 x 축에 대하여 회전시킨 곡면의 시각화

```
In[32]:= gf4 = ParametricPlot3D[{x, g[x] Cos[u], g[x] Sin[u]}, {x, -1, 2}, {u, 0, 2 Pi},
          PlotRange → All, ViewPoint → {0, 0, 5},
          FaceGrids →
           {{1, 0, 0}, {0, 1, 0}, {0, 0, 1}, {-1, 0, 0}, {0, -1, 0}, {0, 0, -1}},
          Boxed → False, AspectRatio → 0.8]
```

Out[32]=

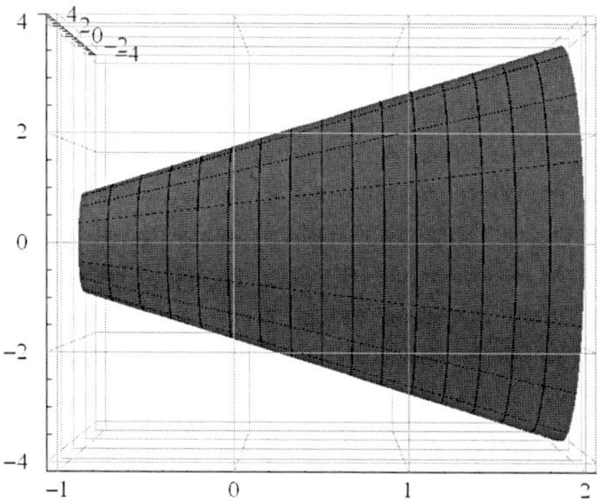

► $f(x)=x^2$ 및 $g(x)=x+2$ 가 $-1 \le x \le 2$ 에서 둘러싸인 영역을 x 축에 대하여 회전시킨 영역의 시각화

In[33]:= `Show[gf3, gf4, ViewPoint → {-2.5, -4, 0}]`

Out[33]=

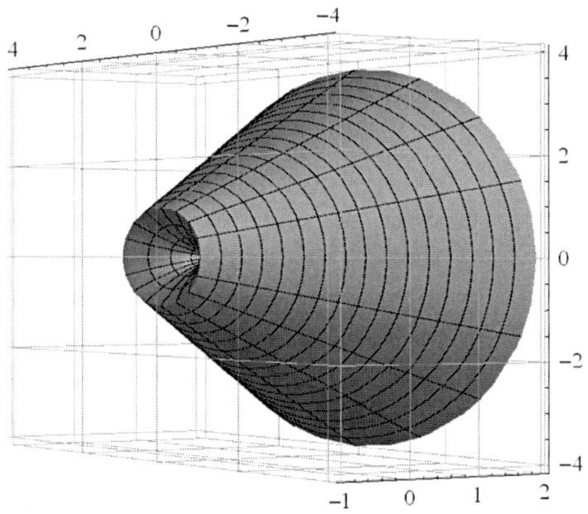

In[34]:= $\left\{ V[f] = \pi \int_{-1}^{2} f[x]^2 \, dx,\ V[g] = \pi \int_{-1}^{2} g[x]^2 \, dx \right\}$

Out[34]= $\left\{ \frac{33\pi}{5},\ 21\pi \right\}$

In[35]:= `V[g] - V[f]`

Out[35]= $\frac{72\pi}{5}$

이상으로 풀이가 완결되었다. ■

예제-3. 세 부등식 $y \geq x^2$, $y \leq x+2, x \geq 0$ 을 모두 만족하는 점들로 이루어진 영역을 y축에 대하여 회전시킬 때 생기는 회전체의 부피를 구하여라.

[풀이]

▶ 회전시킬 영역은 아래와 같다.

```
In[36]:= gf5 = Plot[{f[x], g[x]}, {x, 0, 2}, PlotStyle → GrayLevel[1],
              Filling → {1 → {2}}, ImageSize → 220, AspectRatio → 0.8]
```

Out[36]=

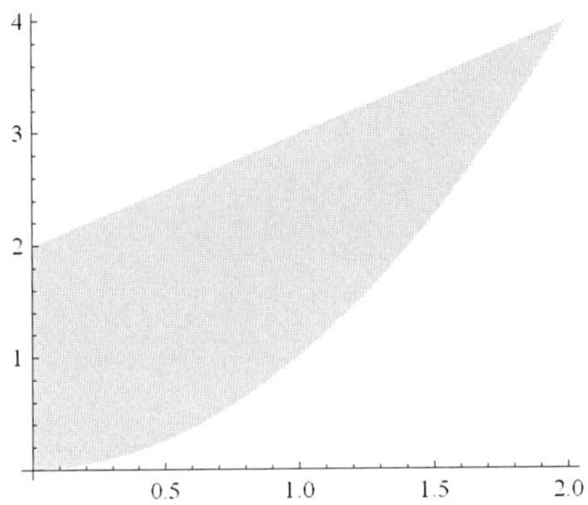

▶ $f(x) = x^2$ 을 $0 \leq x \leq 2$ 에서 y축에 대하여 회전시킨 곡면의 시각화

```
In[37]:= gf6 = ParametricPlot3D[{x Cos[u], x Sin[u], f[x]}, {x, 0, 2}, {u, 0, 2 Pi},
    PlotRange → All, PlotStyle → Opacity[0.5], BoxRatios → {1, 1, 1},
    FaceGrids → {{1, 0, 0}, {0, 1, 0}, {0, 0, 1}, {-1, 0, 0}, {0, -1, 0}, {0, 0, -1}}]
```

Out[37]=

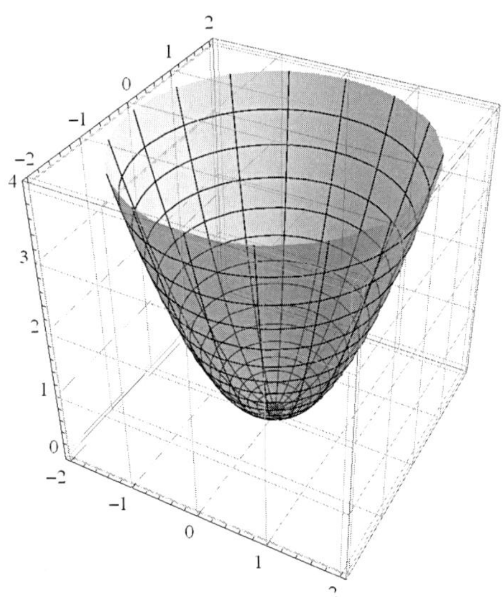

▶ $g(x) = x+2$ 를 $0 \leq x \leq 2$ 에서 y축에 대하여 회전시킨 곡면의 시각화

```
In[38]:= gf7 = ParametricPlot3D[{x Cos[u], x Sin[u], g[x]}, {x, 0, 2}, {u, 0, 2 Pi},
          PlotRange → All, BoxRatios → {1, 1, 1},
        FaceGrids → {{1, 0, 0}, {0, 1, 0}, {0, 0, 1}, {-1, 0, 0}, {0, -1, 0}, {0, 0, -1}},
        ImageSize → 220]
```

Out[38]=

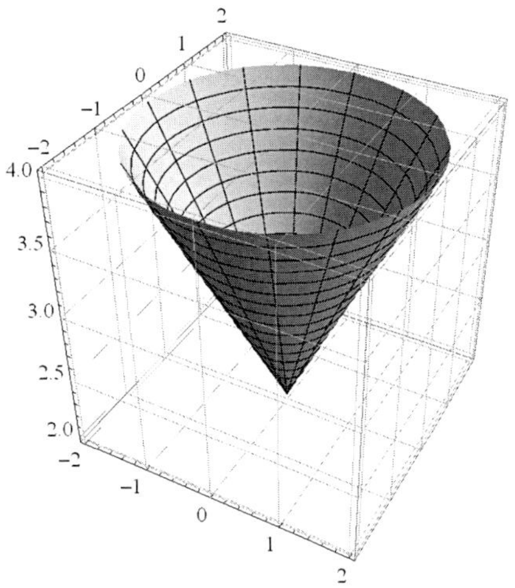

▶ $f(x) = x^2$ 과 $g(x) = x + 2$ 로 둘러싸인 평면영역을 y 축에 대하여 회전시켜 얻어진 공간영역의 시각화

```
In[39]:= gf8 = Show[gf6, gf7, ImageSize → 220]
```

Out[39]=

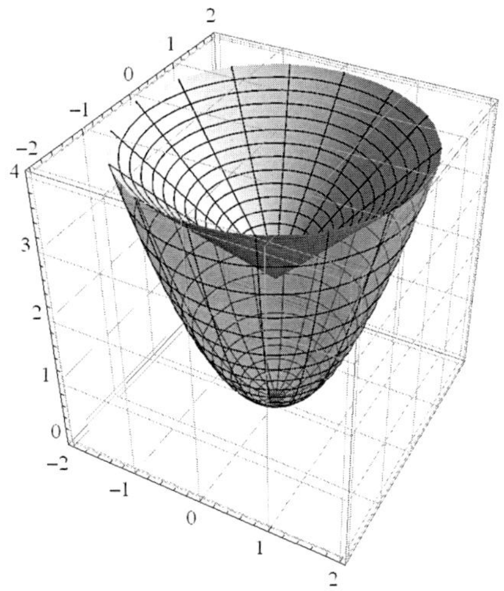

In[40]:= $\left\{V[f] = \pi \int_0^4 y\, dy,\ V[g] = \pi \int_2^4 (y-2)^2\, dy\right\}$

Out[40]= $\left\{8\pi,\ \frac{8\pi}{3}\right\}$

In[41]:= `V[f] - V[g]`

Out[41]= $\frac{16\pi}{3}$

이상으로 풀이가 완결되었다. ■

제 18장 도형들로 이루어진 동영상

*Mathematica*는 변화하는 평면도형이나 입체도형들로 이루어진 동영상을 구현할 수 있다.

1. Animate를 이용한 동영상

*Mathematica*는 동영상을 구현하여 주는 여러 함수들을 제공한다. 이제 그 함수들의 사용법을 알아보기로 하자.

Animate[expr, {*t*, t1, t2, dt}, Options]	수식, 그래프 등과 같은 모든 expr을 *t* 가 t1에서 t2까지 dt만큼의 증분으로 변화할 때, expr의 결과를 연속적으로 출력하여 준다.

모든 *Mathematica* 그래픽 함수가 Animate에 이용될 수 있다. 이제 Plot과 Animate를 이용하여 함수 $f(x) = e^{-x}\sin(2x)$ 를 x축에 대하여 회전시킨 회전체의 생성과정을 구현해 보자.

```
In[1]:= Plot[Sin[2 x] Exp[-x], {x, 0.2, 3},
          PlotStyle → {RGBColor[0, 0, 1], Thickness[0.01]}]
```

Out[1]=

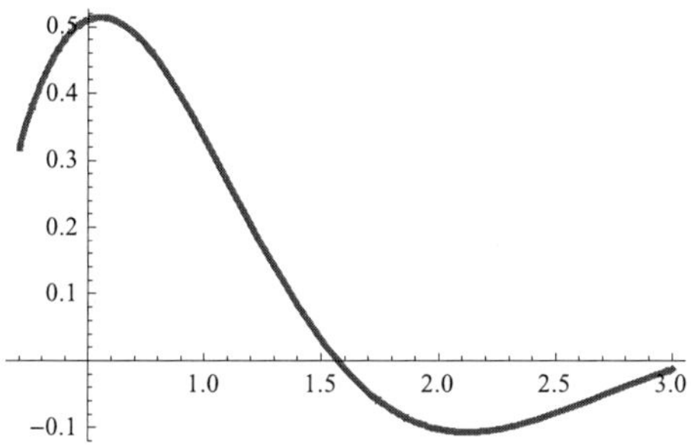


```
In[2]:= AniGfx = Animate[
          ParametricPlot3D[{x, Sin[2 x] Exp[-x] Cos[u], Sin[2 x] Exp[-x] Sin[u]}, {x, 0.2,
            3}, {u, 0, k}, Boxed → False, PlotRange → {{0, 3}, {-1, 1}, {-1, 1}},
           ViewPoint → {-5.5, -8.0, 0}, Axes → False,
           BoxRatios → {1, 1, 1}], {k, π/6, 2 π, π/6}]
```

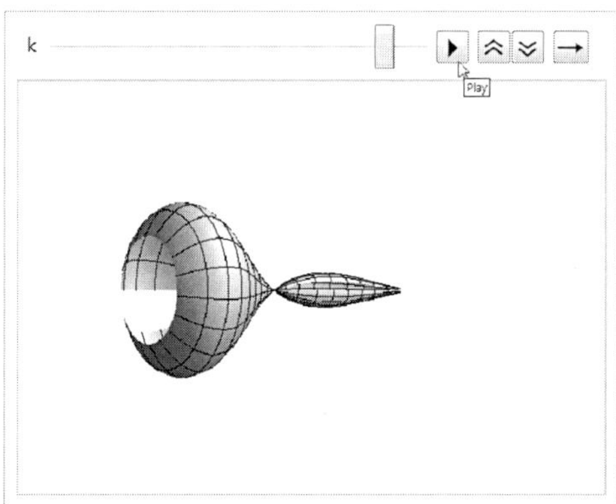

위 명령을 실행하면 *k*값의 변화에 따라 그려지는 그래프들이 연속적으로 나타난다. 이때 생성되는 화면 상단의 버튼을 이용하여 동영상 재생 속도 및 진행방향을 조정할 수 있다. 그리고 관찰시점을 자유롭게 바꾸는 것도 가능한데, 그래프 위에 커서를 올려놓아 커서의 모양이 바뀐 상태에서 마우스를 누른 채 커서를 움직이면 된다.

다음은 매개변수 방정식 $x(t) = t\cos(k\,t)$, $y(t) = t\sin(k\,t)$의 그래프를 $k = 1$에서 $k = 2$까지 dk = +0.2만큼의 증분에 따른 그래프들을 $\pi \le t \le 6\pi$의 범위에서 출력한 것이다.

```
In[3]:= Animate[ParametricPlot[{t Cos[k t], t Sin[k t]}, {t, π, 6 π},
          AspectRatio → 1, PlotRange → {{-20, 20}, {-20, 20}}], {k, 1, 2, 0.2}]
```

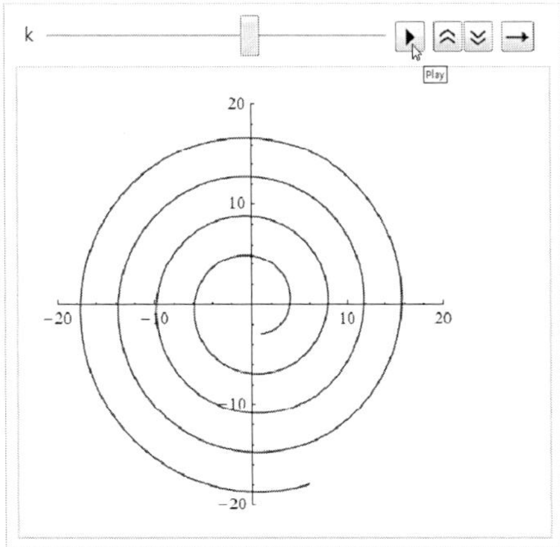

2. Manipulate를 이용한 동영상

Animate는 Manipulate라는 함수와 깊은 연관이 있다. 동영상 외에도 동적으로 변하는 많은 것들을 생각할 수 있는데 Animate는 동영상 구현에 최적화 되어있고 Manipulate는 동영상을 포함하여 좀 더 광범위한 대상을 다룰 수 있다. Manipulate는 24장에서 자세히 공부할 것인데 여기서는 동영상 구현과 관련된 부분만 간단히 살펴보기로 한다.

```
In[4]:= Gf = Manipulate[ParametricPlot3D[
          {Cos[t] 0.8 t (1 + Cos[s]),
           Sin[t] 0.8 t (1 + Cos[s]), 1.5 (5 Pi - t) + 0.8 t Sin[s]},
          {t, 0, 5 Pi}, {s, 0, 2 Pi}, PlotRange → All, PlotPoints → {50, 20},
          ViewPoint → {-1.25 - k / 10, -1.4 - k / 10, 2.1 - k},
          Boxed → False , Axes → False, ImageSize → 160], {k, 0, 5.5, 0.5}]
```

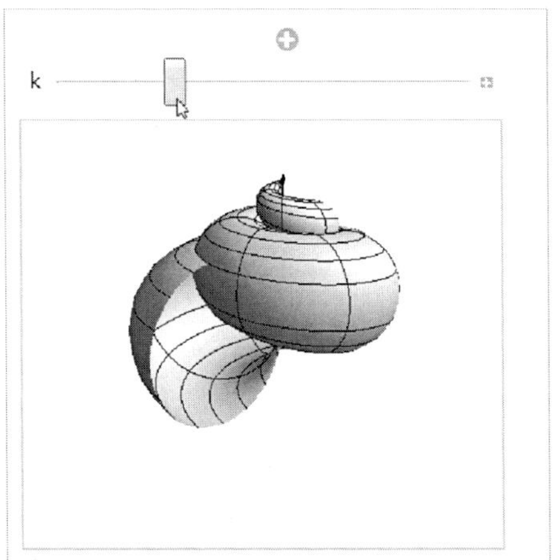

위의 결과는 소라껍질을 연상시키는 곡면인데 Manipulate를 이용하여 관찰시점을 변화하는 그림이 나타나게 하였다. 화면에서 +를 누르면 몇 가지 조절 버튼이 나타난다.

예제-1. 함수 $f(x) = e^{-x}\,\mathrm{Sin}(2\,x)$ 의 그래프를 구간 [0.2, 3] 까지 x축에 대하여 회전시켜 얻어진 회전체의 생성과정을 Manipulate로 구현하여 보아라.

[풀이]

일단 다음과 같이 회전체 전체를 그릴 수 있다. 이때 매개변수 u가 회전하는 각의 크기를 나타낸다.

```
In[5]:= ParametricPlot3D[{x, Sin[2 x] Exp[-x] Cos[u], Sin[2 x] Exp[-x] Sin[u]},
          {x, 0.2, 3}, {u, 0, 2 Pi}, Boxed → False,
          ViewPoint → {-5.5, -8, 0}, BoxRatios → {1, 1, 1}, FaceGrids → All]
```

Out[5]=

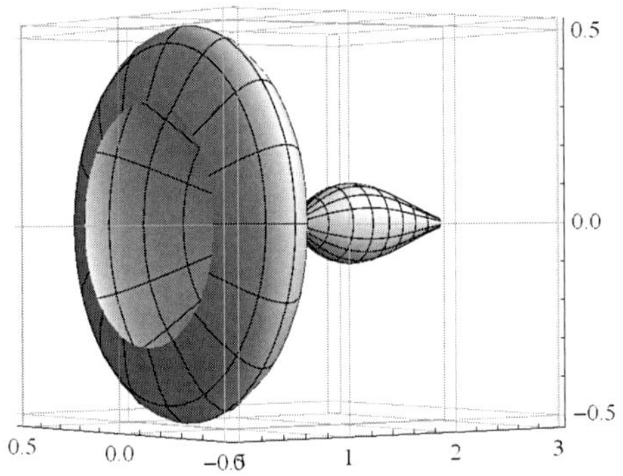

이때 매개변수 u의 범위를 적절히 조절하면 회전체의 생성과정을 역동적으로 관찰할 수 있다.

```
In[6]:= Manipulate[
          ParametricPlot3D[{x, Sin[2 x] Exp[-x] Cos[u], Sin[2 x] Exp[-x] Sin[u]},
           {x, 0.2, 3}, {u, 0, Pi / 3 + k}, Boxed → True, Axes → False,
           ViewPoint → {-3, 1, 3.13}, PlotRange → {{-0, 3}, {-0.6, 0.6}, {-0.6, 0.6}},
           FaceGrids → All, BoxRatios → {1, 1, 1}], {k, 0, 2 Pi, Pi / 8}]
```

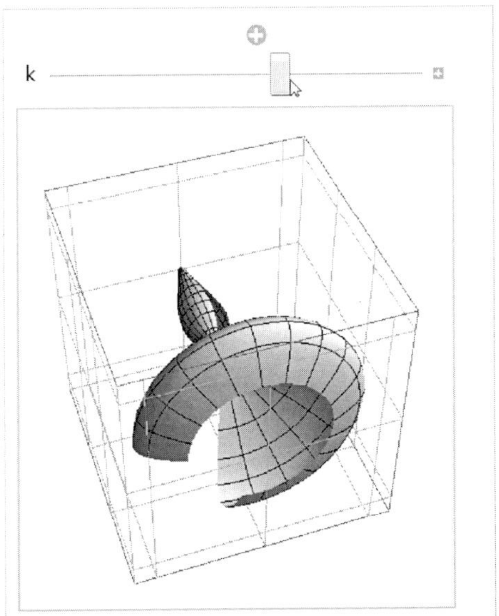

이상으로 풀이가 완결되었다. ■

예제-2. 함수 $f(x) = e^{-x}\,\mathrm{Sin}(2x)$ 의 그래프를 구간 [0.2, 3] 까지 y 축에 대하여 회전시킨 회전체의 생성과정을 구현하여 보아라.

[풀이]

다음과 같이 회전체 전체를 그릴 수 있다. 앞 예제에서와 마찬가지로 매개변수 u가 회전하는 각의 크기를 나타낸다.

```
In[7]:= ParametricPlot3D[
  {x Cos[u], x Sin[u], Sin[2 x] Exp[-x]}, {x, 0.2, 3}, {u, 0, 2 Pi},
  ViewPoint → {3.726, 1.421, 1.126}, BoxRatios → {1, 1, 0.5}, FaceGrids → All]
```

Out[7]=

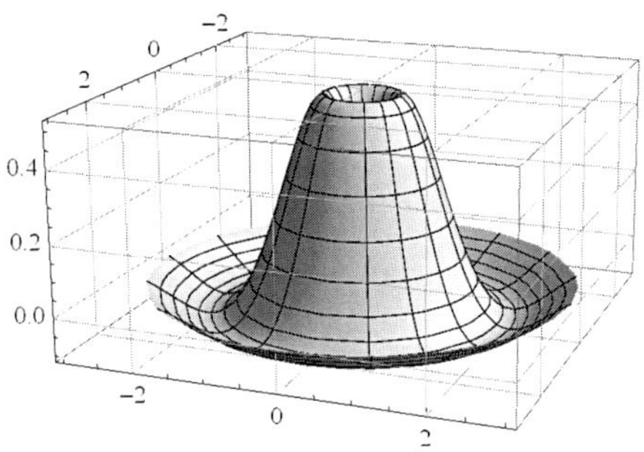

앞 예제에서와 같이 매개변수 u의 범위를 적절히 조절하면 이 회전체의 생성과정을 역동적으로 관찰할 수 있다.

```
In[8]:= Manipulate[ParametricPlot3D[{x Cos[u], x Sin[u], Sin[2 x] Exp[-x]},
  {x, 0.2, 3}, {u, 0, Pi / 3 + k}, PlotRange → {{-3, 3}, {-3, 3}, {-0.3, 0.8}},
  ViewPoint → {0, 1, 3.126}, Boxed → True,
  FaceGrids → All, Axes → False, BoxRatios → {1, 1, 1}], {k, 0, 2 Pi, Pi / 4}]
```

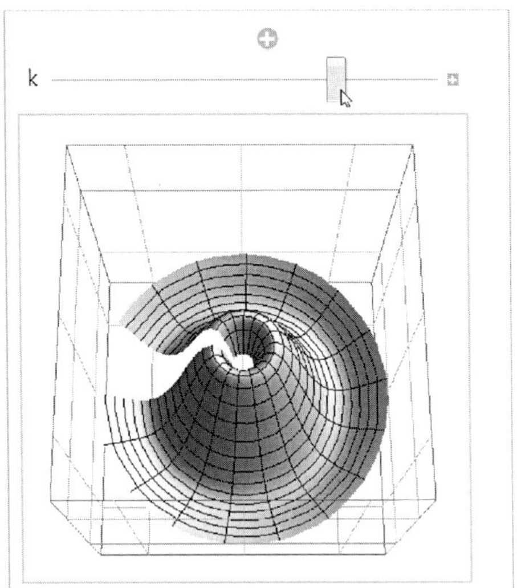

이상으로 풀이가 완결되었다. ■

지금까지 내장함수 Animate와 Manipulate를 활용한 동영상 구현방법을 알아보았다. Animate와 Manipulate에 대한 옵션들의 자세한 활용법은 문서 센터에서 살펴보도록 한다.

제 19장 확률과 통계

여기서는 *Mathematica*를 이용하여 기본적인 확률·통계 문제를 해결하는 법을 다루어보기로 한다.

1. 순열과 조합

순열의 예 : 다음은 여러 원소들 중에서 몇 개를 순서있게 뽑아 나열하는 방법을 모두 나타내는 코드다.

```
In[1]:= Permutations[{"철수", "영희", "바둑이"}, {2}]

Out[1]= {{철수, 영희}, {철수, 바둑이}, {영희, 철수}, {영희, 바둑이}, {바둑이, 철수}, {바둑이, 영희}}
```

조합의 예 : 다음은 여러 원소들 중에서 몇 개를 순서없이 뽑아 나열하는 방법을 모두 나타내는 코드다.

```
In[2]:= Subsets[{"철수", "영희", "바둑이"}, {2}]

Out[2]= {{철수, 영희}, {철수, 바둑이}, {영희, 바둑이}}
```

순열의 수를 나타내는 기호 ${}_n\mathcal{P}_r$, 조합의 수를 나타내는 기호 ${}_nC_r$은 *Mathematica*에서 기본적으로 제공하는 방법으로는 입력이 곤란하지만 이 책의 '부록 SymbolicComputing 함수꾸러미'에 설명된 Symbolic Computing 팔레트를 이용하면 입력할 수 있다. 부록을 참고하기 바란다.

2. 자료의 시각화

통계자료를 시각적으로 표현하는 그래프로는 점그래프, 원그래프, 막대그래프 등이 있다.

2.1. 점그래프

점그래프를 그리는 함수는 ListPlot이다.

ListPlot[{{x_1, y_1}, {x_2, y_2}, ..., {x_n, y_n}}, Options]	평면에 {x_1, y_1}, {x_2, y_2}, ..., {x_n, y_n} 을 찍는다.
ListPlot[{y_1, y_2, ..., y_n}]	평면에 {1, y_1}, {2, y_2}, ..., {n, y_n} 을 찍는다.

각 자료의 위치에 점이 아닌 다른 부호를 삽입하고자 한다면 다음과 같은 방법이 있다.

```
In[3]:= Data = Table[{{i, N[Sin[i]]}, fi}, {i, 1, 10}]

Out[3]= {{{1, 0.841471}, f1}, {{2, 0.909297}, f2},
  {{3, 0.14112}, f3}, {{4, -0.756802}, f4}, {{5, -0.958924}, f5},
  {{6, -0.279415}, f6}, {{7, 0.656987}, f7}, {{8, 0.989358}, f8},
  {{9, 0.412118}, f9}, {{10, -0.544021}, f10}}

In[4]:= gf1 = Graphics[{Text[#[[2]], #[[1]], {-1, -1}]} & /@ Data, Frame → False,
           Axes → True,
   PlotRange → {{0, 11}, {-1.4, 1.4}}, ImageSize → 320]
```

Out[4]=

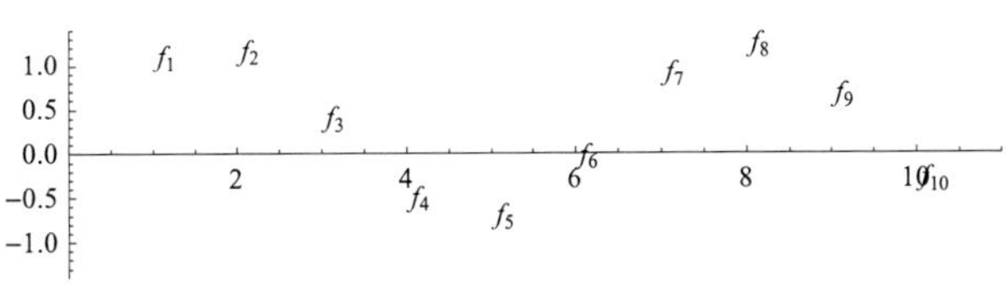

```
In[5]:= gf2 = Graphics[{Point[#[[1]]], Text[#[[2]], #[[1]], {-1, -1}]} & /@ Data,
                 Frame → False, Axes → True, PlotRange → {{0, 11}, {-1.4, 1.4}},
                 ImageSize → 320]
```

Out[5]=

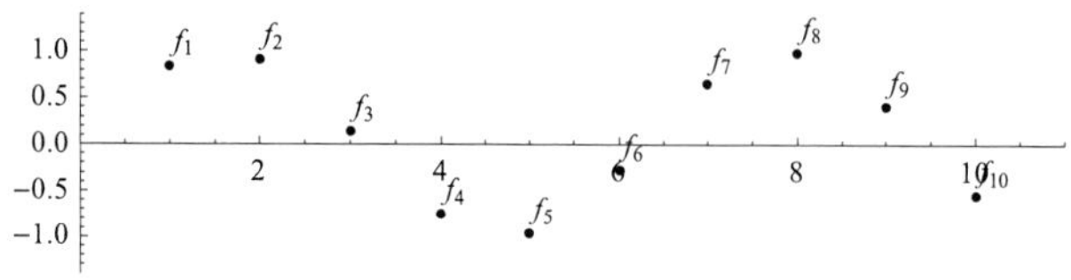

2.2. 원그래프

PieChart[{y_1, y_2, y_3 ...}, Options]	자료의 값을 {y_1, y_2, y_3 ...} 으로 하는 원그래프를 출력한다.

PieChart는 다음에서 볼 수 있는 바와 같이 다양한 옵션들을 가지고 있다.

```
In[6]:= Short@Options[PieChart]

Out[6]//Short= {AlignmentPoint → Center, AspectRatio → Automatic, Axes → False,
     <<50>>, TargetUnits → Automatic, Ticks → Automatic, TicksStyle → {}}
```

다음은 *Mathematica*의 활용분야 분포를 원그래프로 나타낸 것이다.

```
In[7]:= UseField = {수학, 물리학, 통계학, 경제학, 공학, 기타};
        UseRate = {28, 20, 8, 12, 22, 14};

In[9]:= gf3 = PieChart[UseRate, ChartLabels → UseField, SectorSpacing → All,
                ImageSize → 240, LabelStyle → {8},
                ChartStyle → {Table[GrayLevel[0.7 + 0.05 i],
                                {i, 1, Length[UseRate]}],
                EdgeForm[Dashed], RGBColor[0, 0.5, 0],
                Thickness[0.01], Dashing[{0.02}]}]
```

Out[9]=

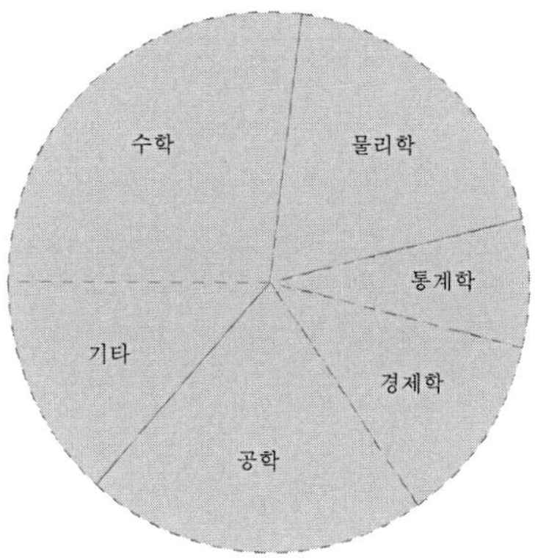

여기서 한 조각을 클릭하면 그 조각이 튀어나오고 한 번 더 클릭하면 제자리로 돌아간다. 위에 있는 원그래프를 클릭해서 확인해 보도록 하자.

PieChart의 주요 옵션에 대하여 알아보자.

ChartLabels → {index1, index2, ...}	각 데이터에 Index를 하나씩 대응하여 출력한다.
ChartStyle → {color1, color2, ...}	각 데이터에 Color를 하나씩 대응하여 출력한다.
ChartStyle → {Dashing, Thickness, ...}	그래프의 선 스타일을 설정한다. 이는 PlotStyle의 활용방법과 동일
SectorSpacing → All	각 그래프를 기본설정만큼 쪼개어 출력한다. None으로 설정시 모두 붙여진 상태로 출력되며, 일부분만을 돌출시켜 출력하고자 할 때는 {{성분1, 설정1}, {성분2, 설정2}} 와 같은 형식을 취한다.

```
In[10]:= gf4 = PieChart[UseRate, ChartLabels → UseField,
                 ChartStyle → Table[GrayLevel[0.7 + 0.05 i],
                              {i, 1, Length[UseRate]}],
                 PlotLabel → Style["Mathematica 활용분포", 10, Red],
                 ImageSize → 240, LabelStyle → {8, Blue}]
```

Out[10]=

2.3. 막대그래프

BarChart[{$list_1$, $list_2$, $list_3$ ...}, Options]	자룟값 $list_1$, $list_2$, $list_3$ ... 에 대한 막대그래프를 출력한다.

```
In[11]:= Short@Options[BarChart]
```

```
Out[11]//Short= {AlignmentPoint → Center, AspectRatio → 1/GoldenRatio, Axes → True,
    <<49>>, TargetUnits → Automatic, Ticks → Automatic, TicksStyle → {}}
```

다음은 *Mathematica*의 활용분야 분포에 대한 2006년 및 2007년도 조사자료를 막대그래프로 나타낸 것이다.

```
In[12]:= UseField = {수학, 물리학, 통계학, 경제학, 공학, 기타};
         UseRate2006 = {28, 20, 8, 12, 22, 14};
         UseRate2007 = {25, 21, 9, 11, 28, 6};
```

```
In[15]:= gf5 = BarChart[UseRate2006, ChartLabels → UseField,
            PlotLabel → Style["Mathematica 활용분야(2006년)"],
                    ChartStyle → {{GrayLevel[0.752941]},
                                  EdgeForm[Thickness[Tiny]]},
                    BarSpacing → 0.5 , LabelStyle → {8}, ImageSize → 240];
         gf6 = BarChart[UseRate2007, ChartLabels → UseField,
            PlotLabel → Style["Mathematica 활용분야(2007년)"],
            ChartStyle → {{GrayLevel[0.752941]}, EdgeForm[Thickness[Tiny]]},
            BarSpacing → 0.5 , LabelStyle → {8}, ImageSize → 240];
         GraphicsGrid[{{gf5, gf6}}]
```

Out[17]=

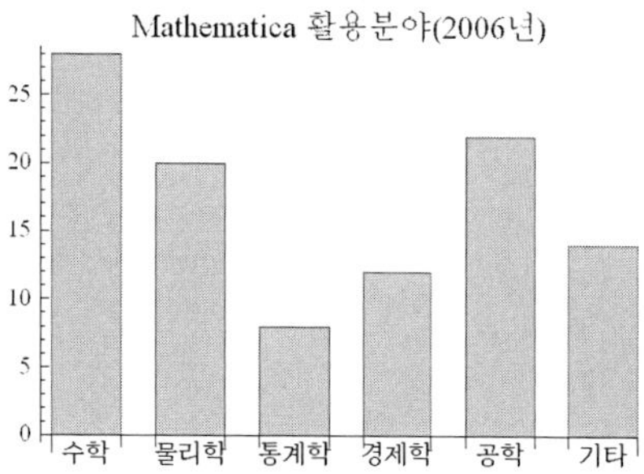

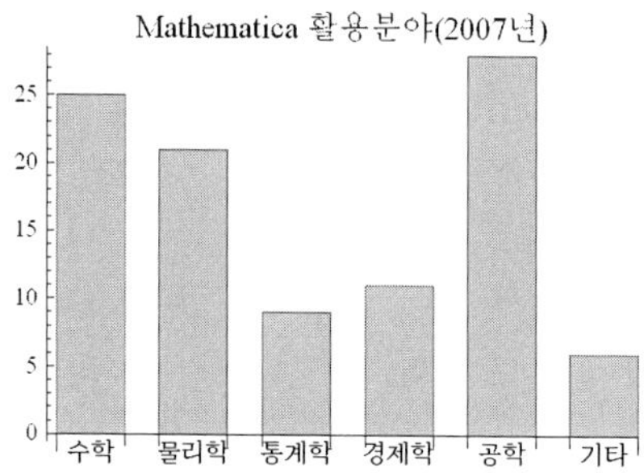

BarChart는 두 개 이상의 자료들을 비교가 가능하도록 한꺼번에 나타낼 수 있다.

```
In[18]:= Transpose[{UseRate2006, UseRate2007}]

Out[18]= {{28, 25}, {20, 21}, {8, 9}, {12, 11}, {22, 28}, {14, 6}}

In[19]:= UseField1 = { Null, Null, Null, Null, Null, Null};
         BarChart[Transpose[{UseRate2006, UseRate2007}],
                ChartLabels → {UseField, UseField1},
                ChartStyle → {EdgeForm[], {RGBColor[0.5, 0, 1], RGBColor[1, 0.5, 0]}},
                ChartLegends → {"2006", "2007"}, BarSpacing → {0.2, 0.5},
                LabelStyle → {8}, ImageSize → 240]
```

Out[20]=

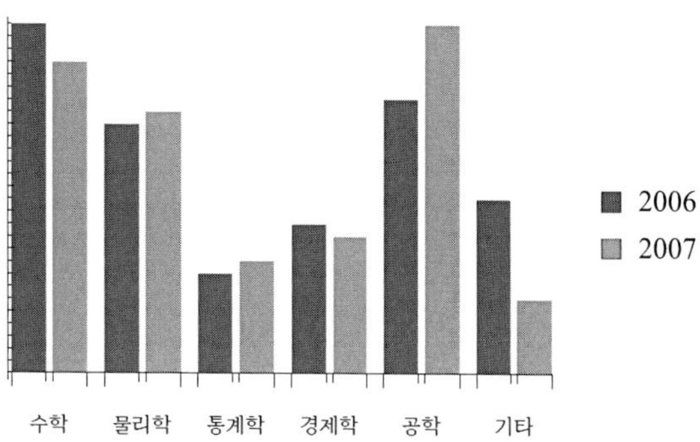

BarChart의 주요 옵션들은 이미 앞에서 사용한 PieChart의 옵션과 유사하며 대부분 이름으로 그 용도를 짐작할 수 있다. BarOrigin은 막대그래프를 세워서 나타낼 것인지 뉘어서 나타낼 것인지를 정하며 LabelingFunction은 데이터의 값과 위치를 막대에 표현한다.

```
In[21]:= BarChart[Transpose[{UseRate2006, UseRate2007}],
           ChartLabels → {UseField, UseField1},
           ChartStyle → {EdgeForm[], {RGBColor[0.5, 0, 1], RGBColor[1, 0.5, 0]}},
           ChartLegends → {"2006", "2007"}, BarSpacing → {0.2, 0.5},
           LabelingFunction → Right, LabelStyle → {8}, ImageSize → 240]
```

Out[21]=

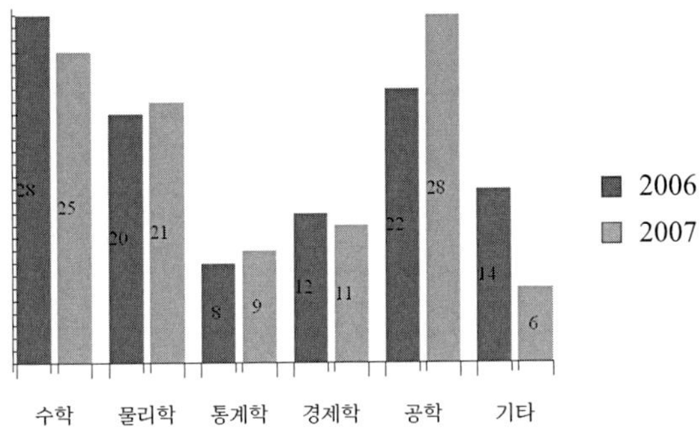

2.4. 히스토그램

Histogram[datalist, Options]	여러 개의 자료 datalist에 대한 히스토그램을 주어진 구간에 따라 출력한다.

```
In[22]:= Short@Options[Histogram]; (* 결과생략 *)
```

예로 100명의 학생이 취득한 수학 점수에 대한 도수분포를 히스토그램으로 나타내 보자.

```
In[23]:= data = Table[RandomInteger[{0, 100}], {i, 1, 100}]

Out[23]= {2, 47, 57, 39, 74, 50, 14, 49, 15, 70, 66, 19, 57, 29, 37, 97, 76, 57, 89, 98, 74,
  38, 13, 63, 88, 65, 76, 72, 11, 9, 69, 36, 95, 71, 61, 16, 27, 35, 92, 4, 22,
  45, 18, 24, 37, 100, 98, 52, 16, 33, 73, 37, 51, 42, 83, 30, 28, 55, 69, 6,
  100, 80, 4, 2, 93, 22, 66, 64, 3, 31, 88, 79, 94, 1, 90, 14, 95, 47, 9, 31,
  23, 81, 8, 86, 35, 47, 35, 73, 5, 98, 59, 100, 0, 15, 41, 5, 90, 59, 87, 80}
```

```
In[24]:= Histogram[data, {Table[10 i, {i, 0, 11}]},
           ChartStyle → Table[Hue[0.15 i], {i, 1, 7}],
           Ticks → {Table[10 i, {i, 0, 11}], Automatic},
           PlotLabel → Style["수학성적 분포 히스토그램", 10],
           AxesLabel → {"점수", "인원"}, LabelStyle → {8}, ImageSize → 240]
```

Out[24]=

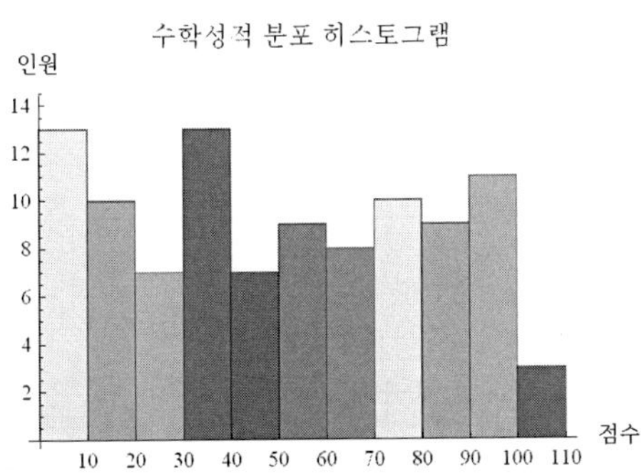

Histogram의 옵션에서 HistogramCategories는 계급의 구간을 나누어 주는 설정이며, Ticks는 Plot함수에서의 활용과 같이 x, y축에 눈금과 그 값을 표현하는 것이다. 위에서는 세로축(y축)을 자동(Automatic)으로

설정해 놓았다. 또한 자료의 개수(도수)를 비율로 나타내기 위해서는 HistogramScale을 적절히 조절하여표현한다.

```
In[25]:= Histogram[data, {Table[10 i, {i, 0, 11}]}, "ProbabilityDensity",
           ChartStyle → Table[Hue[0.15 i], {i, 1, 7}],
           Ticks → {Table[10 i, {i, 0, 11}], Automatic},
           PlotLabel → Style["수학성적 분포 히스토그램", 10],
           AxesLabel → {"점수", "비율"}, LabelStyle → {8}, ImageSize → 240]
```

Out[25]=

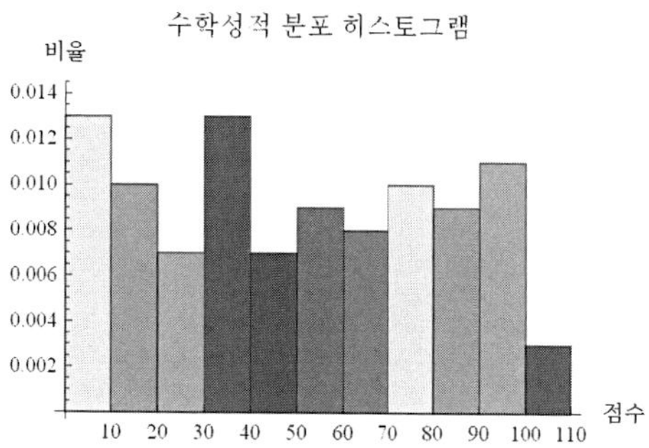

2.5. 공간 막대그래프

*Mathematica*는 여러 변량으로 주어진 데이터에 대한 입체적인 막대그래프를 구현할 수 있다.

BarChart3D[datalist, Options]	2 차원 자료 datalist의 각 성분 datalist[[*i*, *j*]] 에 대하여 순서쌍 (*i*, *j*, datalist [[*i*, *j*]]) 를 대응시킨 3 차원 자료에 대한 공간 막대그래프를 출력한다.

```
In[26]:= data2 = Table[RandomInteger[{0, 100}, 3], {i, 1, 10}]

Out[26]= {{60, 57, 55}, {20, 47, 35}, {66, 18, 21}, {35, 12, 99}, {6, 43, 1},
          {35, 24, 52}, {99, 18, 88}, {79, 91, 2}, {94, 79, 7}, {22, 56, 25}}

In[27]:= Short@Options[BarChart3D]; (* 결과생략 *)

In[28]:= BarChart3D[data2, ChartLayout → "Grid", BoxRatios → {1.5, 2, 2},
           BarSpacing → {0.5, 0.9}, ChartStyle → "Rainbow", ImageSize → 200]
```

Out[28]=

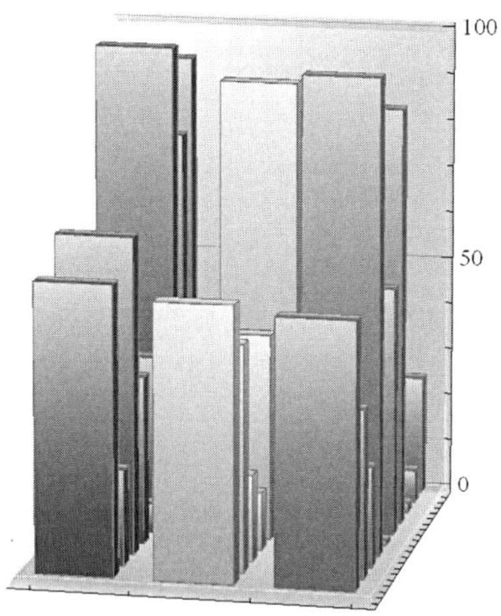

3. 이산확률분포

이산확률분포는 확률변수의 값이 띄엄띄엄 떨어져 있는 확률분포다. 대표적인 이산확률분포로는 이항분포가 있다.

3.1. 평균, 분산, 표준편차

유한 개의 자룟값들이 있을 때 그 자료의 특성을 나타내는 값으로 널리 쓰이는 것으로 평균, 분산, 표준편차가 있다.

Mean[datalist]	자룟값 datalist의 평균을 계산한다.
Variance[datalist]	자룟값 datalist의 분산을 계산한다.
StandardDeviation[datalist]	자룟값 datalist의 표준편차를 계산한다.

다음 자료에 대하여 평균, 분산, 표준편차를 두 가지 방법으로 계산해 보자. 일단은 위 내장함수를 이용해 보고 다음은 평균, 분산, 표준편차의 정의를 따라 직접 계산해 본다.

```
In[29]:= data = {42, 30, 30, 51, 41, 8, 61, 14, 94, 44, 78, 56, 77, 67, 43, 32, 93, 10, 36, 13,
          59, 30, 11, 12, 81, 89, 90, 64, 46, 51, 28, 98, 30, 57, 70, 82, 70, 95, 56, 38,
          13, 11, 99, 13, 85, 49, 68, 64, 2, 67, 8, 24, 11, 2, 43, 79, 55, 86, 98, 15,
          100, 2, 63, 65, 77, 90, 58, 12, 45, 38, 19, 28, 82, 97, 80, 93, 90, 51, 87, 41,
          96, 6, 14, 22, 85, 23, 58, 79, 6, 72, 47, 65, 74, 37, 29, 19, 2, 36, 44, 7};
```

▶ 평균

```
In[30]:= N[Mean[data]]   (* 함수 이용 *)

Out[30]= 50.08

In[31]:= avg = N[Sum[data[[i]], {i, 1, Length[data]}] / Length[data]]   (* 직접 계산 *)

Out[31]= 50.08
```

▶ 표준편차

```
In[32]:= N[StandardDeviation[data]]   (* 함수 이용 *)

Out[32]= 30.0157
```

In[33]:= $\sigma = \sqrt{\frac{\sum_{i=1}^{\text{Length[data]}} (\text{avg} - \text{data}[[i]])^2}{\text{Length[data]} - 1}}$ (* 직접 계산 *)

```
Out[33]= 30.0157
```

▶ 분산

```
In[34]:= N[Variance[data]]   (* 함수 이용 *)

Out[34]= 900.943
```

In[35]:= σ^2 (* 직접 계산 *)

```
Out[35]= 900.943
```

*Mathematica*에는 통계 관련 내장함수들이 많이 있는데 그 함수들의 의미는 이름만으로 짐작가능한 경우가

많으며 대부분 통계학에서 사용하는 의미 그대로다.

```
In[36]:= {Mean[data],
            HarmonicMean[data],
            Median[data],
            Min[data],
            Max[data],
            Variance[data],
            StandardDeviation[data],
            MeanDeviation[data],
            MedianDeviation[data],
            Skewness[data],
            QuartileDeviation[data],
            Kurtosis[data]} // N

Out[36]= {50.08, 18.9299, 50., 2., 100., 900.943,
          30.0157, 25.96, 27., 0.0144034, 27., 1.74831}
```

3.2. 이항분포

이항분포는 한 번의 시행에 있어 성공할 확률이 p인 독립시행을 n번 반복 시행함에 있어서 그 사건이 일어나는 횟수를 확률변수 X로 하는 확률분포를 의미한다. 이항분포는 대표적인 이산확률분포며 Statistics`DiscreteDistributions` 함수꾸러미에 이항분포 관련 함수들이 존재한다.

BinomialDistribution[n, p]	이항분포 $B(n, p)$를 정의한다.
PDF[distribution, x_n]	이산확률분포 distribution에 대하여 $P(X = x_n)$의 값을 계산한다.
CDF[distribution, x_n]	이산확률분포 distribution에 대하여 $\sum_{i=0}^{n} P(X = x_i)$의 값을 계산한다.

동전을 100회 던지는 시행에서 앞면이 나오는 횟수를 확률변수 X로 하는 확률분포의 확률값 및 분포곡선을 생각해 보자. 먼저 다음과 같이 평균, 분산, 표준편차를 구한다.

```
In[37]:= distB = BinomialDistribution[100, 0.5] (* 이항분포 B(100,0.5)를 distB에 할당 *)

Out[37]= BinomialDistribution[100, 0.5]

In[38]:= {Mean[distB], StandardDeviation[distB], Variance[distB]}
           (* B(100,0.5)의 평균, 표준편차,분산 *)

Out[38]= {50., 5., 25.}
```

이항분포 BinomialDistribution[100, 0.5]는 분포에 대한 정의일 뿐이지 확률값은 아니다. 이 분포에 대한 특정 확률값 $P[X = x]$는 PDF[분포, $X = x$]로 구할 수 있다.

```
In[39]:= N[PDF[distB, 45]]   (* P(X=45)의 값 *)

Out[39]= 0.0484743

In[40]:= GfdistB = ListPlot[Table[{x, Evaluate[PDF[distB, x]]}, {x, 0, 100}],
                        PlotStyle → PointSize[0.01], PlotRange → All,
                        LabelStyle → {8}, ImageSize → 240]
           (* B(100,0.5)의 분포곡선 *)
```

Out[40]= 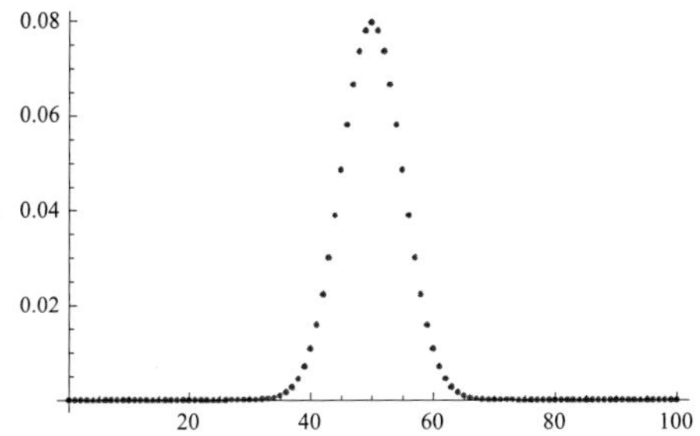

Binomial[n, r]는 이항계수를 나타내며 그 값은 $\frac{n!}{r!\,(n-r)!}$이다. 그런데 여기에 등장하는 계승함수는 자연수가 아닌 수에 대해서도 (감마 함수라는 것을 이용하여) 정의되어 있다. 관심있는 독자는 문서 센터에서 Factorial을 찾아 읽어보기 바란다.

```
In[41]:= {(-1.5)!, 2.34!, π!}

Out[41]= {-3.54491, 2.79763, π!}
```

따라서 다음에서 살펴볼 수 있는 바와 같이 Evaluate[PDF[distB,x]]는 구간 [0, n]에서 연속인 함수가 되며 그 그래프는 연속인 그래프가 된다.

```
In[42]:= Evaluate[PDF[distB, x]]

Out[42]= { 7.88861×10^-31 Binomial[100, x]   0 ≤ x ≤ 100
           0                                 True

In[43]:= GraphA = Plot[Evaluate[PDF[distB, x]], {x, 0, 100},
                   PlotRange → All, LabelStyle → {8}, ImageSize → 240]
```

Out[43]= 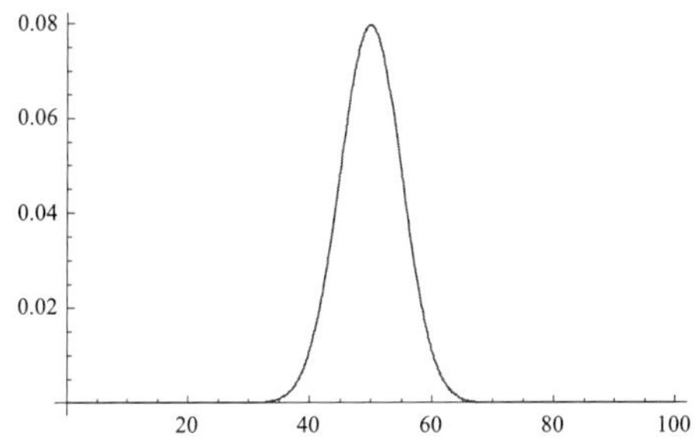

이번에는 누적분포에 대하여 생각해보자. 먼저 CDF가 출력하는 결과를 Sum함수를 이용하여 확인해 보자.

```
In[44]:= N[CDF[BinomialDistribution[100, 0.5], 45]]   (* ∑_{i=0}^{45} P(X=x_i) *)

Out[44]= 0.184101

In[45]:= Sum[N[PDF[BinomialDistribution[100, 0.5], i]], {i, 1, 45}]   (* ∑_{i=0}^{45} P(X=x_i) *)

Out[45]= 0.184101
```

이제 이항분포 B(100,0.5)에 대한 누적확률분포곡선을 그려보자.

```
In[46]:= GfCDFdistB = ListPlot[Table[{x, Evaluate[CDF[distB, x]]}, {x, 0, 100}],
                        PlotStyle → PointSize[0.01],
                        LabelStyle → {8}, ImageSize → 240]
         (* B(100,0.5)의 CDF 분포곡선 *)
```

Out[46]=

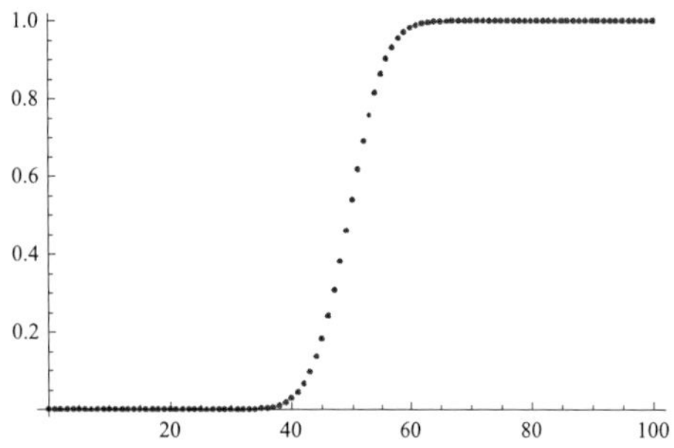

위에서와 같이 Plot을 이용하여 그래프를 그려보면 그래프는 연속이 아니다.

```
In[47]:= Plot[Evaluate[CDF[distB, x]], {x, 0, 100}, LabelStyle → {8}, ImageSize → 240]
```

Out[47]=

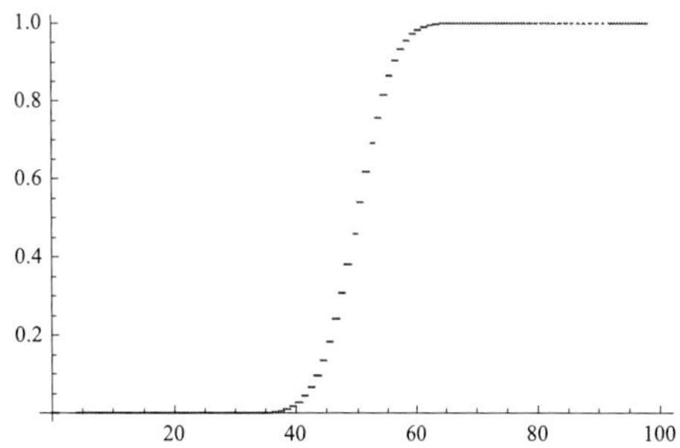

그 이유는 Evaluate[CDF[distB, x]]를 들여다 보면 알 수 있다.

```
In[48]:= Evaluate[CDF[distB, x]]

          ⎧ BetaRegularized[0.5, 100 - Floor[x], 1 + Floor[x]]   0 ≤ x ≤ 100
Out[48]=  ⎨ 1                                                    x > 100
          ⎩ 0                                                    True
```

이렇게 하여 이항분포 $B(n, p)$를 따르는 확률분포의 확률을 구하고 분포곡선을 그려보았다. 이것을 자주 사용할 상황이라면 이 역시 다음과 같이 함수로 만들어 두는 것이 좋을 것이다.

▶ 이항분포의 함수화

```
In[49]:= Clear[BinP, B, n1, p1, X, x1]
         BinP[B {n1_, p1_}, X = x1_] := N[PDF[BinomialDistribution[n1, p1], x1]];

In[51]:= Clear[BinomialGf]
         BinomialGf[B {n_, p_}, X = x_, opt___] :=
          Module[{X, list}, list = Table[ BinP[B {n, p}, X = i], {i, 0, n}];
           BarChart[list , opt, PlotRange → All, AspectRatio → 0.4,
             ChartStyle → ReplacePart[Table[Hue[RandomReal[{0, 1}]],
                                  {i, 1, Length[list]}], GrayLevel[1], x],
             GridLines → Automatic, LabelStyle → {8},
             PlotLabel → StyleForm[ "" ToString[B[n, p], StandardForm] <>
                  ", P(X=" <> ToString[x] <> ")=" <>
                  ToString[NumberForm[list[[x]], 7], StandardForm] <> "", 9, Red]]]
```

위 함수의 결과로 출력되는 막대그래프에서는 확률변수 $X = x$에 대한 Bar가 흰색으로, 그리고 $P(X = x)$의 값이 PlotLabel로 나타난다. 이때 PlotLabel에서 쓰인 “String1”<> “String2”<>...<>”String5”는 이제까지 사용한 StringJoin[ToString1, ToString2, ...]과 같은 의미며 여러 문자열들을 결합하는 것이다. 또한

ToString[NumberForm[list[[x ,]]7], StandardForm]과 같이 최종적으로 출력하는 값을 NumberForm으로 처리하여 자릿수를 제어하였다. 주의할 점은, NumberForm[exp, n]은 숫자로 인식되지 않기 때문에 더 이상 NumberForm[exp, n]에 대해서는 수치계산을 수행하지 못한다는 것이다.

```
In[53]:= BinomialGf[B {100, 0.5}, X = 45, ImageSize → 240, Ticks → Automatic,
            PlotRange → {{30, 70}, All}, AxesOrigin → {30, 0}]
```

Out[53]=

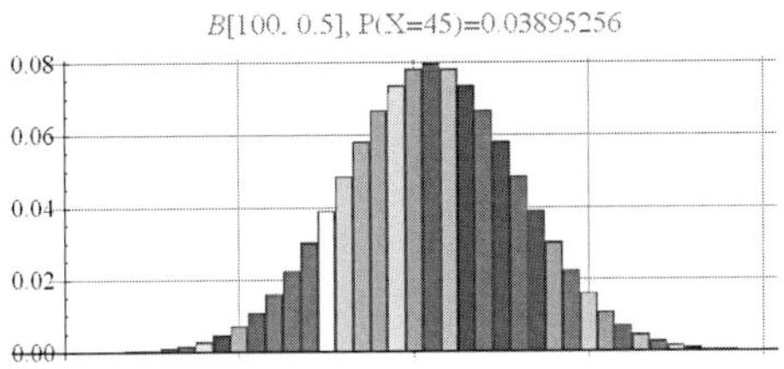

그림을 보면 높이가 0.0389가 되는 흰 막대가 하나 있는데 이것이 PlotLable에 설명된 X=45에 해당하는 막대다.

```
In[54]:= GraphicsGrid[Table[{BinomialGf[B {k, 0.5}, X = k / 2 + 1,
              ImageSize → 240, Ticks → Automatic]}, {k, 20, 40, 10}]]
```

Out[54]=

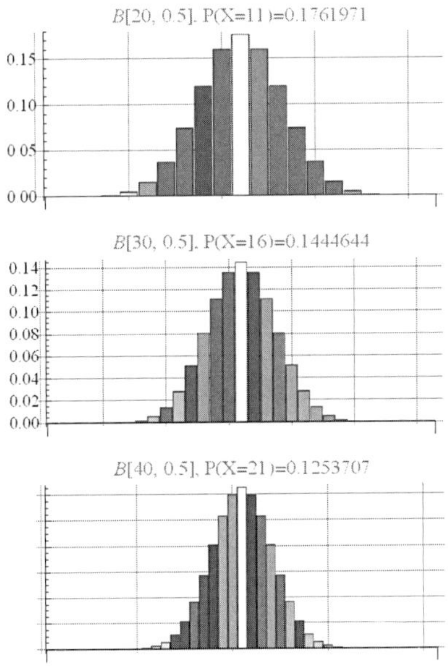

▶ 이항분포가 정규분포에 수렴하는 현상의 시각적 관찰

이항분포 $B(n, p)$는 그 시행횟수 n이 커짐에 따라 정규분포 $N(np,\ np(1-p))$에 수렴한다는 것이 알려져 있다. 이를 시각적으로 확인해보자. 단, 이항분포에서 $P(X=r) = {}_nC_r\, p^r(1-p)^{n-r}$로 계산된다.

```
In[55]:= Clear[P]; P[k_] := Table[BinP[B {k, 0.5}, X = i], {i, 0, k}]

In[56]:= Show[Flatten[
           Table[ListPlot[P[k], PlotRange → {{0, 50}, {0, 0.3}},
               Joined → True, ImageSize → 240, AspectRatio → 0.4,
               PlotStyle → {Thickness[.005], Hue[0.5 + 0.003 k]}, LabelStyle → {8}],
              {k, 10, 80, 15}]]]
```

Out[56]= 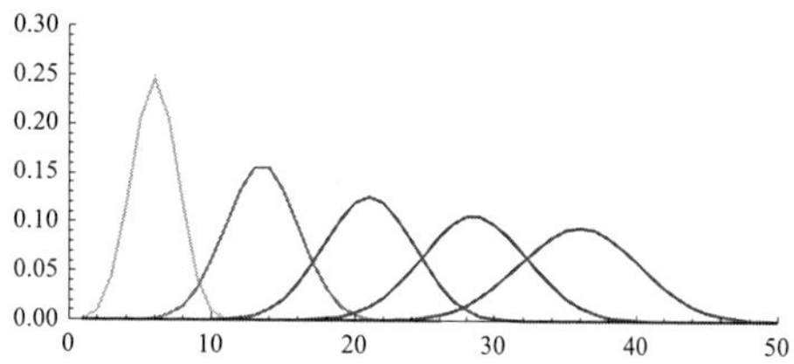

위 그림에 나타난 곡선들은 $k = 10, 25, 40, 55, 70$에 해당한다.

▶ 이론적 이항분포와 통계적 이항분포

이항분포 $B(n, p)$의 확률질량함수 $P(X = k)$ (단 $0 \leq k \leq n$)는 1번 시행시 발생할 확률이 p인 사건 A에 대하여 n번 시행시 사건 A가 발생하는 횟수(확률변수=X)가 k일 확률을 말한다. 이론적으로 다음이 성립한다.

$$P(X = k) = \text{Binomial}[n, k]\, p^k (1 - p)^{n-k}.$$

그런데 이러한 시행을 실제로 n번 구현하여 사건 A가 발생하는 횟수를 셈으로써 $P(X = k)$에 대응하는 통계적 확률을 생각해 볼 수 있다. 이를 구현하기 위한 다음 코드를 살펴보자.

```
In[57]:= Random[BinomialDistribution[100, 0.5]]

Out[57]= 48
```

Random[분포]는 주어진 분포에 대한 난수를 생성하여 준다. 바로 위의 예는 $B[100, 0.5]$라는 이항분포에 대한 난수를 생성한 것이다. 즉, 1번의 시행에 있어 사건 A가 일어날 확률이 $p = 0.5$인 시행을 $n = 100$번 시행하는 가상실험을 하였을 때 사건 A가 일어나는 횟수(확률변수=X)를 말한다. 이 가상실험을 200번 시행해 보자.

```
In[58]:= try = 200;
         data = Table[Random[BinomialDistribution[100, 0.5]], {try}]

Out[59]= {54, 59, 49, 51, 48, 49, 52, 46, 59, 55, 48, 46, 59, 48, 54, 58, 51, 39, 52, 47, 50,
          60, 53, 52, 57, 57, 58, 45, 52, 53, 51, 53, 55, 42, 53, 49, 52, 39, 47, 51, 44,
          46, 52, 47, 50, 51, 50, 61, 48, 53, 52, 48, 49, 47, 55, 45, 51, 47, 55, 55, 42,
          50, 55, 42, 56, 49, 46, 48, 43, 53, 48, 52, 57, 50, 44, 45, 58, 50, 55, 51, 50,
          58, 48, 49, 46, 46, 45, 52, 47, 45, 45, 58, 50, 49, 47, 50, 51, 57, 45, 57, 54,
          46, 44, 51, 57, 48, 55, 48, 52, 47, 59, 48, 63, 47, 54, 50, 47, 48, 52, 49, 55,
          48, 49, 54, 50, 49, 51, 44, 55, 47, 50, 58, 46, 56, 42, 48, 57, 48, 48, 48, 50,
          50, 48, 46, 56, 52, 53, 53, 49, 56, 55, 50, 48, 54, 55, 44, 54, 47, 58, 57, 52,
          39, 53, 52, 57, 52, 47, 53, 47, 47, 53, 56, 47, 46, 49, 57, 50, 50, 53, 44,
          50, 44, 56, 55, 55, 59, 53, 54, 51, 42, 51, 60, 54, 47, 52, 48, 50, 47, 46, 53}
```

data[[i]] (단, $0 \leq i \leq 200$)는 i번째 가상실험에서 100번의 시행 중 사건 A가 발생한 횟수를 나타낸다. 이제 이 data로부터 $P(X = k)$에 대응하는 통계적 확률을 구해 보자.

BinCounts[datalist, {x0, x1, dx}]	자료 datalist를 x0에서 x1까지 dx만큼을 계급의 폭으로 하는 계급의 구간에 대한 도수(자료의 개수)를 리스트로 출력한다.

In[60]:=
```
bc = BinCounts[data, {0, 101, 1}]    (* 자료의 개수 *)
```

Out[60]=
```
{0, 0, 0, 0, 0, 0, 0, 0, 0, 0, 0, 0, 0, 0, 0, 0, 0, 0, 0, 0, 0, 0, 0, 0, 0,
 0, 0, 0, 0, 0, 0, 0, 0, 0, 0, 0, 0, 3, 0, 0, 5, 1, 7, 7, 11, 18, 20, 12, 19,
 12, 16, 14, 9, 14, 6, 10, 7, 5, 2, 1, 0, 1, 0, 0, 0, 0, 0, 0, 0, 0, 0, 0, 0,
 0, 0, 0, 0, 0, 0, 0, 0, 0, 0, 0, 0, 0, 0, 0, 0, 0, 0, 0, 0, 0, 0, 0, 0, 0}
```

bc[[k]] (단 $1 \le k \le 100$)는 200번의 가상실험들 중에서 중 사건 A가 발생한 횟수가 반 개구간 $[k-1, k)$에 들어가는 게 몇 번인지를 나타낸다. 따라서 $P(X=k)$에 대응하는 통계적 확률은 $\frac{\text{bc}[[k]]}{200}$이 된다. 이제 $\{P(X=0), P(X=1), \ \ldots, P(X=100)\}$에 대한 통계적 확률은 다음과 같다.

In[61]:=
```
bcp = bc / 200    (* 확률의 계산 *)
```

Out[61]=

$$\Big\{0, 0, 0, 0, 0, 0, 0, 0, 0, 0, 0, 0, 0, 0, 0, 0, 0, 0, 0, 0, 0, 0, 0, 0, 0, 0, 0, 0, 0, 0, 0, 0, 0, 0, 0, 0, 0, \frac{3}{200}, 0, 0, \frac{1}{40}, \frac{1}{200}, \frac{7}{200}, \frac{7}{200}, \frac{11}{200}, \frac{9}{100}, \frac{1}{10}, \frac{3}{50}, \frac{19}{200}, \frac{3}{50}, \frac{2}{25}, \frac{7}{100}, \frac{9}{200}, \frac{7}{100}, \frac{3}{100}, \frac{1}{20}, \frac{7}{200}, \frac{1}{40}, \frac{1}{100}, \frac{1}{200}, 0, \frac{1}{200}, 0, 0, 0, 0, 0, 0, 0, 0, 0, 0, 0, 0, 0, 0, 0, 0, 0, 0, 0, 0, 0, 0, 0, 0, 0, 0, 0, 0, 0, 0, 0, 0, 0, 0, 0, 0, 0, 0, 0\Big\}$$

In[62]:=
```
BarChart[bcp , PlotRange → All, AxesOrigin → {0, 0}, LabelStyle → {8},
  ImageSize → 240, AspectRatio → 0.4,
  ChartStyle → Table[Hue[RandomReal[{0, 1}]], {i, 1, Length[bc]}],
        ChartStyle → {RGBColor[0.5, 0, 1]}]
```

Out[62]=

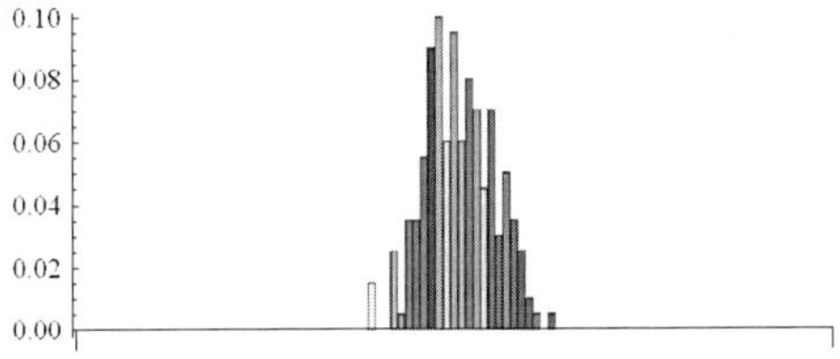

In[63]:=
```
GraphB = ListPlot[bcp, PlotRange → All, LabelStyle → {8},
           Joined → True, ImageSize → 240, AspectRatio → 0.4,
           PlotStyle → {Thickness[0.004], GrayLevel[0.5]}]
```

Out[63]=

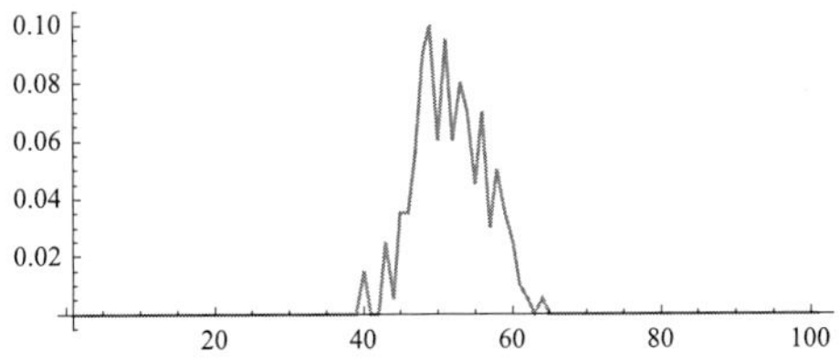

아래 그림에서 GraphA는 이항분포 $B(100, 0.5)$에 대한 이론적 확률분포곡선이고, GraphB는 이항분포 $B(100, 0.5)$ 를 따르는 실험을 try=200회 시행하였을 때의 통계적 확률분포곡선이다.

In[64]:=
```
Show[GraphA, GraphB, ImageSize → 240]
 (* GraphA는 이 장의 19.3.2절에 나와 있음. *)
```

Out[64]=

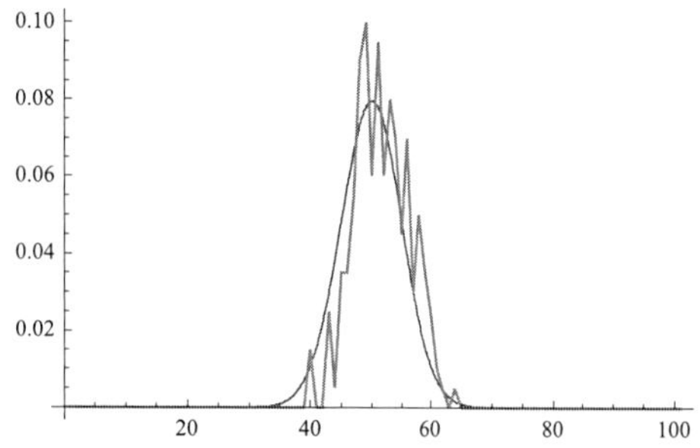

보는 바와 같이 모의실험을 통한 통계적 확률분포곡선은 이론적 확률분포곡선과는 다소의 차이를 보인다. 시행횟수가 그렇게 크지 않기 때문이다. 이제 이 모의실험에 대하여 시행횟수 try값을 자유롭게 조절하면서 $B[n,\ p]$에 대한 확률분포곡선을 그려주는 함수를 작성해 보기로 한다.

```
In[65]:= Clear[Simulation]
         Simulation[B {n_, p_}, try_, options___] :=
          Module[{data, bc, pair},
             data = Table[Random[BinomialDistribution[n, p]], {try}];
             bc = BinCounts[data, {0, n, 1}] / try;
             pair = Table[{bc[[i]], i}, {i, 1, Length[bc]}];
             ListPlot[bc, options, LabelStyle → {8},
                  PlotRange → {{0, Max[n, 50]}, {0, 0.25}},
                  Joined → True, ImageSize → 240, AspectRatio → 0.6,
                  PlotStyle → {Thickness[0.004], RGBColor[0, 0.5, 1]}]]
```

이제 시행횟수가 커짐에 따라 통계적 확률이 이론적 확률에 수렴하는 과정을 관찰하기 위하여 모의실험의 시행횟수를 키워보도록 하자.

```
In[67]:= Clear[try, GraphC]; try = 100000;
         GraphC = Simulation[B {100, 0.5}, try, PlotRange → All, ImageSize → 240,
           PlotStyle → {Dashing[{0.01}], RGBColor[1, 0, 0]}]
```

Out[68]=

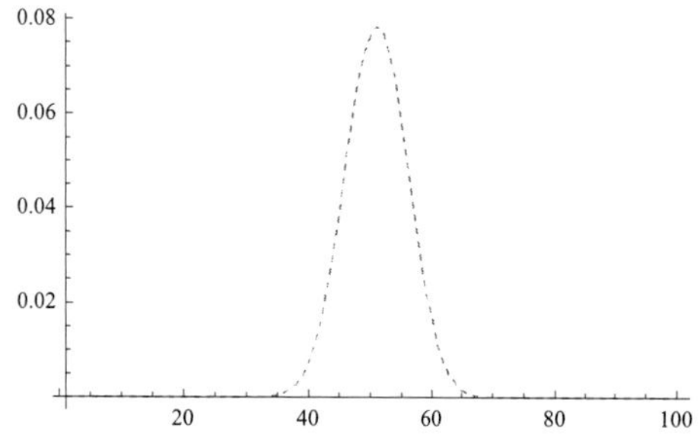

```
In[69]:= Show[GraphicsGrid[{{GraphA, GraphC}}], ImageSize → 400]
```

Out[69]=

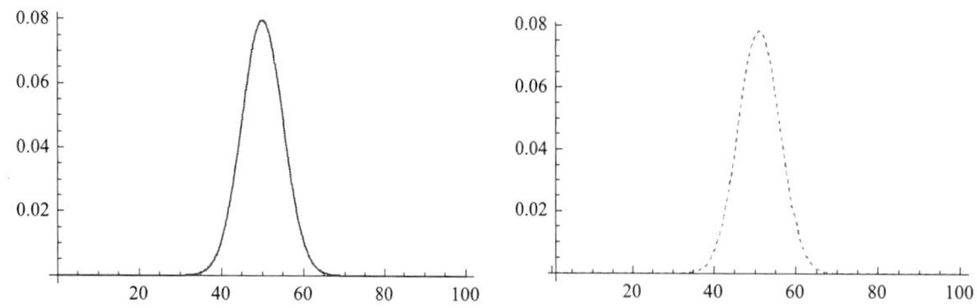

이와 같이 이항분포 $B(100,\ 0.5)$에 대한 모의실험을 try = Table$[1000\times 2^i,\ \{i,\ 1,\ 6\}]$만큼 시행하여 $P(X=r)$에 대한 통계적 확률을 구한 후 그래프를 출력해 본 결과 아래와 같이 $B(100, 0.5)$에 대한 이론적 확률질량함수의 그래프에 가까워짐을 관찰할 수 있다.

```
In[70]:= Simulation[B {100, 0.5}, 1000 × 2^6]
```

Out[70]=

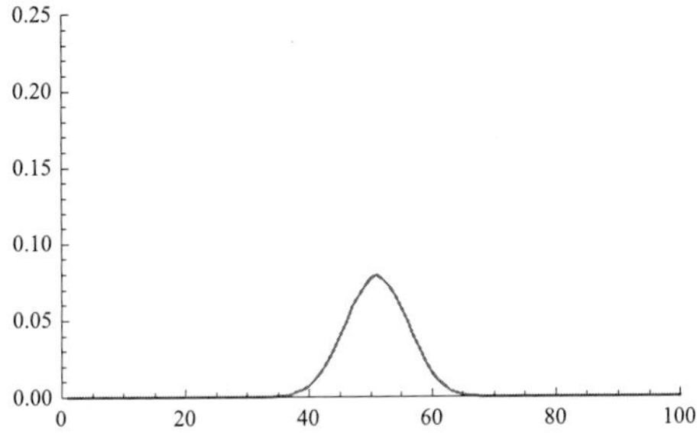

```
In[71]:= Show[GraphicsGrid[ Partition[
           Table[Simulation[B {100, 0.5}, 1000 × 2^i,
            PlotRange → {All, {0, 0.1}} ,
            PlotStyle → {Thickness[0.01], RGBColor[0, 0.5, 1]}] , {i, 1, 6, 1}], 3]],
          BaseStyle → {8}, ImageSize → 480]
```

Out[71]=

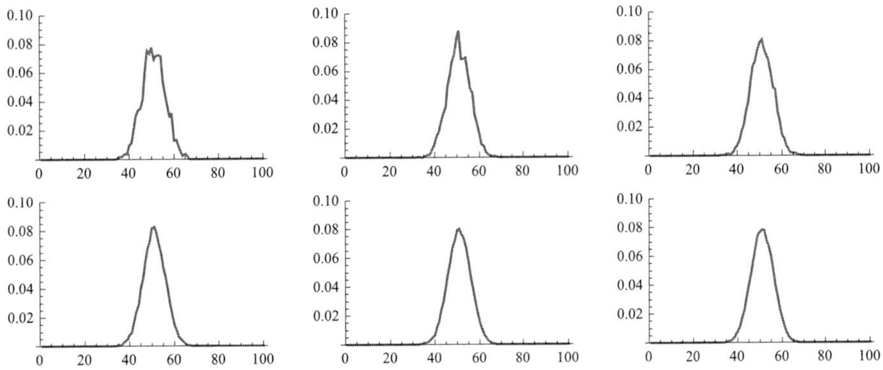

4. 연속확률분포

연속확률분포는 어떠한 시행에 있어 전 사건의 원소가 연속적인 확률변수를 가지는 분포다. 즉, 확률변수 X가 시간, 넓이, 부피 등과 같은 연속적인 양에 대한 분포를 의미하며 대표적인 연속확률분포로는 정규분포가 있다.

4.1. 여러 가지 연속확률분포

연속적인 확률변수에 대한 확률분포는 정규분포 외에도 자유도가 n인 카이제곱분포, F분포, t분포 등이 있는데 *Mathematica*에는 이것들 이외에도 베타 분포, 코시 분포, 카이 분포, 지수 분포, 감마 분포, 반정규분포, 라플라스 분포, 대수정규분포, 로지스틱 분포, 균등 분포 등 통계학에서 다루는 웬만한 분포들이 모두 포함되어 있다. 이 책에서는 정규분포에 대해서만 *Mathematica*를 활용하는 법을 소개하도록 하겠다.

4.2. 정규분포

통계 함수꾸러미를 활용하기 전에 우리가 직접 정규분포함수를 활용하여 보자.

In[72]:= $f[x\_, \{m\_, \sigma\_\}] := \frac{1}{\sqrt{2\pi}\,\sigma} e^{-\frac{(x-m)^2}{2\sigma^2}}$ (* 정규분포함수 *)

이 정규분포함수의 그래프를 정규분포곡선이라고 한다. 정규분포곡선을 그려보자.

```
In[73]:= Plot[f[x, {10, 2}], {x, -10, 30},
          PlotRange → {{-5, 25}, {0, 0.25}}, AxesStyle → Gray,
          PlotStyle → {RGBColor[0.5, 0, 1], Thickness[0.005]},
          GridLines → {{10}, None}, ImageSize → 240 ]
```

Out[73]=

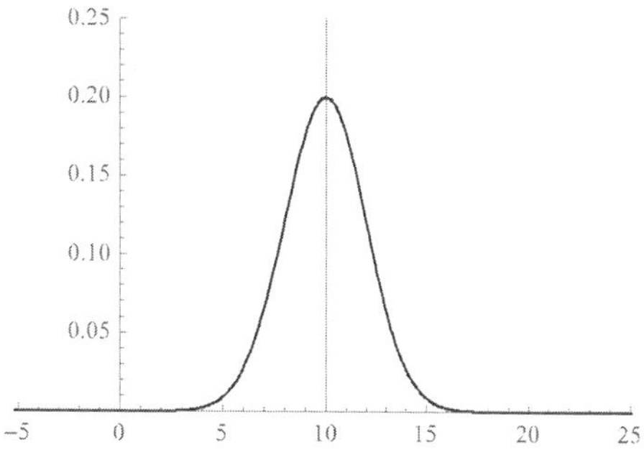

정규분포곡선은 수직선 $x=m$에 대해 좌우 대칭이고, x축을 점근선으로 가지고 있다. 또한 확률변수 X에 대해 $P(-x1 \le X \le x2)$의 확률값은 아래와 같이 구한다.

In[74]:= `Clear[Areaf, x1, x2, m, σ]`

$$\text{Areaf} = \int_{-x1}^{x2} f[x, \{m, \sigma\}]\, dx$$

Out[75]= $\frac{1}{2}\left(\text{Erf}\left[\frac{m + x1}{\sqrt{2}\,\sigma}\right] - \text{Erf}\left[\frac{m - x2}{\sqrt{2}\,\sigma}\right]\right)$

Erf는 $\text{Erf}[z\_] := \frac{2}{\sqrt{\pi}} \int_0^z e^{-t^2}\, dt$ 로 정의된 함수다. 이제는 $P(-\infty \le X \le \infty) = 1$임을 확인하여 보자.

In[76]:= $\text{Areaf} = \text{Assuming}\left[\sigma > 0, \int_{-\infty}^{\infty} f[x, \{m, \sigma\}]\, dx\right]$

Out[76]= 1

정규분포는 $N(m, \sigma^2)$으로 나타낸다. 이제 정규분포에 대한 여러 가지를 내장함수로 구현해 보기로 한다.

NormalDistribution[m, σ]	정규분포 $N(m, \sigma^2)$을 정의한다. (* 주의 : σ^2 이 아닌 σ가 쓰임. *)
PDF[distribution, x_n]	확률분포 distribution에 대하여 $P(X = x_n)$ 의 값을 계산한다.
CDF[distribution, x_n]	확률분포 distribution에 대하여 $\sum_{i=0}^{n} P(X = x_i)$ 의 값을 계산한다.

```
In[77]:= distN = NormalDistribution[10, 2];

In[78]:= Plot[PDF[distN, x], {x, -20, 40},
          PlotRange → {{-5, 25}, {0, 0.25}}, AxesStyle → Gray,
          PlotStyle → {RGBColor[0, 0.5, 1], Thickness[0.005]},
          GridLines → {{10}, None}, ImageSize → 240]
```

Out[78]=

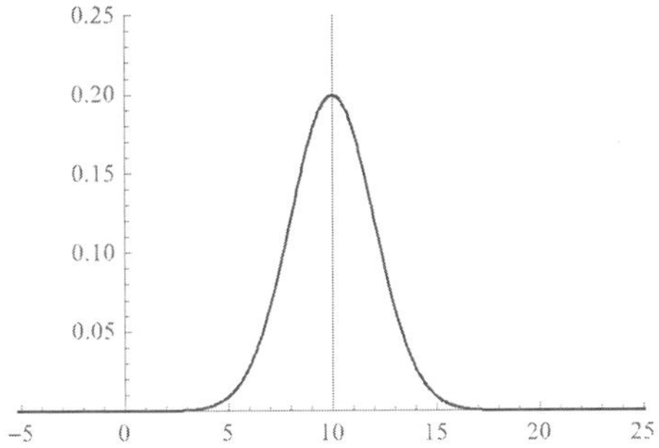

```
In[79]:= Plot[CDF[distN, x], {x, -20, 40}, PlotRange → {{-5, 25}, All}, AxesStyle → Gray,
     PlotStyle → {RGBColor[0, 0.5, 1], Thickness[0.005]},
     GridLines → {{10}, None}, ImageSize → 240]
```

Out[79]=

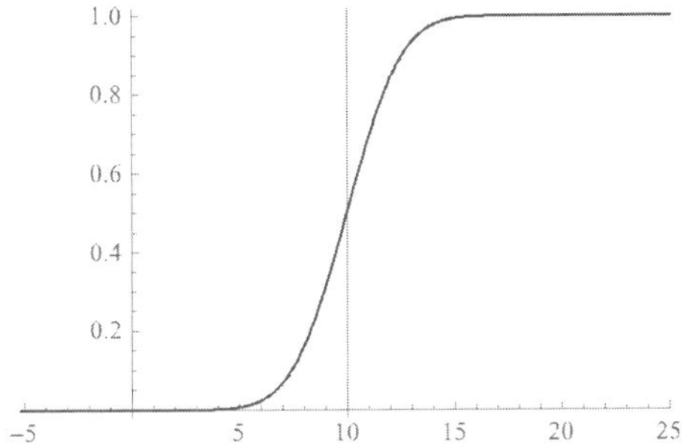

▶ 정규분포 $N(m,\ \sigma^2)$ 에 대하여 확률 $P(a \le X \le b)$ 을 계산하고 시각화하는 함수 작성

N($10,2^2$)을 따르는 정규분포에 대하여 P($9 \le X \le 14$)를 계산하고, 이를 시각화하여 보자. 시각화를 위해서 그래프를 2개 그리려 한다. 하나는 정규분포곡선 전체의 그래프이고 다른 하나는 정규분포곡선에서 주어진 구간에 해당하는 영역을 색깔로 채운 그림이다.

```
In[80]:= gf1 = Plot[f[x, {10, 2}], {x, 9, 14}, Filling → Axis,
           FillingStyle → RGBColor[0.5, 0.5, 1],
           PlotRange → {{-5, 25}, {0, 0.25}}, ImageSize → 240];
     gf2 = Plot[f[x, {10, 2}], {x, -20, 40},
           PlotStyle → {RGBColor[0.5, 0, 1], Thickness[0.01]},
           PlotRange → {{-5, 25}, {0, 0.25}}, ImageSize → 240];
     Show[Graphics[gf1], Graphics[gf2]]
```

Out[82]=

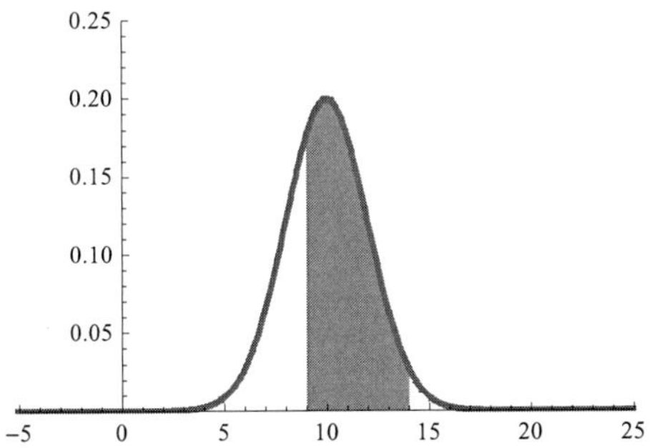

```
In[83]:= m = 10;
         σ = 2;
         Areaf = N[∫_9^14 PDF[NormalDistribution[m, σ], x] ⅆx]
         (* P(9≤X≤14) *)
Out[85]= 0.668712
```

이상의 내용을 함수화하면 다음과 같다.

```
In[86]:= Clear[NormalPDF, m, σ]
         NormalPDF[{m_, σ_}, {X, a1_, b1_}, options___] :=
          Module[{pdf, gf1, gf2, Area}, pdf = PDF[NormalDistribution[m, σ], x];
                gf1 = Plot[pdf, {x, a1, b1}, options, Filling → Axis,
                          FillingStyle → RGBColor[0.5, 0.5, 1],
                          AxesLabel → {"x", ""}];
                gf2 = Plot[pdf, {x, Min[-10 σ, a1] + m, Max[10 σ, b1] + m}, options,
                          AxesLabel → {"x", ""},
                          PlotStyle → {RGBColor[0.5, 0, 1], Thickness[0.01]}];
                Area = N[∫_a1^b1 pdf ⅆx] ;
            Show[Graphics[gf1], Graphics[gf2], options, TextStyle → {9},
               PlotLabel → StyleForm[StringJoin[
               "P(", ToString[StandardForm[a1 ≤ "X" ≤ b1]],
               ")=", ToString[ NumberForm[Area, 3]] ], 9, RGBColor[1, 0, 0] ]] ]

In[88]:= NormalPDF[{10, 2}, {X, 9, 14},
                   PlotRange → {{-5, 25}, {0, 0.25}} , ImageSize → 240 ]
```

Out[88]=

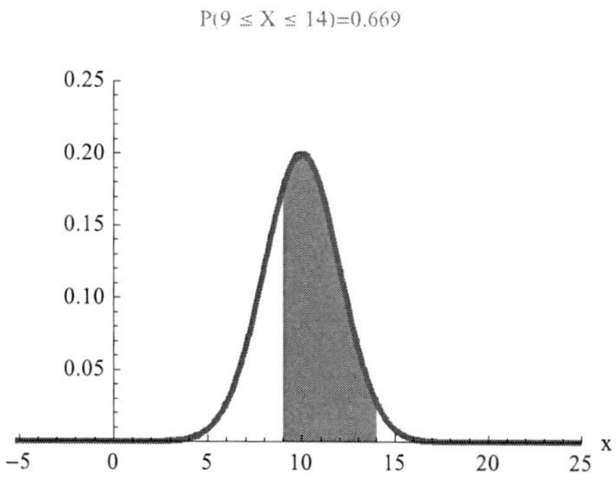

▸ 정규분포 $N(m, \sigma^2)$과 표준정규분포 $N(0, 1)$ 사이의 관계 확인하기

평균이 m, 표준편차가 σ인 정규분포의 확률변수 X가 구간 [a1, b1]에 속할 확률은 $Z = \frac{X-m}{\sigma}$ 이라는 표준측도변환을 통한 표준정규분포를 이용하여 구할 수 있다. 즉 확률변수 X가 정규분포 $N(m, \sigma^2)$을 따르고 확률변수 Z가 표준정규분포 $N(0, 1)$을 따를 때

$$P(\mathrm{a1} \le X \le \mathrm{b1}) = P\left(\frac{\mathrm{a1}-m}{\sigma} \le Z \le \frac{\mathrm{b1}-m}{\sigma}\right)$$

이 성립함을 이용하여 $P(\text{a1} \le X \le \text{b1})$을 $P(\frac{\text{a1}-m}{\sigma} \le Z \le \frac{\text{b1}-m}{\sigma})$로 계산한다. 사용자 함수 NormalPDF를 정의할 때와는 달리 이번에는 내장함수 PDF를 사용하지 않고, 즉 pdf = PDF[NormalDistribution[m, σ], x]를 사용하지 않고, 표준정규분포의 확률밀도함수 $f[\text{x_}] := \frac{1}{\sqrt{2\pi}} e^{-\frac{x^2}{2}}$를 직접 사용하여 작성해 본다. 또한 확률을 계산함과 더불어 표준정규분포곡선의 해당영역을 도시하여 본다.

```
In[89]:= Clear[StandardNormalPDF]
         StandardNormalPDF[{m_, σ_}, {X, a1_, b1_}, options___] :=
          Module[{pdf, gf1, gf2, Areaf},
           gf1 = Plot[f[x, {0, 1}], {x, (a1 - m)/σ, (b1 - m)/σ}, options, Filling → Axis,
             AxesOrigin → {0, 0}, PlotRange → {{-3, 3}, Automatic},
             FillingStyle → RGBColor[0.5, 0.5, 1], AxesLabel → {"z", ""}];
           gf2 = Plot[f[x, {0, 1}], {x, -5, 5}, options ,
             PlotStyle → {RGBColor[0.5, 0, 1], Thickness[0.01]},
             AxesLabel → {"z", ""} ];
           Areaf = N[∫_((a1-m)/σ)^((b1-m)/σ) f[x, {0, 1}] ⅆx] ;
           Show[Graphics[gf1], Graphics[gf2], options, LabelStyle → {9},
            PlotLabel → Style["P(" <> ToString[TraditionalForm[(a1 - m)/σ ≤ Z ≤ (b1 - m)/σ]]
              <> ")=" <> ToString[NumberForm[ Areaf, 3]] , 9, RGBColor[1, 0, 0] ] ] ]
```

이제 정규분포 $N(10,\ 2^2)$을 따르는 확률변수 X가 구간 [9, 14]에 속할 확률 $P(9 \le X \le 14)$에 해당하는 $P(\frac{9-10}{2} \le Z \le \frac{14-10}{2})$를 위에서 작성한 함수를 이용하여 계산하고 해당영역을 나타내 보자. (단, Z는 표준확률변수.)

```
In[91]:= StandardNormalPDF[{10, 2}, {X, 9, 14}, ImageSize → 240,
                           PlotRange → {{-5, 5}, {0, 0.5}}]
```

Out[91]=

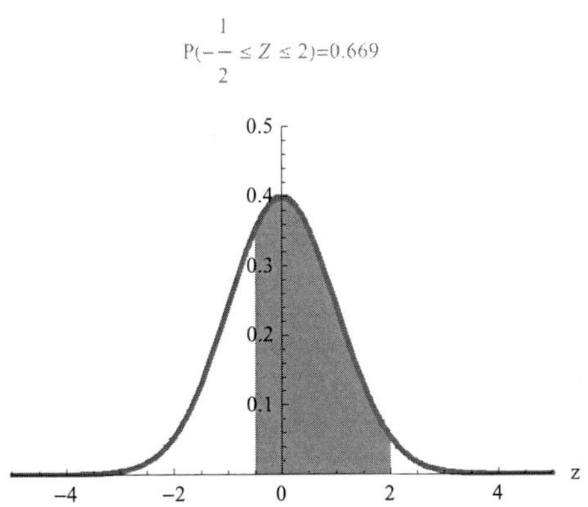

▶ 정규분포 $N(m,\ \sigma^2)$ 와 표준정규분포 $N(0,\ 1)$ 의 비교

이제 $N(10, 5^2)$을 따르는 정규분포에 대하여 $P(5 \le X \le 18)$의 값을 정규분포곡선을 이용해서 계산하고 또한

표준정규분포곡선을 이용해서도 계산해 보자. 당연히 그 결과는 같아야 할 것이다.

In[92]:=
```
Clear[gf1, gf2]
gf1 = NormalPDF[{10, 5}, {X, 5, 18}, PlotRange → {{-10, 30}, {0, 0.1}}];
gf2 = StandardNormalPDF[{10, 5}, {X, 5, 18}];
Show[GraphicsGrid[{{gf1, gf2}}], ImageSize → 400]
```

Out[95]=

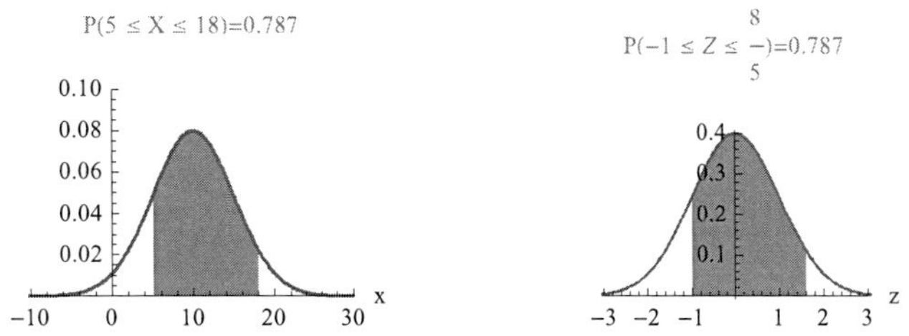

▶ 정규분포 $N(m,\ \sigma^2)$ 에서 평균 m 의 변화에 따른 정규분포곡선의 변화 관찰하기

In[96]:=
```
Clear[Avg1, Avg2];
Avg1 = Table[NormalPDF[{m, 1}, {X, m - 1, m + 1},
            PlotRange → {{-7, 7}, {0, 0.5}}] , {m, -1, 1, 1} ] ;
Avg2 = Table[StandardNormalPDF[{m, 1}, {X, m - 1, m + 1},
            PlotRange → {{-5, 5}, {0, 0.5}}] , {m, -1, 1, 1} ] ;
Show[GraphicsGrid[Transpose[{Avg1, Avg2}],
                Spacings → {-10, 30}], ImageSize → 400]
```

Out[99]=

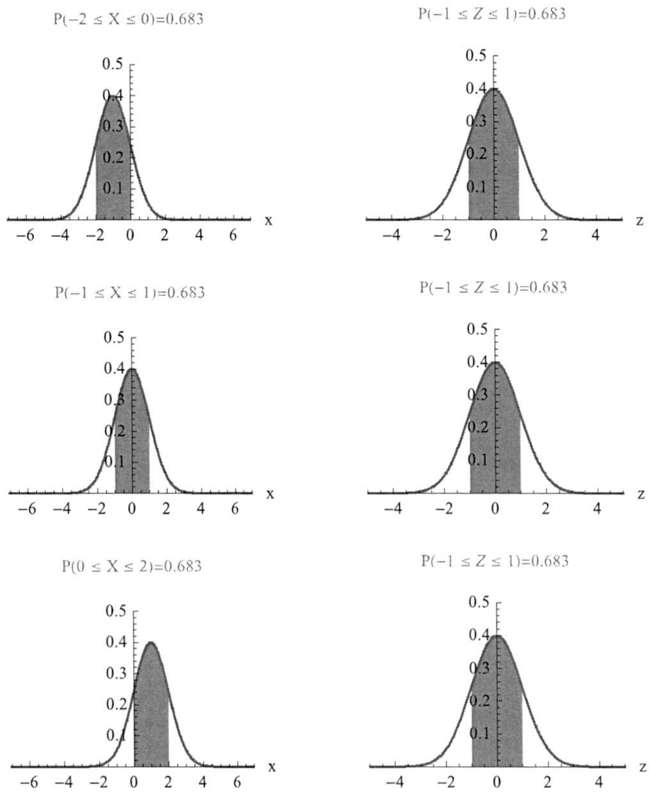

▶ 정규분포 $N(m,\ \sigma^2)$에서 표준편차의 변화에 따른 곡선의 변화 관찰하기

```
In[100]:= Clear[Var1, Var2];
          Var1 = Table[NormalPDF[{10, i}, {X, 8, 12},
              PlotRange → {{5 - 2 i, 15 + 2 i}, {0, 0.85}}] , {i, 1/2, 3/2, 1/2}] ;
          Var2 = Table[StandardNormalPDF[{10, i}, {X, 8, 12},
              PlotRange → {{-5, 5}, {0, 0.5}}] , {i, 1/2, 3/2, 1/2}] ;
          Show[GraphicsGrid[Transpose[{Var1, Var2}], Spacings → {0, 40}],
              ImageSize → 400]
```

Out[103]=

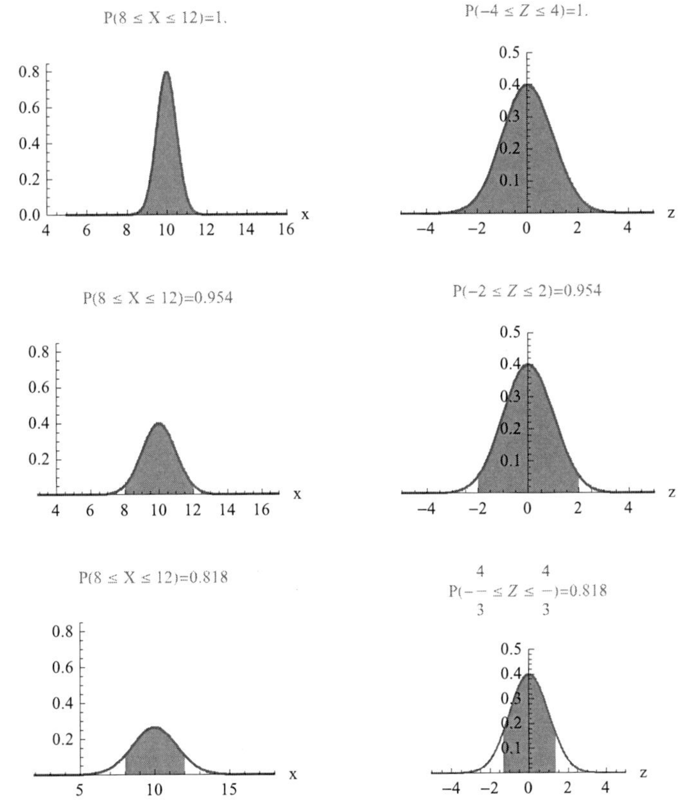


```
In[104]:= Clear[Var1, Var2]
```

5. 추정

통계에서 가장 흥미로운 부분은 추정과 검정이다. 이 책에서는 정규분포 N(m, σ^2)를 따르는 모집단에 대해서 일정한 크기의 표본을 추출하여 모집단의 평균을 추정하여 보기로 한다.

▶ 모집단과 표본집단의 예제

예제-1. 전국 고등학생들의 수학능력시험 성적(400 점 만점) 이 정규분포를 따르고, 임의로 선택한 100 명의 성적이 다음과 같다고 하자.

203	224	218	249	187	192	235	207	223	234
238	191	127	208	224	177	177	214	201	187
225	225	283	210	158	182	185	236	224	225
190	228	252	154	274	265	160	169	239	184
209	163	264	185	265	270	226	270	200	200
216	260	306	173	255	234	242	250	204	223
284	230	217	217	228	215	226	220	180	249
214	236	217	272	199	211	218	295	250	257
201	208	335	222	227	204	218	214	176	226
197	194	220	216	236	302	189	211	240	258

이때, 이 정보만을 가지고 95 %, 99 % 의 신뢰도로 모평균을 추정해 보라.

[풀이]

주어진 표본에 sample이라는 이름을 붙이자.

```
In[105]:= sample = {203, 224, 218, 249, 187, 192, 235, 207, 223, 234, 238, 191, 127, 208,
      224, 177, 177, 214, 201, 187, 225, 225, 283, 210, 158, 182, 185, 236, 224,
      225, 190, 228, 252, 154, 274, 265, 160, 169, 239, 184, 209, 163, 264, 185,
      265, 270, 226, 270, 200, 200, 216, 260, 306, 173, 255, 234, 242, 250,
      204, 223, 284, 230, 217, 217, 228, 215, 226, 220, 180, 249, 214, 236,
      217, 272, 199, 211, 218, 295, 250, 257, 201, 208, 335, 222, 227, 204,
      218, 214, 176, 226, 197, 194, 220, 216, 236, 302, 189, 211, 240, 258};
```

이미 알고 있는 명령어를 이용하여 표본집단의 평균, 표준편차, 분산을 구하여 본다.

```
In[106]:= {m, s, v} = N[{Mean[sample], StandardDeviation[sample], Variance[sample]}]

Out[106]= {221.28, 35.2071, 1239.54}
```

표본집단의 표준편차가 모집단의 표준편차와 거의 같음을 알 수 있다. 이제 추정을 위한 함수꾸러미를 불러오자.

```
In[107]:= Needs["HypothesisTesting`"]
```

MeanCI[datalist, options]	표본데이터 datalist를 바탕으로 모평균을 추정한다.

MeanCI의 옵션은 2가지가 존재한다.

```
In[108]:= Options[MeanCI]

Out[108]= {ConfidenceLevel → 0.95, KnownVariance → None}
```

ConfidenceLevel은 신뢰도의 설정을 의미하며 기본은 0.95(95%)로 설정되어 있다. 또한 모집단의 분산을 알 경우 KnownVariance에 그 값을 설정하여 주면 된다.

*Mathematica*의 MeanCI를 이용하여 95% 신뢰도로 모평균을 추정하면 아래와 같다. 여기서 KnownVariance는 모집단의 분산이지만 그 값을 알지 못하여 표본집단의 분산을 대신 사용하였다.

```
In[109]:= estimate95 = MeanCI[sample, KnownVariance → v]

Out[109]= {214.38, 228.18}
```

이 결과는 현 고등학교 교과서에서 제공하는 모평균 추정공식에 의한 결과와 같음을 알 수 있다.

```
In[110]:= n = 100;
          {m - 1.96 s/√n , m + 1.96 s/√n}
Out[111]= {214.379, 228.181}
```

위의 결과는 MeanCI를 이용하여 구한 결과와 약간의 오차가 있다. 이는 정규분포의 추정공식 $X - k\frac{s}{\sqrt{n}} \le m \le X + k\frac{s}{\sqrt{n}}$에서 95% 신뢰도인 경우 $k = 1.96$, 99% 신뢰도인 경우 $k = 2.58$로 사용하여 MeanCI에서 사용한 k값의 유효숫자의 차이에서 비롯된 것이다. 이 값 k를 유효숫자 6자리로 다시 구하여 보면 아래와 같다.

```
In[112]:= FindRoot[∫_{-k}^{k} PDF[NormalDistribution[0, 1], x] dx == 0.95, {k, 2}] (* 95% 신뢰도 *)
Out[112]= {k → 1.95996}
In[113]:= FindRoot[∫_{-k}^{k} PDF[NormalDistribution[0, 1], x] dx == 0.99, {k, 2}] (* 99% 신뢰도 *)
Out[113]= {k → 2.57583}
```

바로 이 값 k를 이용하여 다시 추정해 보면 MeanCI의 결과와 같음을 알 수 있다.

```
In[114]:= {m - 1.95996 s/√n , m + 1.95996 s/√n}
Out[114]= {214.38, 228.18}
```

만약 MeanCI를 이용할 때 KnownVariance를 설정하지 않으면 *Mathematica*는 Student의 t-분포를 이용하여 모평균의 구간을 계산하여 준다.

```
In[115]:= newestimate95 = MeanCI[sample]   (* 함수꾸러미의 함수 이용 *)
Out[115]= {214.294, 228.266}
```

역으로, 우리가 구한 95%의 신뢰구간이 근사적으로 그럴듯한 답인지 앞서 작성해놓은 NormalPDF 함수를 이용하여 확인하여 보자.

```
In[116]:= NormalPDF[{m, s/√n}, Join[{X}, estimate95 ],
            PlotRange → {{0.9 estimate95[[1]], 1.1 estimate95[[2]]}, All},
            AxesOrigin → {0, 0}, Ticks → Automatic, ImageSize → 240 ]
```

Out[116]=

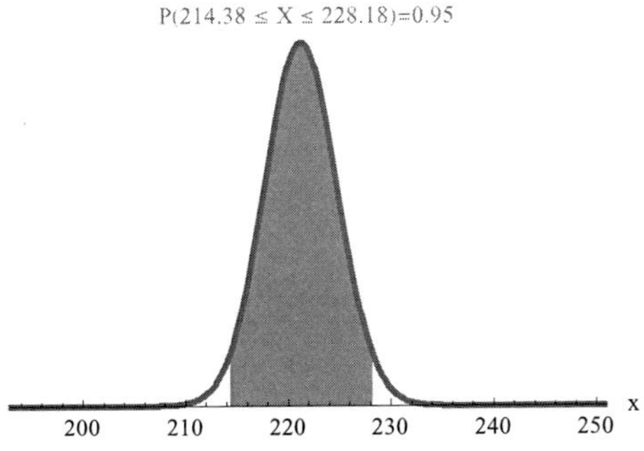

이번에는 신뢰도 99%로 모평균이 속하는 구간을 추정하여 보자.

```
In[117]:= estimate99 = MeanCI[sample, ConfidenceLevel → 0.99, KnownVariance → v]
Out[117]= {212.211, 230.349}
```

In[118]:= $\left\{m - 2.57583 \frac{s}{\sqrt{n}}, m + 2.57583 \frac{s}{\sqrt{n}}\right\}$

```
Out[118]= {212.211, 230.349}
In[119]:= newestimate99 = MeanCI[sample, ConfidenceLevel → 0.99]
Out[119]= {212.033, 230.527}
```

우리가 구한 99%의 신뢰구간이 근사적으로 그럴듯한 답인지 앞서 작성해놓은 NormalPDF함수를 이용하여 확인하여 보자.

In[120]:= NormalPDF$\left[\left\{m, \frac{s}{\sqrt{n}}\right\}\right.$, Join[{X}, estimate99],

```
        PlotRange → {{0.9 estimate99[[1]], 1.1 estimate99[[2]]}, All},
        AxesOrigin → {0, 0}, Ticks → Automatic, ImageSize → 240]
```

Out[120]=

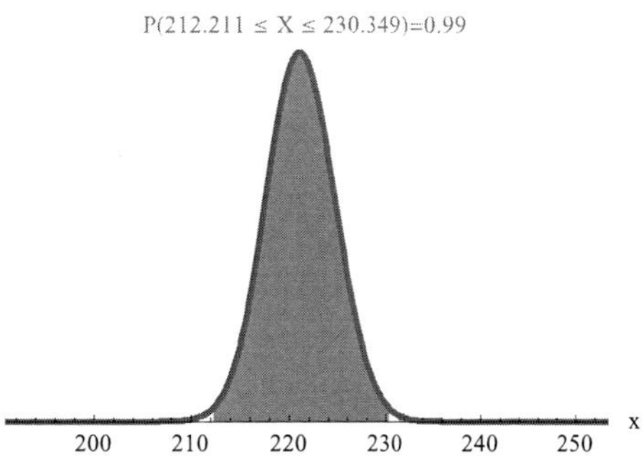

이상으로 풀이가 완결되었다. ■

예제-2. 위의 예제 - 2 에 주어진 상황에서,
전국 고등학생들의 수학능력시험 성적의 표준편차가 35 라고 할 때 95 %,
99 % 의 신뢰도로 모평균을 추정해 보라.

[풀이]

모집단의 표준편차 혹은 분산을 알고 있다면 옵션의 설정으로 더욱 정확한 모평균을 추정할 수 있다. 다음은 모집단의 표준편차가 35임을 알 때 신뢰도 95%로 평균이 속할 구간을 추정한 결과다.

In[121]:= $\left\{m - 1.95996 \frac{35}{\sqrt{n}}, m + 1.95996 \frac{35}{\sqrt{n}}\right\}$

MeanCI[sample, KnownVariance → 35^2]

```
(* ConfidenceLevel option의 기본값은 0.95다. *)
Out[121]= {214.42, 228.14}
Out[122]= {214.42, 228.14}
```

이번에는 모집단의 표준편차가 35임을 알 때 신뢰도 99%로 평균이 속할 구간을 추정한 결과다.

```
In[123]:= {m - 2.57583 35/√n , m + 2.57583 35/√n}
          MeanCI[sample, ConfidenceLevel → 0.99, KnownVariance → 35^2]
Out[123]= {212.265, 230.295}
Out[124]= {212.265, 230.295}
```

이상으로 풀이가 완결되었다. ■

마지막으로 문제의 자료가 어떻게 얻어졌는지 설명하고자 한다. 사실은 전국 고등학생들의 수학능력시험 성적이 평균이 $m = 220$, 표준편차가 $\sigma=35$임을 가정하고 다음과 같이 구하였다.

```
In[125]:= distAll = NormalDistribution[220, 35];
          n = 100;
          sample = Table[Round[Random[distAll]], {n}]
Out[127]= {206, 210, 205, 229, 183, 287, 226, 270, 265, 189, 191, 194, 269, 212, 174,
           207, 243, 176, 221, 157, 195, 258, 247, 196, 220, 228, 261, 305, 254, 188,
           236, 262, 186, 230, 180, 163, 253, 230, 235, 217, 216, 227, 243, 231,
           221, 245, 183, 179, 211, 215, 239, 311, 240, 220, 193, 173, 232, 194,
           173, 270, 257, 236, 235, 233, 268, 179, 201, 283, 208, 172, 253, 160,
           294, 197, 275, 245, 235, 216, 145, 232, 290, 191, 253, 225, 259, 187,
           257, 242, 255, 174, 200, 206, 203, 201, 197, 176, 153, 222, 200, 243}
```

Random 함수를 사용하였기 때문에 이 결과는 당연히 문제에 주어진 data와는 다르다. 어쨌거나 이 표본을 가지고 표본 평균과 표본 표준편차를 구해보면 각각 220과 35에 근접한데, 이 것은 자료가 만들어진 방법상 당연할 수 밖에 없다.

제 20장 근사다항식과 자료 분석

다항식으로 나타내어지는 다항함수는 우리가 다루기 가장 쉬운 함수다. 따라서 복잡한 식이나 자료에 대하여 정확한 값이 아닌 대강의 값만으로도 충분하다고 여겨질 때는 주어진 식이나 자료를 적절한 다항식으로 근사시켜 생각하고 싶을 것이다. 이 장에서는 복잡한 식이나 자료를 다항식으로 근사하는 이론을 *Mathematica*로 구현하는 법에 대해서 알아본다.

1. 테일러 다항식

공학에서는 복잡한 식을 다루는 일이 많은데 여러 가지 제약으로 인하여 근사식을 사용하는 게 현실적인 경우가 많다. 테일러 전개는 복잡한 함수에 대한 근사함수를 구하는 방법의 하나로 활용도가 굉장히 크다.

1.1. 일변수함수에 대한 테일러 다항식

Series[f, {x, x_0, n}]	함수 f 의 $x = x_0$ 를 중심으로 하는 테일러 급수를 n 차까지 구한다.

▶ sin(x)의 테일러 전개

In[1]:= `Seriesf = Series[Sin[x], {x, 0, 10}]`

Out[1]= $x - \frac{x^3}{6} + \frac{x^5}{120} - \frac{x^7}{5040} + \frac{x^9}{362880} + O[x]^{11}$

이것은 sin(x)에 대한 테일러 급수다. 그러나 이와 같이 전개된 식을 그대로는 이용할 수 없다.

In[2]:= `Seriesf /. x → 1`

SeriesData::ssdn : Attempt to evaluate a series at the number 1. Returning Indeterminate. ≫

Out[2]= Indeterminate

위 결과를 사용하려면 꼬리 부분을 없애 버려야 한다.

Normal[expr]	멱급수 expr의 꼬리 부분을 없애 테일러 다항식을 출력한다.

Normal은 Normalize (정규화한다)의 약어다.

In[3]:= `Normal[Seriesf]`

Out[3]= $x - \frac{x^3}{6} + \frac{x^5}{120} - \frac{x^7}{5040} + \frac{x^9}{362880}$

In[4]:= `g[t_] := Normal[Seriesf] /. x → t`

In[5]:= `{g[1], N[g[1]]}`

Out[5]= $\left\{\frac{305353}{362880}, 0.841471\right\}$

```
In[6]:= gf1 = Plot[Sin[x], {x, -2 Pi, 2 Pi},
              PlotStyle → {Thickness[0.01], Dashing[{0.02}], RGBColor[1, 0, 0]}];
        gf2 = Plot[Evaluate@g[x], {x, -2 Pi, 2 Pi},
              PlotStyle → {Thickness[0.01], Dashing[{0.02}], RGBColor[0, 0, 1]}];
        Show[{gf2, gf1}, ImageSize → 240]
```

Out[8]=

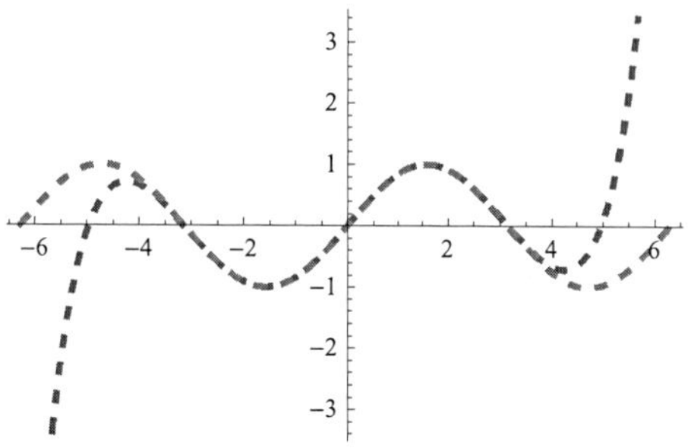

테일러 다항식의 차수를 조금 더 높게 택하면 그만큼 원래 함수와 더 가까워질 것이다. 실험해보자.

```
In[9]:= h[x_, x0_, n_] := Normal[Series[Sin[t], {t, x0, n}]] /. t → x

In[10]:= h[x, 0, 30] // N
```

Out[10]= $x - 0.166667\,x^3 + 0.00833333\,x^5 - 0.000198413\,x^7 + 2.75573\times10^{-6}\,x^9 - 2.50521\times10^{-8}\,x^{11} + 1.6059\times10^{-10}\,x^{13} - 7.64716\times10^{-13}\,x^{15} + 2.81146\times10^{-15}\,x^{17} - 8.22064\times10^{-18}\,x^{19} + 1.95729\times10^{-20}\,x^{21} - 3.86817\times10^{-23}\,x^{23} + 6.44695\times10^{-26}\,x^{25} - 9.18369\times10^{-29}\,x^{27} + 1.131\times10^{-31}\,x^{29}$

```
In[11]:= gf3 = Plot[Sin[x], {x, -6 Pi, 6 Pi},
               PlotStyle → {Thickness[0.01], Dashing[{0.02}], RGBColor[1, 0, 0]}];
         gf4 = Plot[h[x, 0, 30], {x, -6 Pi, 6 Pi},
               PlotStyle → {Thickness[0.01], Dashing[{0.02}], RGBColor[0, 0, 1]}];
         Show[{gf4, gf3}, ImageSize → 240]
```

Out[13]=

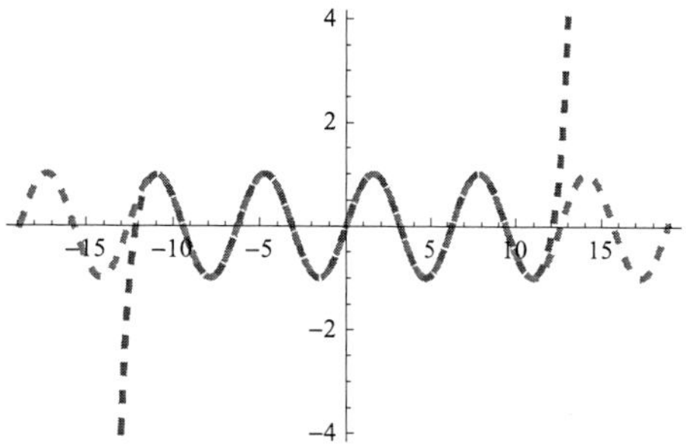

► $f(x) = e^x$ 의 테일러 다항식

이번에는 $f(x) = e^x$의 $x = 5$를 중심으로 하는 30차 테일러 다항식을 구하여 보자.

```
In[14]:= G[x_,a_,n_]:= N[Normal[Series[Exp[t], {t, a, n}]]] /.t→x

In[15]:= G[x, 5, 30]
```

Out[15]= $148.413 + 148.413\,(-5. + x) + 74.2066\,(-5. + x)^2 + 24.7355\,(-5. + x)^3 + 6.18388\,(-5. + x)^4 + 1.23678\,(-5. + x)^5 + 0.206129\,(-5. + x)^6 + 0.0294471\,(-5. + x)^7 + 0.00368088\,(-5. + x)^8 + 0.000408987\,(-5. + x)^9 +$

0.0000408987 (-5. + x)^{10} + 3.71806 × 10^{-6} (-5. + x)^{11} + 3.09839 × 10^{-7} (-5. + x)^{12} +
2.38337 × 10^{-8} (-5. + x)^{13} + 1.70241 × 10^{-9} (-5. + x)^{14} + 1.13494 × 10^{-10} (-5. + x)^{15} +
7.09337 × 10^{-12} (-5. + x)^{16} + 4.17257 × 10^{-13} (-5. + x)^{17} + 2.3181 × 10^{-14} (-5. + x)^{18} +
1.22005 × 10^{-15} (-5. + x)^{19} + 6.10025 × 10^{-17} (-5. + x)^{20} + 2.90488 × 10^{-18} (-5. + x)^{21} +
1.3204 × 10^{-19} (-5. + x)^{22} + 5.74087 × 10^{-21} (-5. + x)^{23} + 2.39203 × 10^{-22} (-5. + x)^{24} +
9.56812 × 10^{-24} (-5. + x)^{25} + 3.68005 × 10^{-25} (-5. + x)^{26} + 1.36298 × 10^{-26} (-5. + x)^{27} +
4.86779 × 10^{-28} (-5. + x)^{28} + 1.67855 × 10^{-29} (-5. + x)^{29} + 5.59516 × 10^{-31} (-5. + x)^{30}

위에서 구한 테일러 다항식 $G[x, 5, 30]$이 원래 함수와 얼마나 비슷한 값을 주는가를 비교해 보자.

```
In[16]:= data = Table[{x, N[ⅇ^x], G[x, 5, 30], Abs[G[x, 5, 30] - ⅇ^x]}, {x, -5, 15}];

In[17]:= Grid[Prepend[data, {"x", "ⅇ^x", "G[x]", "절대 오차"}],
           Alignment → Left, Spacings → {2, 1}, Frame → All,
           ItemStyle → "Text", Background → {{Gray, None}, {LightGray, None}}]
```

Out[17]=

x	e^x	G[x]	절대 오차
-5	0.00673795	0.144011	0.137274
-4	0.0183156	0.0236821	0.00536643
-3	0.0497871	0.0499299	0.000142821
-2	0.135335	0.135338	2.33423 × 10^{-6}
-1	0.367879	0.367879	2.01448 × 10^{-8}
0	1.	1.	7.23741 × 10^{-11}
1	2.71828	2.71828	2.38476 × 10^{-13}
2	7.38906	7.38906	9.85878 × 10^{-14}
3	20.0855	20.0855	1.06581 × 10^{-14}
4	54.5982	54.5982	0.
5	148.413	148.413	0.
6	403.429	403.429	0.
7	1096.63	1096.63	0.
8	2980.96	2980.96	0.
9	8103.08	8103.08	9.09495 × 10^{-13}
10	22 026.5	22 026.5	1.05501 × 10^{-10}
11	59 874.1	59 874.1	2.94167 × 10^{-8}
12	162 755.	162 755.	3.6367 × 10^{-6}
13	442 413.	442 413.	0.000237564
14	1.2026 × 10^{6}	1.2026 × 10^{6}	0.00953852
15	3.26902 × 10^{6}	3.26902 × 10^{6}	0.260992

In[18]:=
```
gf5 = Plot[ⅇ^x, {x, -5, 10}, PlotRange → All,
        PlotStyle → {Thickness[0.01], Dashing[{0.02}], RGBColor[1, 0, 0]}];
gf6 = Plot[G[x, 5, 30], {x, -5, 10}, PlotRange → All,
        PlotStyle → {Thickness[0.01], Dashing[{0.02}], RGBColor[0, 0, 1]}];
Show[GraphicsGrid[{{gf5, gf6}}], ImageSize → 480]
```

Out[20]=

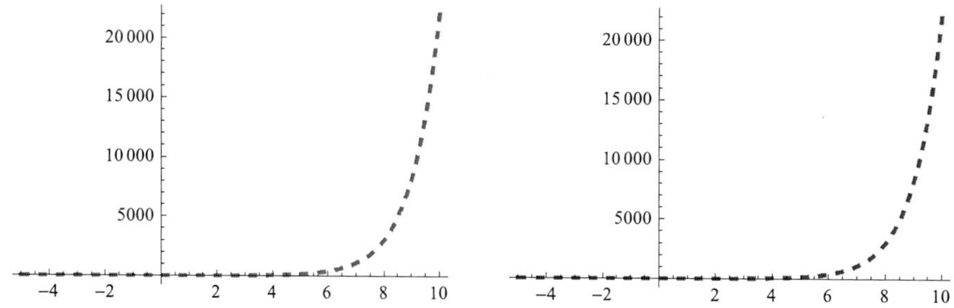

Solve에 대하여 NSolve가 있고 Integrate에 대하여 NIntegrate가 있는 것처럼 Series 함수에 대해서도 수치적인 방법으로 급수전개를 하여주는 함수 NSeries가 있는데 이는 NumericalCalculus` 라는 함수꾸러미에 들어 있으며 주어진 함수의 로랑 급수(Laurent Series)를 수치적으로 구해 준다.

In[21]:=
```
Needs["NumericalCalculus`"]
```

NSeries[f, {x, x0, n}]	함수 f 의 x = x0를 중심으로 하는 로랑 급수를 수치적(Numerical Approximation)으로 $-n$ 차부터 n 차까지 구한다.

앞에서 테일러 전개해 보았던 sin(x)에 대하여 Series와 NSeries를 적용한 결과를 비교하여 보자.

▶ sin(x)에 대하여 Series와 NSeries 적용한 결과 비교

In[22]:=
```
Clear[f]; f[x_] := Sin[x]
```

In[23]:=
```
Seriesf = Series[f[x], {x, 0, 10}]
```

Out[23]= $x - \frac{x^3}{6} + \frac{x^5}{120} - \frac{x^7}{5040} + \frac{x^9}{362880} + O[x]^{11}$

In[24]:=
```
NSeriesf = NSeries[f[x], {x, 0, 10}]
```

Out[24]=
$$\frac{6.41879\times10^{-18}+1.96174\times10^{-17}\,i}{x^{10}} - \frac{9.37581\times10^{-18}+2.91985\times10^{-19}\,i}{x^{9}} + \frac{1.21988\times10^{-18}-1.82811\times10^{-17}\,i}{x^{8}} + \frac{2.31515\times10^{-18}-1.5649\times10^{-17}\,i}{x^{7}} + \frac{1.41945\times10^{-17}+1.73109\times10^{-17}\,i}{x^{6}} - \frac{3.40935\times10^{-18}-2.3837\times10^{-18}\,i}{x^{5}} - \frac{1.15181\times10^{-17}-6.05978\times10^{-18}\,i}{x^{4}} - \frac{4.31019\times10^{-17}+2.156\times10^{-17}\,i}{x^{3}} - \frac{1.58937\times10^{-17}+1.85054\times10^{-17}\,i}{x^{2}} + \frac{4.17383\times10^{-17}+2.37472\times10^{-17}\,i}{x} - (3.80809\times10^{-17}-1.36106\times10^{-17}\,i) + (1.-1.11023\times10^{-16}\,i)\,x + (5.61031\times10^{-17}+1.1609\times10^{-18}\,i)\,x^2 - (0.166667-6.86226\times10^{-17}\,i)\,x^3 +$$

$\left(1.40685\times10^{-17}-1.64003\times10^{-17}\,i\right)x^4+\left(0.00833333+4.04946\times10^{-17}\,i\right)x^5-$
$\left(7.84114\times10^{-18}-2.41781\times10^{-17}\,i\right)x^6-\left(0.000198413+3.13078\times10^{-17}\,i\right)x^7-$
$\left(1.75517\times10^{-17}-1.13866\times10^{-17}\,i\right)x^8+\left(2.75573\times10^{-6}+2.36034\times10^{-17}\,i\right)x^9+$
$\left(2.88753\times10^{-18}-3.11513\times10^{-18}\,i\right)x^{10}+O[x]^{11}$

NSeries의 결과가 허수를 포함하고 있어 결과의 정확성이 의심될 수 있는데 0에 아주 가까운 수는 0으로 바꿔 버리는 함수 Chop을 이용하면 수치적으로 두 식이 근사함을 알 수 있다. 참고로, 위에서 복소수가 등장한 이유는 *Mathematica*가 기본적으로 복소수 내에서 계산을 수행하기 때문이다.

In[25]:=
```
NSeriesf = Chop[NSeries[f[x], {x, 0, 10}]]
```

Out[25]= $x-0.166667\,x^3+0.00833333\,x^5-0.000198413\,x^7+2.75573\times10^{-6}\,x^9+O[x]^{11}$

In[26]:=
```
g[t_] := Normal[Seriesf] /. x → t
Ng[t_] := Normal[NSeriesf] /. x → t
```

In[28]:=
```
{g[1], Ng[1]}
```

Out[28]= $\left\{\frac{305353}{362880},\ 0.841471\right\}$

In[29]:=
```
gf7 = Plot[Evaluate@g[x], {x, -2 Pi, 2 Pi},
          PlotStyle → {Thickness[0.01], Dashing[{0.02}], RGBColor[1, 0, 0]}];
gf8 = Plot[Evaluate@Ng[x], {x, -2 Pi, 2 Pi},
          PlotStyle → {Thickness[0.01], Dashing[{0.02}], RGBColor[0, 0, 1]}];
Show[GraphicsGrid[{{gf7, gf8}}], ImageSize → 480]
```

Out[31]=

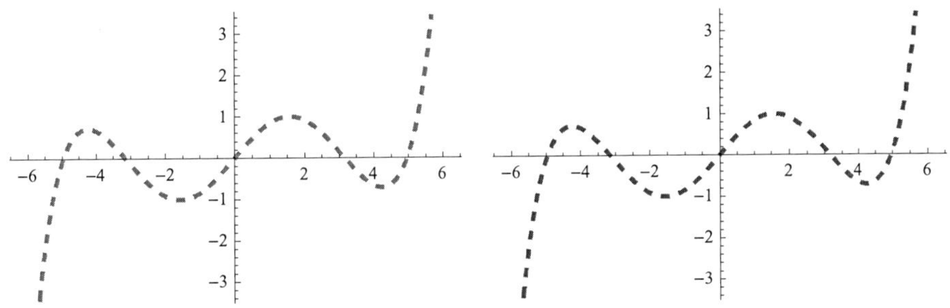

1.2. 이변수함수에 대한 테일러 다항식

이변수함수에 대한 테일러 전개도 가능하다.

Series[f, {x, x_0, m}, {y, y_0, n}]	함수f 를 $x = x_0$ 에 대하여 m 차, $y = y_0$ 에 대하여 n 차 테일러 전개한다.

▶ sin(xy)의 급수전개

```
In[32]:= z[x_, y_] := Sin[x y];
         Plot3D[z[x , y], {x, -3, 3}, {y, -3, 3}, ImageSize → 240]
```

Out[33]=

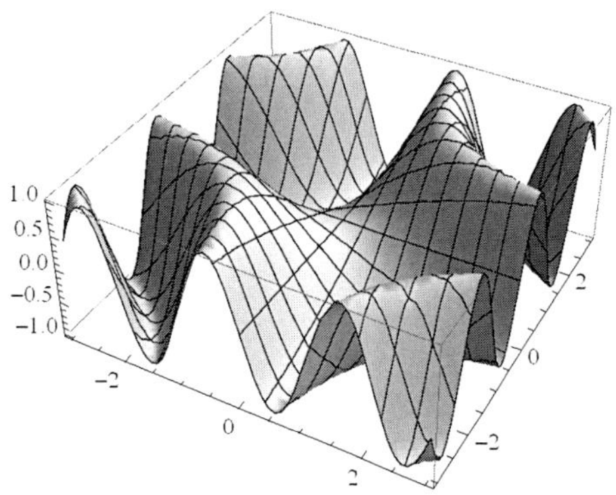

```
In[34]:= SeriesZ = Normal[Series[z[x, y], {x, 0, 20}, {y, 0, 20}]] // N
```

Out[34]= $x\,y - 0.166667\,x^3\,y^3 + 0.00833333\,x^5\,y^5 - 0.000198413\,x^7\,y^7 + 2.75573\times10^{-6}\,x^9\,y^9 - 2.50521\times10^{-8}\,x^{11}\,y^{11} + 1.6059\times10^{-10}\,x^{13}\,y^{13} - 7.64716\times10^{-13}\,x^{15}\,y^{15} + 2.81146\times10^{-15}\,x^{17}\,y^{17} - 8.22064\times10^{-18}\,x^{19}\,y^{19}$

SeriesZ는 이변수함수 sin(xy)를 $x = 0$, $y = 0$에서 각각 20차 테일러 전개한 결과다. 이것을 그리면 아래와 같이 $z = \sin(xy)$의 그래프와 근사한 그래프를 얻을 수 있다.

```
In[35]:= Plot3D[SeriesZ, {x, -3, 3}, {y, -3, 3}, ImageSize → 240]
```

Out[35]=

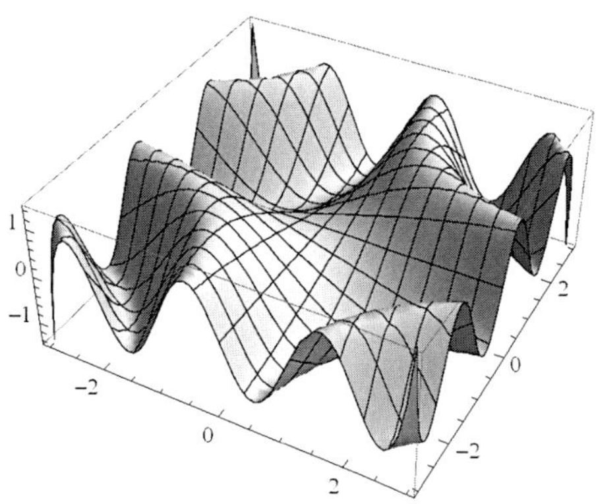

2. 간단한 자료 분석

알려진 자료들 사이의 관계를 분석하여 아직 알려지지 않은 값을 추정하는 통계적인 해석 방법을 회귀분석이라 하는데, *Mathematica*의 내장함수 Fit, Regress와 함수꾸러미 Statistics`NonlinearFit`, Statistics`LinearRegression` 등에 들어있는 함수들이 회귀분석에 사용되는 대표적인 함수들이다. 여기서는 어떤 일변수함수의 결과로 추정되는 자료가 주어졌을 때 그 함수에 대한 근사다항식을 추정하는 간단한 회귀분석 이론을 *Mathematica*로 구현하는 법에 대해서 살펴본다.

2.1. 데이터의 선형 맞춤

Fit[datalist, funs, vars]	데이터 datalist를 변수들 vars에 대한 함수들 funs의 선형결합으로 맞춘다.

예를 들어 datalist={{x_1,f_1},{x_2,f_2},...,{x_n,f_n}} 과 같이 독립변수가 1개인 자료가 주어진다면, 변수는 vars={x}가 된다. 그리고 자료의 값을 어떤 함수들로 맞출 것인가를 설정하는 것이 funs이다. 만약 funs={1, x, x²}로 설정한다면, datalist를 맞춘 결과는 $c_0 + c_1\,x + c_2\,x^2$과 같은 꼴의 함수가 된다. 이제 실습을 해 보자.

예제-1. 아래 표는 1940 년부터 2000 년도까지 중국 인구를 10 년 단위로 나타낸 것이다.
이 데이터를 이차 다항식으로 맞추고 그 이차다항식의 그래프를 그려라.
또한 이를 근거로 2010 년의 중국 인구를 예측하여라.

연도	1940	1950	1960	1970	1980	1990	2000
인구 (억명)	5.37	5.57	6.82	8.26	9.81	11.35	12.62

[풀이]

```
In[36]:= data = {{1940, 5.37}, {1950, 5.57},
           {1960, 6.82}, {1980, 9.81}, {1990, 11.35}, {2000, 12.62}};

In[37]:= dataGf = ListPlot[data, PlotStyle → PointSize[0.015],
           LabelStyle → {8}, PlotRange → {{1920, 2020}, {4, 15.50}},
           ImageSize → 240]
```

Out[37]=

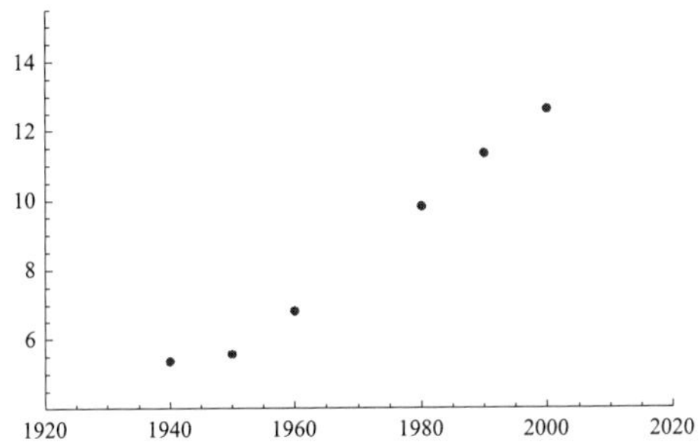


```
In[38]:= dataFit = Fit[data, {1, x, x^2}, x]

Out[38]= 3138.67 - 3.30781 x + 0.000872449 x^2

In[39]:= f[t_] := dataFit /. x → t;
```

따라서 2010년의 중국인구는 다음으로 예측된다. 단, 단위는 억명이다.

```
In[40]:= f[2010]

Out[40]= 14.7645
```

이제 그래프를 그려보자.

```
In[41]:= fitGf = Plot[dataFit, {x, 1940, 2020}, PlotStyle → RGBColor[1, 0, 0],
           LabelStyle → {8}, PlotRange → {{1920, 2020}, {4, 15.50}} , ImageSize → 240]
```

Out[41]=

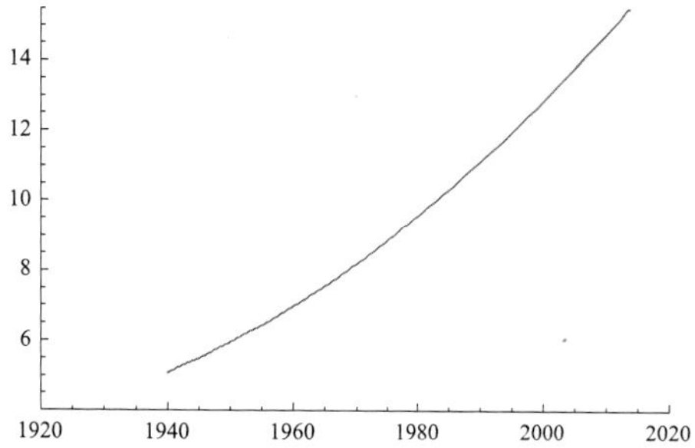

```
In[42]:= f2010 =
           Graphics[{RGBColor[0, 0, 1], PointSize[0.03], Point[{2010, f[2010]}]}];
         Show[{dataGf, fitGf, f2010}, PlotRange → {{1920, 2020}, {4.00, 15.50}},
            PlotLabel → StringJoin["2010년의 중국인구=",
                                    ToString[N[f[2010]]], "(억명)"],
            ImageSize → 240]
```

Out[43]=

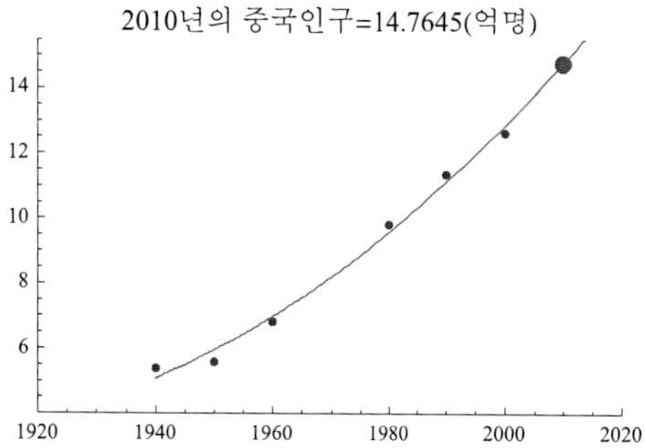

이상으로 풀이가 완결되었다. ■

이러한 자료 맞춤법에 대한 회귀분석을 필요로 하는 이들은 Statistics` LinearRegression` 함수꾸러미를 검색하여 그 활용법과 예를 참고하도록 한다.

2.2. 데이터의 비선형 맞춤

FindFit[datalist, model, parameters, vars]	데이터 datalist를 변수들 vars에 대하여 우리가 예측한 함수의 형태인 model로 parameters를 결정하여 맞춘다.

Fit은 우리가 미리 설정한 함수들(funs)의 선형결합 형태로 자료를 맞추는 반면, FindFit은 우리가 미리 설정한 꼴의 함수(model)로 자료를 맞춘다. 예를 들어, datalist=$\{\{x_1,y_1,f_1\},\{x_2,y_2,f_2\},\ldots\{x_n,y_n,f_n\}\}$과 같이 데이터가 주어지고 변수는 vars={x,y}라고 하자. 이때 이 자료가 어떤 상수들 c_0, c_1, c_2에 대하여 $f(x, y) = c_0 \times x^{c_1} \times y^{c_2}$ 꼴의 함수로 주어진 것이라 한다면 바로 이것이 model이며, 이 형태에서 우리가 찾아야 할 계수들(c_0, c_1, c_2)가 parameters다. 이제 구체적인 실습을 해 보자.

예제-2. 밑에 주어진 data2는 어떤 실험에서 얻어진 {Rey, Pr, Nu} 라는 값들로 이루어진 리스트다. 이 자료를 Nu = c × Rey^m × Pr^n 형태의 함수로 맞추어라.

```
In[44]:= data2 = {{5000., 7., 37.53472614}, {6000., 7., 43.4288419},
    {7000., 7., 49.12874612}, {8000., 7., 54.66750302},
    {9000., 7., 60.06911805}, {10000., 7., 65.35175396},
    {11000., 7., 70.529596}, {12000., 7., 75.61400555},
    {13000., 7., 80.61427079}, {14000., 7., 85.53811521},
    {15000., 7., 90.39205404}, {16000., 7., 95.1816511},
    {17000., 7., 99.91170841}, {18000., 7., 104.5864091},
    {19000., 7., 109.2094271}, {20000., 7., 113.7840125},
    {21000., 7., 118.3130592}, {22000., 7., 122.799159},
    {23000., 7., 127.2446457}, {24000., 7., 131.6516303},
    {25000., 7., 136.0220309}, {26000., 7., 140.3575977},
    {27000., 7., 144.6599329}, {28000., 7., 148.9305088},
    {29000., 7., 153.1706821}, {30000., 7., 157.3817071},
    {31000., 7., 161.5647463}, {32000., 7., 165.72088},
    {33000., 7., 169.8511141}, {34000., 7., 173.9563881},
    {35000., 7., 178.0375804}, {36000., 7., 182.0955147},
    {37000., 7., 186.1309643}, {38000., 7., 190.1446565},
    {39000., 7., 194.1372769}, {40000., 7., 198.1094723}};
```

[풀이]

```
In[45]:= Clear[m, n]
    dataFit2 = FindFit[data2, c × Rey^m × Pr^n, {c, m, n}, {Rey, Pr}]

Out[46]= {c → 743.941, m → 0.99984, n → -381.309}

In[47]:= c × Rey^m × Pr^n /. dataFit2
```

Out[47]= $\frac{743.941\ Rey^{0.99984}}{Pr^{381.309}}$

```
In[48]:= NonlinearModelFit[data2, c × Rey^m × Pr^n, {c, m, n}, {Rey, Pr}]
```

Out[48]= FittedModel$\left[\frac{743.941\ Rey^{0.99984}}{Pr^{381.309}}\right]$

이상으로 풀이가 완결되었다. ■

FindFit으로 발견된 함수가 유의수준 내에서 통계적으로 적합한지 여부를 검정하는 회귀분석을 필요로 하는 이들은 NonlinearModelFit 함수를 활용하면 된다.

2.3. 보간법

Fit을 이용한 회귀분석 기법은 자료와의 오차가 최소가 되도록 다항함수의 계수를 결정하는 방법인데 경우에 따라서는 Fit의 결과로 발견된 다항함수의 그래프가 주어진 자료를 정확하게 지나지 않을 수도 있다. 위 예제 1의 그래프를 보라. 이와는 달리 여기서 소개하고자 하는 함수 Interpolation은 주어진 자료를 반드시 지나는 다항함수들의 무리를 구하여 주는 회귀분석 기법인 보간법을 구현한다. 먼저 자료 data를 만들자.

In[49]:= h[x_] := N$\left[\text{Sin}\left[\frac{x}{2}\right]\right]$

In[50]:=
```
data = Table[N[{x, h[x]}], {x, 0, 4 π, 4 π/9}]
```

Out[50]=
```
{{0., 0.}, {1.39626, 0.642788}, {2.79253, 0.984808}, {4.18879, 0.866025},
 {5.58505, 0.34202}, {6.98132, -0.34202}, {8.37758, -0.866025},
 {9.77384, -0.984808}, {11.1701, -0.642788}, {12.5664, 0.}}
```

In[51]:=
```
dataGf = ListPlot[data, PlotRange → All,
                  PlotStyle → {RGBColor[1, 0, 0], PointSize[0.02]}]
```

Out[51]=

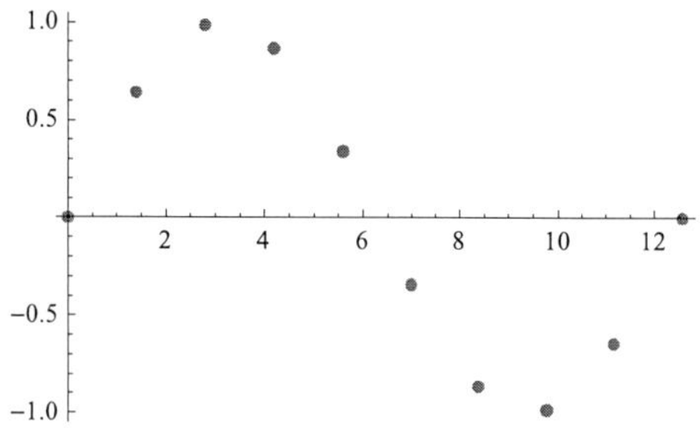

In[52]:=
```
Options[%]
```

Out[52]=
```
{AxesLabel → {None, None}, AspectRatio → 1/GoldenRatio, Axes → True,
 AxesOrigin → {0., 0.}, Method → {}, PlotRangeClipping → True}
```

이제 이 자료 data를 Interpolation으로 맞춰보자. 아래 등장하는 InterpolatingFunction은 이미 11장에서 잠깐 언급되었었다.

Interpolation[datalist]	주어진 데이터 datalist에 대한 InterpolatingFunction을 구하여 준다.

In[53]:=
```
dataFit3 = Interpolation[data]
```

Out[53]=
```
InterpolatingFunction[{{0., 12.5664}}, <>]
```

이렇게 출력된 dataFit3은 함수다. 먼저 여러 점에서 함숫값을 구해 보자.

In[54]:=
```
{dataFit3[0], dataFit3[3], dataFit3[6], dataFit3[9], dataFit3[12]}
```

Out[54]= $\{3.85976 \times 10^{-17}, 0.99496, 0.140994, -0.972342, -0.28674\}$

데이터 구간 내에서 dataFit3의 그래프를 그려보자.

In[55]:=
```
dataFit3Gf = Plot[dataFit3[x], {x, 0, 4 Pi},
                  PlotStyle → RGBColor[0, 0, 1], ImageSize → 240]
```

Out[55]=

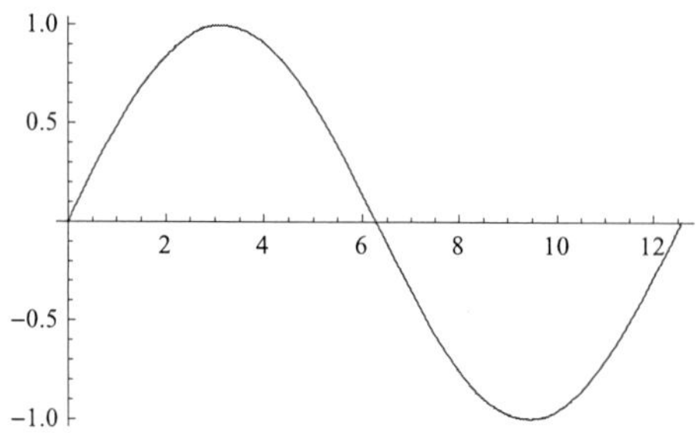

dataFit3의 도함수를 구하여 그 그래프를 그려보자.

```
In[56]:= Plot[Evaluate@D[dataFit3[x], x], {x, 0, 4 Pi}, ImageSize → 240]
```

Out[56]=

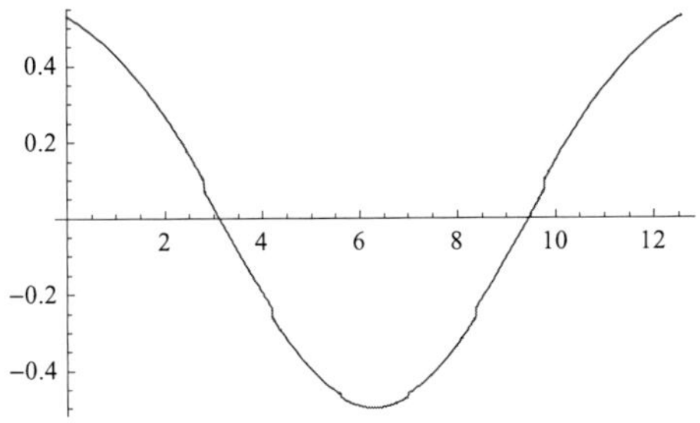

InterpolatingFunction은 자료의 인접한 여러 점들에 대하여 그 점들을 반드시 지나도록 자료를 맞춘 근사다항식을 모아놓은 것이며 주어진 데이터 구간에서만 함숫값을 준다.

```
In[57]:= {h[π], dataFit3[π]}

Out[57]= {1., 0.996141}

In[58]:= {h[10 π], dataFit3[10 π]}        (* x=10π는 데이터들의 사이값이 아니다. *)

  InterpolatingFunction::dmval :
    Input value {10 π} lies outside the range of data in the interpolating function. Extrapolation will be used. ≫

Out[58]= {0., -42.8125}
```

data에 대한 InterpolatingFunction 함수에 대하여 데이터 구간 내의 여러 값에 대한 함숫값을 구하고 이를 원래 함숫값과 비교하여 보자. 상당히 만족스러운 맞춤의 결과를 확인할 수 있다.

```
In[59]:= TableForm[Table[{x, h[x], dataFit3[x], h[x] - dataFit3[x]}, {x, 0, 4 Pi, 1}],
           TableAlignments → Right, TableSpacing → {1, 1.5},
           TableHeadings → {None,
                  {"x", "h[x]", "dataFit3[x]", "Error"}}]
```

Out[59]//TableForm=

x	h[x]	dataFit3[x]	Error
0	0.	3.85976×10^{-17}	-3.85976×10^{-17}
1	0.479426	0.483969	-0.00454395
2	0.841471	0.836961	0.00451038
3	0.997495	0.99496	0.00253479
4	0.909297	0.907007	0.00229059
5	0.598472	0.595182	0.00329047
6	0.14112	0.140994	0.000125559
7	-0.350783	-0.350635	-0.000148459
8	-0.756802	-0.754054	-0.00274824
9	-0.97753	-0.972342	-0.0051886
10	-0.958924	-0.956477	-0.00244717
11	-0.70554	-0.703747	-0.0017938
12	-0.279415	-0.28674	0.00732442

```
In[60]:= dataFitGf3 = Show[dataGf, dataFit3Gf];
```

```
In[61]:= Show[GraphicsGrid[{{dataGf, dataFitGf3}}], ImageSize → 400]
```

Out[61]=

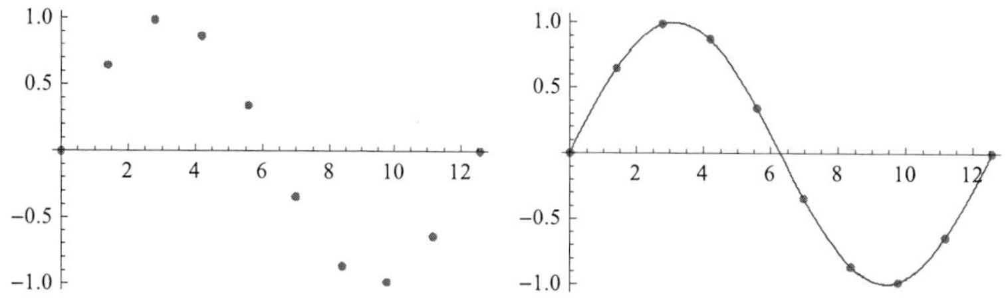

사실 이 데이터 data는 $h(x) = \sin\left(\frac{x}{2}\right)$의 $0 \le x \le 4\pi$로부터 추출된 것이고 $h(x)$는 주기함수로서 그 주기가 4π이므로 4π보다 큰 x에 대해서도 data가 반복된 값을 가진다고 할 수 있다. 주어진 자료를 Interpolation으로 맞출 때 주어진 데이터에 주기가 있음을 가정하게 할 수도 있다.

```
In[62]:= Options[Interpolation]

Out[62]= {InterpolationOrder → 3, Method → Automatic, PeriodicInterpolation → False}
```

InterpolationOrder→"차수"는 근사다항식의 차수를 설정하는 옵션이며 기본적으로 3으로 설정되어 있다.

```
In[63]:= dataFit4 = Interpolation[data, InterpolationOrder → 6,
                            PeriodicInterpolation → True]

Out[63]= InterpolatingFunction[{{0., 12.5664}}, <>]
```

이와 같이 PeriodicInterpolation→True를 설정하면 주어진 데이터 data는 그 전체를 하나의 주기로 하는 함수로 InterpolatingFunction을 작성한다. 단, 유의해야 할 사항으로는 주어진 data의 첫번째 함숫값과 마지막 함숫값이 같아야 한다는 것이다. data를 보면 {{0., 0.}, {1.39626, 0.642788}, {2.79253, 0.984808}, {4.18879, 0.866025}, {5.58505, 0.34202}, {6.98132, -0.34202}, {8.37758, -0.866025}, {9.77384, -0.984808}, {11.1701, -0.642788}, {12.5664, 0.}}와 같이 첫 함숫값과 마지막 함숫값이 같음을 알 수 있다.

```
In[64]:= dataFit4Gf = Plot[dataFit4[x], {x, 0, 12 Pi},
                     PlotStyle → RGBColor[0, 0, 1], ImageSize → 240]
```

Out[64]=

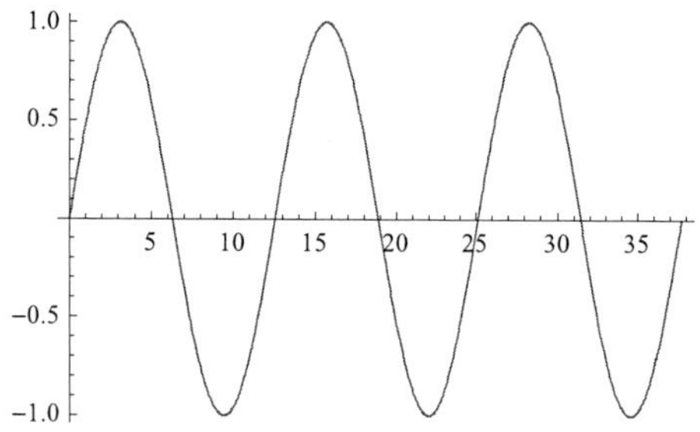

이와 같이 주기성이 부여된 data를 맞춘 결과로 얻어진 InterpolatingFunction에 대하여 원 데이터 구간 밖의 여러 x에 대한 함숫값을 원래 자료의 값과 비교하여 보자. 상당히 만족스러운 맞춤의 결과를 확인할 수 있다.

```
In[65]:= TableForm[Table[{x, h[x], dataFit4[x], h[x] - dataFit4[x]}, {x, 0, 12 Pi, 3}],
            TableAlignments → Right, TableSpacing → {1, 1.5},
            TableHeadings → {None,
                   {"x", "h[x]", "dataFit4[x]", "Error"}}]
```

Out[65]//TableForm=

x	h[x]	dataFit4[x]	Error
0	0.	3.85976×10^{-17}	-3.85976×10^{-17}
3	0.997495	0.997455	0.0000400134
6	0.14112	0.140972	0.000148178
9	-0.97753	-0.977508	-0.00002244
12	-0.279415	-0.279248	-0.000167319
15	0.938	0.938024	-0.0000241295
18	0.412118	0.412066	0.0000524695
21	-0.879696	-0.879693	-2.43489×10^{-6}
24	-0.536573	-0.536461	-0.000112249
27	0.803784	0.803823	-0.000038179
30	0.650288	0.650122	0.000166053
33	-0.711785	-0.711869	0.0000835523
36	-0.750987	-0.750907	-0.0000803858

```
In[66]:= dataFitGf4 = Show[dataGf, dataFit4Gf];

In[67]:= Show[GraphicsGrid[{{Show[dataGf, PlotRange → {{0, 12 π}, All}], dataFitGf4}}],
          ImageSize → 400]
```

Out[67]=

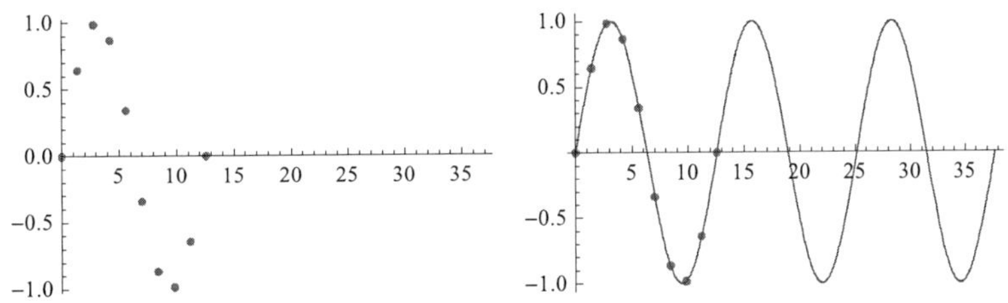

2.4. Fit과 Interpolation 비교

앞에서 데이터를 맞추는 방법으로 Fit과 Interpolation을 활용하였다. 둘 다 실험으로 얻어진 데이터를 바탕으로 실험값 외의 결과를 예측하고자 하는 것인데 Interpolation은 Fit보다는 다소 소극적이라 할 수 있다. Interpolation은 단순히 데이터들을 부분부분으로 나눈 후 각 부분에 대하여 그 부분에 있는 점들을 모두 지나는 다항식들을 구하여 그 다항식들의 리스트를 주지만, Fit은 데이터 전체에 대하여 변수와 함숫값 사이의 관계를 나타내는 함수 중 최적인 것을 구한다. Fit를 사용할 것인지 Interpolation을 사용할 것인지를 결정하고자 할 때는 자료의 특성에 따라 적절히 선택해야 할 것이다.

예제-3. 다음 실험자료를 Fit과 Interpolation으로 맞춰 보고 그 결과를 비교하여 보아라.

[풀이]

```
In[68]:= Remove["Global`*"]

In[69]:= data = {{400, 36.0588}, {410, 30.6737}, {420, 27.0977},
           {430, 25.9581}, {440, 26.4037}, {450, 28.2482},
           {460, 29.0021}, {470, 29.3895}, {480, 29.3057},
```

```
{490, 30.1491}, {500, 30.9847}, {510, 31.1081},
{520, 31.2555}, {530, 30.6141}, {540, 30.1679},
{550, 30.2414}, {560, 30.6623}, {570, 30.8704},
{580, 31.9966}, {590, 34.9948}, {600, 36.6709},
{610, 37.8157}, {620, 37.3288}, {630, 35.5795},
{640, 34.5505}, {650, 34.1450}, {660, 34.6990},
{670, 36.8293}, {680, 45.2725}, {690, 47.2988},
{700, 55.2336}, {710, 59.9631}, {720, 76.4462}};
```

데이터 data를 그래프로 나타내어 본다.

```
In[70]:= dataGf = ListPlot[data, PlotRange → {25, 50},
                     PlotStyle → {0.01, Red}, AspectRatio → 0.5 ,
                     ImageSize → 240, LabelStyle → {8}]
```

Out[70]=

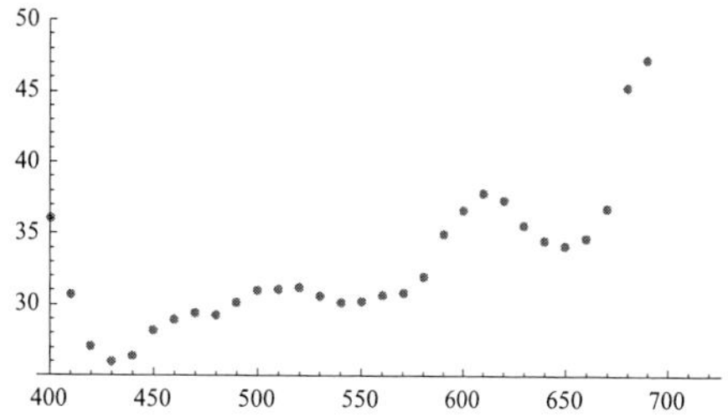

▶ Fit 함수를 이용한 자료 맞춤

```
In[71]:= datafit = Fit[data, { x , x^2, x^3, x^4, x^5, x^6, x^7, x^8, x^9, x^10} , x]
```

Out[71]= $-26982.9\,x + 451.844\,x^2 - 3.33985\,x^3 + 0.0143038\,x^4 - 0.0000391211\,x^5 + 7.08692\times10^{-8}\,x^6 - 8.5046\times10^{-11}\,x^7 + 6.52038\times10^{-14}\,x^8 - 2.8986\times10^{-17}\,x^9 + 5.6935\times10^{-21}\,x^{10}$

```
In[72]:= datafitGf = Plot[datafit, {x, 400, 720}, PlotRange → {25, 50},
           PlotStyle → Blue, ImageSize → 240, LabelStyle → {8}, AspectRatio → 0.5 ]
```

Out[72]=

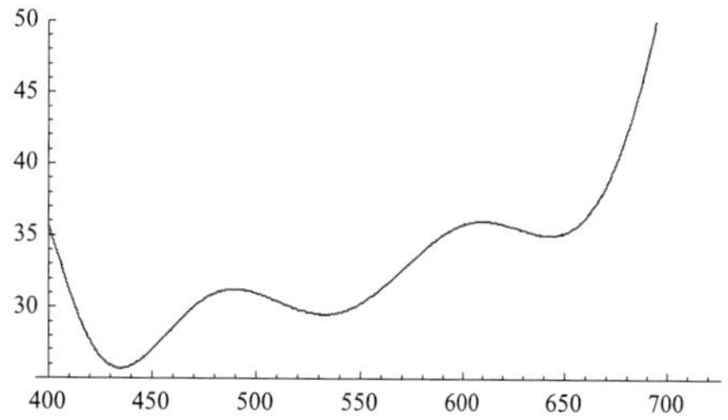

```
In[73]:= Show[{dataGf, datafitGf}, ImageSize → 240, LabelStyle → {8}]
```

Out[73]=

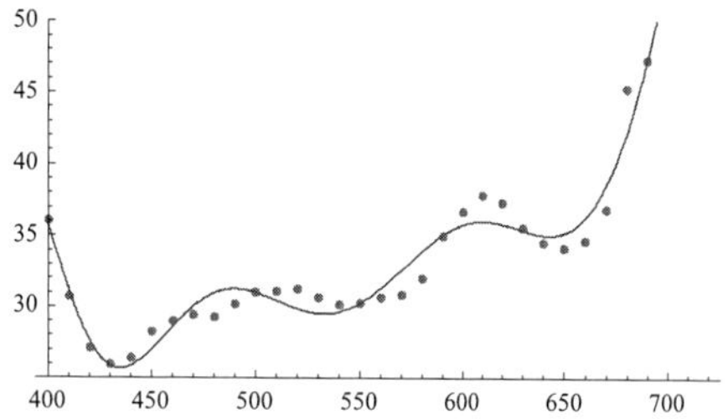

Fit을 이용하여 data를 맞춘 식 datafit을 이용하여 근사함수 dataFit(t)를 정의하자.

In[74]:=
```
Clear[dataFit]; dataFit[t_] := datafit /. x → t
```

정의된 근사함수를 이용하여 $x = 680$에 대한 값을 추정해본다.

In[75]:=
```
pt = {680, dataFit[680]}
```

Out[75]=
```
{680, 42.1287}
```

In[76]:=
```
ptGf = Show[Graphics[{RGBColor[0, 0, 1], PointSize[0.04], Point[pt]}]];
plot1 = Show[{dataGf, datafitGf, ptGf},
            PlotLabel → StringJoin["Fit : ", ToString[pt]],
            ImageSize → 240, LabelStyle → {8}, AspectRatio → 0.5 ]
```

Out[77]=

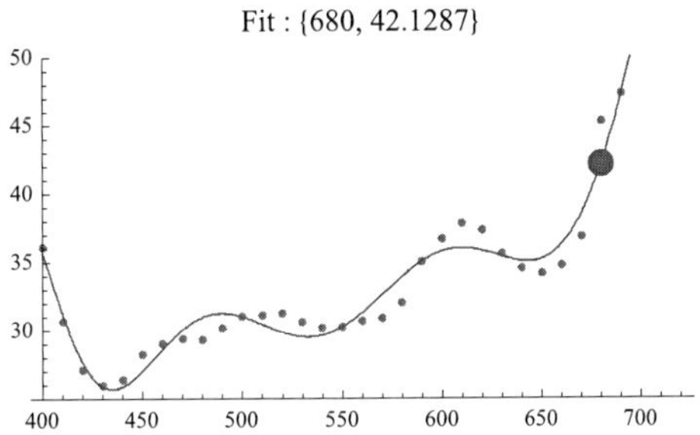

▶ Interpolation 함수를 이용한 자료 맞춤

In[78]:=
```
datafit2 = Interpolation[data]
```

Out[78]=
```
InterpolatingFunction[{{400., 720.}}, <>]
```

In[79]:=
```
datafit2Gf = Plot[datafit2[x], {x, 400, 720}, PlotRange → {25, 50},
   LabelStyle → {8}, PlotStyle → Blue, ImageSize → 240, AspectRatio → 0.5 ]
```

Out[79]=

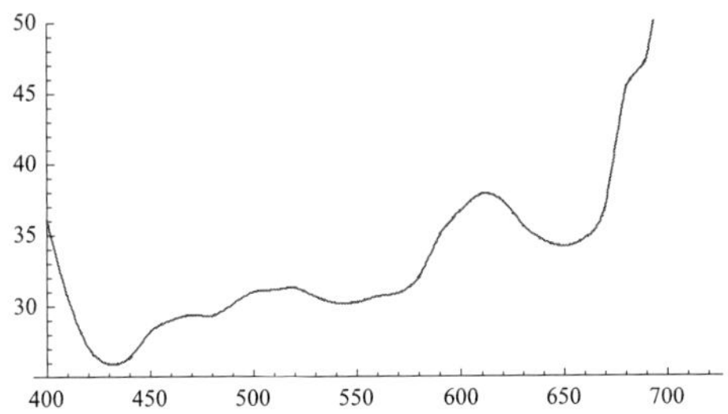

In[80]:=
```
Show[{dataGf, datafit2Gf}, ImageSize → 240]
```

Out[80]=

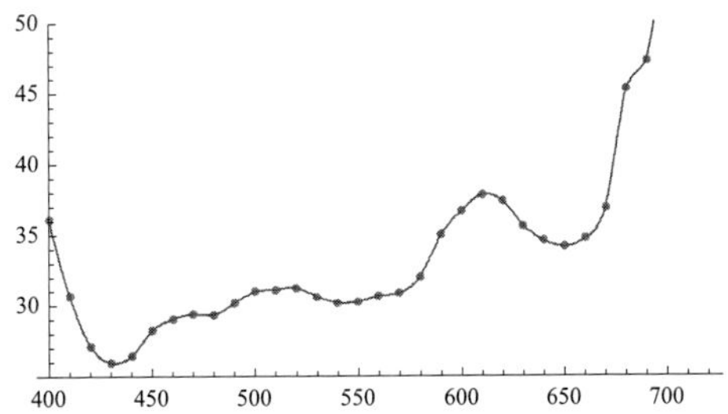

Interpolation을 이용하여 data를 맞춘 함수 datafit2(x)를 근사함수로 정의하자.

```
In[81]:= Clear[dataFit2]; dataFit2[t_] := datafit2[t]
```

정의된 근사함수를 이용하여 $x = 680$에 대한 값을 추정해본다.

```
In[82]:= pt2 = {680, dataFit2[680]}

Out[82]= {680, 45.2725}

In[83]:= ptGf2 = Show[Graphics[{RGBColor[0, 0, 1], PointSize[0.04], Point[pt2]}]];
         plot2 = Show[{dataGf, datafit2Gf, ptGf2}, PlotRange → {25, 50},
           PlotLabel → StringJoin["Interpolation : ", ToString[pt2]],
           LabelStyle → {8}, AspectRatio → 0.5 ]
```

Out[84]=

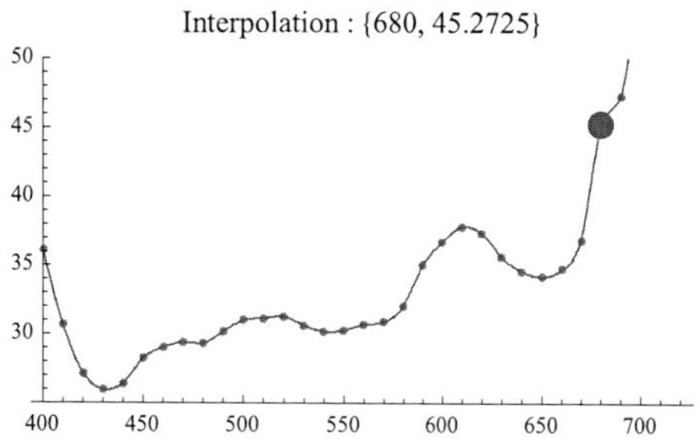

► Fit과 Interpolation을 이용한 자료 맞춤 비교

```
In[85]:= Show[GraphicsGrid[{{plot1, plot2}}], ImageSize → 400]
```

Out[85]=

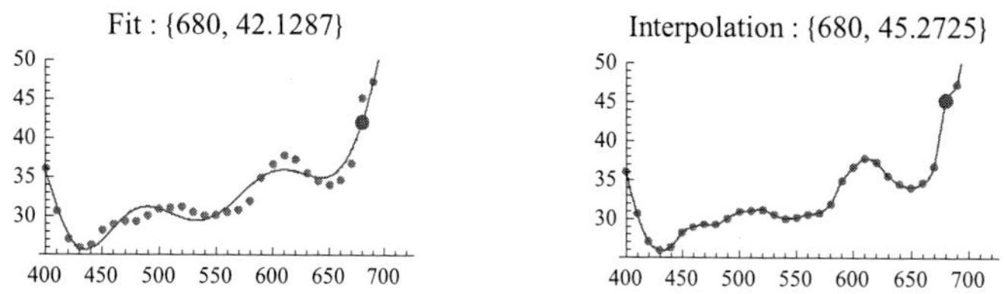


```
In[86]:= TableForm[Table[{x, dataFit[x], dataFit2[x]}, {x, 400, 710, 25}],
          TableAlignments → Right,
          TableHeadings → {None, {"자료 x", "Fit 방법", "Interpolation 방법"}}]
```

Out[86]//TableForm=

자료 x	Fit 방법	Interpolation 방법
400	35.6716	36.0588
425	26.5147	26.2766
450	27.0118	28.2482
475	30.5665	29.3191
500	30.9871	30.9847
525	29.65	30.9719
550	30.2473	30.2414
575	33.2713	31.2591
600	35.7755	36.6709
625	35.6084	36.488
650	35.2068	34.145
675	40.1379	41.0574
700	53.8571	55.2336

이상으로 풀이가 완결되었다. ■

제 21장 다각형과 다면체

이 장에서는 다각형과 다면체를 그리고 그 성질들을 알아보는 법에 대하여 살펴본다.

1. 다각형 그리기

다각형을 그리는 법은 기본적으로 다각형의 꼭짓점의 좌표를 구한 다음 그 선들을 선분으로 이어주면 된다. 그런데 맨 처음 점과 맨 마지막 점을 같은 점으로 해야 닫힌 다각형이 되는 것에 주의한다.

```
In[1]:= Show[Graphics[ Line[{{0, 0}, {2, 0}, {1, 2}, {0, 1}, {0, 0}}]], ImageSize → 190]
```

Out[1]=

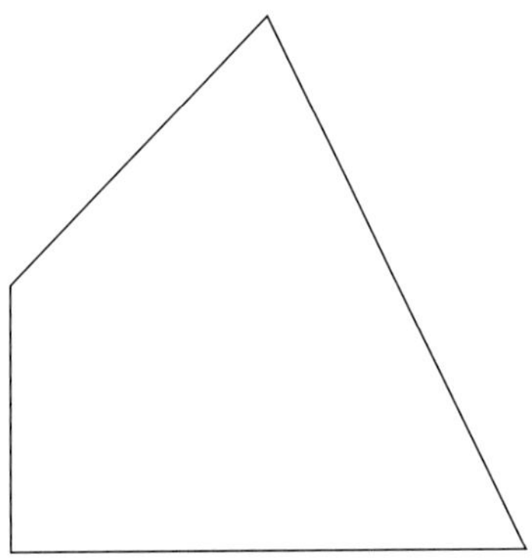

정다각형을 그리기 위한 첫 걸음은 정다각형의 꼭짓점의 좌표를 정확히 구하는 것이다. 다음은 정 n각형의 좌표가 되는 점들의 리스트다.

In[2]:= `verticesForRegularPolygon[n_] := Table`$\left[\left\{\text{Cos}\left[2\pi\frac{k}{n}\right], \text{Sin}\left[2\pi\frac{k}{n}\right]\right\}, \{k, 0, n\}\right]$

n각형에는 총 n개의 꼭짓점이 있지만 위 함수는 $n+1$개의 꼭짓점의 좌표가 들어 있음을 주목하라. 예를 들어 다음은 정육각형을 그리기 위한 점들의 좌표다.

```
In[3]:= verticesForRegularPolygon[6]
```

Out[3]= $\left\{\{1, 0\}, \left\{\frac{1}{2}, \frac{\sqrt{3}}{2}\right\}, \left\{-\frac{1}{2}, \frac{\sqrt{3}}{2}\right\}, \{-1, 0\}, \left\{-\frac{1}{2}, -\frac{\sqrt{3}}{2}\right\}, \left\{\frac{1}{2}, -\frac{\sqrt{3}}{2}\right\}, \{1, 0\}\right\}$

이제 다음과 같이 정육각형을 그린다.

```
In[4]:= Show[Graphics[Line[verticesForRegularPolygon[6]]], ImageSize → 190]
```

Out[4]=

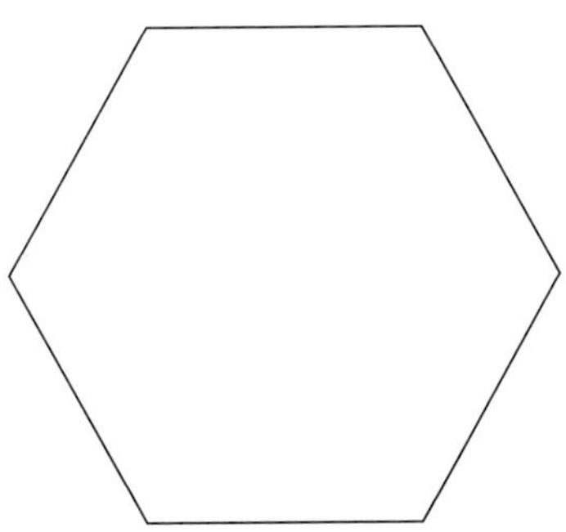

Line 대신 Polygon이란 명령어를 쓰면 내부가 채워진 다각형을 얻게 된다.

```
In[5]:= Show[Graphics[Polygon[verticesForRegularPolygon[6]]], ImageSize → 190]
```

Out[5]=

verticesForRegularPolygon[n]으로 이루어진 정다각형의 내접원의 반지름은 간단한 추론을 통하여 $\mathrm{Cos}\left[\frac{2\pi}{2n}\right]$임을 쉽게 알 수 있다. 따라서 다음과 같이 내접원과 외접원을 그릴 수 있다.

```
In[6]:= n = 6;
        Show[{
          Graphics[Line[verticesForRegularPolygon[n]]],        (* 정다각형 *)
          Graphics[{Red, Dashing[0.02], Circle[{0, 0}, 1]}],  (* 외접원 *)
          Graphics[Circle[{0, 0}, Cos[2 π / (2 n)]]]},         (* 내접원 *)
         ImageSize → 190, Axes → True, PlotLabel → ToString[n] <> "각형의 외접원과 내접원",
         PlotRange → {{-1.2, 1.2}, {-1.2, 1.2}}]
```

Out[7]=

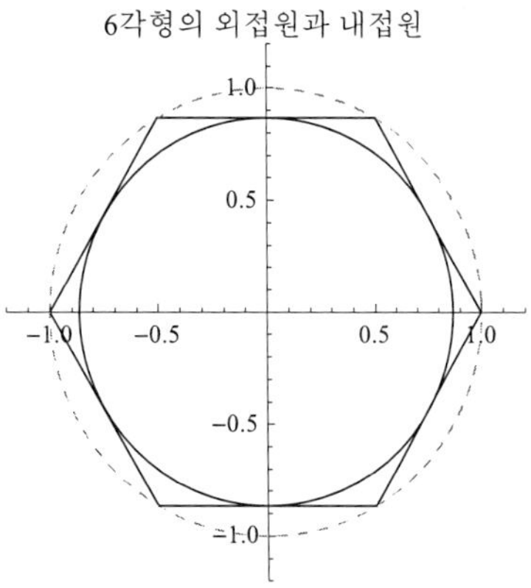

위에서 n의 값을 바꿔 보면서 그림을 다시 그려보라.

2. 다면체

위와 같은 방법으로는 다면체를 그리기가 쉽지 않은데 다행히 *Mathematica*는 다면체를 다루기 위한 내장함수들을 많이 제공한다.

2.1. 다면체에 관한 정보 알아내기

정다면체를 공부할 때 꼭짓점의 수, 변의 수, 면의 수가 얼마인지 궁금할 수 있는데 *Mathematica*를 이용하여 쉽게 알아낼 수 있다. 일단 각 정다면체에 대하여 꼭짓점의 수, 변의 수, 면의 수를 알아보자. 여기에 요긴하게 쓰일 수 있는 함수는 PolyhedronData다. 다음은 PolyhedronData가 정보를 가지고 있는 모든정다면체들의 이름을 출력하는데 지면관계상 세미콜론(;)을 붙여놓았으니 독자는 꼭 세미콜론을 떼고실행해 보기 바란다. 총 195개임을 Length의 실행결과로 알 수 있다.

```
In[8]:= PolyhedronData[All];

In[9]:= Length[%]

Out[9]= 195
```

다음은 정다면체의 이름을 알아내는 코드다.

```
In[10]:= PolyhedronData["Platonic"]

Out[10]= {Cube, Dodecahedron, Icosahedron, Octahedron, Tetrahedron}
```

이제 각 정다면체의 꼭짓점의 수, 변의 수, 면의 수를 알아보자.

```
In[11]:= Table[{ PolyhedronData[polyhedron, "VertexCount"],
             PolyhedronData[polyhedron, "EdgeCount"],
             PolyhedronData[polyhedron, "FaceCount"] },
           { polyhedron, {"Tetrahedron", "Cube", "Octahedron",
                          "Dodecahedron", "Icosahedron"}}]

Out[11]= {{4, 6, 4}, {8, 12, 6}, {6, 12, 8}, {20, 30, 12}, {12, 30, 20}}
```

위와 같이 자료가 있어서는 알아보기가 곤란하므로 다음과 같이 자료를 정리하자.

```
In[12]:= TableForm[%,
     TableHeadings → {{"정사면체", "정육면체", "정팔면체", "정십이면체", "정이십면체"},
                      {"꼭짓점의 수", "변의 수", "면의 수" }}]
```

Out[12]//TableForm=

	꼭짓점의 수	변의 수	면의 수
정사면체	4	6	4
정육면체	8	12	6
정팔면체	6	12	8
정십이면체	20	30	12
정이십면체	12	30	20

*Mathematica*가 가지고 있는 다면체에 대한 구체적 정보를 알고 싶을 때가 있다. 특히 꼭짓점들의 좌표를 알면 다면체를 변형할 수 있으므로 일단 꼭짓점들의 좌표를 알아보자. 다음은 정사면체의 꼭짓점들을 출력하라는 코드다.

```
In[13]:= PolyhedronData["Tetrahedron", "VertexCoordinates"]
```

Out[13]= $\left\{\left\{0, 0, \sqrt{\frac{2}{3}} - \frac{1}{2\sqrt{6}}\right\}, \left\{-\frac{1}{2\sqrt{3}}, -\frac{1}{2}, -\frac{1}{2\sqrt{6}}\right\}, \left\{-\frac{1}{2\sqrt{3}}, \frac{1}{2}, -\frac{1}{2\sqrt{6}}\right\}, \left\{\frac{1}{\sqrt{3}}, 0, -\frac{1}{2\sqrt{6}}\right\}\right\}$

In[14]:= `Graphics3D[{PointSize[0.02], Point[%]}]`

Out[14]=

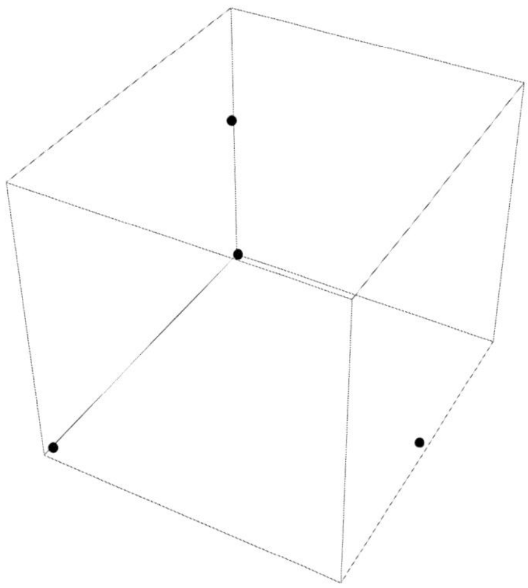

2.2. 정다면체 그리기

정다면체는 플라톤의 입체라고도 하며, 각 면이 모두 서로 합동인 정다각형이고 각 꼭짓점에 모이는 면의 개수가 일정한 볼록 다면체다. 다섯 개의 정다면체가 존재하며 정사면체(Tetrahedron), 정육면체(Cube), 정팔면체(Octahedron), 정십이면체(Dodecahedron), 정이십면체(Icosahedron)가 그것이다.

일단 정팔면체를 그려보자.

In[15]:= `PolyhedronData["Octahedron"]`

Out[15]=

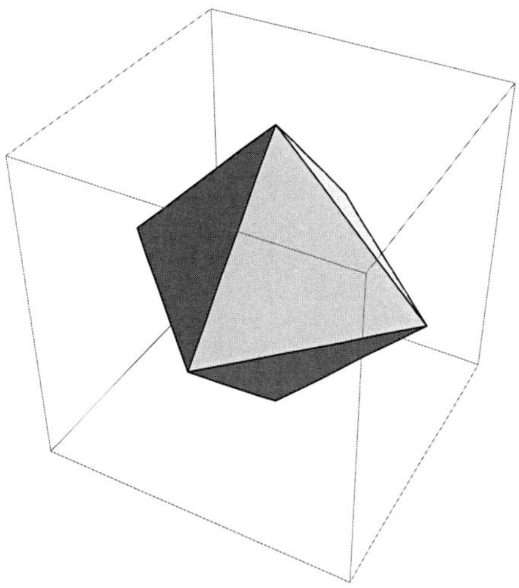

주변을 둘러싼 상자를 없앤다거나 하는 옵션을 적용시키고자 하면 다음과 같이 Show를 이용한다.

Show[PolyhedronData["polyname"], options]	원점을 중심으로하고 한 변의 길이가 1 인 정다면체 polyname을 출력한다.
Show[PolyhedronData["polyname", {*x*, *y*, *z*}, scale]]	점 {*x*, *y*, *z*} 를 중심으로 하고 한변의 길이가 scale인 정다면체 polyname을 출력한다.

```
In[16]:= p1 = Graphics3D[PolyhedronData["Octahedron", "Faces"], Boxed → False];
         p2 = Graphics3D[
            PolyhedronData["Octahedron", "Faces"], Axes → True];
         Show[GraphicsGrid[{{p1, p2}}], ImageSize → 360]
```

Out[18]=

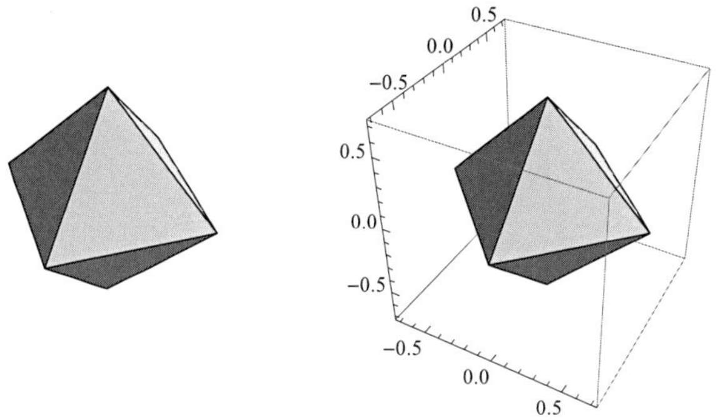

다면체의 뒷면까지 관찰하고 싶으면 아래와 같이 Opacity를 활용하거나 위 코드에서 "Faces"대신에 "Edges"를 쓰면 된다.

```
In[19]:= Graphics3D[
          {Opacity[0.3], FaceForm[Yellow], PolyhedronData["Octahedron", "Faces"]},
                 Lighting → "Neutral", Boxed → False, ImageSize → 200]
```

Out[19]=

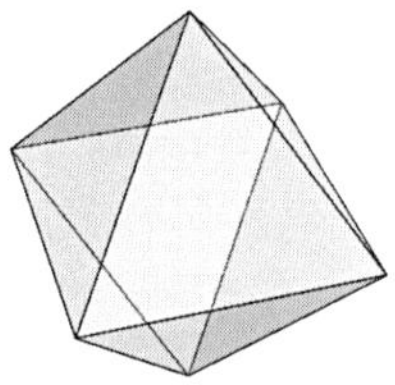

```
In[20]:= Graphics3D[PolyhedronData["Octahedron", "Edges"],
          Boxed → False, ImageSize → 200]
```

Out[20]=

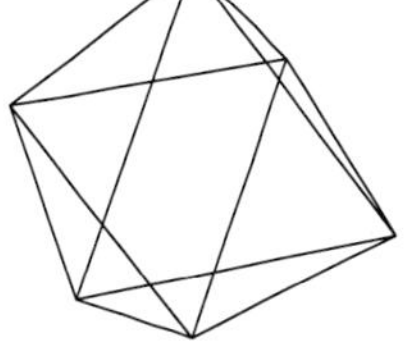

이번에는 Show를 활용해서 나머지 정다면체들을 그려 보자.

```
In[21]:= p1 =
           Show[PolyhedronData["Tetrahedron"], Boxed → False, ViewPoint → {0, 0, 6}];
         p2 = Show[PolyhedronData["Hexahedron"], Boxed → False];
         p3 = Show[PolyhedronData["Dodecahedron"], Boxed → False];
         p4 = Show[PolyhedronData["Icosahedron"], Boxed → False];
         p5 = Show[GraphicsGrid[{{p1, p2, p3, p4}}], ImageSize → 400]
```

Out[25]=

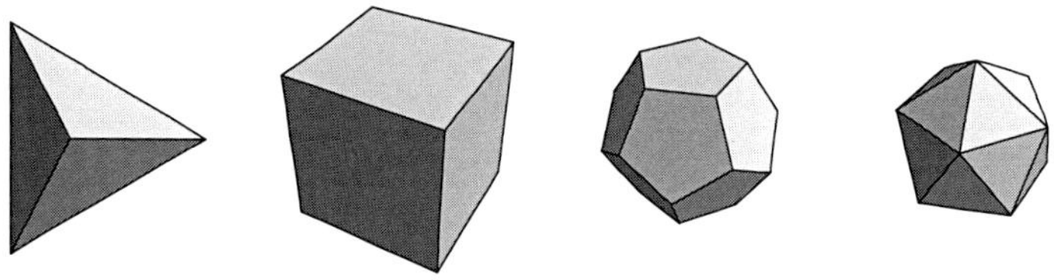

다음과 같이 Table을 활용해서 그릴 수도 있다.

```
In[26]:= Show[GraphicsGrid[{
            Table[Graphics3D[PolyhedronData[n, "Faces"],
              Boxed → False, ViewPoint → {1, 3, 7}],
                {n, {"Tetrahedron", "Hexahedron", "Octahedron",
                    "Dodecahedron", "Icosahedron"}}] }], ImageSize → 520]
```

Out[26]=

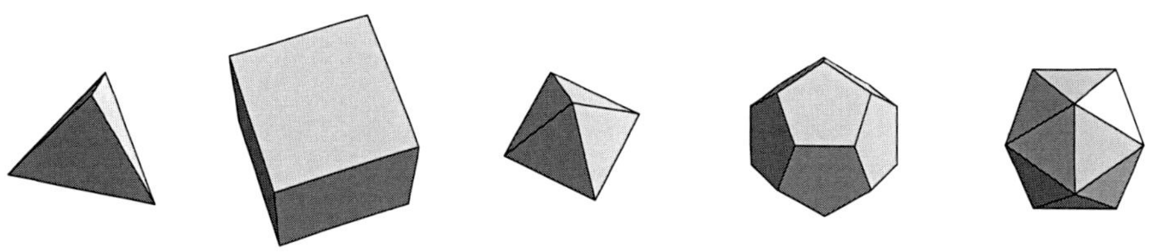

2.3. 깎인 정다면체 그리기

깎인 정다면체는 정다면체에서 모든 꼭짓점에 대하여 중심과 꼭짓점을 잇는 직선에 수직인 평면으로 정다면체를 깎아내 생긴 다면체를 말한다. Truncate라는 함수를 사용할 것인데 이 함수를 쓰기 위해서는 PolyhedronOperations` 라는 함수꾸러미를 우선 실행 시켜야 한다.

```
In[27]:= Needs["PolyhedronOperations`"]
```

Truncate[expr, *r*]	다면체 expr = Polyhedron[polyname] 을 각 꼭짓점에서 *r* 만큼의 비율로 모서리를 잘라낸다. 이때 잘라진 단면은 면으로 채워진다.
Opentruncate[expr, *r*]	truncate[expr, *r*] 으로 잘라진 단면을 채워주지 않는다.

```
In[28]:= Show[GraphicsGrid[{{
           Graphics3D[Truncate[PolyhedronData["Tetrahedron", "Faces"], 0.4],
                   Boxed → False],
           Graphics3D[Truncate[PolyhedronData["Hexahedron", "Faces"], 0.4],
                   Boxed → False],
           Graphics3D[Truncate[PolyhedronData["Octahedron", "Faces"], 0.4],
                   Boxed → False],
           Graphics3D[Truncate[PolyhedronData["Dodecahedron", "Faces"], 0.4],
```

```
                Boxed → False],
           Graphics3D[Truncate[PolyhedronData["Icosahedron", "Faces"], 0.4],
                Boxed → False] }}], ImageSize → 500]
```

Out[28]=

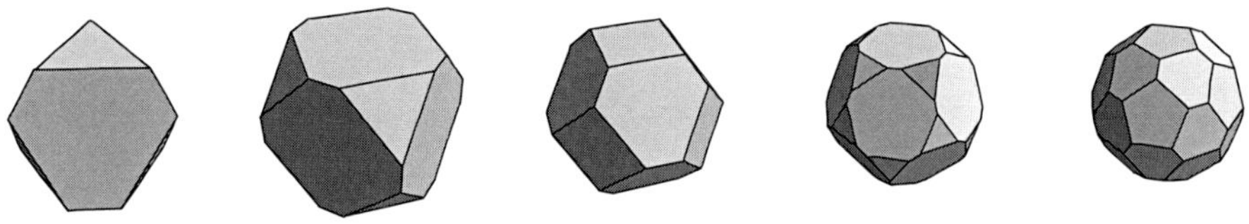

```
In[29]:= Show[GraphicsGrid[{{
           Graphics3D[OpenTruncate[PolyhedronData["Tetrahedron", "Faces"], 0.4],
                Boxed → False],
           Graphics3D[OpenTruncate[PolyhedronData["Hexahedron", "Faces"], 0.4],
                Boxed → False],
           Graphics3D[OpenTruncate[PolyhedronData["Octahedron", "Faces"], 0.4],
                Boxed → False],
           Graphics3D[OpenTruncate[PolyhedronData["Dodecahedron", "Faces"], 0.4],
                Boxed → False],
           Graphics3D[OpenTruncate[PolyhedronData["Icosahedron", "Faces"], 0.4],
                Boxed → False] }}], ImageSize → 500]
```

Out[29]=

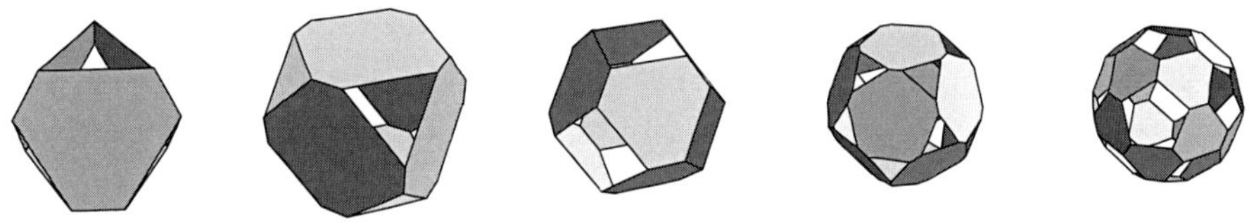

2.4. 기타 여러 가지 다면체 그리기

Stellate[expr, ratio]	다면체 expr = Polyhedron[polyname] 의 각 면을 비율 ratio만큼의 피라미드 형태로 변형하여 그린다. ratio > 1 이면 볼록한 피라미드, ratio < 1 이면 오목한 피라미드 형태로 그린다.

```
In[30]:= p1 = Show[Stellate[PolyhedronData["Tetrahedron"], 1.4], Boxed → False];
         p2 = Show[Stellate[PolyhedronData["Hexahedron"], 1.4], Boxed → False];
         p3 = Show[Stellate[PolyhedronData["Octahedron"], 1.4], Boxed → False];
         p4 = Show[Stellate[PolyhedronData["Dodecahedron"], 1.4], Boxed → False];
         p5 = Show[Stellate[PolyhedronData["Icosahedron"], 1.4], Boxed → False];
         Show[GraphicsGrid[{{p1, p2, p3, p4, p5}}], ImageSize → 500]
```

Out[35]=

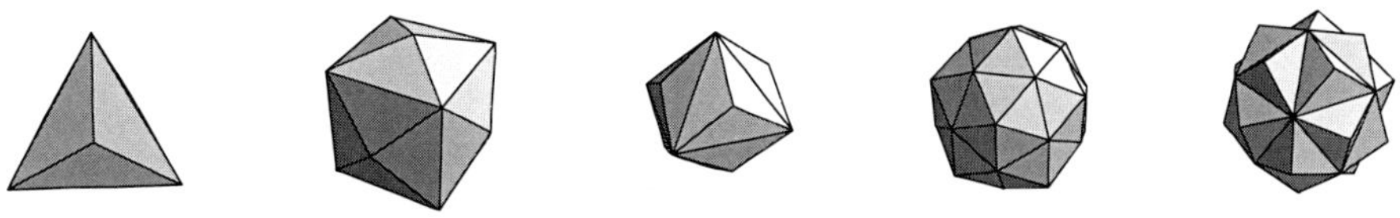

다음과 같이 Graphics3D를 활용해서 그릴 수도 있다.

```
In[36]:= p1 = Graphics3D[Stellate[PolyhedronData["Tetrahedron", "Faces"], 1.4],
                  Boxed → False];
         p2 = Graphics3D[Stellate[PolyhedronData["Hexahedron", "Faces"], 1.4],
                  Boxed → False];
         p3 = Graphics3D[Stellate[PolyhedronData["Octahedron", "Faces"], 1.4],
                  Boxed → False];
         p4 = Graphics3D[Stellate[PolyhedronData["Dodecahedron", "Faces"], 1.4],
                  Boxed → False];
         p5 = Graphics3D[Stellate[PolyhedronData["Icosahedron", "Faces"], 1.4],
                  Boxed → False];
         Show[GraphicsGrid[{{p1, p2, p3, p4, p5}}], ImageSize → 560]
```

Out[41]=

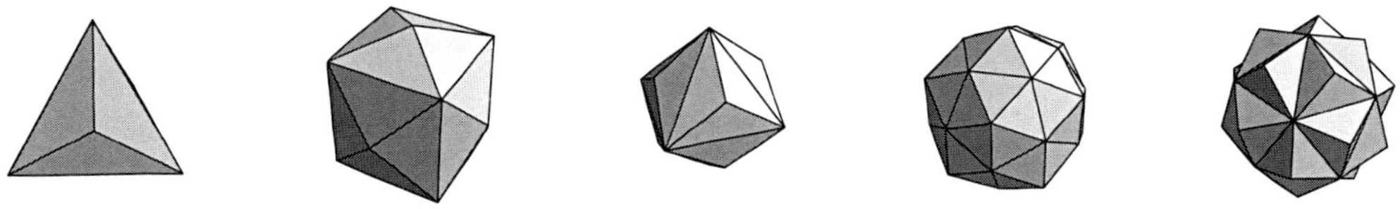

Geodesate[expr, *n*]	다면체 expr = Polyhedron[polyname] 을 단계 *n* 에 따라 구로 변형하여 준다.

```
In[42]:= GraphicsGrid[{Table[Show[
             Geodesate[ PolyhedronData["Tetrahedron"], i],
             ViewPoint → {2.76, -0.95, 1.71}, Boxed → False], {i, 1, 15, 5}]},
            ImageSize → 360]
```

Out[42]=

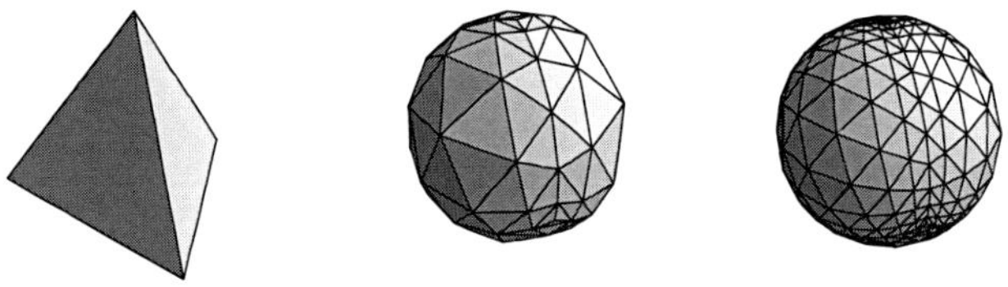

```
In[43]:= GraphicsGrid[ {Table[Show[Geodesate[PolyhedronData["Octahedron"], i],
                              Boxed → False], {i, 1, 6, 2}]}, ImageSize → 360]
```

Out[43]=

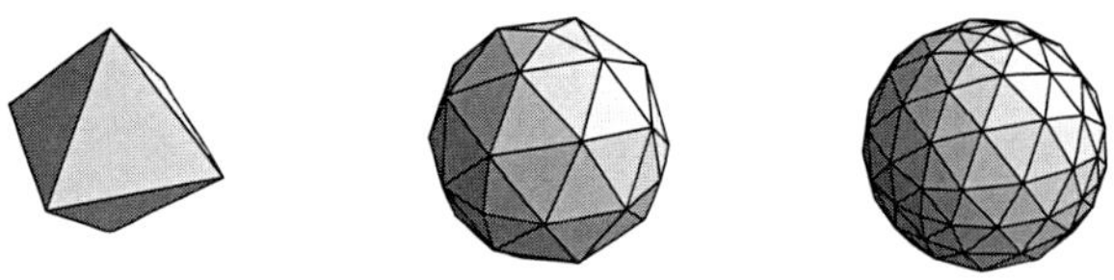

위에서 다루어진 것들 외에도 다음과 같은 Regular Polyhedra들이 있다.

```
In[44]:= p1 = Graphics3D[PolyhedronData["GreatDodecahedron", "Faces"],
                  Boxed → False];
         p2 = Graphics3D[PolyhedronData["SmallStellatedDodecahedron", "Faces"],
                  Boxed → False];
```

```
p3 = Graphics3D[PolyhedronData["GreatStellatedDodecahedron", "Faces"],
              Boxed → False];
p4 = Graphics3D[PolyhedronData["GreatIcosahedron", "Faces"],
              Boxed → False];
```

```
In[48]:= Show[GraphicsGrid[{{p1, p2, p3, p4}}], ImageSize → 400]
```

Out[48]=

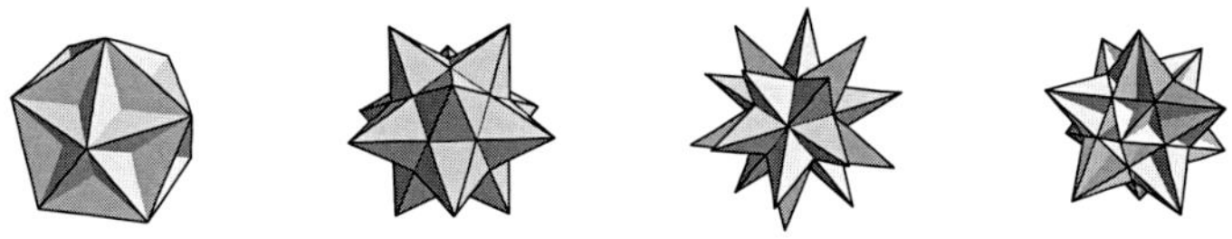

2.5. 다면체 변형하기

24장에서 공부할 Manipulate를 이용하면 다면체의 변의 길이를 줄이는 과정을 생생하게 구현할 수 있다. 슬라이더를 움직이면서 변화를 관찰해 보자. 화면의 + 부호를 누르면 사용법이 자명한 버튼 몇 개가 나온다.

```
In[49]:= Manipulate[Show[Truncate[PolyhedronData["Hexahedron"], ratio],
              Boxed → False, ImageSize → 100], {{ratio, 0.15}, -2, 2}]
```

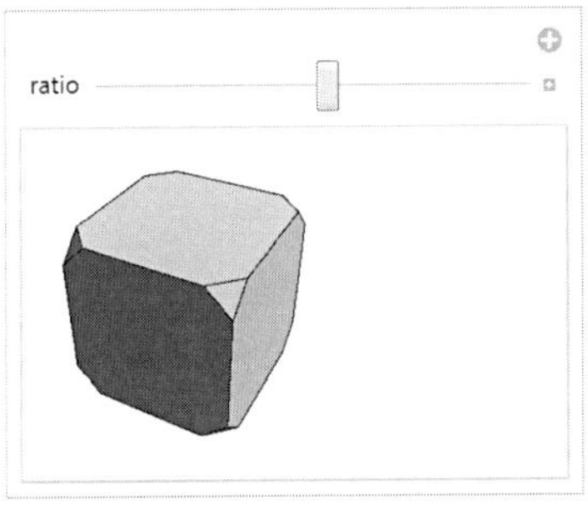


```
In[50]:= Manipulate[
   Show[GraphicsGrid[{
      {Show[Truncate[PolyhedronData["Tetrahedron"], ratio], Boxed → False],
       Show[Truncate[PolyhedronData["Hexahedron"], ratio], Boxed → False],
       Show[Truncate[PolyhedronData["Octahedron"], ratio], Boxed → False],
       Show[Truncate[PolyhedronData["Dodecahedron"], ratio], Boxed → False],
       Show[Truncate[PolyhedronData["Icosahedron"], ratio], Boxed → False]}
    }]], {{ratio, 0.3}, -2, 2}]
```

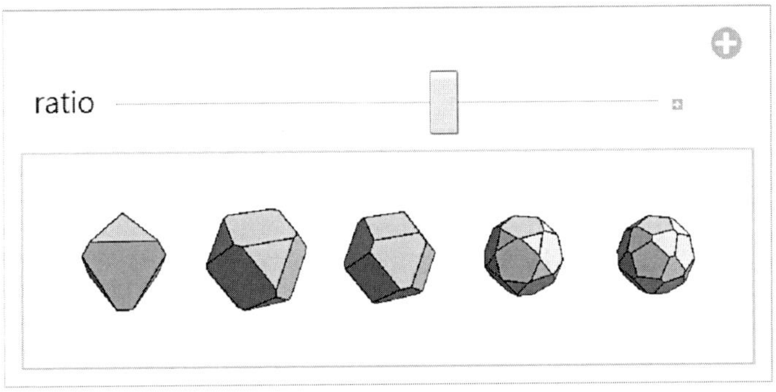

다음은 Truncate 대신에 OpenTruncate를 사용한 코드다.

```
In[51]:= Manipulate[
   Show[GraphicsGrid[{
      {Show[OpenTruncate[PolyhedronData["Tetrahedron"], ratio], Boxed → False],
       Show[
        OpenTruncate[PolyhedronData["Hexahedron"], ratio], Boxed → False],
       Show[OpenTruncate[PolyhedronData["Octahedron"], ratio],
        Boxed → False],
       Show[OpenTruncate[PolyhedronData["Dodecahedron"], ratio],
            Boxed → False],
       Show[OpenTruncate[PolyhedronData["Icosahedron"], ratio],
            Boxed → False]}
     }]], {{ratio, 0.3}, -2, 2}]
```

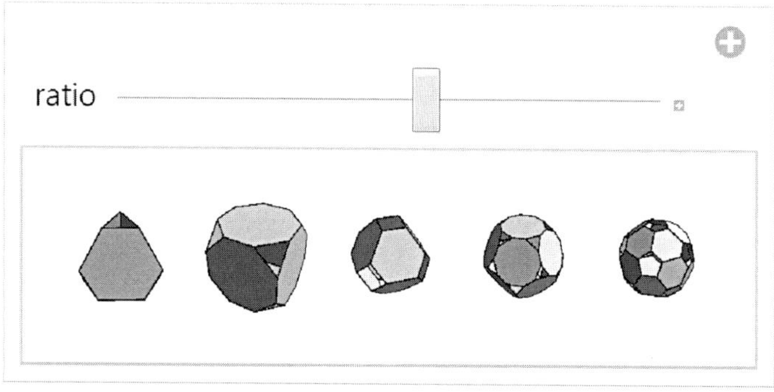

제 22장 간단한 *Mathematica* 프로그래밍

*Mathematica*를 단순한 수식 계산기로 활용하는 것을 넘어서 프로그래밍 언어로 활용하기 위해서는 무엇보다 *Mathematica* 표현의 구조를 보는 법과 표현을 변형하는 법을 알아야 한다. 이 장에서는 *Mathematica* 표현의 구조를 분석하고 표현을 변형하는 함수들과 간단한 *Mathematica* 프로그래밍을 위한 기본적 함수들을 소개한다.

이 장의 내용을 이해하기 위해서는 먼저 이 책 9장의 내용을 확실히 이해하는 것이 필요하다.

1. 표현

*Mathematica*에서 다루는 모든 대상은 일정한 형식을 가지고 있다. 이렇게 일정한 형식에 따라 만들어진 모든 것들을 *Mathematica* 용어로 '표현(Expression)'이라고 한다.

1.1. *Mathematica*의 모든 대상은 '표현'이다.

모든 표현은 다음과 같은 구조를 가진다. (이 말을 이해하는 것이 *Mathematica* 프로그래밍의 첫 걸음이다.)

f[*x*, *y*, *z*, ...]   표현의 기본 형식이다. *f* 는 헤드(Head), *x*, *y*, *z* ... 는 원소(element) 라 한다.

표현에서 원소는 헤드에 의해 결정되기 때문에 헤드를 이해하는 것이 중요하다. 헤드의 Type은 다음과 같이 크게 다섯가지로 분류할 수 있다.

1.1.1. 표현의 Head Type-1. 수학적 함수

```
In[1]:= {Sin[x], Sqrt[2], Log[x, 3], Sinh[3]}
```

Out[1]= $\left\{\text{Sin}[x],\ \sqrt{2},\ \frac{\text{Log}[3]}{\text{Log}[x]},\ \text{Sinh}[3]\right\}$

1.1.2. 표현의 Head Type-2. 기본 연산자

```
In[2]:= {Plus[x + y], Power[2, 3], Times[x, 3]}

Out[2]= {x + y, 8, 3 x}
```

위 표현은 우리가 써 왔던 다음과 같은 표현과 동일하다고 할 수 있다.

```
In[3]:= {x + y, 2^3, x * 3}

Out[3]= {x + y, 8, 3 x}
```

1.1.3. 표현의 Head Type-3. *Mathematica* 내장함수

아래의 Plot[*x*^2, {*x*, −1, 1}, ImageSize → 200]에서 Plot은 헤드(Head)다. 나머지 x^2과 {x,-1,1}과 ImageSize→200 등은 모두 원소다. 이처럼 내장함수는 모두 표현의 헤드가 될 수 있다.

In[4]:= `Plot[x^2, {x, -1, 1},ImageSize→220]`

Out[4]=

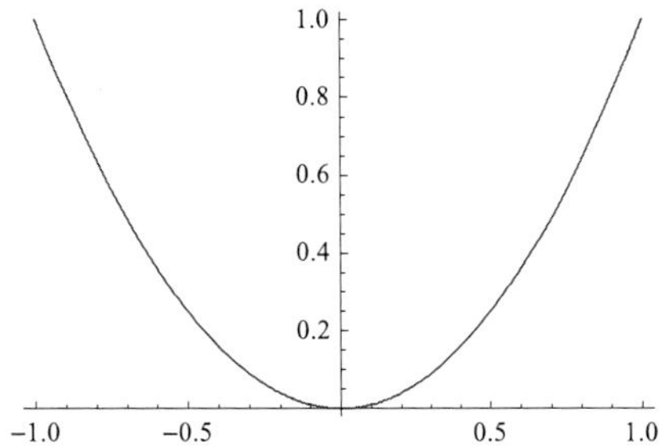

1.1.4. 표현의 Head Type-4. 함수의 옵션

Mathematica 함수들은 다양한 옵션을 설정할 수 있도록 짜여져 있는데, 이 옵션 또한 표현의 형식을 적용받고 있으며 헤드 부분과 원소 부분이 있다. 다음을 보자.

```
In[5]:= gf = Plot[x^2, {x, -1, 1},
          PlotStyle → {RGBColor[1, 0, 0], Thickness[0.01]}, ImageSize → 220]
```

Out[5]=

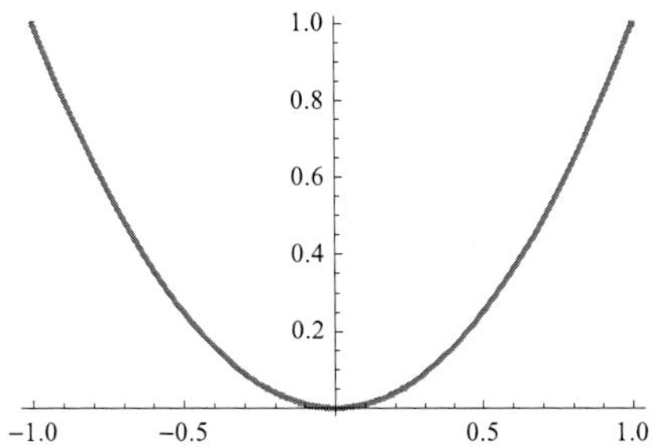

여기서 PlotStyle → {RGBColor[1, 0, 0], Thickness[0.01]}은 표현의 형식을 가지고 있지 않은 것처럼 보이지만 사실은 이것 또한 표현의 형식을 가지고 있다.

```
In[6]:= FullForm[ PlotStyle → {RGBColor[1, 0, 0], Thickness[0.01]} ]

Out[6]//FullForm= Rule[PlotStyle, List[RGBColor[1, 0, 0], Thickness[0.01`]]]
```

PlotStyle → {RGBColor[1, 0, 0], Thickness[0.01]}의 헤드는 Rule이다.

1.1.5. 표현의 Head Type-5. 사용자가 정의한 표현

사용자가 정의한 그 모든 것 역시 *Mathematica* 표현의 형식을 따라야 하며 그렇지 않으면 *Mathematica*는 사용자가 정의한 것을 이해하지 못한다. 아래는 *Mathematica* 표현의 형식을 따라 잘 정의된 사용자 정의 표현들이다.

In[7]:= `vec = {1, 2};`

In[8]:= `unitVector[{x_, y_}] :=` $\left\{\frac{x}{\text{Norm}[\{x, y\}]}, \frac{y}{\text{Norm}[\{x, y\}]}\right\}$

In[9]:= `{unitVector[vec], unitVector[{a, b}]}`

Out[9]= $\left\{\left\{\frac{1}{\sqrt{5}}, \frac{2}{\sqrt{5}}\right\}, \left\{\frac{a}{\sqrt{\text{Abs}[a]^2 + \text{Abs}[b]^2}}, \frac{b}{\sqrt{\text{Abs}[a]^2 + \text{Abs}[b]^2}}\right\}\right\}$

위 표현에 대해서는 unitVector가 헤드다. 이제 헤드를 다루는 법을 알아보자.

Head[expr]	expr의 Head를 출력한다. expr[[0]] 과 같은 결과다.
FullForm[expr]	expr을 표현의 형식으로 출력한다.

위에서 unitVector[vec]의 결과는 List$\left[\frac{1}{\sqrt{5}}, \frac{2}{\sqrt{5}}\right]$로써, 헤드는 List고 원소는 $\frac{1}{\sqrt{5}}$, $\frac{2}{\sqrt{5}}$이다. 이는 Head라는 함수로 확인할 수 있다.

```
In[10]:= expr = unitVector[vec]
```

Out[10]= $\left\{\frac{1}{\sqrt{5}}, \frac{2}{\sqrt{5}}\right\}$

```
In[11]:= Head[expr]
Out[11]= List
```

또한 위에서 각 원소 $\frac{1}{\sqrt{5}}$과 $\frac{2}{\sqrt{5}}$도 표현이다. 이는 FullForm으로 확인할 수 있다.

In[12]:= **FullForm**$\left[\frac{1}{\sqrt{5}}\right]$

```
Out[12]//FullForm= Power[5, Rational[-1, 2]]
```

결국 unitVector[vec]의 결과 $\left\{\frac{1}{\sqrt{5}}, \frac{2}{\sqrt{5}}\right\}$는 여러 표현들의 합성인 것이다. Head와 FullForm 명령어는 위와 같은 방법 뿐만 아니라 아래와 같이 expr // Head 와 같은 방법으로 사용할 수도 있다.

```
In[13]:= unitVector[vec] // FullForm
Out[13]//FullForm= List[Power[5, Rational[-1, 2]], Times[2, Power[5, Rational[-1, 2]]]]
```

수와 식 만이 아니라 그래프 등과 같은 표현에 대해서도 FullForm을 적용하여 내부구조를 볼 수 있다. 예를 들어, gf = Plot[x^2,{x,-1,1}, PlotStyle→{RGBColor[1,0,0], Thickness[0.01]}]의 결과로 출력된 그래프 gf에 FullForm을 적용하면 gf의 내부가 어떻게 이루어져 있는지를 볼 수 있다. [그림-1]을 참조하라.

```
In[14]:= FullForm[gf];   (* 지면관계상 출력생략 *)
```

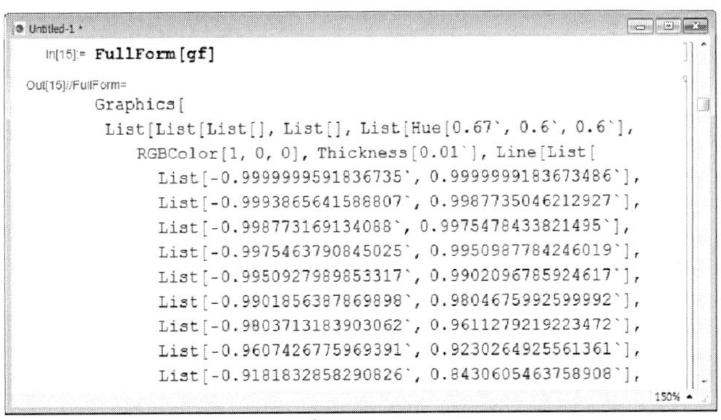

[그림-1]

1.2. 표현의 일부를 뽑아내는 법

TreeForm[expr]	표현 expr의 형식을 나무 구조로 출력한다.

List[Power[5, Rational[−1, 2]], Times[2, Power[5, Rational[−1, 2]]]]와 같이 여러 표현들의 합성으로 나타내어진 표현은 나무 구조를 가진다.

In[15]:= **Clear[expr, Vector, a, b];**

expr = Vector$\left[\frac{1}{\sqrt{5}}, \frac{a}{b^{1+2 i}}\right]$

Out[16]= Vector$\left[\frac{1}{\sqrt{5}}, a\, b^{-1-2 i}\right]$

In[17]:= **FullForm[expr]**

```
Out[17]//FullForm= Vector[Power[5, Rational[-1, 2]], Times[a, Power[b, Complex[-1, -2]]]]
```

In[18]:= **TreeForm[expr]**

Out[18]//TreeForm=

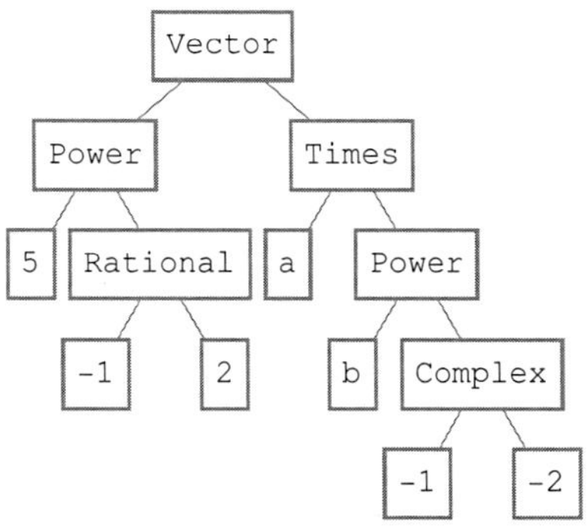

이제 expr의 부분부분을 뽑아내는 법에 대하여 알아보자. 이 목적으로 쓰이는 중요한 함수에는 Part와 Level이 있다. Part는 이미 9장 2절에서 리스트의 원소들을 뽑아내는 함수로 다루어졌는데 사실 Part는 리스트만이 아니라 표현의 부분들을 뽑아내며 9장 2절에서 다룬 내용은 리스트라는 특정한 종류의 표현에 대하여 Part를 적용한 것이다.

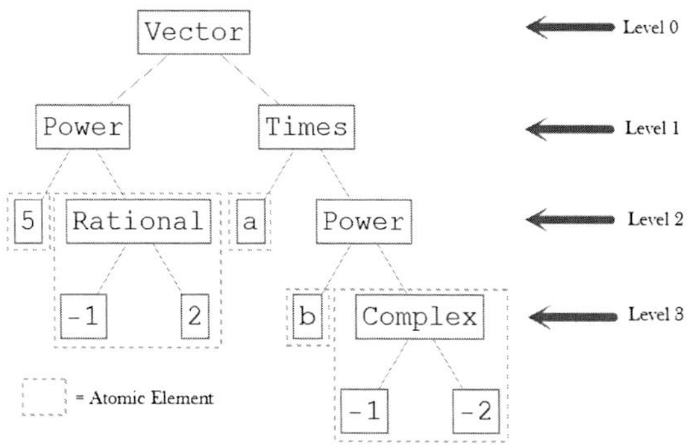

[그림-2]

레벨(Level)은 깊이를 말하는데 나무 구조를 잘 들여다 보면 레벨이 무엇을 말하는지 이해하기가 쉽다. [그림-2]를 보라. 레벨은 0부터 시작하여 Atomic Elements까지 순차적으로 값이 정해진다.

여기서 Atomic Element라 함은 더 이상 세분화할 수 없는 원소를 말하는데 Level[expr,{-1}]로 얻을 수 있다.

```
In[19]:= Level[expr, {-1}]
```

Out[19]= $\left\{5, -\frac{1}{2}, a, b, -1-2\,i\right\}$

```
In[20]:= Map[AtomQ, %]

Out[20]= {True, True, True, True, True}
```

여기서 주목할 점은 $-\frac{1}{2}$과 $-1-2i$ 모두 Atomic Element라는 점이다. FullForm[$-\frac{1}{2}$]이 Rational[-1,2]이기 때문에 더 분해를 할 수 있다고 생각할 수 있지만 *Mathematica*는 부호(Symbol), 유리수, 복소수, 문자열 등을 Atomic Element로 취급한다. 이로 인해 생기는 현상은, Part[expr,1,2]는 $-\frac{1}{2}$이지만 더 이상은 부분을 취할 수 없다는 것이다.

```
In[21]:= Part[expr, 1, 2]
```

Out[21]= $-\frac{1}{2}$

```
In[22]:= Part[expr, 1, 2, 1]
```

Part::partd : Part specification Vector$\left[\frac{1}{\sqrt{5}}, a\,b^{-1-2i}\right]$⟦1, 2, 1⟧ is longer than depth of object. ≫

Out[22]= Vector$\left[\frac{1}{\sqrt{5}}, a\,b^{-1-2i}\right]$⟦1, 2, 1⟧

expr의 헤드와 원소들을 Level과 Part를 이용하여 추출하여 보자.

Depth[expr]	expr의 부분들이 가지는 레벨의 최댓값을 n 이라 하면 $n+1$ 을 출력한다.
Level[expr, n]	expr의 Level = 1, ..., Level = n 에 해당되는 부분들로 이루어진 리스트를 출력한다.
Level[expr, Infinity]	expr의 모든 부분들로 이루어진 리스트를 출력한다.
Level[expr, {n}]	expr의 Level = n에 만 해당되는 부분들로 이루어진 리스트를 출력한다.
Level[expr, {n1, n2}]	expr의 Level = n1 에서 Level = n2 까지 해당되는 부분들로 이루어진 리스트를 출력

먼저 expr의 깊이부터 살펴보자.

```
In[23]:= Depth[expr]

Out[23]= 4
```

이 값이 5가 아님에 주목하라. Level 0부터 시작하여 Level 4까지 깊이가 5일것 같지만 사실은 Level 3까지만 있고 Level 4는 없다.

```
In[24]:= {Level[expr, {3}], Level[expr, {4}]}

Out[24]= {{b, -1 - 2 i}, {}}
```

Level 1에 있는 원소들은 expr[[i]], Level 2에 있는 원소들은 expr[[i,j]], Level 3에 있는 원소들은 expr[[i,j,k]]와 같은 형태의 명령으로 추출할 수 있다.

In[25]:= **Level[expr, {0}]** (* Level=0는 expr식 전체 *)

Out[25]= $\left\{\text{Vector}\left[\frac{1}{\sqrt{5}}, a\,b^{-1-2\,i}\right]\right\}$

참고로, Level[expr, 0]은 아무 것도 출력하지 않는다.

In[26]:= **Level[expr, 0]**

Out[26]= { }

In[27]:= **Level[expr, {1}]** (* Level=1에 해당되는 원소 *)

Out[27]= $\left\{\frac{1}{\sqrt{5}}, a\,b^{-1-2\,i}\right\}$

In[28]:= **{expr[[1]], expr[[2]]}**
(* Level=1에 해당되는 원소. expr[[1]]은 Part[expr,1]과 같다. *)

Out[28]= $\left\{\frac{1}{\sqrt{5}}, a\,b^{-1-2\,i}\right\}$

In[29]:= **Level[expr, {2}]** (* Level=2에 해당되는 원소 *)

Out[29]= $\left\{5, -\frac{1}{2}, a, b^{-1-2\,i}\right\}$

In[30]:= **{expr[[1, 1]], expr[[1, 2]], expr[[2, 1]], expr[[2, 2]]}**
(* Level=2에 해당되는 원소 *)

Out[30]= $\left\{5, -\frac{1}{2}, a, b^{-1-2\,i}\right\}$

In[31]:= **Level[expr, {3}]** (* Level=3에 해당되는 원소 *)

Out[31]= {b, -1 - 2 i}

In[32]:= **{expr[[2, 2, 1]], expr[[2, 2, 2]]}** (* Level=3에 해당되는 원소 *)

Out[32]= {b, -1 - 2 i}

In[33]:= **Level[expr, Infinity]** (* 모든 Level에 해당되는 원소 *)

Out[33]= $\left\{5, -\frac{1}{2}, \frac{1}{\sqrt{5}}, a, b, -1-2\,i, b^{-1-2\,i}, a\,b^{-1-2\,i}\right\}$

In[34]:= **Level[expr, {2, Infinity}]** (* Level=2부터의 모든 Level에 해당되는 원소 *)

Out[34]= $\left\{5, -\frac{1}{2}, a, b, -1-2\,i, b^{-1-2\,i}\right\}$

우리가 이미 다루었던 리스트(List)에 대해서도 같은 원리로 레벨을 생각할 수 있다. 리스트도 역시 *Mathematica* 표현이기 때문이다.

In[35]:= **list = {a, {b}, {c, {d, e}}};**

In[36]:= **list // FullForm**

Out[36]//FullForm= List[a, List[b], List[c, List[d, e]]]

In[37]:= **Style[TreeForm[list]]**

Out[37]=

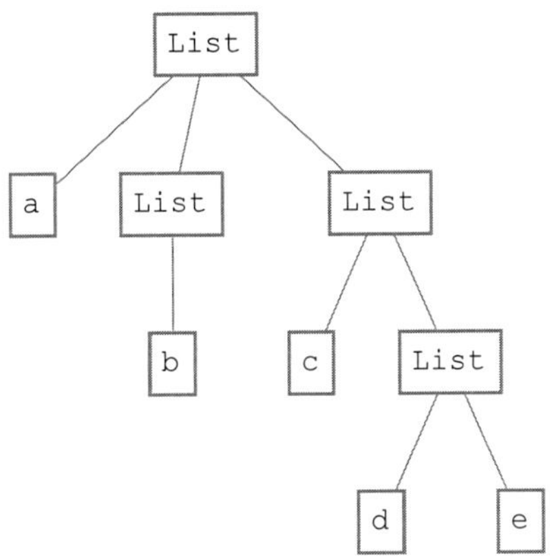

In[38]:= **Level[list, {1}]** (* Level=1에 해당되는 원소 *)

Out[38]= {a, {b}, {c, {d, e}}}

In[39]:= **{list[[1]], list[[2]], list[[3]]}** (* Level=1에 해당되는 원소 *)

Out[39]= {a, {b}, {c, {d, e}}}

In[40]:= **Level[list, {2}]** (* Level=2에 해당되는 원소 *)

Out[40]= {b, c, {d, e}}

In[41]:= **{list[[2, 1]], list[[3, 1]], list[[3, 2]]}** (* Level=2에 해당되는 원소 *)

Out[41]= {b, c, {d, e}}

In[42]:= **Level[list, {3}]** (* Level=3에 해당되는 원소 *)

Out[42]= {d, e}

In[43]:= **{list[[3, 2, 1]], list[[3, 2, 2]]}** (* Level=3에 해당되는 원소 *)

Out[43]= {d, e}

리스트의 레벨은 이미 9장에서 다루었다. 이제는 그것을 *Mathematica* 표현의 구조라는 원론적인 개념으로 설명한 것에 불과하다. 어찌 되었든 이와 같은 표현의 레벨을 표현하는 패턴을 이후로는 levelSpec이라 부르기로 하겠다.

levelSpec = n	Level = 1 에서 Level = n 까지
levelSpec = Infinity	Level = 1 부터 그 이하의 모든 Level
levelSpec = {n}	Level = n에 대해서만
levelSpec = {n1, n2}	Level = n1에서 Level = n2까지

2. *Mathematica* 프로그래밍을 위한 주요 함수들

C 언어와 같이 *Mathematica*도 하나의 프로그래밍 언어다. 다만, *Mathematica*는 수학적 문제를 해결하는 데에 다른 언어보다 훨씬 더 직관적이어서 많은 사용자들이 수학 문제를 해결하기 위해 *Mathematica*를 사용하다 보니 프로그래밍 언어로서의 *Mathematica* 에 대한 관심은 상대적으로 덜한 것 같다. 지금까지 이 책에서 소개된 기본함수들의 활용은 프로그래밍으로서의 언어이기보다는 단순한 계산도구로써 *Mathematica*를 사용한 것에 불과하다. *Mathematica*를 더 잘 활용하기 위해서는 프로그래밍 언어로 *Mathematica*를 활용할 수 있는 함수들을 알아나가며 그것들을 적절하게 잘 구사할 수 있어야 한다. 여기서는 가장 기본적인 프로그래밍 함수들을 소개하여 본다. 주어진 예제를 변형하여 실험해 나가며 그 원리를 이해하기 바란다.

2.1. *Mathematica* 프로그래밍의 종류

문서 센터에서 [Programming]을 검색해 보면 [그림-3]과 같이 여러 가지 카테고리가 존재한다. 이하의 내용은 그룹별로 명령어들을 묶어 놓았다. 따라서 여러분들은 어떤 명령어들이 어떤 기능을 가지고 있는가를 이곳을 통하여 한 번쯤 훑어보는 것이 좋을 것이다.

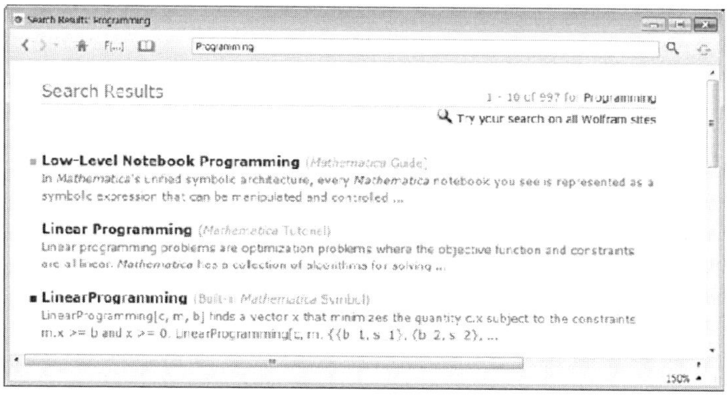

[그림-3]

프로그래밍 언어로서의 명령어들은 그 사용법을 글로 표현하기가 쉽지 않은 경우가 허다하다. 오히려 더 혼동만 야기하는 경우도 있다. 따라서 여기서 소개하는 명령어들은 예제를 통하여 그 활용을 익히기 바란다.

2.2. 논리함수

문서 센터에서 'Logical Operation'을 검색해 보면 많은 관련 주제들이 검색되어 나오는데 그 중 Relational and Logical Operators를 읽어 보면 논리적인 연산이나 조작을 위한 함수들이 소개되어있다. Not(!), And(&&), Or(||), True, False 등이 그것이다.

```
In[44]:= T = True; F = False;
         {Not[T], !T, And[T, F], F && F, Or[F, F], F || T}

Out[45]= {False, False, False, False, False, True}
```

여기서는 이것들 이외의 몇 가지를 더 소개해본다. 아래에서 e1, e2, ... 등은 True 또는 False 값을 가지는 표현이다.

Nor[e1, e2, ...]	Not[Or[e1, e2, ...]] 와 같은 연산이다.
Xor[e1, e2, ...]	e1, e2, ... 중에 참이 홀수 개 있으면 True, 짝수 개 있으면 False를 출력한다.

```
In[46]:= {Or[T, F, F], Not[Or[T, F, F]], Nor[T, F, F]}
Out[46]= {True, False, False}
In[47]:= {Xor[F, T, T, T, F], Xor[F, T, F, T, F]}
Out[47]= {True, False}
```

Implies[p, q]	명제 $p \to q$ 의 참, 거짓을 판별하여 준다. Not[p] || q 와 같은 결과를 준다.

```
In[48]:= {Implies[T, T], Implies[T, F], Implies[F, T], Implies[F, F]}
Out[48]= {True, False, True, True}
In[49]:= {!T||T, !T||F, !F||T, !F||F}
Out[49]= {True, False, True, True}
In[50]:= Clear[T, F]
```

2.3. 할당 관련 함수

[Documentation Center]→[Assignments]에서 다음과 같은 함수들을 찾아볼 수 있다.

$x = a$	x 에 a 를 할당한다.
x =.	x 에 할당된 설정을 해제한다. Clear[x] 와 같다.

```
In[51]:= {t = √2, N[t], t =., t}
Out[51]= {√2, 1.41421, Null, t}
```

i++	i++ 이 한 번 호출될 때마다 i 의 값을 출력하고 나서 i 의 값을 1 만큼 증가시킨다.
i--	i-- 이 한 번 호출될 때마다 i 의 값을 출력하고 나서 i 의 값을 1 만큼 감소시킨다.
++i	++i 이 한 번 호출될 때마다 i 의 값을 1 만큼 증가시키고 나서 i 의 값을 출력한다.
--i	--i 이 한 번 호출될 때마다 i 의 값을 1 만큼 감소시키고 나서 i 의 값을 출력한다.

```
In[52]:= i = 1; {i++, i, i++, i, i++, i, i--, i, i--, i--, i}
Out[52]= {1, 2, 2, 3, 3, 4, 4, 3, 3, 2, 1}
In[53]:= i = 1; {++i, i, ++i, i, ++i, i, --i, i, --i, i, --i, i}
Out[53]= {2, 2, 3, 3, 4, 4, 3, 3, 2, 2, 1, 1}
```

i += di	$i = i$ + di 와 같다.
i -= di	$i = i$ − di 와 같다.

i *= di	$i = i*$di 와 같다.
i /= di	$i = i \div$di 와 같다.

```
In[54]:= i = 1; {i += 2, i, i += 2, i, i += 2, i, i -= 2, i, i -= 2, i -= 2, i}
Out[54]= {3, 3, 5, 5, 7, 7, 5, 5, 3, 1, 1}
In[55]:= i = 1; {i *= 2, i, i *= 2, i, i *= 2, i, i /= 2, i, i /= 2, i /= 2, i}
Out[55]= {2, 2, 4, 4, 8, 8, 4, 4, 2, 1, 1}
```

Append[expr, *e*]	expr의 Level = 1 에 해당하는 리스트의 마지막 원소 다음에 *e* 를 추가한다.
Prepend[expr, *e*]	expr의 Level = 1 에 해당하는 리스트의 첫 원소 앞에 *e* 를 추가한다.

여기서 expr이라 함은 표현을 말하는 것으로 9장 리스트에서 다룬 리스트도 당연히 expr이 될 수 있다.

```
In[56]:= s = {};
         Table[s = Append[s, i^2], {i, 1, 5}]
Out[57]= {{1}, {1, 4}, {1, 4, 9}, {1, 4, 9, 16}, {1, 4, 9, 16, 25}}
In[58]:= Clear[f];
         Append[f[x], a + b + c]
Out[59]= f[x, a + b + c]
In[60]:= s = {};
         Table[s = Prepend[s, i^2], {i, 1, 5}]
Out[61]= {{1}, {4, 1}, {9, 4, 1}, {16, 9, 4, 1}, {25, 16, 9, 4, 1}}
In[62]:= Clear[f];
         Prepend[f[x], a + b + c]
Out[63]= f[a + b + c, x]
```

Protect[symbol_1, symbol_2 ...]	symbol_1, symbol_2 ... 의 보호기능을 설정한다. 설정 후 수정할 수 없다.
UnProtect[symbol_1, symbol_2 ...]	symbol_1, symbol_2 ... 의 보호기능을 해제한다. 해제 후 수정할 수 있다.

*Mathematica*는 내장함수들을 사용자가 수정할 수 없도록 Protected로 보호하고 있다.

```
In[64]:= ?? Sin

Sin[z] gives the sine of z. >>

Attributes[Sin] = {Listable, NumericFunction, Protected}

In[65]:= Sin[2 x - y]
Out[65]= Sin[2 x - y]
```

만약 사인함수의 덧셈정리를 활용하고 싶다면, 아래와 같이 Sin을 Unprotect하고 덧셈정리의 식을 설정하면 된다.

```
In[66]:= Unprotect[Sin];

In[67]:= Sin[a_ + b_] := Sin[a] Cos[b] + Cos[a] Sin[b];

In[68]:= ?? Sin

  Sin[z] gives the sine of z. >>

  Attributes[Sin] = {Listable, NumericFunction}

  Sin[a_ + b_] := Sin[a] Cos[b] + Cos[a] Sin[b]
```

이렇게 설정된 후에는 다음과 같이 사인함수의 덧셈정리를 쓸 수 있다.

```
In[69]:= Sin[2 x - y]

Out[69]= Cos[y] Sin[2 x] - Cos[2 x] Sin[y]
```

이후 Sin을 Protect하면 Sin은 다시 수정할 수 없다.

```
In[70]:= Protect[Sin]

Out[70]= {Sin}

In[71]:= ?? Sin

  Sin[z] gives the sine of z. >>

  Attributes[Sin] = {Listable, NumericFunction, Protected}

  Sin[a_ + b_] := Sin[a] Cos[b] + Cos[a] Sin[b]

In[72]:= Sin[a_ - b_] := Sin[a] Cos[b] - Cos[a] Sin[b];

  SetDelayed::write : Tag Sin in Sin[a_ - b_] is Protected. >>
```

Definition[symbol]	심볼(symbol) 의 정의를 제공한다.
FullDefinition[symbol]	심볼(symbol) 은 물론, 심볼에 종속된 모든 하위 심볼(symbol) 의 정의를 제공한다.

```
In[73]:= f[x_] := Log[x];
         g[x_, y_] := f[x] - f[y];

In[75]:= Definition[g]

Out[75]= g[x_, y_] := f[x] - f[y]

In[76]:= FullDefinition[g]   (* f는 g의 하위 심볼이다. *)

Out[76]= g[x_, y_] := f[x] - f[y]

         f[x_] := Log[x]
```

2.4. 참거짓 함수

*Mathematica*에는 그 결과가 참인지 거짓인지 판별하여 주는 참거짓 함수들이 존재한다.

In[77]:= `{a + b == b + c, a + b == a + b, ⅇ^π > π^ⅇ}`

Out[77]= `{a + b == b + c, True, True}`

NumberQ[expr]	expr이 수면 True, 수가 아니면 False를 출력한다.
NumericQ[expr]	(대부분의 경우) *N*[expr] 이 수면 True, 수가 아니면 False를 출력한다.

π, ⅇ와 같이 수학에서 상수를 쓸 때 사용하는 기호들은 그 자체로는 수가 아니므로 NumberQ는 이들에 대하여 False를 출력한다. 이런 표현을 *Mathematica*가 어떻게 인식하는지는 Head라는 명령을 통하여 알 수 있다.

In[78]:= `{π, Head[π], NumberQ[π], N[π], Head[N[π]], NumberQ[N[π]]}`
`{ⅇ, Head[ⅇ], NumberQ[ⅇ], N[ⅇ], Head[N[ⅇ]], NumberQ[N[ⅇ]]}`

Out[78]= `{π, Symbol, False, 3.14159, Real, True}`

Out[79]= `{ⅇ, Symbol, False, 2.71828, Real, True}`

그러나 NumericQ[expr]는 N[expr]이 수인지 아닌지를 판정하며 NumericQ[π], NumericQ[ⅇ]는 참을 출력한다.

In[80]:= `{NumericQ[π], NumericQ[ⅇ], NumericQ[N[π]], NumericQ[N[ⅇ]]}`

Out[80]= `{True, True, True, True}`

IntegerQ[expr]	expr이 정수이면 True, 정수가 아니면 False를 출력한다.

In[81]:= `{Head[3], IntegerQ[3], Head[3.], IntegerQ[3.]}`

Out[81]= `{Integer, True, Real, False}`

OddQ[expr]	expr이 홀수면 True, 홀수가 아니면 False를 출력한다.
EvenQ[expr]	expr이 짝수면 True, 짝수가 아니면 False를 출력한다.
PrimeQ[expr]	expr이 소수면 True, 소수가 아니면 False를 출력한다.

In[82]:= `{OddQ[4], EvenQ[4], PrimeQ[4], OddQ[1.5], EvenQ[1 + ⅈ]}`

Out[82]= `{False, True, False, False, False}`

Positive[expr]	expr이 양수면 True, 양수가 아니면 False를 출력한다.
Negative[expr]	expr이 음수면 True, 음수가 아니면 False를 출력한다.
NonPositive[expr]	expr이 양수가 아니면 True, 양수면 False를 출력한다.
NonNegative[expr]	expr이 음수가 아니면 True, 음수면 False를 출력한다.

In[83]:= `{Positive[2.5], Negative[2.5], NonPositive[2.5], NonNegative[2.5]}`

Out[83]= `{True, False, False, True}`

VectorQ[list]	list가 벡터면 True, 벡터가 아니면 False를 출력한다.

MatrixQ[list]	list가 행렬이면 True, 행렬이 아니면 False를 출력한다.

여기서 말하는 벡터와 행렬은 직관적으로 우리가 수학에서 말하는 그 벡터와 행렬을 의미하는데 *Mathematica*가 가지는 정확한 정의을 알고자 하면 문서 센터에서 VectorQ의 설명을 참조하라.

```
In[84]:= {VectorQ[{{1, 1}, {1, 0}}], VectorQ[{1, 1}]}
Out[84]= {False, True}
In[85]:= {MatrixQ[{{1, 1}, {1, 0}}], MatrixQ[{1, 1}], MatrixQ[{{1, 1}}]}
Out[85]= {True, False, True}
```

PolynomialQ[expr, *x*]	expr이 *x*에 대한 다항식이면 True, *x*에 대한 다항식이 아니면 False를 출력한다.

아래 예에서 $\frac{3\,x^{10}}{y}$는 y에 대한 다항식이 아니므로 PolynomialQ$\left[\frac{3\,x^{10}}{y},\ y\right]$는 False가 된다.

In[86]:= $\left\{\text{PolynomialQ}\left[3\,x^{10}-4,\ x\right],\ \text{PolynomialQ}\left[\frac{3\,x^{10}}{y},\ x\right],\ \text{PolynomialQ}\left[\frac{3\,x^{10}}{y},\ y\right]\right\}$

Out[86]= {True, True, False}

MemberQ[list, element]	element가 list의 원소면 True, 아니면 False를 출력한다.
MemberQ[list, element, levelSpec]	element가 list의 levelSpec에 해당하는 리스트의 원소면 True, 아니면 False를 출력한다.

```
In[87]:= list = {a, {b}, {2, {c, 3}}};
         Style[TreeForm[list], 8]
```

Out[88]=

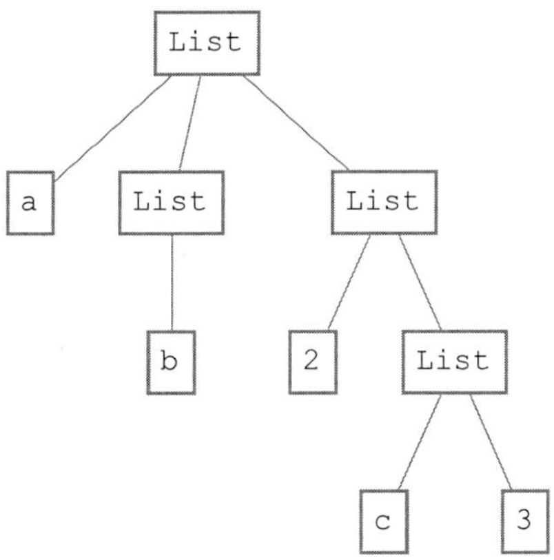


```
In[89]:= MemberQ[list, b]   (* list의 Level=1에 대하여 원소 b가 존재하는가? *)
Out[89]= False
In[90]:= MemberQ[list, b, {2}]   (* list의 Level=2에 대하여 원소 b가 존재하는가? *)
Out[90]= True
```

```
In[91]:= Level[list, {2}]    (* list의 Level=2에 해당되는 원소로 확인 *)
Out[91]= {b, 2, {c, 3}}

In[92]:= MemberQ[list, c, Infinity]    (* list의 모든 Level에 대하여 원소 b가 존재하는가? *)
Out[92]= True

In[93]:= Level[list, Infinity]    (* list의 모든 Level에 해당되는 원소로 확인 *)
Out[93]= {a, b, {b}, 2, c, 3, {c, 3}, {2, {c, 3}}}
```

MatchQ[expr, form]	expr이 form의 꼴에 부합되면 True, 부합되지 않으면 False를 출력한다.

$3^{\frac{1}{2}}$은 _의 꼴에 부합되지만, $N\left[3^{\frac{1}{2}}\right]$는 1.732..이므로 _에 부합되지 않는다. 또한 $3^{\frac{1}{2}}$의 지수 $\frac{1}{2}$은 _?Integer의 꼴에 부합되지 않는다. 따라서 다음이 성립한다.

```
In[94]:= {MatchQ[3^(1/2), _], MatchQ[N[3^(1/2)], _], MatchQ[3^(1/2), _?Integer]}
Out[94]= {True, False, False}
```

2.5. 여러 가지 조건문

[Documentation Center]→[Flow Control] 카테고리에는 조건문이나 루프문 등에 관한 함수들이 있다. 여기서는 조건문에 대해서만 관련 명령어를 소개한다.

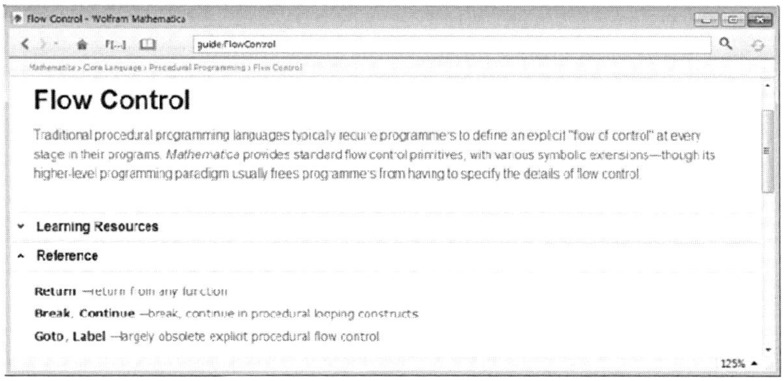

[그림-4]

If[test, *t*, *f*]	조건(test)의 계산결과가 참이면 *t*, 거짓이면 *f*가 실행된 결과를 출력한다.
If[test, *t*, *f*, *u*]	조건(test)의 계산결과가 참이면 *t*, 거짓이면 *f*, 참, 거짓의 판별이 안 되는 경우에는 *u*가 실행된 결과를 출력한다.

다음은 임의의 x값에 대하여 x가 양인지, 음인지, 또는 판별할 수 없는지 출력하는 함수이다.

```
In[95]:= f[x_] := If[x > 0, "Positive", "Negative", "Unknown"]    (* 나쁜 예 *)
```

```
In[96]:= {f[-1], f[0], f[-1], f[a]}

Out[96]= {Negative, Negative, Negative, Unknown}
```

그런데 위 결과를 보면 함수 f는 0이 Negative라 하고 있다. 이 문제는 잠시 후 소개될 Which문으로 해결할 수 있다. 이번에는 절댓값 x = |x|의 계산을 If문으로 작성하여 본다.

```
In[97]:= F[x_] := If[x ≥ 0, x, -x]

In[98]:= {F[-1], F[1], F[t]}

Out[98]= {1, 1, If[t ≥ 0, t, -t]}
```

위에서 $f[t]$의 입력값 t는 문자이므로 $t>0$이 참인지 거짓인지 판별할 수 없다. 따라서 결과를 얻지 못하였다. 이렇게 정의된 함수로 그래프도 그릴 수 있다.

```
In[99]:= Plot[F[x], {x, -1, 1}, ImageSize → 240]
```

Out[99]=

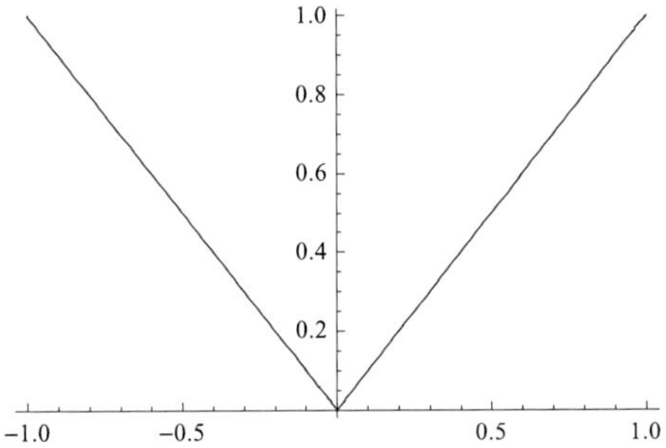

Which[$test_1$, $value_1$, $test_2$, $value_2$, ...]	각각의 조건 ($test_i$)이 참일 때, 이에 대응하는 값($value_i$)을 출력

If 문이 하나의 조건을 가지는 것에 비하여, Which 문은 다중 조건을 가진다. 위에서 If 문으로 작성된 f[x_] := If[x > 0, "Positive", "Negative", "Unknown"] 의 한계를 Which 문이 해결하여 준다.

```
In[100]:= g[x_] := Which[Not[NumberQ[x]], "Unknown",
                    x > 0, "Positive",
                    x < 0, "Negative",
                    x == 0, "Zero"]        (* 좋은 예 *)

In[101]:= {g[-1], g[0], g[1], g[k]}

Out[101]= {Negative, Zero, Positive, Unknown}
```

마찬가지로 이번에는 Which 문을 이용하여 $|x|$를 계산하는 함수를 작성하고 그 함수의 그래프를 그려보자.

```
In[102]:= G[x_] := Which[x < 0, -x, x ≥ 0, x]

In[103]:= {G[-1], G[1], G[t]}

Out[103]= {1, 1, Which[t < 0, -t, t ≥ 0, t]}
```

```
In[104]:= Plot[G[x], {x, -1, 1}, ImageSize → 240]
```

Out[104]=

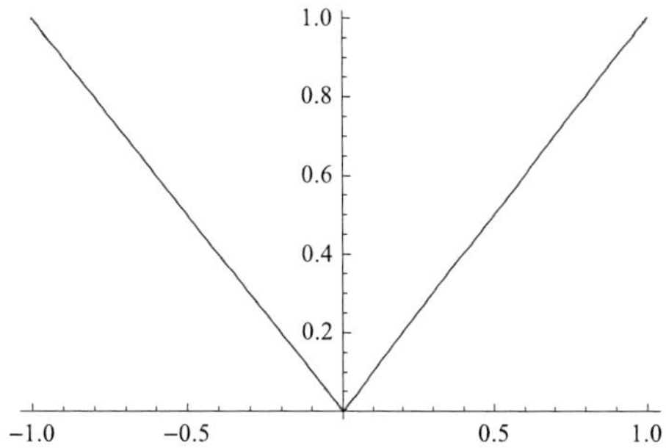

Piecewise[{{$value_1$, $test_1$}, {$value_2$, $test_2$}, ... }]	조건 $test_i$ 가 참일 때 값 $value_i$ 을 출력한다.

Piecewise문을 이용하면, 표현상 f[x_]:=If[x>0,"Positive","Negative","Unknown"] 혹은g[x_]:=Which[Not[NumberQ[x]], " Unknown", x>0, "Positive", x<0, "Negative", x==0, "Zero"]보다 훨씬 더 자연스러운 함수를 정의할 수 있다.

```
In[105]:= h[x_] := Piecewise[{{ "Positive", x > 0},
                              {"Negative", x < 0},
                              {"Zero", x == 0}}] (* 가장 좋은 예 *)

In[106]:= {h[-1], h[0], h[1]}

Out[106]= {Negative, Zero, Positive}

In[107]:= h[t]

           ⎧ Positive  t > 0
Out[107]=  ⎨ Negative  t < 0
           ⎪ Zero      t == 0
           ⎩ 0         True
```

Piecewise는 앞서 사용한 If, Which 문과는 달리 임의의 문자 t에 대한 식으로도 그 정의의 내용을 나타낼 수 있다. 이제 Piecewise 문을 이용하여 $|x|$를 계산하는 함수를 작성하고 이 함수의 그래프를 그려보자.

```
In[108]:= H[x_] := Piecewise[{{x, x ≥ 0}, {-x, x < 0}}]

In[109]:= {H[-1], H[1]}

Out[109]= {1, 1}

In[110]:= H[t]

           ⎧ t   t ≥ 0
Out[110]=  ⎨ -t  t < 0
           ⎩ 0   True
```

In[111]:= `Plot[H[x], {x, -2, 2}, ImageSize → 240]`

Out[111]=

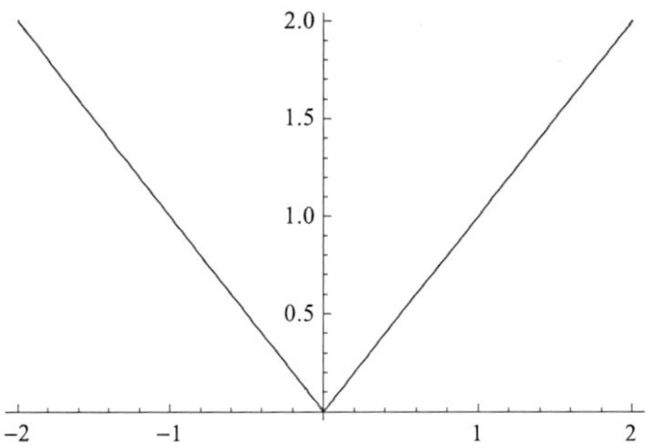

2.6. 패턴 매칭

*Mathematica*에서는 여러 가지 다양한 패턴을 설정하고 이를 여러 작업에 적용할 수 있다. 이미 우리가 다루었던 Blank(_), BlankSequence(__), BlankNullSequence(___) 등은 *Mathematica*에서 패턴을 다루는 데에 중요하게 쓰인다. 여기서는 그것들 외에 유용한 패턴 매칭(Pattern Matching) 관련 함수들을 몇 개 알아본다.

expr /; test	test가 참이면 expr을 실행한다.

아래에서 함수 p1, p2를 정의할 때 변수 x에다가 각각 NumberQ[x]와 NumericQ[x]라는 패턴을 조건으로 지정하였다. 각 함수는 *x*에 대하여 지정된 패턴이 참일 때에만 *x*를 변수로 받아들인다.

```
In[112]:= p1[x_ /; NumberQ[x]] := N[x] + 1
          p2[x_ /; NumericQ[x]] := N[x] + 1

In[114]:= {p1[Pi], p2[Pi], p1[N[Pi]], p2[N[Pi]]}

Out[114]= {p1[π], 4.14159, 4.14159, 4.14159}
```

조건문 /;는 변수가 아닌 식에도 적용시킬 수 있다. 다음 함수 p3, p4는 p1, p2와 동일한 결과를 출력한다.

```
In[115]:= p3[x_] := N[x] /; NumberQ[x]
          p4[x_] := N[x] /; NumericQ[x]

In[117]:= {p3[Pi], p4[Pi], p3[N[Pi]], p4[N[Pi]]}

Out[117]= {p3[π], 3.14159, 3.14159, 3.14159}
```

f[x_?test]	test가 참(True) 일 때만 정의된 식의 값을 출력한다.
f[x_head]	Head[*x*] = head 인 경우에만 정의된 식의 값을 출력한다.

```
In[118]:= q1[x_?NumberQ] := N[x]
          q2[x_?NumericQ] := N[x]

In[120]:= {q1[Pi], q2[Pi], q1[N[Pi]], q2[N[Pi]]}

Out[120]= {q1[π], 3.14159, 3.14159, 3.14159}

In[121]:= q3[x_Rational] := x
          q4[x_List] := x
```

In[123]:= $\{\{q3[1], q3[\frac{1}{2}], q3[0.5]\}, \{q4[1], q4[\{1, \{2, 3\}\}]\}\}$

Out[123]= $\{\{q3[1], \frac{1}{2}, q3[0.5]\}, \{q4[1], \{1, \{2, 3\}\}\}\}$

Cases[expr, pattern]	expr에서 pattern에 부합되는 원소들을 추출한다.
Cases[expr, pattern → expr2]	expr에서 pattern에 부합되는 원소들을 추출하여 expr2로 표현한다.
Cases[expr, pattern, levelSpec]	expr의 levelSpec에 해당되는 리스트로부터 pattern에 부합되는 원소들을 추출한다.
Cases[expr, pattern → expr2, levelSpec]	expr의 levelSpec에 해당되는 리스트로부터 pattern에 부합되는 원소들을 추출하여 expr2로 표현한다.
Cases[expr, pattern, levelSpec, *n*]	expr의 levelSpec에 해당되는 리스트에 대하여 pattern에 부합되는 원소들을 앞에서부터 *n* 개 추출한다.

다음 두 표현을 통하여 Cases의 용법을 자세히 알아보자.

In[124]:= **expr = $\pi + 2^{x^2} - \sqrt[3]{5}$;**
list = $\{\pi, 2^{x^2}, -\sqrt[3]{5}\}$;

우선 두 표현 expr과 list의 레벨의 깊이 및 Tree구조를 살펴본다.

```
In[126]:= {Depth[expr], Depth[list]}

Out[126]= {4, 4}

In[127]:= Style[TreeForm[expr], 8]
```

Out[127]=

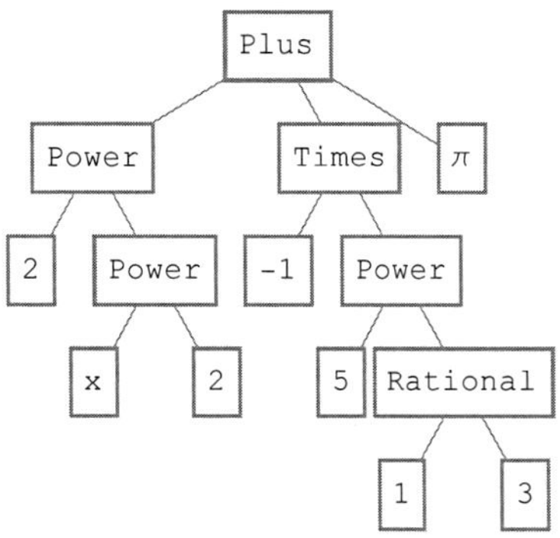

In[128]:= `Style[TreeForm[list], 8]`

Out[128]=

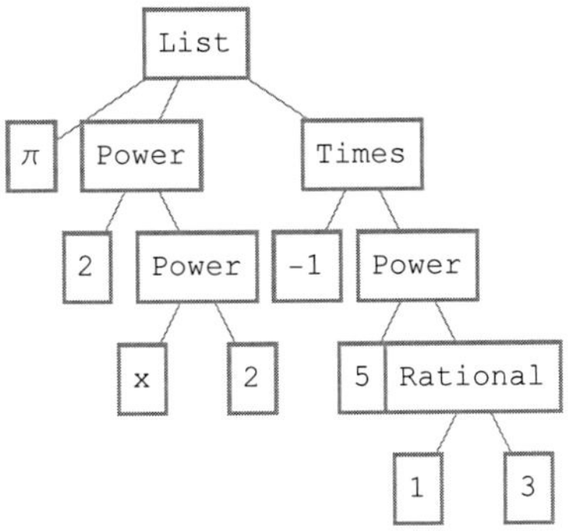

2.6.1. Cases[expr, pattern]

Cases[expr, pattern]의 대상이 되는 expr과 list의 원소들은 아래와 같다.

In[129]:= `Level[expr, 1]`

Out[129]= $\{2^{x^2}, -5^{1/3}, \pi\}$

In[130]:= `Level[list, 1]`

Out[130]= $\{\pi, 2^{x^2}, -5^{1/3}\}$

이들 원소들에 대하여 아래와 같이 설정된 패턴에 부합되는 원소들을 추출한다.

In[131]:= `{Cases[expr, _?NumericQ], Cases[expr, x_Power]}`

Out[131]= $\{\{-5^{1/3}, \pi\}, \{2^{x^2}\}\}$

In[132]:= `{Cases[list, _?NumericQ], Cases[list, x_Power]}`

Out[132]= $\{\{\pi, -5^{1/3}\}, \{2^{x^2}\}\}$

In[133]:= `{Cases[expr, x_^y_], Cases[list, x_^y_]}`

Out[133]= $\{\{2^{x^2}\}, \{2^{x^2}\}\}$

Cases[list, x_^y_]는 list의 Level=1에 해당하는 원소들 중에 x_^y_-패턴을 가진 원소들을 추출하여 리스트로 나타낸다.

2.6.2. Cases[expr, pattern→expr2]

Cases[expr,pattern→expr2]의 대상이 되는 expr과 list의 원소들은 아래와 같다.

In[134]:= `Level[expr, 1]`

Out[134]= $\{2^{x^2}, -5^{1/3}, \pi\}$

In[135]:= `Level[list, 1]`

Out[135]= $\{\pi, 2^{x^2}, -5^{1/3}\}$

이들 원소들에 대하여 아래와 같이 각각에 설정된 패턴에 부합하는 원소들을 추출하여 $\sqrt{x}+\sqrt{y}$ 의 형태로 바꾸어준다.

In[136]:= $\{$**Cases[expr, x_^{y}_]**, **Cases[expr, x_^{y}_ → $\sqrt{x}+\sqrt{y}$]**$\}$

Out[136]= $\{\{2^{x^2}\}, \{\sqrt{2}+\sqrt{x^2}\}\}$

In[137]:= $\{$**Cases[list, x_^{y}_]**, **Cases[list, x_^{y}_ → $\sqrt{x}+\sqrt{y}$]**$\}$

Out[137]= $\{\{2^{x^2}\}, \{\sqrt{2}+\sqrt{x^2}\}\}$

Cases[list, x_^{y}_ → $\sqrt{x}+\sqrt{y}$]는 list의 Level=1에 해당하는 원소들 중에 x_^{y}_패턴을 가진 원소들을 추출하여 $\sqrt{x}+\sqrt{y}$의 형태로 바꾸어준다.

2.6.3. Cases[expr,pattern, levelSpec]와 Cases[expr,pattern→expr2, levelSpec] (단, levelSpec은 {n}의 꼴)

levelSpec={2}의 대상이 되는 expr과 list의 원소들은 아래와 같다.

In[138]:= **Level[expr, {2}]**

Out[138]= $\{2, x^2, -1, 5^{1/3}\}$

In[139]:= **Level[list, {2}]**

Out[139]= $\{2, x^2, -1, 5^{1/3}\}$

이들 원소들에 대하여 아래와 같이 하면 설정된 패턴에 부합되는 원소들을 추출하여 $\sqrt{x}+\sqrt{y}$의 형태로 바꾸어 출력한다.

In[140]:= **Cases[expr, x_^{y}_, {2}]**

Out[140]= $\{x^2, 5^{1/3}\}$

In[141]:= **Cases[expr, x_^{y}_ → $\sqrt{x}+\sqrt{y}$, {2}]**

Out[141]= $\{\sqrt{2}+\sqrt{x}, \frac{1}{\sqrt{3}}+\sqrt{5}\}$

In[142]:= **Cases[list, x_^{y}_, {2}]**

Out[142]= $\{x^2, 5^{1/3}\}$

In[143]:= **Cases[list, x_^{y}_ → $\sqrt{x}+\sqrt{y}$, {2}]**

Out[143]= $\{\sqrt{2}+\sqrt{x}, \frac{1}{\sqrt{3}}+\sqrt{5}\}$

Cases[list, x_^{y}_ → $\sqrt{x}+\sqrt{y}$, {2}]는 list의 Level=2에 해당하는 원소들 중에 x_^{y}_패턴을 가진 원소들을 추출하여 $\sqrt{x}+\sqrt{y}$의 형태로 바꾸어 출력한다.

2.6.4. Cases[expr,pattern, levelSpec]와 Cases[expr,pattern→expr2, levelSpec] (단, levelSpec은 {n1,n2}의 꼴)

levelSpec={2,3}의 대상이 되는 expr과 list의 원소들은 아래와 같다.

In[144]:= `Level[expr, {2, 3}]`

Out[144]= $\left\{2,\ x,\ 2,\ x^2,\ -1,\ 5,\ \frac{1}{3},\ 5^{1/3}\right\}$

In[145]:= `Level[list, {2, 3}]`

Out[145]= $\left\{2,\ x,\ 2,\ x^2,\ -1,\ 5,\ \frac{1}{3},\ 5^{1/3}\right\}$

이들 원소들에 대하여 아래와 같이 하면 설정된 패턴에 부합되는 원소들을 추출하여 $\sqrt{x}+\sqrt{y}$ 의 형태로 바꾸어 출력한다.

In[146]:= `Cases[expr, x_^y_, {2, 3}]`

Out[146]= $\left\{x^2,\ 5^{1/3}\right\}$

In[147]:= `Cases[expr, x_^y_ → √x + √y, {2, 3}]`

Out[147]= $\left\{\sqrt{2}+\sqrt{x},\ \frac{1}{\sqrt{3}}+\sqrt{5}\right\}$

In[148]:= `Cases[list, x_^y_, {2, 3}]`

Out[148]= $\left\{x^2,\ 5^{1/3}\right\}$

In[149]:= `Cases[list, x_^y_ → √x + √y, {2, 3}]`

Out[149]= $\left\{\sqrt{2}+\sqrt{x},\ \frac{1}{\sqrt{3}}+\sqrt{5}\right\}$

Cases[list, x_^y_ → $\sqrt{x}+\sqrt{y}$, {2, 3}]는 list의 Level=2에서 Level=3까지에 해당하는 원소들 중에 x_^y_패턴을 가진 원소들을 추출하여 $\sqrt{x}+\sqrt{y}$ 의 형태로 바꾸어 출력한다.

2.6.5. Cases[expr,pattern, Infinity]와 Cases[expr,pattern→expr2, Infinity]

levelSpec=Infinity의 대상이 되는 expr과 list의 원소들은 아래와 같다.

In[150]:= `Level[expr, Infinity]`

Out[150]= $\left\{2,\ x,\ 2,\ x^2,\ 2^{x^2},\ -1,\ 5,\ \frac{1}{3},\ 5^{1/3},\ -5^{1/3},\ \pi\right\}$

In[151]:= `Level[list, Infinity]`

Out[151]= $\left\{\pi,\ 2,\ x,\ 2,\ x^2,\ 2^{x^2},\ -1,\ 5,\ \frac{1}{3},\ 5^{1/3},\ -5^{1/3}\right\}$

이들 원소들에 대하여 아래와 같이 설정된 패턴에 부합되는 원소들을 추출하여 $\sqrt{x}+\sqrt{y}$ 의 형태로 바꾸어 출력한다.

In[152]:= $\{$Cases[expr, x_^{y_}, Infinity], Cases[expr, x_^{y_} → $\sqrt{x}+\sqrt{y}$, Infinity]$\}$

Out[152]= $\{\{x^2, 2^{x^2}, 5^{1/3}\}, \{\sqrt{2}+\sqrt{x}, \sqrt{2}+\sqrt{x^2}, \frac{1}{\sqrt{3}}+\sqrt{5}\}\}$

In[153]:= $\{$Cases[list, x_^{y_}, Infinity], Cases[list, x_^{y_} → $\sqrt{x}+\sqrt{y}$, Infinity]$\}$

Out[153]= $\{\{x^2, 2^{x^2}, 5^{1/3}\}, \{\sqrt{2}+\sqrt{x}, \sqrt{2}+\sqrt{x^2}, \frac{1}{\sqrt{3}}+\sqrt{5}\}\}$

Cases[list, x_^{y_} → $\sqrt{x}+\sqrt{y}$, Infinity]는 list의 모든 Level에 해당하는 원소들 중에 x_^{y_}패턴을 가진 원소들을 추출하여 $\sqrt{x}+\sqrt{y}$의 형태로 바꾸어 출력한다.

DeleteCases[expr, pattern]	expr에서 pattern에 부합되는 원소들을 삭제한다.
DeleteCases[expr, pattern, levelSpec]	expr의 levelSpec에 해당되는 원소들에 대하여 pattern에 부합되는 원소들을 삭제한다.
DeleteCases[expr, pattern, levelSpec, *n*]	expr의 levelSpec에 해당되는 원소들에 대하여 pattern에 부합되는 원소들을 앞에서부터 *n* 개 삭제한다.

DeleteCases의 용법은 Cases의 용법과 같다. 구체적 사용법을 다음 예들을 통해서 알아보자.

2.6.6. DeleteCases[expr, pattern]

DeleteCases[expr, pattern]의 대상이 되는 expr과 list의 원소들은 아래와 같다.

In[154]:= **Level[expr, {1}]**

Out[154]= $\{2^{x^2}, -5^{1/3}, \pi\}$

In[155]:= **Level[list, {1}]**

Out[155]= $\{\pi, 2^{x^2}, -5^{1/3}\}$

이들 원소들에 대하여 아래와 같이 설정된 패턴에 부합되는 원소들을 삭제한다.

In[156]:= **{DeleteCases[expr, _?NumericQ], DeleteCases[list, _?NumericQ]}**

Out[156]= $\{2^{x^2}, \{2^{x^2}\}\}$

expr과 list가 변하는 건 아니다.

In[157]:= **{expr, list}**

Out[157]= $\{2^{x^2}-5^{1/3}+\pi, \{\pi, 2^{x^2}, -5^{1/3}\}\}$

In[158]:= **{DeleteCases[expr, x_Power], DeleteCases[list, x_Power]}**

Out[158]= $\{-5^{1/3}+\pi, \{\pi, -5^{1/3}\}\}$

In[159]:= **{expr, list}**

Out[159]= $\{2^{x^2}-5^{1/3}+\pi, \{\pi, 2^{x^2}, -5^{1/3}\}\}$

DeleteCases[list, x_Power]는 list의 Level=1에 해당하는 원소들 중에 헤드가 Power인 원소들을 삭제한다.

2.6.7. DeleteCases[expr, pattern, levelSpec] (단, levelSpec은 {n}의 꼴)

levelSpec={2}의 대상이 되는 expr과 list의 원소들은 아래와 같다.

In[160]:= `Level[expr, {2}]`

Out[160]= $\{2,\ x^2,\ -1,\ 5^{1/3}\}$

In[161]:= `Level[list, {2}]`

Out[161]= $\{2,\ x^2,\ -1,\ 5^{1/3}\}$

이들 원소들에 대하여 아래와 같이 설정된 패턴에 부합되는 원소들을 삭제한다.

In[162]:= `{DeleteCases[expr, x_^y_, {2}], DeleteCases[list, x_^y_, {2}]}`

Out[162]= $\{1+\pi,\ \{\pi,\ 2,\ -1\}\}$

DeleteCases[list, x_^y_, {2}]는 list의 Level=2에 해당하는 원소들 중에 x_^y_패턴을 가진 원소들을 삭제한다.

2.6.8. DeleteCases[expr,pattern, levelSpec] (단, levelSpec은 {n1,n2}의 꼴)

levelSpec={1,2}의 대상이 되는 expr과 list의 원소들은 아래와 같다.

In[163]:= `Level[expr, {1, 2}]`

Out[163]= $\{2,\ x^2,\ 2^{x^2},\ -1,\ 5^{1/3},\ -5^{1/3},\ \pi\}$

In[164]:= `Level[list, {1, 2}]`

Out[164]= $\{\pi,\ 2,\ x^2,\ 2^{x^2},\ -1,\ 5^{1/3},\ -5^{1/3}\}$

이들 원소들에 대하여 아래와 같이 하면 설정된 패턴에 부합되는 원소들을 삭제하게 된다.

In[165]:= `{DeleteCases[expr, x_^y_, {1, 2}], DeleteCases[list, x_^y_, {2, 3}]}`

Out[165]= $\{-1+\pi,\ \{\pi,\ 2,\ -1\}\}$

DeleteCases[list, x_^y_, {1, 2}]는 list의 Level=1에서 Level=2까지 해당하는 원소들 중에 x_^y_ 패턴을 가진 원소들을 삭제한다.

2.6.9. Cases[expr,pattern, Infinity]

levelSpec=Infinity의 대상이 되는 expr과 list의 원소들은 아래와 같다.

In[166]:= `Level[expr, Infinity]`

Out[166]= $\{2,\ x,\ 2,\ x^2,\ 2^{x^2},\ -1,\ 5,\ \frac{1}{3},\ 5^{1/3},\ -5^{1/3},\ \pi\}$

In[167]:= `Level[list, Infinity]`

Out[167]= $\{\pi,\ 2,\ x,\ 2,\ x^2,\ 2^{x^2},\ -1,\ 5,\ \frac{1}{3},\ 5^{1/3},\ -5^{1/3}\}$

이들 원소들에 대하여 아래와 같이 하면 설정된 패턴에 부합되는 원소들을 삭제하게 된다.

In[168]:= {DeleteCases[expr, x_^y_, Infinity], DeleteCases[list, x_^y_, Infinity]}

Out[168]= {-1 + π, {π, -1}}

DeleteCases[list, x_^y_, Infinity]는 list의 모든 Level에 해당하는 원소들 중에 x_^y_ 패턴을 가진 원소들을 삭제한다.

Position[expr, pattern]	expr에서 pattern에 부합되는 원소가 있는 모든 레벨의 위치를 출력
Position[expr, pattern, levelSpec]	expr에서 levelSpec에 해당되는 원소들에 대하여 pattern에 매칭되는 레벨의 위치를 출력한다.
Position[expr, pattern, levelSpec, *n*]	expr이 levelSpec에 해당되는 원소들에 대하여 pattern에매칭되는 레벨의 위치를 앞에서부터 *n* 개 출력한다.

Position에서 levelSpec을 사용하는 법은 Cases, DeleteCases에서 levelSpec을 사용하는 법과 같다. 앞에서 정의해 놓은 expr, list에 대하여 몇 가지 예를 살펴보자.

In[169]:= {expr, list}

Out[169]= $\{2^{x^2} - 5^{1/3} + \pi, \{\pi, 2^{x^2}, -5^{1/3}\}\}$

In[170]:= Style[TreeForm[expr]]

Out[170]=

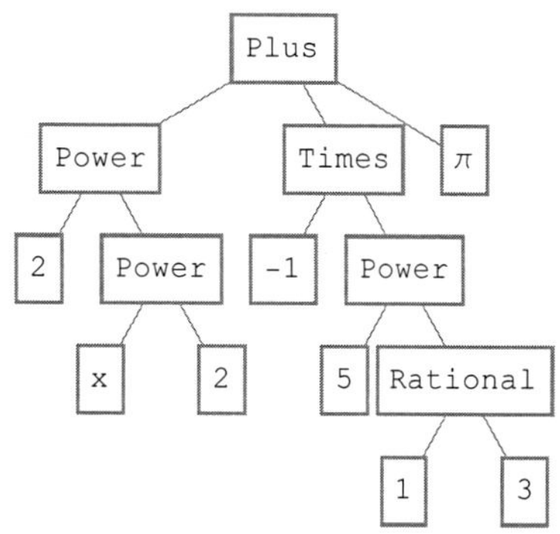

In[171]:= Style[TreeForm[list]]

Out[171]=

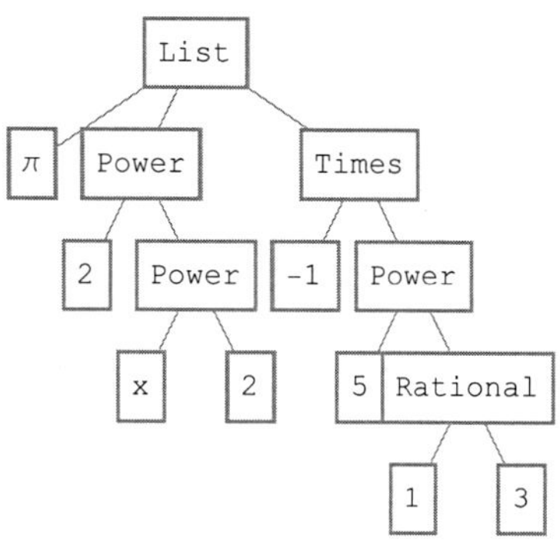

2.6.10. Position[expr, pattern]

```
In[172]:= {exprP, listP} = {Position[expr, x_y_], Position[list, x_y_]}
Out[172]= {{{1, 2}, {1}, {2, 2}}, {{2, 2}, {2}, {3, 2}}}
```

2.6.11. Position[expr, pattern, levelSpec]

```
In[173]:= {exprQ, listQ} = {Position[expr, x_y_, {2, 3}], Position[list, x_y_, {2, 3}]}
Out[173]= {{{1, 2}, {2, 2}}, {{2, 2}, {3, 2}}}
```

Select[list, test]	리스트 list중에서 test가 참인 원소들을 추출한다.
Select[list, test, *n*]	리스트 list중에서 test가 참인 원소들을 앞에서부터 *n* 개 추출한다.

```
In[174]:= list = {π, 10, α, 7/2, ⅇ, √6, -2};
In[175]:= {Select[list, NumericQ], Select[list, NumericQ, 3]}
Out[175]= {{π, 10, 7/2, ⅇ, √6, -2}, {π, 10, 7/2}}
```

순수함수(Pure Function)를 사용하여 조건을 부여할 수도 있다. 다음은 3보다 작은 원소만을 추출한다.

```
In[176]:= Select[list, # < 3 &] (* #<3& 는 순수함수다. *)
Out[176]= {ⅇ, √6, -2}
```

2.7. 패턴 매칭을 이용하여 규칙 적용하기

[Documentation Center]→[Rules] 카테고리 내의 함수들은 어떤 표현에서 일부분을 다른 무엇인가로 바꾸는 규칙(Rule)에 대한 정보를 담고있다.

expr /. $x \to a$	expr의 x를 a로 바꾼다. ReplaceAll이라고 한다.

ReplaceAll이라는 의미를 갖는 기호 /. 는 여러 개가 표현되어 있을 경우, 앞에서부터 순차적으로 적용된다. 따라서 아래 두 코드는 그 실행결과가 다르다.

```
In[177]:= x + y^2 /. x → a /. y^2 → x    (* x→a를 실행한 후, y^2→x를 실행 *)
Out[177]= a + x
In[178]:= x + y^2 /. y^2 → x /. x → a    (* y^2→x를 실행한 후, x→a를 실행 *)
Out[178]= 2 a
```

위와는 달리 아래와 같이 하면 두 규칙이 동시에 적용되기 때문에 규칙의 순서는 결과에 영향을 주지 않는다.

```
In[179]:= x + y^2 /. {x → a, y^2 → x}    (* x→a, y^2→x를 동시에 실행 *)
Out[179]= a + x
```

```
In[180]:= x + y^2 /. {y^2 → x, x → a}     (* y^2→x, x→a를 동시에 실행 *)

Out[180]= a + x
```

expr //. $x \to a$	expr에 대하여 더이상 식의 변화가 없을 때까지 x에 a를 반복하여 대입한다. ReplaceRepeated라고 한다.

ReplaceRepeated라는 의미를 갖는 기호 //. 는 더 이상 식의 변화가 없을 때까지 계속하여 적용된다는 점에서 ReplaceAll(/.)과는 다르다. 아래 코드들을 살펴 보자.

```
In[181]:= x + y^2 //. x → a //. y^2 → x

Out[181]= a + x
```

$x + y^2$ //. $x \to a$의 결과는 계속하여 반복하여도 그 결과는 $a + y^2$이며 이 결과식에 다시 //. $y^2 \to x$를 계속하여 반복하여도 그 결과는 $a + x$이다.

```
In[182]:= x + y^2 //. y^2 → x //. x → a

Out[182]= 2 a
```

$x + y^2$ //. $y^2 \to x$의 결과는 계속하여 반복하여도 그 결과는 $x + x = 2x$이며 이 결과식에 다시 //. $x \to a$를 계속하여 반복하여도 그 결과는 $2a$이다.

```
In[183]:= x + y^2 //. {x → a, y^2 → x}

Out[183]= 2 a

In[184]:= x + y^2 //. {y^2 → x, x → a}

Out[184]= 2 a
```

$x + y^2$ //. $\{x \to a,\ y^2 \to x\}$의 결과는 $x \to a$, $y^2 \to x$들을 계속하여 반복대입하면 어떤 값을 먼저 대입했는가와 상관없이 동일한 $2a$의 결과를 얻는다.

$x \to a$	x를 a로 변환하여 주기 위한 규칙이다.
$x :\to a$	x가 호출되어 변환될 때마다 새롭게 갱신되는 a값에 대하여 x를 a로 변환하여 주는 규칙이다. 이를 RuleDelayed라고 부른다. x :> a 와 같이 나타내기도 한다.

다음 예는 Rule(→)과 RuleDelayed(:→)의 차이를 극명하게 보여준다.

```
In[185]:= {j = 1, X, X, X, j} /. X → j++
          {j = 1, X, X, X, j} /. X → ++j
          {j = 1, X, X, X, j} /. X :→ ++j
          {j = 1, X, X, X, j} /. X :→ j++

Out[185]= {1, 1, 1, 1, 1}

Out[186]= {1, 2, 2, 2, 1}

Out[187]= {1, 2, 3, 4, 1}

Out[188]= {1, 1, 2, 3, 1}
```

2.8. 프로그래밍을 위한 기타 함수들

[Documentation Center]→[Functional Programming] 카테고리에는 프로그래밍을 위한 여러 가지 함수들이 담겨져 있다. 이 함수들을 이용하면 언뜻 보기에는 구현하기 어려워 보이는 알고리즘을 의외로 쉽게 구현해 낼 수도 있다.

#	순수함수에 제공된 변수들 중 첫 번째 독립변수.
#*n*	순수함수에 제공된 변수들 중 *n* 번째 독립변수.
##	순수함수에 제공된 변수들 전부.
##*n*	순수함수에 제공된 변수들 중 *n* 번째부터 마지막까지의 독립변수들.

(#^2 &)[x]와 같이 정의된 함수를 순수함수라 하며 이미 8장에서 간단히 소개했었는데 이를 조금 더 자세히 살펴보자. 단 한 번만 사용하게 될 함수를 정의하는 경우 순수함수로 만드는 것이 좋다.

```
In[189]:= Remove["Global`*"]  (* 기존의 불필요한 Symbol 삭제 *)
```

Slot(#)을 변수로 하여 식을 만든 후 뒤에 &를 붙여주면 순수함수가 된다. 식이 길어질 경우 표현을 깔끔하게 나타내기 위하여 편의상 양끝을 괄호로 두르기도 한다. 아래 예를 살펴보자.

```
In[190]:= f[x_] := x^2;
          {f[3], (#^2 &)[3]}

Out[191]= {9, 9}

In[192]:= f[x_, y_] := x^y;
          {f[3, 4], (#1^#2 &)[3, 4]}

Out[193]= {81, 81}

In[194]:= g[x__] := √x ;
          {g[2, 2, 3], (√## &)[2, 2, 3]}
```

Out[195]= $\left\{2^{2^{\sqrt{3}}}, 2^{2^{\sqrt{3}}}\right\}$

```
In[196]:= {{g[a, b, c], (√##1 &)[a, b, c]}, {g[b, c], (√##2 &)[a, b, c]}}
```

Out[196]= $\left\{\left\{a^{b^{\sqrt{c}}}, a^{b^{\sqrt{c}}}\right\}, \left\{b^{\sqrt{c}}, b^{\sqrt{c}}\right\}\right\}$

위와 같이 표현된 순수함수의 FullForm을 살펴보면 헤드가 Function임을 알 수 있다.

```
In[197]:= (#^2 &) // FullForm

Out[197]//FullForm=
        Function[Power[Slot[1], 2]]

In[198]:= (√##2 &) // FullForm

Out[198]//FullForm=
        Function[Power[SlotSequence[2], Rational[1, 2]]]
```

Function[body]	순수함수 (body &) 과 같다. body는 Slot(#) 을 변수로 하는 식이다.
Function[*x*, body]	*f*[x_] := body와 같은 의미의 순수함수.
Function[{*x*, *y*, ..}, body]	*f*[x_, y_, ...] := body와 같은 의미의 순수함수.

2.8.1. Function[body]

In[199]:= $\{(\#^2\ \&)[3],\ \text{Function}[\#^2][3]\}$

Out[199]= {9, 9}

In[200]:= $\{(\#1^2 + \#3^2\ \&)[a, b, c],\ \text{Function}[\#1^2 + \#3^2][a, b, c]\}$

Out[200]= $\{a^2 + c^2,\ a^2 + c^2\}$

In[201]:= $\{(\sqrt{\#\#}\ \&)[3, 2],\ \text{Function}[\sqrt{\#\#}][3, 2]\}$

Out[201]= $\{3^{\sqrt{2}},\ 3^{\sqrt{2}}\}$

In[202]:= $\{(\sqrt{\#\#2}\ \&)[a, b, c, d],\ \text{Function}[\sqrt{\#\#2}][a, b, c, a]\}$

Out[202]= $\{b^{c^{\sqrt{d}}},\ b^{c^{\sqrt{a}}}\}$

2.8.2. Function[x,body]와 Function[{x,y,..},body]

In[203]:= $\{\text{Function}[x, x^2][5],\ \text{Function}[x, x^2][t]\}$

Out[203]= $\{25,\ t^2\}$

In[204]:= `Function[{x, y, z}, x^2 + z^2][a, b, c]`

Out[204]= $a^2 + c^2$

Apply[*f*, expr]	expr의 Head를 *f* 로 바꾼다. *f* @@ expr과 같은 표현이다.
Apply[*f*, expr, levelSpec]	expr의 levelSpec에 해당되는 원소들의 Head를 *f* 로 바꾼다.

In[205]:= $\text{list} = \{\pi,\ 2^{x^2},\ -\sqrt[3]{5}\};$

`Style[TreeForm[list]]`

Out[206]=

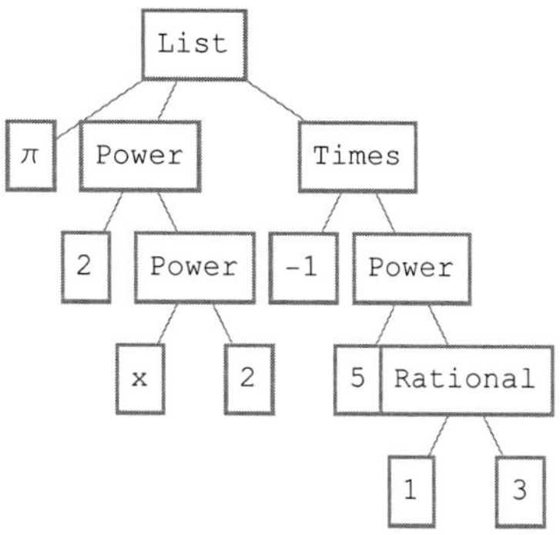

In[207]:= {Apply[수학생각, list], 수학생각 @@ list, list /. List → 수학생각}

Out[207]= {수학생각[π, 2^{x^2}, $-5^{1/3}$], 수학생각[π, 2^{x^2}, $-5^{1/3}$], 수학생각[π, 2^{x^2}, $-5^{1/3}$]}

In[208]:= {Apply[Plus, list], Plus @@ list, list /. List → Plus}

Out[208]= {$2^{x^2} - 5^{1/3} + \pi$, $2^{x^2} - 5^{1/3} + \pi$, $2^{x^2} - 5^{1/3} + \pi$}

In[209]:= {Apply[수학생각, list, {1}], Apply[Plus, list, {1}]}

Out[209]= {{π, 수학생각[2, x^2], 수학생각[-1, $5^{1/3}$]}, {π, $2 + x^2$, $-1 + 5^{1/3}$}}

Map[*f*, expr]	expr의 Level = 1 의 원소 e_i 들을 $f[e_i]$ 로 바꾼다. *f* /@ expr과 같은 표현이다.
Map[*f*, expr, levelSpec]	expr의 levelSpec에 해당되는 원소 e_i 들을 $f[e_i]$ 로 바꾼다.
MapAll[*f*, expr]	expr의 모든 levelSpec = {0, Infinity} 에 해당되는 원소 e_i 들을 $f[e_i]$ 로 바꾼다. 이는 *f* //@ expr과 같은 표현이다.

In[210]:= expr = a + b^2 - $\sqrt{c}$; list = {a - b, {c, d}, e + f};

In[211]:= Style[TreeForm[expr]]

Out[211]=

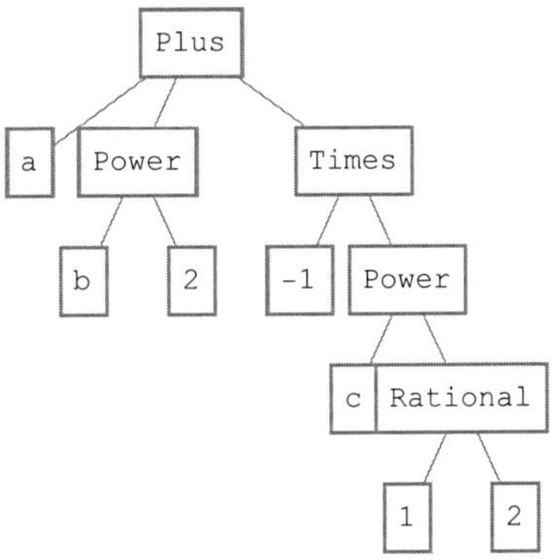

In[212]:= Style[TreeForm[list]]

Out[212]=

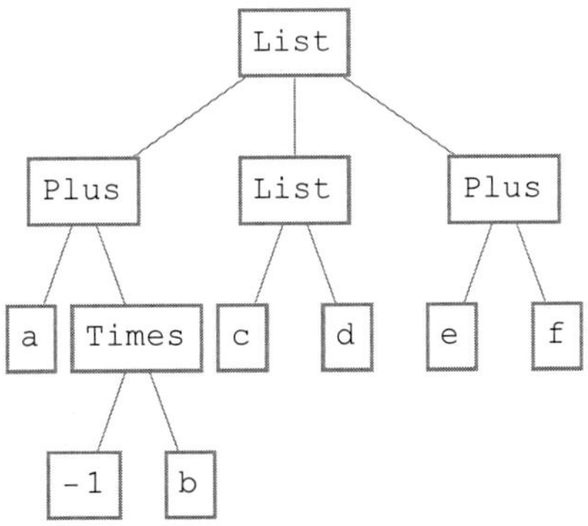

2.8.3. Map[f, expr]

levelSpec=1의 대상이 되는 expr과 list의 원소들은 아래와 같다.

In[213]:= **Level[expr, 1]**

Out[213]= $\{a, b^2, -\sqrt{c}\}$

In[214]:= **Level[list, 1]**

Out[214]= {a - b, {c, d}, e + f}

Map[*f*, expr]은 아래 예에서 살펴 볼 수 있는 바와 같이 표현 expr에 대하여 levelSpec=1의 원소들 e_i를 *f*[e_i]로 치환한 표현을 출력한다.

In[215]:= **Clear[f]** (* 앞서 정의된 f를 삭제함 *)

In[216]:= **Map[f, expr]**

Out[216]= $f[a] + f[b^2] + f[-\sqrt{c}]$

In[217]:= **Map[f, list]**

Out[217]= {f[a - b], f[{c, d}], f[e + f]}

2.8.4. Map[f, expr, levelSpec]

levelSpec={2}의 대상이 되는 expr과 list의 원소들은 아래와 같다.

In[218]:= **Level[expr, {2}]**

Out[218]= $\{b, 2, -1, \sqrt{c}\}$

In[219]:= **Level[list, {2}]**

Out[219]= {a, -b, c, d, e, f}

Map[*f*, expr, {2}]는 levelSpec=1의 원소들 e_i에 대하여 아래와 같이 *f*[e_i]로 적용하여 나타낸다.

In[220]:= **TreeForm[expr]**

Out[220]//TreeForm=

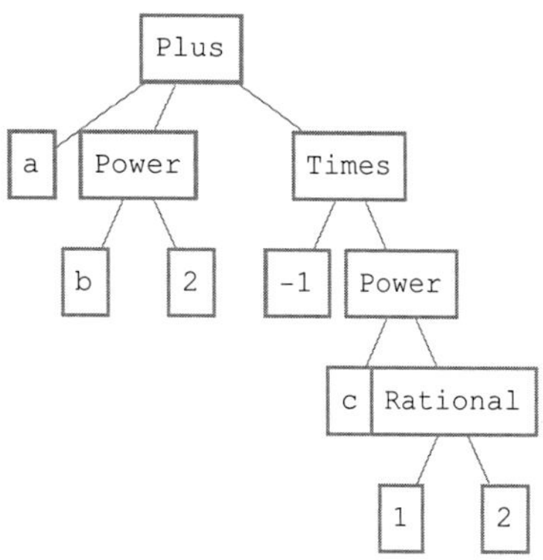

In[221]:= **Map[f, expr, {2}]**

Out[221]= $a + f[b]^{f[2]} + f[-1]\ f[\sqrt{c}]$

In[222]:= **Map[f, list, {2}]**

Out[222]= {f[a] + f[-b], {f[c], f[d]}, f[e] + f[f]}

levelSpec=2의 대상이 되는 expr과 list의 원소들은 아래와 같다.

In[223]:= **Level[expr, 2]**

Out[223]= $\{a, b, 2, b^2, -1, \sqrt{c}, -\sqrt{c}\}$

In[224]:= **Level[list, 2]**

Out[224]= {a, -b, a - b, c, d, {c, d}, e, f, e + f}

Map[f,expr,2]은 levelSpec=2의 원소들 e_i에 대하여 아래와 같이 $f[e_i]$로 적용하여 나타낸다.

In[225]:= **Map[f, expr, 2]**

Out[225]= $f[a] + f[f[b]^{f[2]}] + f[f[-1]\ f[\sqrt{c}]]$

In[226]:= **Map[f, list, 2]**

Out[226]= {f[f[a] + f[-b]], f[{f[c], f[d]}], f[f[e] + f[f]]}

2.8.5. MapAll[f, expr]

levelSpec={0, Infinity}의 대상이 되는 expr과 list의 원소들은 아래와 같다.

In[227]:= **Level[expr, {0, Infinity}]**

Out[227]= $\{a, b, 2, b^2, -1, c, \frac{1}{2}, \sqrt{c}, -\sqrt{c}, a + b^2 - \sqrt{c}\}$

In[228]:= **Level[list, {0, Infinity}]**

Out[228]= {a, -1, b, -b, a - b, c, d, {c, d}, e, f, e + f, {a - b, {c, d}, e + f}}

MapAll[*f*, expr]은 levelSpec={0, Infinity}의 원소들 e_i를 $f[e_i]$를 나타낸다.

In[229]:= **MapAll[f, expr]**

Out[229]= $f[f[a] + f[f[b]^{f[2]}] + f[f[-1]\ f[f[c]^{f[\frac{1}{2}]}]]]$

In[230]:= **MapAll[f, list]**

Out[230]= f[{f[f[a] + f[f[-1] f[b]]], f[{f[c], f[d]}], f[f[e] + f[f]]}]

MapAt[*f*, expr, *p*]	expr의 position이 *p* 인 원소 e를 *f*[*e*] 로 바꾼다.
MapAt[*f*, expr, {p1, p2… }]	expr의 position이 p1, p2 ... 인 원소 e1, e2 ... 들을 *f*[e1], *f*[e2] ... 로 바꾼다.

여기서 *p*는 MapAt의 대상이 되는 expr의 위치다. 예를 들어 *p* = {*i*, *j*}라는 것은 expr[[*i*, *j*]]를 의미한다.

앞에 정의된 두 표현 exp과 list에 대하여 위 내용을 적용하여 보자. expr과 list는 다음과 같다.

In[231]:= **expr**

Out[231]= $a + b^2 - \sqrt{c}$

In[232]:= **list**

Out[232]= {a - b, {c, d}, e + f}

expr, list에 대한 위치 $p = \{2, 2\}$ 에 대하여 MapAt을 실행하여 보자.

In[233]:=
```
{expr[[2, 2]], list[[2, 2]]}
MapAt[f, expr, {2, 2}]
MapAt[f, list, {2, 2}]
```

Out[233]= {2, d}

Out[234]= $a + b^{f[2]} - \sqrt{c}$

Out[235]= {a - b, {c, f[d]}, e + f}

이번에는 여러 p에 대하여 MapAt을 실행하여 보자. 아래는 expr에 대한 위치 $p = \{1\}, \{2, 2\}, \{3\}$에 대한 결과다.

In[236]:=
```
{expr[[1]], expr[[2, 2]], expr[[3]]}
MapAt[f, expr, {{1}, {2, 2}, {3}}]
```

Out[236]= $\{a, 2, -\sqrt{c}\}$

Out[237]= $b^{f[2]} + f[a] + f[-\sqrt{c}]$

아래는 list에 대한 위치 p = {1}, {2, 2}, {3} 에 대한 결과이다.

In[238]:=
```
{list[[1]], list[[2, 2]], list[[3]]}
MapAt[f, list, {{1}, {2, 2}, {3}}]
```

Out[238]= {a - b, d, e + f}

Out[239]= {f[a - b], {c, f[d]}, f[e + f]}

이번에는 MapThread를 살펴보자.

MapThread[f, {{a_1, a_2, …}, {b_1, b_2, …}, …}]	{f[a_1, b_1, …], f[a_2, b_2, …], …}

In[240]:= **list = {{a, b, c, d}, {x, y, z, w}, {α, β, γ, δ}};**

In[241]:= **MapThread[f, list]**

Out[241]= {f[a, x, α], f[b, y, β], f[c, z, γ], f[d, w, δ]}

In[242]:= **MapThread[Plus, list]**

Out[242]= {a + x + α, b + y + β, c + z + γ, d + w + δ}

In[243]:= **MapThread**$\left[\left(\dfrac{\#1[\#2]}{\#3}\ \&\right), \text{list}\right]$

Out[243]= $\left\{\dfrac{a[x]}{\alpha}, \dfrac{b[y]}{\beta}, \dfrac{c[z]}{\gamma}, \dfrac{d[w]}{\delta}\right\}$

여기서 $\left(\frac{\#1[\#2]}{\#3}\ \&\right)$는 순수함수의 기법으로 사용자가 정의한 함수다. (8장 5절 참조할 것.)

지금까지 소개된 함수들 외에도 프로그래밍을 위한 많은 함수들이 있으나 그것들을 모두 다 알겠다는 생각은 욕심일 뿐이다. 그것은 아마도 *Mathematica*를 만드는 프로그래머들에게도 마찬가지가 아닐 듯 싶다. 일단은 필요로 하는 함수가 존재하는 지를 문서 센터에서 검색하여 보고 적당한 함수를 찾지 못하였을 경우에는 직접 함수를 작성해 보면서 전체적인 프로그램을 완성시켜 나가는 것이 현명한 방법이다.

제 23장 기타 내장함수와 옵션 제작법

이번 장에서는 아직까지 다루어지지 않은 함수들 중에서 우리가 종종 사용하게 될 내장함수들을 일부 소개하여 본다. 또한 더 나아가 사용자 옵션을 만들 때 이제까지 다룬 방법보다 조금은 난도가 높은 부분을 소개한다.

1. 수 관련 내장함수들

1.1. 기수법 관련한 함수들

n^^*x*	*n* 진수 *x* 를 10 진수로 계산한다.
BaseForm[*x*, *n*]	10 진수 *x* 를 *n* 진수로 계산한다.

In[1]:=
```
BaseForm[18707, 5]
```

Out[1]//BaseForm= 1044312_5

18707=$1\,044\,312_5$임을 얻었다. 이제 역으로, $1\,044\,312_5$를 10진수로 변환하여 보자.

In[2]:=
```
5^^1044312
```

Out[2]= 18 707

전산학에서는 일반적인 *n*진법의 수를 나타내기 위하여 수와 알파벳을 모두 사용하기도 한다. 예를 들어 16진법에서 0부터 1씩 커지는 수들을 차례로 나열하면 0, 1, 2, ..., 8, 9, a, b, c, d, e, f, 10, 11, 12, ... 와 같다. 아래 표는 0부터 50까지의 10진수와 그에 해당하는 16진수를 나타낸 것이다.

Grid[{{a_{11}, a_{12}, ...}, {a_{21}, a_{22}, ...}, ...}, Options]	배열된 a_{ij} 를 행(*i*)과 열(*j*)에 맞추어 표로 나타낸다.

In[3]:=
```
Style[Grid[Table[Table[{i, BaseForm[i, 16]}, {i, 5 (k - 1), 5 k}], {k, 1, 10}],
    Frame → All, FrameStyle → Thin, Spacings → {1, 2}], 9]
```

Out[3]=

{0, 0_{16}}	{1, 1_{16}}	{2, 2_{16}}	{3, 3_{16}}	{4, 4_{16}}	{5, 5_{16}}
{5, 5_{16}}	{6, 6_{16}}	{7, 7_{16}}	{8, 8_{16}}	{9, 9_{16}}	{10, a_{16}}
{10, a_{16}}	{11, b_{16}}	{12, c_{16}}	{13, d_{16}}	{14, e_{16}}	{15, f_{16}}
{15, f_{16}}	{16, 10_{16}}	{17, 11_{16}}	{18, 12_{16}}	{19, 13_{16}}	{20, 14_{16}}
{20, 14_{16}}	{21, 15_{16}}	{22, 16_{16}}	{23, 17_{16}}	{24, 18_{16}}	{25, 19_{16}}
{25, 19_{16}}	{26, $1a_{16}$}	{27, $1b_{16}$}	{28, $1c_{16}$}	{29, $1d_{16}$}	{30, $1e_{16}$}
{30, $1e_{16}$}	{31, $1f_{16}$}	{32, 20_{16}}	{33, 21_{16}}	{34, 22_{16}}	{35, 23_{16}}
{35, 23_{16}}	{36, 24_{16}}	{37, 25_{16}}	{38, 26_{16}}	{39, 27_{16}}	{40, 28_{16}}
{40, 28_{16}}	{41, 29_{16}}	{42, $2a_{16}$}	{43, $2b_{16}$}	{44, $2c_{16}$}	{45, $2d_{16}$}
{45, $2d_{16}$}	{46, $2e_{16}$}	{47, $2f_{16}$}	{48, 30_{16}}	{49, 31_{16}}	{50, 32_{16}}

In[4]:= **16^^75e9a**

Out[4]= 482 970

In[5]:= **BaseForm[482 970, 16]**

Out[5]//BaseForm= $75e9a_{16}$

진수 변환은 꼭 자연수에 대해서만 이루어지는 것은 아니다. 실수에 대해서도 가능하다.

In[6]:= **{BaseForm[3 √8, 5], BaseForm[18.890, 12]}**

Out[6]= $\{11_5 \sqrt{2_5}, 16.a81b_{12}\}$

In[7]:= **{7^^0.25^3, 14^^c0.3aa}**

Out[7]= {0.0583005, 168.269}

이제 변환된 진법의 수들에 대한 사칙연산을 행하여 보자.

In[8]:= **BaseForm[57, 8] + BaseForm[83, 8]**

Out[8]= $71_8 + 123_8$

연산이 이루어지지 않았다. 이것은 BaseForm의 출력이 수가 아니기 때문이다. 따라서 이러한 진수들의 연산은 십진수에서 계산을 수행한 후 되돌려야 할 것이다. 이는 원소 추출법으로 행할 수 있다.

In[9]:= **BaseForm[57, 8] // FullForm**

Out[9]//FullForm= BaseForm[57, 8]

In[10]:= **{BaseForm[57, 8][[1]], BaseForm[83, 8][[1]]}**

Out[10]= {57, 83}

이와 같은 표현에서 추출된 10진수를 계산하고 이후 원하는 진수로 재변환하면 원하는 결과가 얻어진다.

In[11]:= **BaseForm[57, 8][[1]] + BaseForm[83, 8][[1]]**

Out[11]= 140

In[12]:= **BaseForm[BaseForm[57, 8][[1]] + BaseForm[83, 8][[1]], 8]**

Out[12]//BaseForm=

214_8

예제-1. 10 진수에서의 9 × 9 단과 같이, N진수에 대하여 (N - 1) × (N - 1) 단을 작성하는 함수를 작성하여라.

[풀이]

아래는 6진수에 대한 5×5단의 작성과정이다.

```
In[13]:= list = Table[{"" <> ToString[i] <> " × " <> ToString[j] <> " = "
                    BaseForm[i * j, 6]}, {i, 2, 5}, {j, 1, 5}];
         Style[TableForm[list, TableSpacing → {1, 1.5}], 10]
```

Out[14]=

2 × 1 = 2_6	2 × 2 = 4_6	2 × 3 = 10_6	2 × 4 = 12_6	2 × 5 = 14_6
3 × 1 = 3_6	3 × 2 = 10_6	3 × 3 = 13_6	3 × 4 = 20_6	3 × 5 = 23_6
4 × 1 = 4_6	4 × 2 = 12_6	4 × 3 = 20_6	4 × 4 = 24_6	4 × 5 = 32_6
5 × 1 = 5_6	5 × 2 = 14_6	5 × 3 = 23_6	5 × 4 = 32_6	5 × 5 = 41_6

물론 위와 같이 TableForm으로 나타내어도 무방하겠으나 진수의 크기가 커지면 이것들을 모두 한 줄에 출력하기에 불편하다. 따라서 이러한 경우 열의 개수를 지정하여 그 열의 개수가 넘어가면 다음 행에 출력이 되도록 제어하여 보자. 이는 긴 리스트를 우리가 설정하고자 하는 열의 값으로 나눈 뒤, 나머지가 있는 경우 잘려나간 원소를 다시 삽입하여주면 된다. 아래의 과정을 이해하도록 노력해 보자.

```
In[15]:= column = 2;

In[16]:= columnlist = If[Mod[Length[list], column] == 0,
            Partition[list, column],
            Join[Partition[list, column],
             {list[[-Reverse[Range[Mod[Length[list], column]]]]]}]];
         TableForm[columnlist, TableSpacing → {3, 2}]
```

Out[17]//TableForm=

2 × 1 = 2_6	3 × 1 = 3_6
2 × 2 = 4_6	3 × 2 = 10_6
2 × 3 = 10_6	3 × 3 = 13_6
2 × 4 = 12_6	3 × 4 = 20_6
2 × 5 = 14_6	3 × 5 = 23_6
4 × 1 = 4_6	5 × 1 = 5_6
4 × 2 = 12_6	5 × 2 = 14_6
4 × 3 = 20_6	5 × 3 = 23_6
4 × 4 = 24_6	5 × 4 = 32_6
4 × 5 = 32_6	5 × 5 = 41_6

이제 이 과정을 함수화하여 본다. 사용자 함수 BaseMultiple은 두 가지 선택변수를 가지도록 작성해 놓았다. 선택변수 Size→s는 출력되는 글자의 크기를 조절하고, Column→column은 하나의 행에 모두 나열할 수 없을 때, 열의 개수를 column으로 출력하기 위한 옵션이다.

```
In[18]:= BaseMultiple[t_, Column → column_, Size → size_] :=
          Module[{list, columnlist},
           list = Table[{"" <> ToString[i] <> " × " <> ToString[j] <> " = "
               BaseForm[i * j, t + 1]}, {i, 2, t}, {j, 1, t}] ;
           columnlist = If[Mod[Length[list], column] == 0,
             Partition[list, column],
             Join[Partition[list, column],
              {list[[-Reverse[Range[Mod[Length[list],
                     column]]]]]} ]];
           Style[TableForm[columnlist, TableSpacing → {3, 2}] , size]]
```

BaseMultiple[12, Row→2, Size→9]는 13진수에 대한 12×12단을 출력한다. 실은 c×c단이라 해야 옳은 표현일 것이다. ($c_{13} = 12_{10}$)

```
In[19]:= BaseMultiple[12, Column → 4, Size → 12]
```

Out[19]=

$2 \times 1 = 2_{13}$	$3 \times 1 = 3_{13}$	$4 \times 1 = 4_{13}$	$5 \times 1 = 5_{13}$
$2 \times 2 = 4_{13}$	$3 \times 2 = 6_{13}$	$4 \times 2 = 8_{13}$	$5 \times 2 = a_{13}$
$2 \times 3 = 6_{13}$	$3 \times 3 = 9_{13}$	$4 \times 3 = c_{13}$	$5 \times 3 = 12_{13}$
$2 \times 4 = 8_{13}$	$3 \times 4 = c_{13}$	$4 \times 4 = 13_{13}$	$5 \times 4 = 17_{13}$
$2 \times 5 = a_{13}$	$3 \times 5 = 12_{13}$	$4 \times 5 = 17_{13}$	$5 \times 5 = 1c_{13}$
$2 \times 6 = c_{13}$	$3 \times 6 = 15_{13}$	$4 \times 6 = 1b_{13}$	$5 \times 6 = 24_{13}$
$2 \times 7 = 11_{13}$	$3 \times 7 = 18_{13}$	$4 \times 7 = 22_{13}$	$5 \times 7 = 29_{13}$
$2 \times 8 = 13_{13}$	$3 \times 8 = 1b_{13}$	$4 \times 8 = 26_{13}$	$5 \times 8 = 31_{13}$
$2 \times 9 = 15_{13}$	$3 \times 9 = 21_{13}$	$4 \times 9 = 2a_{13}$	$5 \times 9 = 36_{13}$
$2 \times 10 = 17_{13}$	$3 \times 10 = 24_{13}$	$4 \times 10 = 31_{13}$	$5 \times 10 = 3b_{13}$
$2 \times 11 = 19_{13}$	$3 \times 11 = 27_{13}$	$4 \times 11 = 35_{13}$	$5 \times 11 = 43_{13}$
$2 \times 12 = 1b_{13}$	$3 \times 12 = 2a_{13}$	$4 \times 12 = 39_{13}$	$5 \times 12 = 48_{13}$

$6 \times 1 = 6_{13}$	$7 \times 1 = 7_{13}$	$8 \times 1 = 8_{13}$	$9 \times 1 = 9_{13}$
$6 \times 2 = c_{13}$	$7 \times 2 = 11_{13}$	$8 \times 2 = 13_{13}$	$9 \times 2 = 15_{13}$
$6 \times 3 = 15_{13}$	$7 \times 3 = 18_{13}$	$8 \times 3 = 1b_{13}$	$9 \times 3 = 21_{13}$
$6 \times 4 = 1b_{13}$	$7 \times 4 = 22_{13}$	$8 \times 4 = 26_{13}$	$9 \times 4 = 2a_{13}$
$6 \times 5 = 24_{13}$	$7 \times 5 = 29_{13}$	$8 \times 5 = 31_{13}$	$9 \times 5 = 36_{13}$
$6 \times 6 = 2a_{13}$	$7 \times 6 = 33_{13}$	$8 \times 6 = 39_{13}$	$9 \times 6 = 42_{13}$
$6 \times 7 = 33_{13}$	$7 \times 7 = 3a_{13}$	$8 \times 7 = 44_{13}$	$9 \times 7 = 4b_{13}$
$6 \times 8 = 39_{13}$	$7 \times 8 = 44_{13}$	$8 \times 8 = 4c_{13}$	$9 \times 8 = 57_{13}$
$6 \times 9 = 42_{13}$	$7 \times 9 = 4b_{13}$	$8 \times 9 = 57_{13}$	$9 \times 9 = 63_{13}$
$6 \times 10 = 48_{13}$	$7 \times 10 = 55_{13}$	$8 \times 10 = 62_{13}$	$9 \times 10 = 6c_{13}$
$6 \times 11 = 51_{13}$	$7 \times 11 = 5c_{13}$	$8 \times 11 = 6a_{13}$	$9 \times 11 = 78_{13}$
$6 \times 12 = 57_{13}$	$7 \times 12 = 66_{13}$	$8 \times 12 = 75_{13}$	$9 \times 12 = 84_{13}$

$10 \times 1 = a_{13}$	$11 \times 1 = b_{13}$	$12 \times 1 = c_{13}$
$10 \times 2 = 17_{13}$	$11 \times 2 = 19_{13}$	$12 \times 2 = 1b_{13}$
$10 \times 3 = 24_{13}$	$11 \times 3 = 27_{13}$	$12 \times 3 = 2a_{13}$
$10 \times 4 = 31_{13}$	$11 \times 4 = 35_{13}$	$12 \times 4 = 39_{13}$
$10 \times 5 = 3b_{13}$	$11 \times 5 = 43_{13}$	$12 \times 5 = 48_{13}$
$10 \times 6 = 48_{13}$	$11 \times 6 = 51_{13}$	$12 \times 6 = 57_{13}$
$10 \times 7 = 55_{13}$	$11 \times 7 = 5c_{13}$	$12 \times 7 = 66_{13}$
$10 \times 8 = 62_{13}$	$11 \times 8 = 6a_{13}$	$12 \times 8 = 75_{13}$
$10 \times 9 = 6c_{13}$	$11 \times 9 = 78_{13}$	$12 \times 9 = 84_{13}$
$10 \times 10 = 79_{13}$	$11 \times 10 = 86_{13}$	$12 \times 10 = 93_{13}$
$10 \times 11 = 86_{13}$	$11 \times 11 = 94_{13}$	$12 \times 11 = a2_{13}$
$10 \times 12 = 93_{13}$	$11 \times 12 = a2_{13}$	$12 \times 12 = b1_{13}$

이상으로 풀이가 완결되었다. ■

1.2. 실수의 유리수 근사변환

유리수를 실수로 근사변환하여 주는 함수는 N[expr]이다. 역으로 주어진 실수를 유리수로 근사변환하여 주는 함수도 있다.

Rationalize[*x*]	실수 *x* 를 정확한 유리수로 변환한다.
Rationalize[*x*, dx]	실수 *x* 를 오차의 범위가 dx 이내가 되도록 하는 근사 유리수로 변환한다.

```
In[20]:= {Rationalize[0.14], Rationalize[0.7325], Rationalize[√2]}
```

Out[20]= $\left\{\frac{7}{50}, \frac{293}{400}, \sqrt{2}\right\}$

Rationalize[x]는 x가 정확히 유리수로 변환가능할 때만 작동한다. 따라서 $\sqrt{2}$와 같은 무리수에 대하여 Rationalize를 적용하고자 할 때는 오차의 범위를 설정해 주어야 한다. 아래의 Num1은 $\sqrt{2}$를 각각 오차범위 $10^{-1}, 10^{-2}, \ldots, 10^{-5}$ 내에서 가장 가까운 유리수로 만들어 준 것이다.

```
In[21]:= Num1 = Table[Rationalize[√2 , 10^-k], {k, 1, 5}]

Out[21]= {3/2, 17/12, 41/29, 99/70, 577/408}
```

이 결과를 확인하기 위하여 N[expr]로 근삿값을 구하여 오차를 계산하여 보자.

```
In[22]:= Num = N[√2 , 20]

Out[22]= 1.4142135623730950488

In[23]:= Num2 = Table[N[Num1[[k]]], {k, 1, 5}]

Out[23]= {1.5, 1.41667, 1.41379, 1.41429, 1.41422}

In[24]:= Error = Table[Abs[N[√2] - Num2[[k]]], {k, 1, 5}]

Out[24]= {0.0857864, 0.0024531, 0.000420459, 0.0000721519, 2.1239 × 10^-6}
```

이상의 과정을 함수화하면 다양한 실수를 유리수로 근사할 수 있다.

다음에 주어진 함수 TransRQ[x_, {i_, j_, step_}, Size → s_]는 실수 x를 오차범위 10^{-i}, $10^{-(i+\text{step})}$, $10^{-(i+\text{step}+\text{step})}$, ..., $10^{-(i+k\,\text{step})}$ (단, $i + k \cdot \text{step} \le j < i + (k+1)\,\text{step}$) 내에서 유리수로 근사한 결과와 그 오차를 출력한다.

```
In[25]:= TransRQ[x_, {i_, j_, step_}, Size → s_] :=
   Module[{Num, RealValue, InNum, Num1, Num2, Error},
        Num = Table[N[10^-k], {k, i, j, step}];
        RealValue = Table[N[x, j + step], {k, i, j, step}];
        InNum = Table[N[x, j + step], {k, i, j, step}];
        Num1 = Table[Rationalize[x, 10^-k], {k, i, j, step}];
        Num2 = Table[N[Num1[[k]], j], {k, 1, Length[Num1]}];
        Error = Table[NumberForm[Abs[RealValue[[k]] -
                  Num2[[k]]], j + step], {k, 1, Length[Num2]}] ;
        Style[TableForm[{InNum, Num, Num1, RealValue, Num2, Error},
               TableAlignments → Right,
               TableSpacing → {2, 2},
               TableHeadings → {{"실수", "오차 범위",
               "유리수 변환", "실수 근삿값", "유리수 근삿값",
               "근삿값의 오차"}, {}} ], FontSize → s]]

In[26]:= TransRQ[√3 , {1, 8, 2}, Size → 12]
```

Out[26]=

실수	1.732050808	1.732050808	1.732050808	1.732050808
오차 범위	0.1	0.001	0.00001	$1. \times 10^{-7}$
유리수 변환	5/3	71/41	362/209	5042/2911

실수 근삿값	1.732050808	1.732050808	1.732050808	1.732050808
유리수 근삿값	1.6666667	1.7317073	1.7320574	1.7320508
근삿값의 오차	0.0653841	0.0003435	6.6×10^{-6}	$0.\times10^{-7}$

1.3. 실수의 과학적 기수법

과학이나 공학에서는 아주 큰 수와 아주 작은 수에 대해서 $a\times10^n$과 같은 표현을 자주 사용한다. *Mathematica*는 실수 x에 대하여 a와 n을 구해주는 함수를 가지고 있다.

MantissaExponent[x]	실수 x가 $a\times10^n$ $(0\le a<1)$ 으로 표현될 때, 이를 $\{a, n\}$ 으로 출력한다.

In[27]:= $\{2^{30}$, N$[2^{30}]$, N$[2^{30}$, 15]$\}$

Out[27]= $\{1\,073\,741\,824,\ 1.07374\times10^{9},\ 1.07374182400000\times10^{9}\}$

In[28]:= MantissaExponent$[2^{30}]$

Out[28]= $\left\{\frac{1\,048\,576}{9\,765\,625},\ 10\right\}$

이 함수와 N을 잘 사용하면 $a\times10^n$의 a 부분만 N을 적용하여 유효숫자를 설정할 수 있다.

In[29]:= MantissaExponent[N$[2^{30}$, 15]]

Out[29]= {0.107374182400000, 10}

2. 함수에 대한 연산을 다루는 내장함수들

2.1. 함수에 대한 연산

Composition[f, g, h, ...]	함수 f, g, h ... 의 합성. 즉, $(f\circ g\circ h\circ ...)$ 를 의미한다.

In[30]:= f[x_] := Sin[2 x]; g[x_] := 3 x - 4 x^3;

In[31]:= {gf, fg} = {Composition[g, f][x], Composition[f, g][x]}

Out[31]= {3 Sin[2 x] - 4 Sin$[2\ x]^3$, Sin[2 (3 x - 4 x^3)]}

이렇게 합성된 함수식에 Simplify를 적용하면, 삼각함수의 공식이 적용되어 식이 간단히 정리된다.

In[32]:= {gf, fg} // Simplify

Out[32]= {Sin[6 x], Sin[6 x - 8 x^3]}

세 개 이상의 함수를 합성하는 것도 물론 가능하다.

In[33]:= fgfg = Composition [f, g, f, g] [x]

Out[33]= Sin[2 (3 Sin[2 (3 x - 4 x^3)] - 4 Sin$[2\ (3\ x - 4\ x^3)]^3$)]

In[34]:= fgfg = Simplify[Composition [f, g, f, g] [x]] // Expand

Out[34]= Sin[2 Sin[6 x (3 - 4 x^2)]]

식을 전개할 때 Sub-Expression까지 전개되지는 않는다. 모든 Sub-Expression까지 전개되기를 원할 때는

ExpandAll이라는 함수를 이용하자.

```
In[35]:= fgfg = Simplify[Composition [f, g, f, g ] [x] ]  // ExpandAll
Out[35]= Sin[2 Sin[18 x - 24 x^3]]
```

ExpandAll[expr]	expr을 모든 Sub Expression까지 전개한다.
PowerExpand[expr]	expr을 지수 법칙과 로그 법칙까지 동원하여 전개한다.

In[36]:= $\left\{\text{Expand}\left[\left(\frac{a\,b}{c^2}\right)^n\right],\ \text{PowerExpand}\left[\left(\frac{a\,b}{c^2}\right)^n\right]\right\}$

Out[36]= $\left\{\left(\frac{a\,b}{c^2}\right)^n,\ a^n\,b^n\,c^{-2\,n}\right\}$

In[37]:= $\left\{\text{Expand}\left[\text{Log}\left[3^5,\ \left(\frac{a\,b}{c^2}\right)^n\right]\right],\ \text{PowerExpand}\left[\text{Log}\left[3^5,\ \left(\frac{a\,b}{c^2}\right)^n\right]\right]\right\}$

Out[37]= $\left\{\frac{\text{Log}\left[\left(\frac{a\,b}{c^2}\right)^n\right]}{\text{Log}[243]},\ \frac{n\,(\text{Log}[a]+\text{Log}[b]-2\,\text{Log}[c])}{5\,\text{Log}[3]}\right\}$

2.2. 함수의 반복합성

함수 $f(x)$를 $f[f[x]]$, $f[f[f[x]]]$, ... 등과 같이 여러 번 합성하고 이 합성함수들의 x_0에서의 값을 구하는 수월한 방법을 찾아보자.

In[38]:= $\text{f}[x\_] := \frac{1}{(x-1)^2}$

```
In[39]:= f3[x_] := Composition [f, f, f ] [x]
In[40]:= f3[x]
```

Out[40]= $\frac{1}{\left(-1+\frac{1}{\left(-1+\frac{1}{(-1+x)^2}\right)^2}\right)^2}$

이 식을 정리하기 위해서는 ExpandAll과 Simplify를 순차적으로 적용하면 가능한데 순서가 중요하다. Simplify는 되도록이면 나중에 적용한다.

```
In[41]:= ExpandAll[Simplify[Composition [f, f, f ] [x]]]
```

Out[41]= $\frac{1}{1+\frac{1}{\left(1+\frac{1}{(1-2\,x+x^2)^2}-\frac{2}{1-2\,x+x^2}\right)^2}-\frac{2}{1+\frac{1}{(1-2\,x+x^2)^2}-\frac{2}{1-2\,x+x^2}}}$

```
In[42]:= Simplify[ExpandAll[Composition [f, f, f ] [x]]]
```

Out[42]= $\frac{(-2+x)^4\,x^4}{(1-4\,x+2\,x^2)^2}$

```
In[43]:= f3[x_] := Simplify[ExpandAll[Composition [f, f, f ] [x]]]
```

In[44]:= `f3[x]`

Out[44]= $\frac{(-2+x)^4 x^4}{(1-4x+2x^2)^2}$

하지만 이와 같이 Composition[*f*, *f*, *f*][*x*]와 같은 방법으로 함수를 합성한다면, 합성을 많이 해야 할 경우 불편하다. 이러한 경우 이미 12장 2절에 소개한 Nest, NestList가 적절한 함수다.

In[45]:= `Nest[f, x, 4] // ExpandAll // Simplify`

Out[45]= $\frac{(1-4x+2x^2)^4}{(-1+x)^8(-1+4x+2x^2-4x^3+x^4)^2}$

In[46]:= `NestList[f, x, 4] // ExpandAll // Simplify`

Out[46]= $\left\{x, \frac{1}{(-1+x)^2}, \frac{(-1+x)^4}{(-2+x)^2 x^2}, \frac{(-2+x)^4 x^4}{(1-4x+2x^2)^2}, \frac{(1-4x+2x^2)^4}{(-1+x)^8(-1+4x+2x^2-4x^3+x^4)^2}\right\}$

여기서 합성를 무한 번 하면 어떻게 될까? *Mathematica*는 어떻게 처리할까?가 궁금해진다.

In[47]:= `Nest[f, x, ∞]`

Nest::intnm : Non-negative machine-sized integer expected at position 3 in Nest[f, x, ∞]. ≫

Out[47]= `Nest[f, x, ∞]`

의미있는 결과가 아니다. 그렇다면, 극한의 개념을 이용하여 무한반복합성을 시도해보자.

In[48]:= `Limit[Nest[f, x, n], n → ∞]`

Nest::intnm : Non-negative machine-sized integer expected at position 3 in Nest[f, x, n]. ≫

Out[48]= `Limit[Nest[f, x, n], n → ∞]`

역시 의미있는 결과가 아니다. 이처럼 $f_\infty[x_0]$을 구하고자 할 경우 쓸 수 있는 명령어는 FixedPoint다.

FixedPoint[*f*, x_0]	$x = x_0$ 에다가 *f* 를 더 이상의 변화가 없을 때까지 반복적용하여 최종적인 값을 출력한다.
FixedPointList[*f*, x_0]	FixedPoint[*f*, x_0] 실행 시 처음부터 끝까지 생성되는 모든 값들을 다 출력한다.

이제 [그림-1]에서와 같이 x_0=0.1에 대하여 $f(x) = x + \sin(x)$를 반복적용하면 그 값은 *f*의 그래프와 직선 $y = x$의 교점의 *x*좌표가 됨을 추측할 수 있다. 그 값을 찾아보자.

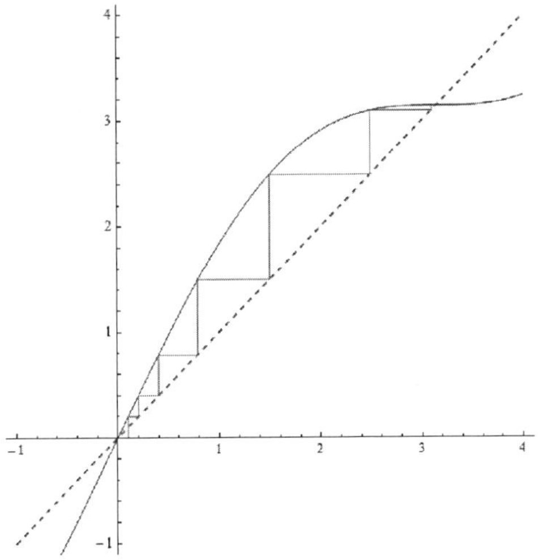

[그림-1]

```
In[49]:= f[x_] := x + Sin[x];

In[50]:= FixedPoint[f, 0.1]

Out[50]= 3.14159
```

Fixed Point Algorithm에 의하여 수렴되는 반복합성함수의 값의 변화과정을 살펴보기 위하여 FixedPointList[f, 0.1]를 실행하여 보면, 불과 9번만에 근사적으로 3.14159로 수렴함을 확인할 수 있다.

```
In[51]:= FixedPointList[f, 0.1]

Out[51]= {0.1, 0.199833, 0.398339, 0.786228,
          1.49392, 2.49097, 3.09665, 3.14158, 3.14159, 3.14159}
```

정말 이 값이 $f(x) = x + \sin(x)$와 $y = x$와의 교점의 x좌표인지를 확인하여 보자. 이는 두 함수의 연립방정식 $x + \sin(x) = x$의 해를 구해봄으로써 알 수 있다. 여기서의 방정식은 초월함수이므로 Newton의 방법(Newton's Method)을 이용한 FindRoot를 이용하여 그 해를 구한다.

```
In[52]:= FindRoot[x + Sin[x] == x, {x, 3}]

Out[52]= {x → 3.14159}
```

우리 예상이 맞아 보인다고 결론내릴 수 있다.

2.3. 역함수

Identity	항등함수
InverseFunction[f]	함수 f 의 역함수

Identity는 어떤 x에 대해서도 자기자신, 즉 x를 출력하는 함수다.

```
In[53]:= {Identity[2], Identity[x], Identity[α], Identity[©]}

Out[53]= {2, x, α, ©}
```

이제 InverseFunction[*f*]를 이용하여 우리가 알고 있는 수학함수들의 역함수를 구하여보자.

In[54]:=
```
{InverseFunction[Sin][x], InverseFunction[Log][x],
 InverseFunction[Exp][x], InverseFunction[Cosh][x], InverseFunction[f][x]}
```

Out[54]= $\{\text{ArcSin}[x],\ e^{x},\ \text{Log}[x],\ \text{ArcCosh}[x],\ f^{(-1)}[x]\}$

다음과 같이 사용자가 정의한 함수의 역함수도 구해준다.

In[55]:=
```
Clear[f, a, b, c, d]
f[x_] := (a x + b)/(c x + d)
InverseFunction[f][x]
```

Out[57]= $\frac{-b + d\,x}{a - c\,x}$

다대일 함수의 역함수는 존재하지 않는데 이런 경우에 가능한 경우 중 하나를 출력하기도 한다. 다음 예를 보자.

In[58]:=
```
Clear[f]
f[x_] := (x + 1)^2
InverseFunction[f][x]
```

InverseFunction::ifun : Inverse functions are being used. Values may be lost for multivalued inverses. ≫

Out[60]= $-1 - \sqrt{x}$

이렇게 가능한 경우 중 하나만 출력함으로써 문제가 발생할 수 있다. 다음을 보라.

In[61]:=
```
{f@InverseFunction[f][x], InverseFunction[f]@f[x] } // Simplify
```

InverseFunction::ifun : Inverse functions are being used. Values may be lost for multivalued inverses. ≫

InverseFunction::ifun : Inverse functions are being used. Values may be lost for multivalued inverses. ≫

Out[61]= $\{x,\ -1 - \sqrt{(1 + x)^2}\}$

InverseFunction[*f*]@*f*[*x*]의 결과로 주어진 표현을 보면 $x \le -1$ 인 경우 결국 *x*와 같으나 $x > -1$인 경우는 그렇지 않다.

주어진 함수가 일대일 대응이라고 생각되는 경우에도 *Mathematica*는 예상 밖의 결과를 주기도 하는데 다음 예를 보라.

In[62]:=
```
{Sinh@InverseFunction[Sinh][x] == x , InverseFunction[Sinh]@Sinh[x] == x}
```

Out[62]= {True, ArcSinh[Sinh[x]] == x}

이는 Sinh@ArcSinh[*x*]는 *x*와 같은데 ArcSinh@Sinh[*x*]는 *x*와 같은지 다른지 알 수 없다는 것이다. Sinh[*x*]는 일대일 대응이므로 *Mathematica*가 이 둘이 같은지 다른지 알 수 없다고 판정하는 것에 조금 의아하거나 실망할 수 있으나 *Mathematica*가 왜 그렇게 답을 출력하는지 이해한다면 오히려 *Mathematica*의 답에 감탄할 만하다. *Mathematica*는 모든 함수를 복소수에 대하여 정의된 것으로 간주하며 이 경우 Sinh[*x*]는 일대일 대응이 아니다. ArcSinh[*x*]는 Sinh[*x*]의 역함수로서 가능한 것들 중 하나를 선택한 것일 뿐이며 따라서 ArcSinh[Sinh[*x*]]는 *x*에 따라서 *x*와 같을 수도 있고 같지 않을 수도 있다. 다음과 같이 *x*가 실수임을 *Mathematica*에게 지정해 준다면 *Mathematica*는 InverseFunction[Sinh]@Sinh[*x*] == *x*가 참이라고 판정한다.

```
In[63]:= Simplify[InverseFunction[Sinh]@Sinh[x] == x, x ∈ Reals]

Out[63]= True
```

위에서 $f[x] := (x+1)^2$의 역함수가 $x \le -1$일 때는 $-1-\sqrt{x}$ 임을 알아보았다. $x \ge -1$일 때는 f의 역함수가 어떻게 되는지 알아보자.

예제-2. $f(x) = (x+1)^2$ 의 역함수를 구하고 그래프를 그려라. $\left(단,\ x \ge -1\right)$

[풀이] 먼저 f의 그래프를 그려보자.

```
In[64]:= Clear[f];
         f[x_] := (x + 1)^2

In[66]:= gf1 = Plot[f[x], {x, -3, 1},
                  PlotStyle → {{Red, Thickness[0.01]}, Blue},
                  PlotRange → {{-3, 1}, {0, 4}}, AspectRatio → 0.8];
         gf2 = Plot[f[x], {x, -1, 1},
                 PlotStyle → {{Red, Thickness[0.01]}, Blue},
                 PlotRange → {{-3, 1}, {0, 4}}, AspectRatio → 1];
         Show[GraphicsGrid[{{gf1, gf2}}], ImageSize → 400]
```

Out[68]=

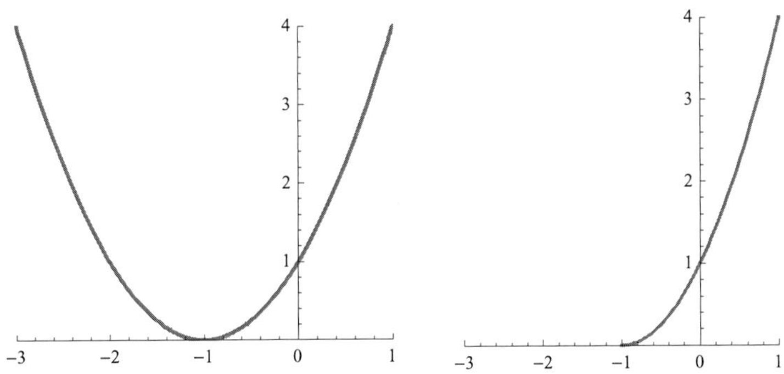

위의 그래프에서 볼 수 있는 것처럼 $x \ge -1$을 정의역으로 하면 함수 $f(x) = (x+1)^2$는 일대일 대응이므로 역함수가 존재한다. 역함수를 구하기 위하여 $y = f(x)$에서 x와 y를 바꾸어 그 식을 y에 대하여 정리하자.

```
In[69]:= expr = y == (x + 1)^2 /. {x → y, y → x}

Out[69]= x == (1 + y)^2

In[70]:= sol = Solve[expr, y]

Out[70]= {{y → -1 - √x}, {y → -1 + √x}}
```

이렇게 정리된 두 식에서 정의역과 치역의 관계를 생각하면, 두 번째 해 $\{y \to -1 + \sqrt{x}\}$ 가 역함수임을 알 수 있다. 그래프를 그려보자.

```
In[71]:= gf = Plot[{x, sol[[2, 1, 2]]}, {x, -2, 4},
                PlotRange → {{-2, 4}, {-2, 3}},
                PlotStyle → {{}, {Dashing[{0.02}], Blue, Thickness[0.01]}},
                ImageSize → 240, AspectRatio → 0.8]
```

Out[71]=

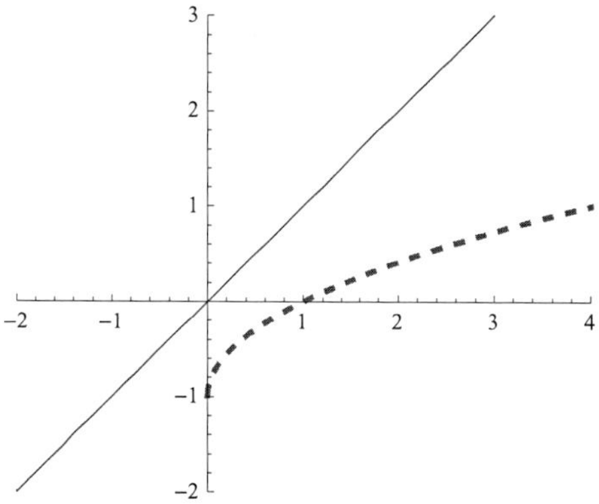

연립방정식의 해 중에서 우리가 채택한 것이 실제로 역함수인지 아닌지는 $f(x)=(x+1)^2$의 그래프(단 $x \geq -1$)와 $g(x)=-1+\sqrt{x}$ 의 그래프(단 $x \geq 0$)가 $y=x$에 대하여 대칭인지 아닌지로 확인해 볼 수 있다.

```
In[72]:= Show[{gf, gf2}, PlotRange → {{-2, 3}, {-2, 3}},
           ImageSize → 240, AspectRatio → 0.8]
```

Out[72]=

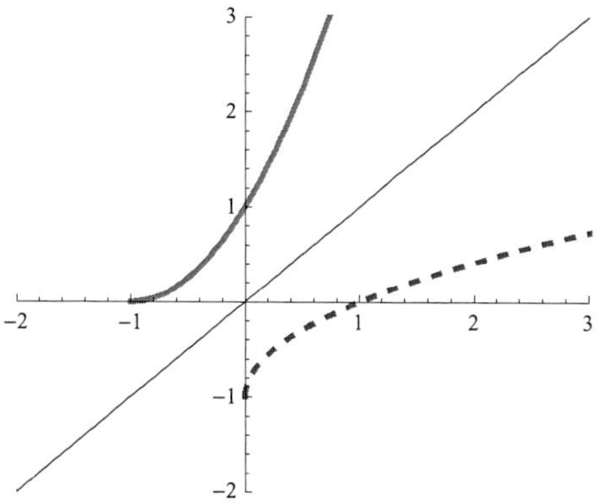

이상으로 풀이가 완결되었다. ■

이제 $g(x):=-1+\sqrt{x}$ 로 정의하고 이것이 f의 역함수이기 때문에 성립하는 여러 가지 성질들을 확인하여 보자.

```
In[73]:= g[x_] := Evaluate[sol[[2, 1, 2]]]

In[74]:= {f[x], g[x]}

Out[74]= {(1 + x)^2, -1 + √x}
```

먼저 y0 = f(x0)일 때, x0 = g(y0)임을 확인하여 본다.

```
In[75]:= Clear[x0, y0];
         y0 = f[x0]; (* y0에 f[x0]을 할당하는 명령. *)
         Simplify[ x0 == g[y0], x0 ≥ -1]
            (* x0이 g[y0]과 같은지 다른지 판정하라는 명령 *)

Out[77]= True
```

위에서 x0≥ -1라는 조건없이 x0이 g[y0]과 같은지 다른지 판정하고자 한다면 그냥 x0==g[y0]을 실행하는 것인데 그 결과가 어떻게 되는지 확인하여 보아라. 이제 마지막으로 $f \circ f^{-1} = f^{-1} \circ f = I$ 임을 확인하여 본다.

In[78]:= `Composition[f, g][x]` (* $f \circ f^{-1}=I$ *)

Out[78]= x

In[79]:= `Composition[g, f][x]` (* $f^{-1} \circ f=I$ *)

Out[79]= $-1+\sqrt{(1+x)^2}$

Composition[g,f][x]의 식은 완전히 정리되지 않았다. 정의역 $x \geq -1$이 식의 계산에 반영되지 않았기 때문이다. 위에서와 같이 $x \geq -1$이라는 가정을 적용하면 이를 제대로 처리할 수 있다.

In[80]:= `Simplify[Composition[g, f][x], x ≥ -1]` (* $x \geq -1$일 때의 $f^{-1} \circ f=I$ *)

Out[80]= x

3. 기타 내장함수들

3.1. 다항식에 관련된 계산

Variables[poly]	다항식 poly의 모든 변수들을 출력한다.
PolynomialQuotient[poly1, poly2, *x*]	*x*에 대한 다항식 poly1을 poly2로 나눈 몫을 출력한다.
PolynomialRemainder[poly1, poly2, *x*]	*x*에 대한 다항식 poly1을 poly2로 나눈 나머지를 출력한다.
PolynomialGCD[poly1, poly2, ...]	poly1, poly2, ... 의 최대공약수를 출력한다.
PolynomialLCM[poly1, poly2, ...]	poly1, poly2, ... 의 최소공배수를 출력한다.

In[81]:= `Variables[`$x^3 y^4 + 4z$`]`

Out[81]= {x, y, z}

In[82]:= `PolynomialQuotient[`$x^3 + a x^2 + b x + c$`, x - d, x]`

Out[82]= $b + a d + d^2 + (a + d) x + x^2$

In[83]:= `PolynomialRemainder[`$x^3 + a x^2 + b x + c$`, x - d, x]`

Out[83]= $c + b d + a d^2 + d^3$

In[84]:= `PolynomialGCD[`$(1-x)^2 (1+x)^2 (2+x)$`, `$(1-x)(2+x)(3+x)$`]`

Out[84]= $(-1+x)(2+x)$

In[85]:= `PolynomialLCM[`$(1-x)^2 (1+x)^2 (2+x)$`, `$(1-x)(2+x)(3+x)$`]`

Out[85]= $(-1+x)^2 (1+x)^2 (2+x)(3+x)$

3.2. 최적화

Maximize[*f*, {*x*, *y*, ...}]	모든 *x*, *y*, ... 에 대한 함수 *f* 의 최댓값을 출력한다.
Maximize[{*f*, const}, {*x*, *y*, ...}]	const를 만족하는 *x*, *y*, ... 에 대한 함수 *f* 의 최댓값을 출력한다.
Minimize[*f*, {*x*, *y*, ...}]	모든 *x*, *y*, ... 에 대한 함수 *f* 의 최솟값을 출력한다.
Minimize[{*f*, const}, {*x*, *y*, ...}]	const를 만족하는 *x*, *y*, ... 에 대한 함수 *f* 의 최솟값을 출력한다.

In[86]:= `Plot[{Log[2, x^2 - 2 x + 3], Log[1/2, x^2 - 2 x + 3]}, {x, -2, 4}, PlotStyle → {Red, Blue}, GridLines → {{1, 2, 3}, None}, ImageSize → 240]`

Out[86]=

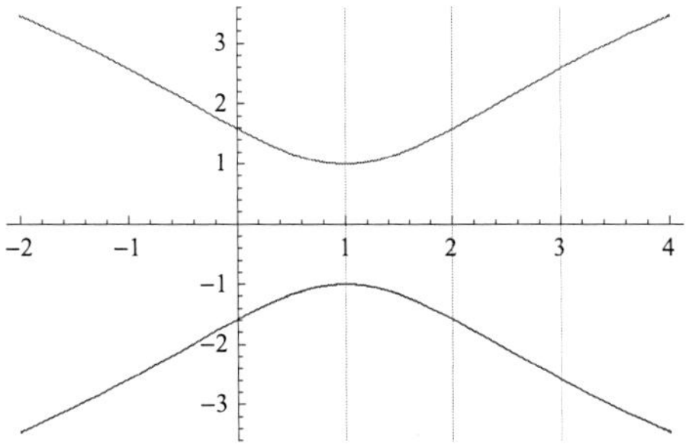

In[87]:= `Maximize[Log[1/2, x^2 - 2 x + 3], {x}]`

Out[87]= `{-1, {x → 1}}`

In[88]:= `Maximize[{Log[1/2, x^2 - 2 x + 3], 2 ≤ x ≤ 3}, {x}]`

Out[88]= $\left\{-\frac{\text{Log}[3]}{\text{Log}[2]}, \{x \to 2\}\right\}$

In[89]:= `Minimize[Log[2, x^2 - 2 x + 3], {x}]`

Out[89]= `{1, {x → 1}}`

In[90]:= `Minimize[{Log[2, x^2 - 2 x + 3], 2 ≤ x ≤ 3}, {x}]`

Out[90]= $\left\{\frac{\text{Log}[3]}{\text{Log}[2]}, \{x \to 2\}\right\}$

NMaximize[*f*, {*x*, *y*, ...}]	*x*, *y*, ... 에 대하여 함수 *f* 의 최댓값을 수치적인 방법으로 계산한다.
NMaximize[{*f*, const}, {*x*, *y*, ...}]	const를 만족하는 *x*, *y*, ... 에 대한 함수 *f* 의 최댓값을 수치적인 방법으로 계산한다.
NMinimize[*f*, {*x*, *y*, ...}]	*x*, *y*, ... 에 대하여 함수 *f* 의 최솟값을 수치적인 방법으로 계산한다.
NMinimize[{*f*, const}, {*x*, *y*, ...}]	const를 만족하는 *x*, *y*, ... 에 대한 함수 *f* 의 최솟값을 수치적인 방법으로 계산한다.

Solve, Limit 등과 같이 Maximize, Minimize는 최댓값, 최솟값을 정확히 구하고자 한다. 많은 경우 초월함수의 최댓값, 최솟값은 수치적인 방법을 사용하는 NMaximize, NMinimize를 활용하여야 한다.

In[91]:= `Minimize[{Cos[x] - e^(x y), x^2 + y^2 < 1}, {x, y}]`

Out[91]= `Minimize[{-e^(x y) + Cos[x], x^2 + y^2 < 1}, {x, y}]`

In[92]:= `NMinimize[{Cos[x] - e^(x y), x^2 + y^2 < 1}, {x, y}]`

Out[92]= `{-0.919441, {x → 0.795965, y → 0.605343}}`

FindMinimum[f, {x, x0}]	x = x0 근방에서의 함수 f 의 극솟값을 계산한다.
FindMinimum[f, {{x, x0}, {y, y0}, ...}]	x = x0, y = y0, ... 근방에서의 함수 f 의 극솟값을 계산한다.
FindMaximum[f, {x, x0}]	x = x0 근방에서의 함수 f 의 극댓값을 계산한다.
FindMaximum[f, {{x, x0}, {y, y0}, ...}]	x = x0, y = y0, ... 근방에서의 함수 f 의 극댓값을 계산한다.

```
In[93]:= f[x_] := x Sin[x]
In[94]:= Plot[f[x], {x, 0, 4 Pi}, ImageSize → 240]
```

Out[94]=
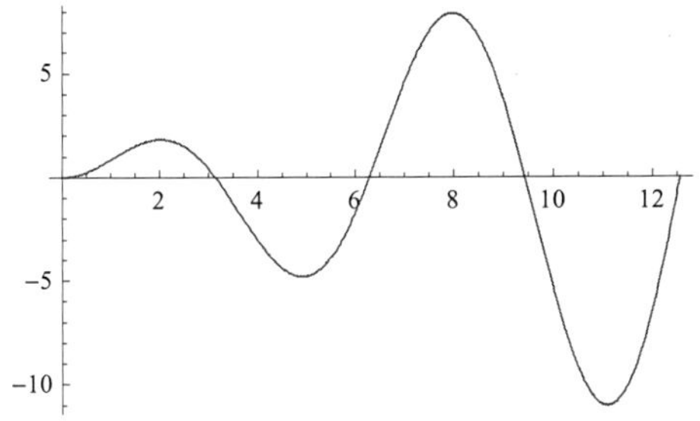

NMinimize, NMaximize는 함수의 최댓값(Absolute Maximum), 최솟값(Absolute Minimum)을 구하여 주고, FindMinimum, FindMaximum은 함수의 극댓값(Local Maximum), 극솟값(Local Minimum)을 구하여 준다.

```
In[95]:= NMinimize[{f[x], 0 ≤ x ≤ 4 Pi}, {x}] // Chop
Out[95]= {-11.0407, {x → 11.0855}}
In[96]:= NMaximize[{f[x], 0 ≤ x ≤ 4 Pi}, {x}] // Chop
Out[96]= {7.91673, {x → 7.97867}}
```

극댓값과 극솟값을 구하는 FindMaximum, FindMinimum은 미리 그래프를 그려보고 극대, 극소가 만들어지는 근방의 임의의 점 x0를 초깃값으로 잡아주면 그 근방에서의 극댓값, 극솟값을 찾아준다.

```
In[97]:= x1 = {{x, 2}, {x, 8}};
         TableForm[Table[FindMaximum[f[x], x1[[i]]] /. {a_, {x → b_}} → {a, b},
           {i, 1, Length[x1]}],
          TableAlignments → Right, TableHeadings → {None, {"극댓값", "x"}}]
```

Out[98]//TableForm=

극댓값	x
1.81971	2.02876
7.91673	7.97867

```
In[99]:= x0 = {{x, 1}, {x, 5}, {x, 11}};
         TableForm[Table[Chop[FindMinimum[f[x], x0[[i]]]] /. {a_, {x → b_}} → {a, b},
           {i, 1, Length[x0]}], TableAlignments → Right,
          TableHeadings → {None, {"극솟값", "x"}}]
```

Out[100]//TableForm=

극솟값	x
0	0
-4.81447	4.91318
-11.0407	11.0855

/.{a_,{x→ b_}} → {a,b}는 {a,{x→ b}} 꼴의 표현을 {a,b}로 바꾸는 규칙을 적용하라는 명령이다. 22장의 2.6절과 2.7절을 참조하라.

4. 사용자 함수 작성할 때 옵션을 정하는 방법

8장 3절에서 옵션을 제작하는 법을 다룬 바 있는데 이번에는 다른 관점에서 옵션의 제작 기술을 살펴 본다. 이를 위하여 이 장 1절에서 다루었던, $(t+1)$진수에 대한 $t\times t$단을 작성하는 함수 BaseMultiple [t_,Column→ column_, Size→size_]를 다시 들여다보자.

```
In[101]:= BaseMultiple[t_, Column → column_, Size → size_] :=
           Module[{list, columnlist},
                  list = Table[{"" <> ToString[i] <>
                               " × " <> ToString[j] <> " = "
                               BaseForm[i * j, t + 1]},
                              {i, 2, t}, {j, 1, t}] ;
                  columnlist = If[Mod[Length[list], column] == 0,
                                 Partition[list, column],
                                 Join[Partition[list, column],
                                     {list[[-Reverse[Range[Mod[Length[list],
                                                         column]]]]]} ]];
                  Style[TableForm[columnlist, TableSpacing → {3, 2}] , size]]
```

```
In[102]:= BaseMultiple[3, Column → 2, Size → 12]

           2 × 1 = 2_4    3 × 1 = 3_4
Out[102]=  2 × 2 = 10_4   3 × 2 = 12_4
           2 × 3 = 12_4   3 × 3 = 21_4
```

그런데 이 함수는 옵션 작성의 관점에서 보면 별로 잘 작성되지 않았다. 왜냐하면 Column→column_과 Size→size_의 순서가 바뀌면 이 함수는 작동하지 않기 때문이다.

```
In[103]:= BaseMultiple[3, Size → 9, Column → 1]

Out[103]= BaseMultiple[3, Size → 9, Column → 1]
```

또한 옵션은 생략되어도 무방해야 하는데 여기서는 그렇지 않다.

```
In[104]:= BaseMultiple[3]

Out[104]= BaseMultiple[3]
```

그렇다면 어떻게 작성을 해야 위에서 관찰된 문제가 해결될까? RaplaceAll(/.)을 적절히 활용하면 된다.

```
In[105]:= Options[BaseNbyN] = {Column → 5, Size → 12};
          BaseNbyN[t_, opts___] :=
           Module[{column, size},
            {column, size} = {Column, Size} /. {opts} /. Options[BaseNbyN];
            list = Table[{"" <> ToString[i] <> " × " <> ToString[j] <>
                         " = " BaseForm[i * j, t + 1]}, {i, 2, t}, {j, 1, t}] ;
            columnlist = If[Mod[Length[list], column] == 0,
                           Partition[list, column],
                           Join[Partition[list, column],
                           {list[[-Reverse[Range[Mod[Length[list], column]]]]]} ]];
            Style[TableForm[columnlist, TableSpacing → {3, 2}] , size]]
```

In[107]:= **Options[BaseNbyN]**

Out[107]= {Column → 5, Size → 12}

이제는 옵션들을 자유자재로 활용할 수 있다. 확인해 보자.

In[108]:= **BaseNbyN[5]**

Out[108]=

$2 \times 1 = 2_{6}$	$3 \times 1 = 3_{6}$	$4 \times 1 = 4_{6}$	$5 \times 1 = 5_{6}$
$2 \times 2 = 4_{6}$	$3 \times 2 = 10_{6}$	$4 \times 2 = 12_{6}$	$5 \times 2 = 14_{6}$
$2 \times 3 = 10_{6}$	$3 \times 3 = 13_{6}$	$4 \times 3 = 20_{6}$	$5 \times 3 = 23_{6}$
$2 \times 4 = 12_{6}$	$3 \times 4 = 20_{6}$	$4 \times 4 = 24_{6}$	$5 \times 4 = 32_{6}$
$2 \times 5 = 14_{6}$	$3 \times 5 = 23_{6}$	$4 \times 5 = 32_{6}$	$5 \times 5 = 41_{6}$

In[109]:= **BaseNbyN[5, Size → 10, Column → 2]**

Out[109]=

$2 \times 1 = 2_{6}$	$3 \times 1 = 3_{6}$
$2 \times 2 = 4_{6}$	$3 \times 2 = 10_{6}$
$2 \times 3 = 10_{6}$	$3 \times 3 = 13_{6}$
$2 \times 4 = 12_{6}$	$3 \times 4 = 20_{6}$
$2 \times 5 = 14_{6}$	$3 \times 5 = 23_{6}$

$4 \times 1 = 4_{6}$	$5 \times 1 = 5_{6}$
$4 \times 2 = 12_{6}$	$5 \times 2 = 14_{6}$
$4 \times 3 = 20_{6}$	$5 \times 3 = 23_{6}$
$4 \times 4 = 24_{6}$	$5 \times 4 = 32_{6}$
$4 \times 5 = 32_{6}$	$5 \times 5 = 41_{6}$

In[110]:= **BaseNbyN[12, Column → 4, Size → 10]**

Out[110]=

$2 \times 1 = 2_{13}$	$3 \times 1 = 3_{13}$	$4 \times 1 = 4_{13}$	$5 \times 1 = 5_{13}$
$2 \times 2 = 4_{13}$	$3 \times 2 = 6_{13}$	$4 \times 2 = 8_{13}$	$5 \times 2 = a_{13}$
$2 \times 3 = 6_{13}$	$3 \times 3 = 9_{13}$	$4 \times 3 = c_{13}$	$5 \times 3 = 12_{13}$
$2 \times 4 = 8_{13}$	$3 \times 4 = c_{13}$	$4 \times 4 = 13_{13}$	$5 \times 4 = 17_{13}$
$2 \times 5 = a_{13}$	$3 \times 5 = 12_{13}$	$4 \times 5 = 17_{13}$	$5 \times 5 = 1c_{13}$
$2 \times 6 = c_{13}$	$3 \times 6 = 15_{13}$	$4 \times 6 = 1b_{13}$	$5 \times 6 = 24_{13}$
$2 \times 7 = 11_{13}$	$3 \times 7 = 18_{13}$	$4 \times 7 = 22_{13}$	$5 \times 7 = 29_{13}$
$2 \times 8 = 13_{13}$	$3 \times 8 = 1b_{13}$	$4 \times 8 = 26_{13}$	$5 \times 8 = 31_{13}$
$2 \times 9 = 15_{13}$	$3 \times 9 = 21_{13}$	$4 \times 9 = 2a_{13}$	$5 \times 9 = 36_{13}$
$2 \times 10 = 17_{13}$	$3 \times 10 = 24_{13}$	$4 \times 10 = 31_{13}$	$5 \times 10 = 3b_{13}$
$2 \times 11 = 19_{13}$	$3 \times 11 = 27_{13}$	$4 \times 11 = 35_{13}$	$5 \times 11 = 43_{13}$
$2 \times 12 = 1b_{13}$	$3 \times 12 = 2a_{13}$	$4 \times 12 = 39_{13}$	$5 \times 12 = 48_{13}$

$6 \times 1 = 6_{13}$	$7 \times 1 = 7_{13}$	$8 \times 1 = 8_{13}$	$9 \times 1 = 9_{13}$
$6 \times 2 = c_{13}$	$7 \times 2 = 11_{13}$	$8 \times 2 = 13_{13}$	$9 \times 2 = 15_{13}$
$6 \times 3 = 15_{13}$	$7 \times 3 = 18_{13}$	$8 \times 3 = 1b_{13}$	$9 \times 3 = 21_{13}$
$6 \times 4 = 1b_{13}$	$7 \times 4 = 22_{13}$	$8 \times 4 = 26_{13}$	$9 \times 4 = 2a_{13}$
$6 \times 5 = 24_{13}$	$7 \times 5 = 29_{13}$	$8 \times 5 = 31_{13}$	$9 \times 5 = 36_{13}$
$6 \times 6 = 2a_{13}$	$7 \times 6 = 33_{13}$	$8 \times 6 = 39_{13}$	$9 \times 6 = 42_{13}$
$6 \times 7 = 33_{13}$	$7 \times 7 = 3a_{13}$	$8 \times 7 = 44_{13}$	$9 \times 7 = 4b_{13}$
$6 \times 8 = 39_{13}$	$7 \times 8 = 44_{13}$	$8 \times 8 = 4c_{13}$	$9 \times 8 = 57_{13}$
$6 \times 9 = 42_{13}$	$7 \times 9 = 4b_{13}$	$8 \times 9 = 57_{13}$	$9 \times 9 = 63_{13}$
$6 \times 10 = 48_{13}$	$7 \times 10 = 55_{13}$	$8 \times 10 = 62_{13}$	$9 \times 10 = 6c_{13}$
$6 \times 11 = 51_{13}$	$7 \times 11 = 5c_{13}$	$8 \times 11 = 6a_{13}$	$9 \times 11 = 78_{13}$
$6 \times 12 = 57_{13}$	$7 \times 12 = 66_{13}$	$8 \times 12 = 75_{13}$	$9 \times 12 = 84_{13}$

$10 \times 1 = a_{13}$	$11 \times 1 = b_{13}$	$12 \times 1 = c_{13}$
$10 \times 2 = 17_{13}$	$11 \times 2 = 19_{13}$	$12 \times 2 = 1b_{13}$
$10 \times 3 = 24_{13}$	$11 \times 3 = 27_{13}$	$12 \times 3 = 2a_{13}$
$10 \times 4 = 31_{13}$	$11 \times 4 = 35_{13}$	$12 \times 4 = 39_{13}$
$10 \times 5 = 3b_{13}$	$11 \times 5 = 43_{13}$	$12 \times 5 = 48_{13}$
$10 \times 6 = 48_{13}$	$11 \times 6 = 51_{13}$	$12 \times 6 = 57_{13}$
$10 \times 7 = 55_{13}$	$11 \times 7 = 5c_{13}$	$12 \times 7 = 66_{13}$
$10 \times 8 = 62_{13}$	$11 \times 8 = 6a_{13}$	$12 \times 8 = 75_{13}$
$10 \times 9 = 6c_{13}$	$11 \times 9 = 78_{13}$	$12 \times 9 = 84_{13}$
$10 \times 10 = 79_{13}$	$11 \times 10 = 86_{13}$	$12 \times 10 = 93_{13}$
$10 \times 11 = 86_{13}$	$11 \times 11 = 94_{13}$	$12 \times 11 = a2_{13}$
$10 \times 12 = 93_{13}$	$11 \times 12 = a2_{13}$	$12 \times 12 = b1_{13}$

이 장에서는 1장부터 22장까지에서 다루지 못했던 내장함수들 중에서 사용빈도가 높은 내장함수 일부를 소개하였다. 이것으로 보충이 다 될 리는 없으나 여러 가지 관계상 이 정도로 내장함수에 대한 소개를 마친다.

제 24장 동적변수와 동적함수

식 하나를 가지고 변수의 값을 여러 번 바꾸어 가면서 계산을 해야 하는 상황에 놓인다면 반복적으로 변숫값을 바꾸어주고 Shift+Enter를 눌러서 결과를 알아봐야 하는데 이는 번거로운 작업이 아닐 수 없다. 이번에 소개할 명령어는 그런 불편한 점을 해결할 수 있는 Dynamic, DynamicModule, Manipulate다. Dynamic은 Dynamic Variable의 약어라고 할 수 있고 우리 말로는 동적변수라고 번역하면 될 것이다. Manipulate는 상당히 고급 명령어고 Dynamic과 DynamicModule은 Manipulate를 잘 활용하기 위한 기본과정이라고 할 수 있다.

1. 동적변수

상당히 많은 변숫값에 대한 결과물을 하나하나 출력할 때 그 많은 변숫값들을 일일이 입력해야 한다면 상당히 번거로운 작업이 아닐 수 없다. 이때 동적변수를 사용하여 변숫값을 변하게 만들어 주는 것이 Dynamic 명령어의 역할이다.

Dynamic[expr]	동적으로 변화하는 expr의 현재값을 보여준다.

예를 들어 다음 세 명령어를 차례로 실행한 후 Slider의 Bar의 위치를 바꾸어 보면서 Dynamic[*t*]의 값이 어떻게 변화하는 지 살펴보자.

```
In[1]:= Dynamic[t]

Out[1]= t

In[2]:= t = 0.5

Out[2]= 0.5
```

[그림-1]과 같이 *t*에 값이 할당되지 않은 상태에서 Dynamic[*t*]을 실행하면 *t*로 출력이 된다. 그러나 *t*에 0.5를 할당하면 새로 할당된 값이 Dynamic[*t*]에 즉시 반영되어 Dynamic[*t*]의 값이 *t*에서 0.5 로 바뀐다.

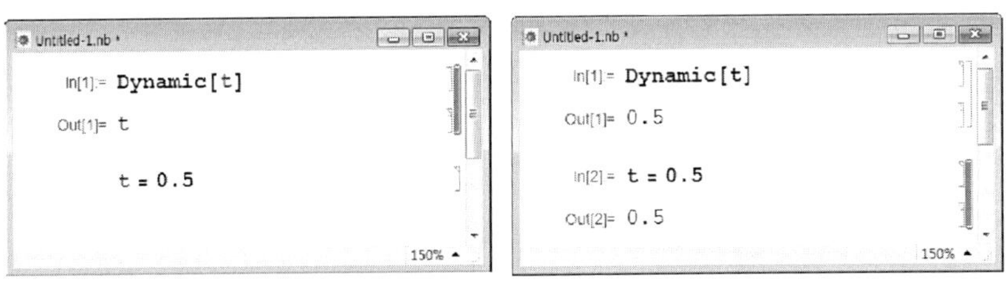

[그림-1]

```
In[3]:= Slider[Dynamic[t], {0, 1}]
```

Out[3]= 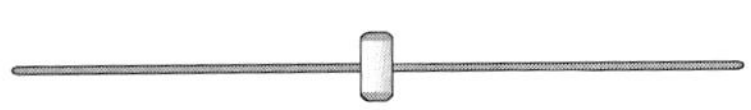

Slider의 동그라미를 좌우로 움직이면 Dynamic[*t*]의 값이 달라지는 것을 볼 수 있다.

2. Dynamic Control Type

Dynamic에 대해 알아보았으니 이제는 변숫값을 쉽게 입력할 수 있는 Control Type에 대해서 알아보자. 이미 위에서 살펴본 Slider는 컨트롤(Control)의 일종이다. Slider 외에 SetterBar, PopupMenu, Slider2D, CheckBox, InputField처럼 많은 컨트롤이 존재한다.

Control[{u, domain}]	domain에 속하는 변수 u를 가진 컨트롤을 보여준다. 컨트롤의 형태는 domain에 맞춰서 자동으로 결정되기도 하나 지정할 수도 있다.
Control[{{u, u_{init}}, domain]	초깃값 u_{init}를 가진 컨트롤을 보여준다.

컨트롤 명령어의 결과물은 domain을 어떻게 설정해 주느냐에 따라서 달라진다. domain을 직선상의 구간으로 설정했다면 Slider가 나오고, 유한개의 원소를 가지는 domain을 설정했다면 SetterBar나 PopupMenu가 나온다. 자세한 사항은 문서 센터를 참조하라.

2.1. Slider

Slider는 실수 구간을 domain으로 설정하면 나온다. 다만, 주의해야 할 점은 구간설정방식이다. 우리는 여태까지 구간 설정을 할 때 {$x_{\min}$, $x_{\max}$, dx}의 형태로 입력했지만, Control 명령어에서 Slider가 나오게 하려면 중괄호 없이 $x_{\min}$, $x_{\max}$, dx 형태로 입력해야 Slider가 나온다. {$x_{\min}$, $x_{\max}$, dx}의 형태로 입력하면 Slider가 아닌 SetterBar나 PopupMenu가 나온다.

```
In[4]:= Dynamic[u]

Out[4]= 3

In[5]:= Control[{u, {1, 2, 3, 4}}]          (* SetterBar가 나온다. *)

Out[5]= 1 2 3 4

In[6]:= Control[{{u, 3}, {1, 2, 3, 4}}]     (* SetterBar가 나온다. u의 초깃값은 3이다. *)

Out[6]= 1 2 3 4
```

SetterBar가 나온 이유는 u가 가질 수 있는 값이 1, 2, 3, 4 이렇게 네 가지라는 뜻으로 해석되기 때문이다.

```
In[7]:= Dynamic[n]

Out[7]= 3

In[8]:= Control[{{n, 3}, 1, 10, 1}] (* Slider가 나온다. n의 초깃값은 3이다. *)
```

Out[8]= 

Slider가 나온 이유는 n이 가질 수 있는 값이 1부터 10까지 수 중에서 1씩 증가하는 수들로 이루어져 있다고 해석되기 때문이다.

반드시 Control이란 명령어를 통해서만 Slider가 나오는 것은 아니다.

Slider[*x*]	0 부터 1 사이의 *x* 값에 대한 슬라이더를 보여준다.
Slider[*x*, {x_{min}, x_{max}}]	x_{min} 부터 x_{max} 사이의 *x* 값에 대한 슬라이더를 보여준다.
Slider[*x*, {x_{min}, x_{max}, dx}]	x_{min} 부터 x_{max} 사이의 *x* 값에 대한 슬라이더를 dx간격으로 보여준다.

Slider란 명령어를 활용하기 위해서 우선 Slider 함수의 옵션부터 알아보자.

```
In[9]:= Short@Options[Slider]

Out[9]//Short= {Appearance → Automatic, AutoAction → False, Background → Automatic,
    <<6>>, Exclusions → {}, ImageMargins → 0, ImageSize → Automatic}

In[10]:= {Slider[0.8], Slider[0.8, Appearance → "Labeled"]}
```

Out[10]=

위의 결과물로 Appearance→ “Labeled”의 역할을 알 수 있다. 이번에는 Enabled를 이용해서 Bar를 움직이지 못하도록 해 보자.

```
In[11]:= Slider[0.8, Appearance → "Labeled", Enabled → False]
```

Out[11]=

만약에 변수가 연속적이지 않고 이산적이면 아래와 같이하면 된다.

```
In[12]:= Slider[0.8, {0, 2, 0.1}, Appearance → "Labeled"]
```

Out[12]=

Bar를 움직여 보면 우측의 숫자가 0.1씩 변화하는 것을 볼 수 있다.

2.2. SetterBar

앞에서 유한 개의 원소를 가지는 domain을 설정해주면 SetterBar나 PopupMenu가 나온다고 했는데 두 컨트롤의 형태를 결정짓는 기준은 무엇일까? 다음 두 명령을 실행하여 그 결과를 비교해 보자.

```
In[13]:= Control[{a, {1, 2, 3, 4, 5}}]
```

Out[13]=

```
In[14]:= Control[{b, {1, 2, 3, 4, 5, 6}}]
```

Out[14]=
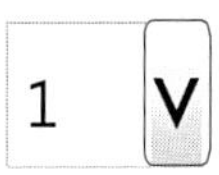

이처럼 유한개의 원소를 가지는 domain을 domain의 원소의 개수에 따라서 SetterBar와 PopupMenu로 구분지었다. 그렇다고 해서 원소의 개수가 6개 이상인 domain에 대하여 SetterBar를 나오게 하는 것이 불가능한 것은 아니다.

SetterBar[x, {val$_1$, val$_2$, ...}]	각각의 val$_i$ 값에 대한 버튼을 가진 SetterBar를 보여준다.
SetterBar[Dynamic[x], {val$_1$, val$_2$, ...}]	버튼을 클릭할 때마다 x의 값이 동적으로 변하는 SetterBar를 보여준다.

```
In[15]:= f2 = Sec[x];
         SetterBar[Dynamic[f2], {Sin[x], Cos[x], Tan[x], Sec[x], Csc[x], Cot[x]}]

Out[16]= Sin[x] | Cos[x] | Tan[x] | Sec[x] | Csc[x] | Cot[x]
```

참고로 다음과 같이 하면 되지 않는다. 그 이유는 무엇일까? (힌트: 위에서는 f2가 변수지만 Dynamic[Sec[x]] 에서는 아니다.)

```
In[17]:= SetterBar[Dynamic[Sec[x]], {Sin[x], Cos[x], Tan[x], Sec[x], Csc[x], Cot[x]}]

Out[17]= Sin[x] | Cos[x] | Tan[x] | Sec[x] | Csc[x] | Cot[x]
```

2.3. PopupMenu

앞에서 말했듯이 6개 이상의 원소를 가지는 domain에 대해서는 자동적으로 PopupMenu 형태의 컨트롤러가 나온다.

```
In[18]:= Control[{ {g, Cos[x]}, {Sin[x], Cos[x], Tan[x], Sec[x], Csc[x], Cot[x]}} ]

Out[18]= Cos[x] V
```

PopupMenu 역시 Control이란 명령어를 통해서만 출력 가능한 것은 아니다. SetterBar 명령어에 SetterBar 대신에 PopupMenu를 넣어주면 된다. 이와 같은 방법은 이 다음으로 배울 다른 컨트롤에 대해서도 적용된다.

```
In[19]:= g2 = Cos[x];
         PopupMenu[Dynamic[g2], {Sin[x], Cos[x], Tan[x], Sec[x], Csc[x], Cot[x]} ]

Out[20]= Cos[x] V
```

위에서 다룬 동적변수들의 현재 값은 다음과 같다.

```
In[21]:= {f2, g, g2}

Out[21]= {Sec[x], Cos[x], Cos[x]}
```

2.4. Slider2D

Slider2D는 Slider를 평면영역으로 확장시킨 것으로 domain을 직사각형 모양의 평면영역으로 설정한다. 주의해야 할 점은 Control은 domain을 설정할 때 {x_{min}, y_{min}}, {x_{max}, y_{max}}, {dx, dy} 형태로 인자들을 입력해야 하는데 비해 Slider2D를 사용할 때는 인자들을 {{x_{min}, y_{min}}, {x_{max}, y_{max}}, {dx, dy}} 형태로 입력해야 한다는 것이다.

Slider2D[Dynamic[p], {{x_{min}, y_{min}}, {x_{max}, y_{max}}, {dx, dy}}]	순서쌍 $p = \{x, y\}$ 를 구간 $x_{min} \le x \le x_{max}$, $y_{min} \le y \le y_{max}$ 에서 dx, dy 증분으로 값을 변화시키는 컨트롤 화면를 출력한다. 이 값은 Dynamic[p] 로 확인할 수 있다.

```
In[22]:= { Control[{{t1, {5, 5}}, {0, 0}, {10, 10}, {2, 2}}] , Dynamic[t1] }
         (* 동그라미를 선택하고 움직여 본다. 초기 위치는 (5,5)다. *)
```

Out[22]= { 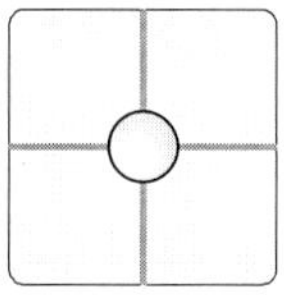 , {5, 5}}

```
In[23]:= t2 = {5, 5};
         { Slider2D[ Dynamic[t2], {{0, 0}, {10, 10}, {2, 2}}] , Dynamic[t2] }
         (* 동그라미를 움직일 때 움직임이 연속적이지 않음을 볼 수 있다. *)
```

Out[24]= { 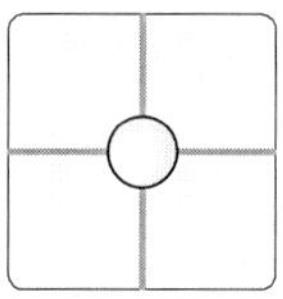 , {5, 5}}

2.5. Checkbox

Plot 같은 그래프를 그리는 명령어를 통해서 어느 함수의 그래프를 그렸다고 해보자. 옵션을 통해서 축, 눈금 등 여러 요소를 보이게 혹은 보이지 않게 조정을 할 수 있다. 그런데 어느 함수에 대한 그래프를 보여주고자 할 때 위의 요소들이 보이는 경우와 보이지 않는 경우 모두를 필요에 따라 선택하고자 한다면 어떻게 할 수 있을까? 이 같은 문제에 대해서는 Checkbox란 명령어가 유용하게 쓰인다.

Checkbox[x]	x가 체크 되었으면 True, 체크 되지 않았으면 False인 x에 대한 Checkbox를 보여준다.
Checkbox[Dynamic[x]]	Checkbox가 클릭될 때마다 동적으로 x의 값이 변화하는 Checkbox를 보여 준다.
Checkbox[x, {val_1, val_2, val_3, ...}]	val_i 의 값을 순서대로 나타내는 Checkbox를 보여준다. (단, $i > 2$ 부터 체크되는 모양이 다르다.)

```
In[25]:= {Checkbox[Dynamic[s]], Dynamic[s]}
```

Out[25]= {☐, False}

여기서 상자를 눌러보면 Dynamic[s]의 값이 변하는 것을 볼 수 있다. 여러 번 반복하여 눌러보자.

이번에는 다음을 살펴 보자.

```
In[26]:= {Checkbox[Dynamic[t], {1, 2}], Dynamic[t],
          Checkbox[Dynamic[u], {1, 2, 3}], Dynamic[u]}
```

Out[26]= {⊟, 0.5, ⊟, 3}

두 Checkbox의 차이는 val_i가 2개인가 3개인가 라는 것이다. 각각의 Checkbox를 여러 번 클릭해 보면 체크되는 형태의 차이점을 알 수 있다.

Checkbox는 그래프를 그릴 때 또는 여러 명제에 대한 연산을 수행할 때 등등에 있어서 여러 요소의 선택 여부를 결정하는 옵션을 주고자 할 때 유용하다. 그래프에 관한 부분은 DynamicModule을 배울 때 해보기로 하고 여기서는 간단한 명제 연산을 해보도록 하자. 다음은 참인 명제가 홀수 개 존재하면 True, 짝수 개 존재하면 False를 나타내는 명령문이다. 여러 CheckBox를 선택해 가면서 결과를 살펴보라.

```
In[27]:= Row[{Checkbox[Dynamic[α]], Checkbox[Dynamic[β]],
           Checkbox[Dynamic[γ]], Checkbox[Dynamic[ω]],
           Checkbox[Dynamic[ξ]], "⇒", Dynamic[Xor[α, β, γ, ω, ξ]]}]

Out[27]= ☐☐☐☐☐⇒False
```

2.6. Locator

Locator는 어떻게 보면 Slider2D와 비슷하지만, 다음과 같은 차이점이 있다.

Locator[{*x*, *y*}]	{*x*, *y*} 좌표에 Locator를 보여준다.
Locator[Dynamic[{*x*, *y*}]]	Locator를 움직일 때마다 위치의 좌표가 동적으로 변화한다.

```
In[28]:= Graphics[Locator[{0.5, 0.5}],
              PlotRange → {{0, 1}, {0, 1}}, Axes → True, ImageSize → 100]
```

Out[28]=

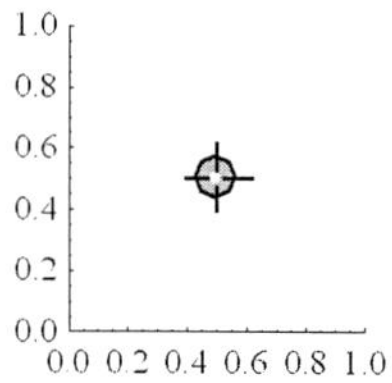


```
In[29]:= Graphics[Locator[{0.5, 0.5}, Appearance → Small, Background → Green],
              PlotRange → {{0, 1}, {0, 1}}, Axes → False, ImageSize → 100]
```

Out[29]=

위에서는 Locator의 크기를 Appearance라는 옵션을 통해서 조절했다. 하지만 Appearance는 Tiny, Small, Medium, Large로 입력해야 하기에 Appearance를 통해서는 크기조절을 섬세하게 할 수가 없다. 섬세한 크기조절은 ImageSize라는 옵션을 통해서 가능하다.

```
In[30]:= p9 = {0.5, 0.5};
      {Graphics[Locator[Dynamic[p9], ImageSize → 10, Background → Green],
        PlotRange → {{0, 1}, {0, 1}}, Axes → False, ImageSize → 10], Dynamic[p9]}
```

Out[31]= {, {0.5, 0.5}}

2.7. InputField

InputField는 사람이 변숫값을 직접 입력하는 형식의 컨트롤이다.

InputField[*x*]	*x* 라고 쓰여있는 편집가능한 InputField를 보여준다.
InputField[*x*, Number]	숫자만 쓸 수 있는 InputField를 보여준다.

```
In[32]:= {InputField[Dynamic[x9]], Dynamic[x9]}

Out[32]= { x9 , x9}
```

위의 InputField안에 자신이 원하는 숫자나 문자를 입력하고 엔터키를 누르면 옆의 값이 변화한다.

미리 지정된 글이 입력창에 희미하게 나타나게 하는 것은 FieldHint라는 옵션을 통해서 할 수 있다.

```
In[33]:= InputField["", String, FieldHint → "나의 보물 1호는?"]

Out[33]= 나의 보물 1호는?
```

3. 동적 함수: DynamicModule

앞에서 배운 Dynamic과 Control을 이용해서 DynamicModule을 사용해 보자.

DynamicModule[{*x*, *y*, ...}, expr]	Module과 같은데 단지 동적변수가 쓰인다는 점이 다르다.
DynamicModule[{$x = x_0$, $y = y_0$, ...}, expr]	지역변수 *x*, *y*, ... 등의 초깃값이 x_0, y_0, ... 등으로 설정되어 있다.

3.1. Slider를 이용하여 색 변화시키기

다음 함수를 살펴보자. 이는 조그만 동그라미의 색깔을 변화시키는 함수인데 빨강, 초록, 파랑을 조절하여 색을 변화시킨다.

```
In[34]:= RGB1[r_, g_, b_] :=
  DynamicModule[{red = r, green = g, blue = b, gf1, gf2, gf3, gf4, img = 240},
   gf1 = {Graphics[{Red, Rectangle[]}, ImageSize → 20],
     Slider[Dynamic[red], ImageSize → img, Appearance → "Labeled"]};
   gf2 = {Graphics[{Green, Rectangle[]}, ImageSize → 20],
       Slider[Dynamic[green], ImageSize → img, Appearance → "Labeled"]};
   gf3 = {Graphics[{Blue, Rectangle[]}, ImageSize → 20],
       Slider[Dynamic[blue], ImageSize → img, Appearance → "Labeled"]};
   gf4 = {Null, Dynamic[
      Graphics[{RGBColor[Dynamic[red], Dynamic[green], Dynamic[blue]], Disk[]},
       ImageSize → img, AspectRatio → 96 / img]]};
   Grid[{gf1, gf2, gf3, gf4}, Alignment → Left]]
```

r_,g_,b_ 는 Module 내에서 변수가 아닌 값(Value)으로 처리되었지만, red, green, blue는 값이 할당되는

지역변수로 Slider의 변수가 될 수 있다. 이제 이 함수를 사용해 보자.

```
In[35]:= RGB1[0.5, 0.5, 0.5]
```

Out[35]=

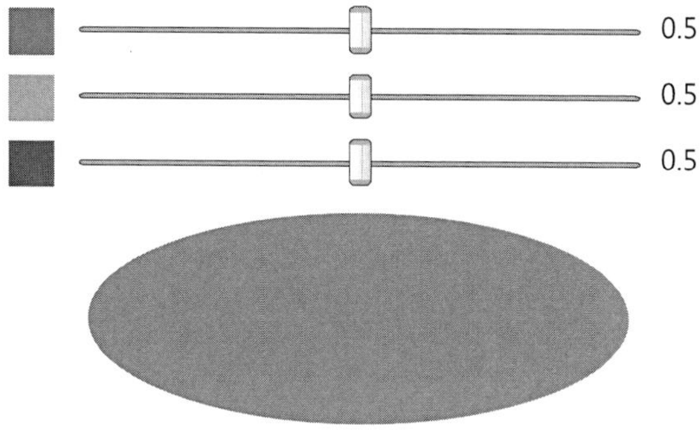

아래 함수를 보자. 이 경우 입력변수 red_, green_, blue_는 Module 내에서 변수가 아닌 값으로 처리되어 Slider의 변수가 될 수 없다.

```
In[36]:= RGB2[red_, green_, blue_] := DynamicModule[{gf1, gf2, gf3, gf4, img = 240},
    gf1 = {Graphics[{Red, Rectangle[]}, ImageSize → 20],
          Slider[Dynamic[red], ImageSize → img, Appearance → "Labeled"]};
    gf2 = {Graphics[{Green, Rectangle[]}, ImageSize → 20],
          Slider[Dynamic[green], ImageSize → img, Appearance → "Labeled"]};
    gf3 = {Graphics[{Blue, Rectangle[]}, ImageSize → 20],
          Slider[Dynamic[blue], ImageSize → img, Appearance → "Labeled"]};
    gf4 = {Null, Dynamic[
       Graphics[{RGBColor[Dynamic[red], Dynamic[green], Dynamic[blue]], Disk[]},
        ImageSize → img, AspectRatio → 96 / img]]};
    Grid[{gf1, gf2, gf3, gf4}, Alignment → Left]]
```

이제 위 함수를 사용해 보자. 위에서와는 달리 슬라이더를 움직일 수가 없다.

```
In[37]:= RGB2[0.5, 0.5, 0.5]
```

Out[37]=

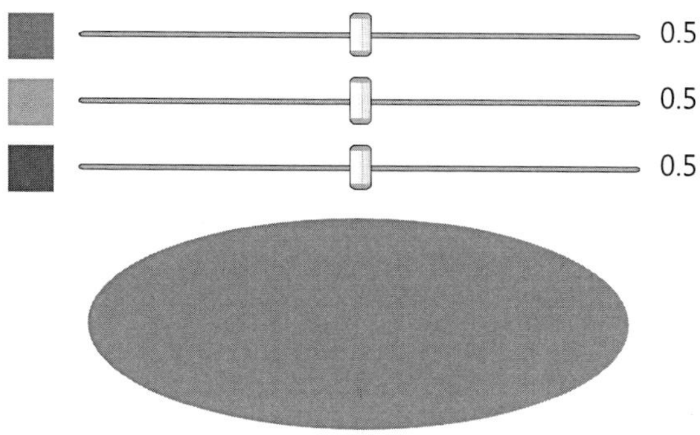

3.2. SetterBar를 이용하여 삼각함수의 그래프 그리기

다음 명령의 실행결과에서 Cos[*x*]가 아닌 함수를 선택하여 해당 그래프가 변하는 것을 확인하여 보자.

```
In[38]:= DynamicModule[{f2 = Cos[x]},
   Grid[{{SetterBar[Dynamic[f2],
       {Sin[x], Cos[x], Tan[x], Sec[x], Csc[x], Cot[x]}]},
     {Dynamic@Plot[ f2, {x, -2 Pi, 2 Pi}, AspectRatio → 0.5, ImageSize → 240]} } ]]
```

Out[38]=

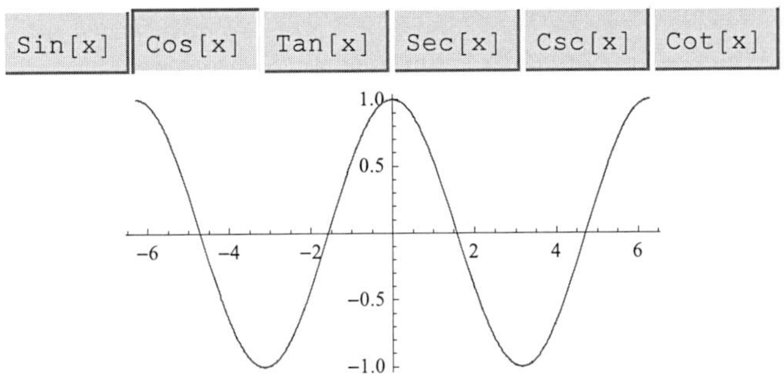

3.3. PopupMenu를 이용하여 삼각함수의 그래프 그리기

```
In[39]:= DynamicModule[{g},
   Row[{Control[{ {g, Cos[x]},
       {Sin[x], Cos[x], Tan[x], Sec[x], Csc[x], Cot[x]}} ], " ",
     Dynamic@Plot[g, {x, -2 Pi, 2 Pi}, AspectRatio → 0.5, ImageSize → 240] }] ]
```

Out[39]=

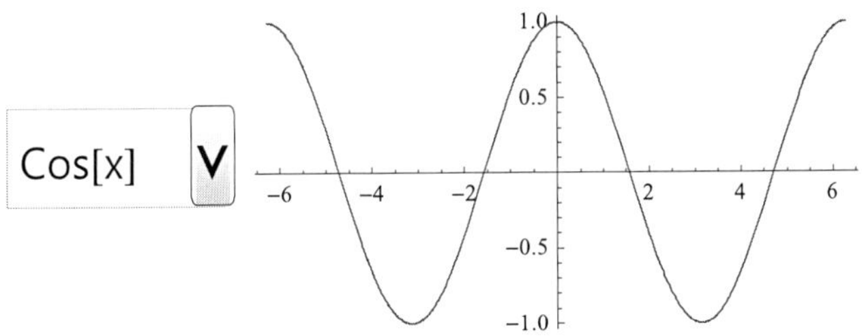

3.4. Slider2D를 이용하여 평면벡터 그리기

다음 명령의 실행결과에서 왼쪽 그림에 있는 바를 움직여 오른쪽 그림에 있는 벡터가 변하는 것을 살펴보자.

```
In[40]:= DynamicModule[{t2},
   Row[{Control[{ {t2, {5, 5}}, {0, 0}, {10, 10}, {1, 1}}], "  ",
     Dynamic@
      Show[Graphics[ {Red, Thick, Arrowheads[0.1], Arrow[{{0, 0}, t2}] } ],
       Prolog → Text[ Style[t2, 20], 1.1 t2], Axes → True,
       PlotRange → {{0, 10}, {0, 10}}, AspectRatio → 0.5, ImageSize → 240] }] ]
```

Out[40]=

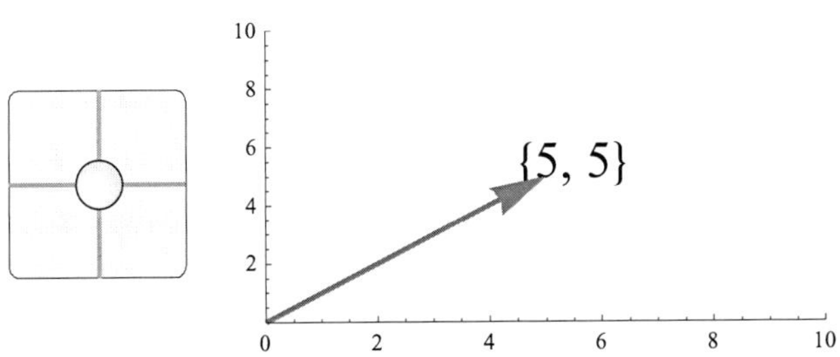

3.5. Checkbox를 이용하여 그래프의 요소 변화시키기

다음 명령어 실행결과에서 CheckBox를 눌러보며 그래프가 변하는 것을 확인하여 보자.

```
In[41]:= DynamicModule[{tick2 = True, grid = True},
           Dynamic@Plot[Sin[x], {x, -2 Pi, 2 Pi}, AspectRatio → 0.5,
             PlotLabel → Grid[ {{ "Ticks →", Checkbox[Dynamic[tick2]],
                                  ",", "Grids →", Checkbox[Dynamic[grid]] }, {} } ],
             Ticks → tick2, GridLines → If[ grid, Automatic, None], ImageSize → 230] ]
```

Out[41]=

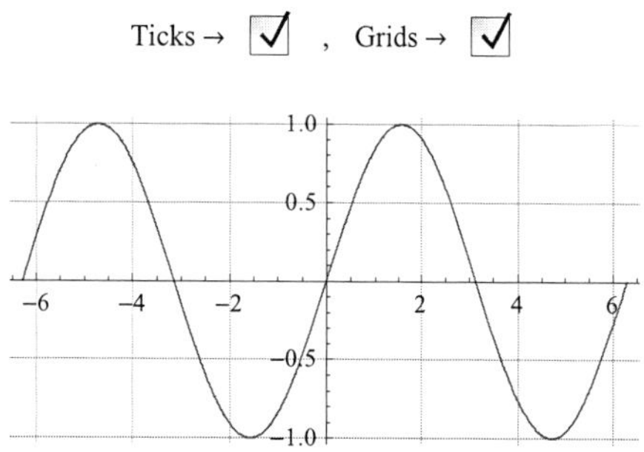

3.6. Locator를 이용하여 점의 좌표 알아내기

```
In[42]:= DynamicModule[ {p = {0.5, 0.5}}, Graphics[Locator[ Dynamic[p]],
           PlotRange → {{0, 1}, {0, 1}}, Axes → True, AspectRatio → 0.5,
           Prolog → Text[ Style[Dynamic[p], 10] , Dynamic[1.2 p] ], ImageSize → 230 ] ]
```

Out[42]=

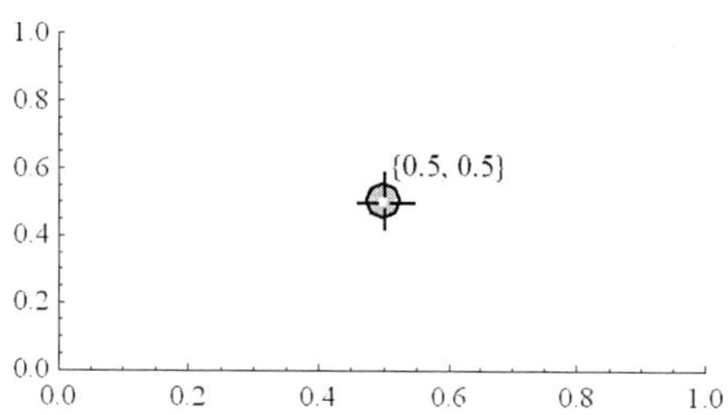

3.7. InputField를 이용한 그래프 그리기

다음 명령의 실행결과에서 InputField에 Sin[2*x*]가 아닌 함수를 입력한 후 엔터키를 눌러 그래프가 변하는 것을 확인하여 보자.

```
In[43]:= DynamicModule[{fct = Sin[2 x]},
           Row[{InputField[Dynamic[fct],
              FieldSize → {7, 1.1}, FrameMargins → 10], Spacer[15],
             Dynamic@Plot[fct, {x, -2 Pi, 2 Pi}, AspectRatio → 0.5, ImageSize → 230]}]]
```

Out[43]=

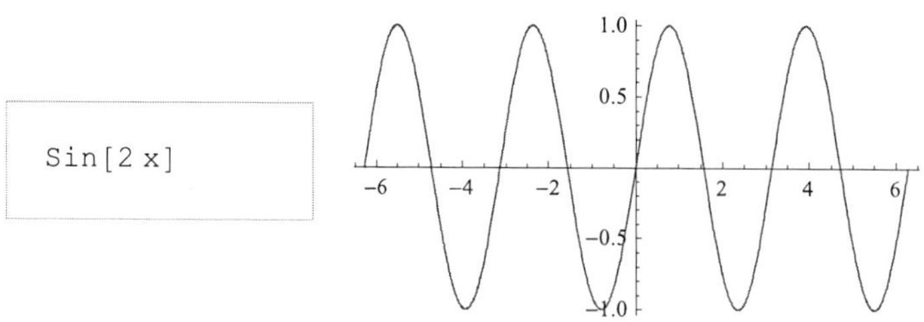

4. Manipulate

Manipulate는 동적변수를 활용하여 계산을 처리할 때 가장 유용한 함수 중 하나다. 동적변수의 값에 따라 변화하는 그래프를 보여 주는 등의 작업을 수행할 수 있다.

4.1. 기본적 사용법

Manipulate[expr, {u, u_1, u_2}]	동적변수 u가 $u_1 \le u \le u_2$ 에서 움직일 때, expr의 실시각 결과를 출력
Manipulate[expr, {u, u_1, u_2, du}]	u 의 증분을 du로 설정, 결과는 Manipulate[expr, {u, u_1, u_2}] 와 동일.
Manipulate[expr, {{u, u_0}, u_1, u_2}]	u 의 초깃값을 u_0 로 설정, 결과는 Manipulate[expr, {u, u_1, u_2}] 와 동일.
Manipulate[expr, {u, u_1, u_2}, {v, v_1, v_2}]	동적변수 u, v가 $u_1 \le u \le u_2$, $v_1 \le v \le v_2$ 에서 움직일 때, expr의 실시간 결과를 출력

Manipulate를 이용하여 $f[x] = a\,\mathrm{Sin}[b\,x]$의 그래프가 a, b값에 따라 모양이 달라지도록 그려본다. x축과 y축이 변하지 않음을 주목하라.

```
In[44]:= Manipulate[Plot[a Sin[b x], {x, -2 Pi, 2 Pi}, PlotRange → {All, {-2, 2}},
                  PlotLabel → ToString[ a Sin[b x], StandardForm ]],
              {a, -2, 2}, {b, -2, 2}]
```

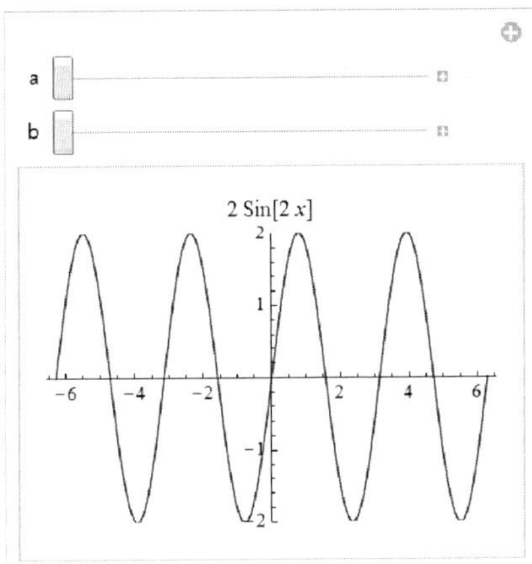

Manipulate를 이용하여 $x^n - 1$를 $n = 2$부터 $n = 30$까지 인수분해하는 Table을 만들어 보자.

```
In[45]:= Manipulate[
           TableForm[Table[{x^i - 1, "=", Factor[x^i - 1]}, {i, 2, n}]], {n, 2, 20, 1}]
```

$-1 + x^2$	=	$(-1 + x)\ (1 + x)$
$-1 + x^3$	=	$(-1 + x)\ (1 + x + x^2)$
$-1 + x^4$	=	$(-1 + x)\ (1 + x)\ (1 + x^2)$
$-1 + x^5$	=	$(-1 + x)\ (1 + x + x^2 + x^3 + x^4)$
$-1 + x^6$	=	$(-1 + x)\ (1 + x)\ (1 - x + x^2)\ (1 + x + x^2)$

4.2. Manipulate 의 여러 가지 옵션들

4.2.1. ControlPlacement→{ Left, Right, Bottom, Top }

여태까지 컨트롤은 항상 위에 위치했었는데 ControlPlacement를 이용해서 컨트롤의 위치를 바꿀 수 있다. 아래 코드에서 Bottom을 Left나 Right, Top 등으로 바꿔 실행해 보자.

```
In[46]:= Manipulate[Plot3D[Cos[x y + a], {x, 0, 3}, {y, 0, 3}],
           {a, 0, 2}, ControlPlacement → Bottom, ContentSize → 320]
```

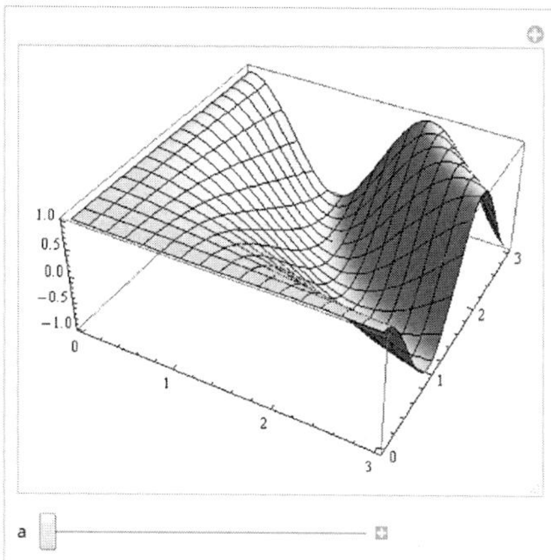

4.2.2. ControlType

Manipulate에 대한 ControlType의 종류는 앞에서 공부한 Dynamic에 대한 ControlType의 종류와 같다. 컨트롤의 형태는 입력하는 원소의 형태에 따라 결정되는데 Manipulate의 옵션인 ControlType를 사용해서 사용자가 원하는 대로 바꿀 수 있다. ControlType 옵션이 없을 때는 입력하는 원소의 형태에 따라 ControlType이 자동으로 설정된다.

```
In[47]:= Manipulate[Plot3D[Sin[x y + a], {x, 0, 3}, {y, 0, 3}],
                    Style["z=Sin[xy+a] 의 그래프" , 20, Bold, Blue],
                    Delimiter, "", {a, 0, 2}, ContentSize → 320]
```

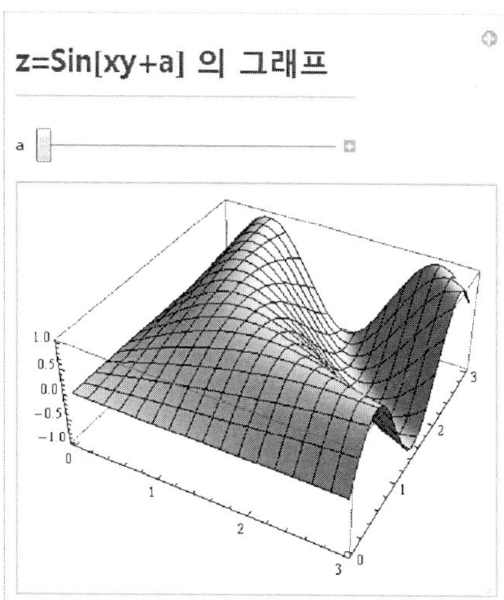

```
In[48]:= Manipulate[ Plot[Sin[x], {x, -2 Pi, 2 Pi}, Ticks → ticks,
           GridLines → If[ grids, Automatic, None]],
          {ticks, {True, False}},
          {{grids, False, "GridLines"}, {True, False}}, ContentSize → 320]
```

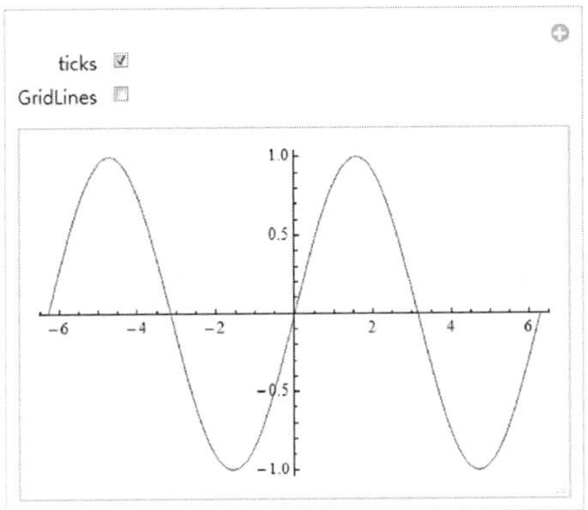


```
In[49]:= Manipulate[Plot[f, {x, x1, x2}],
                   {f, Sin[x]}, {x1, -2 Pi}, {x2, 2 Pi}, ContentSize → 320]
```

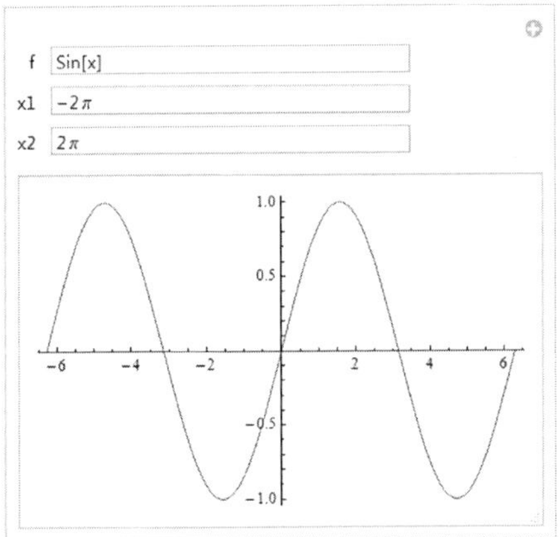


```
In[50]:= Manipulate[Expand[(x - y)^n], {n, 1, 10, 1}, ControlType → Slider]
```

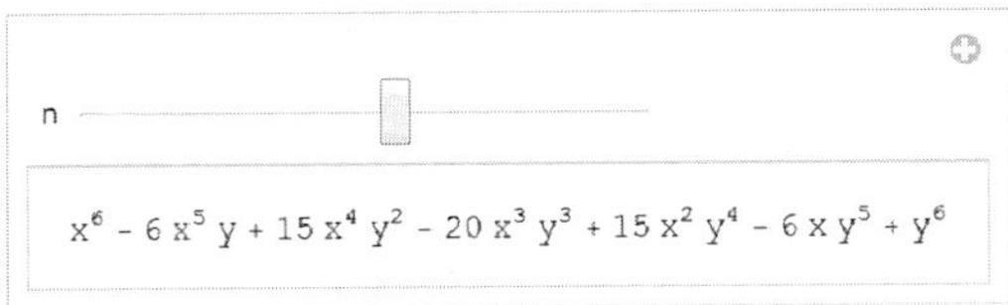

동적변수가 여러 개 존재하는데 각 동적변수마다 서로 다른 컨트롤을 설정해 주고 싶다면 {Control_1, Control_2, Control_3, ...}을 사용하면 된다. 아래 코드에서 f, x_1, x_2, color는 동적변수다. 이때 이들마다 다른 컨트롤을 설정해 주었다.

```
In[51]:= Manipulate[
          Plot[f, {x, x1, x2}, PlotRange → {{-6, 6}, {-6, 6}}, PlotStyle → color],
          {f, Sin[x] + x}, {x1, -6, 0, 0.1}, {{x2, 6, "x2"}, 0, 6, 0.1}, {color, Red},
          ControlType → {InputField, Slider, Automatic, ColorSlider},
          ContentSize → 320]
```

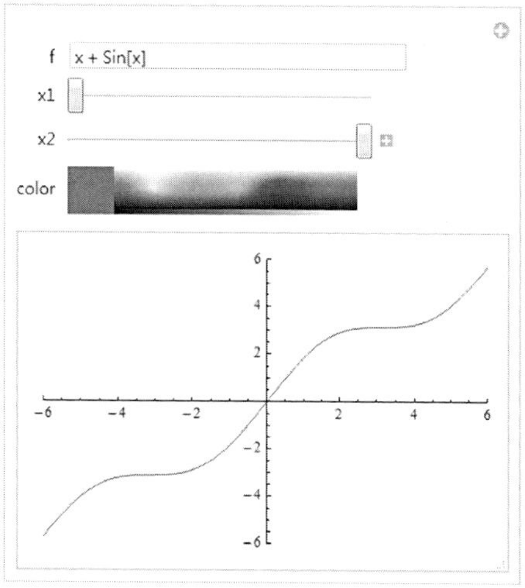

4.2.3. SaveDefinitions

노트북 어딘가에 정의된 변수나 함수 등이 Manipulate 내에서 사용되었다고 하자. Manipulate 명령문이 잘 실행되어 그 결과물이 출력되었을 때 그 결과물만을 복사하여 새 노트북에 붙여놓고 저장하였다가 나중에 그 노트북을 열면 일반적으로는 그 노트북의 내용이 Manipulate의 결과물로서의 작용을 하지 못할 것이다. 내부적으로 쓰인 변수와 함수의 정의가 미리 인식되어야만 작용을 할 수 있을텐데 지금 가정된 상황에서는 변수/함수 등의 정의가 포함되지 않은 Manipulate의 결과물만 열릴 것이기 때문이다. 그런데 이럴 때도 Manipulate의 결과물이 제대로 작동할 수 있게 해 주는 Manipulate 옵션이 있는데 SaveDefinitons다. SaveDefinitions → True면 Manipulate 내에서 쓰인 모든 정의들이 Manipulate의 결과물에 포함된다. 기본설정은 SaveDefinitions→False다. 아래에 주어진 Example1과 Example2를 차례대로 실행해 보고 나서 커널 종료 후 Example1과 Example2를 다시 차례대로 실행해 보고 결과를 비교해 보면 설명의 뜻이 분명해 질 것이다.

실습을 해 보자. 먼저 다음과 같은 함수들을 정의한다. 이 함수들은 두 점이 주어졌을 때 두 점을 잇는 선분의 기울기, 길이 그리고 방정식을 출력한다.

```
In[52]:= slope[{x1_, y1_}, {x2_, y2_}] := (y2 - y1)/(x2 - x1);
         distance[{x1_, y1_}, {x2_, y2_}] := Sqrt[(x2 - x1) ^2 + (y2 - y1) ^2];
         equation[{x1_, y1_}, {x2_, y2_}] :=
           If[x1 == x2, ToString[x == x1, StandardForm],
             ToString[Simplify[y == (y2 - y1)/(x2 - x1) (x - x1) + y1], StandardForm]];
```

구체적으로 두 점이 주어지면 위 세 함수의 결과는 다음과 같다.

```
In[55]:= pt1 = {x1, y1} = {1, 0};
         pt2 = {x2, y2} = {3, 2};
         slope[{x1, y1}, {x2, y2}]

Out[57]= 1
```

```
In[58]:= distance[{x1, y1}, {x2, y2}]

Out[58]= 2 √2
In[59]:= equation[{x1, y1}, {x2, y2}]

Out[59]= x == 1 + y
```

이제 두 점의 좌표를 동적으로 변화시킬 수 있게 하고 그에 따른 세 함수의 값을 볼 수 있는 화면을 출력하는 함수를 작성해 보자. SaveDefinitions→False일 경우 함수는 다음과 같다.

```
In[60]:= Example1 = DynamicModule[ {pt1 = {1, 0}, pt2 = {3, 2}},
      Manipulate[
       Graphics[{ {Blue, Thick, Line[{Dynamic[pt1], Dynamic[pt2]}]},
                 {Red, PointSize[0.02], Dynamic@Point[pt1],
                                          Locator[ Dynamic[pt1], None]},
                 {Red, PointSize[0.02], Dynamic@Point[pt2],
                                          Locator[ Dynamic[pt2], None]} },
                PlotRange → {{-10, 10}, {-10, 10}},
                Axes → True, ImageSize → 320 ] ,
       Row[ { "point A : ", Dynamic@pt1, "     ",
             "point B :  ", Dynamic@pt2}], "",
       Row[ { "slope :  ", Dynamic@slope[pt1, pt2] , "     ",
             "distance :  ", Dynamic@distance[pt1, pt2], "     ",
             "equation :  ", Dynamic@equation[pt1, pt2 ] }], "",
       SaveDefinitions → False ] ]
```

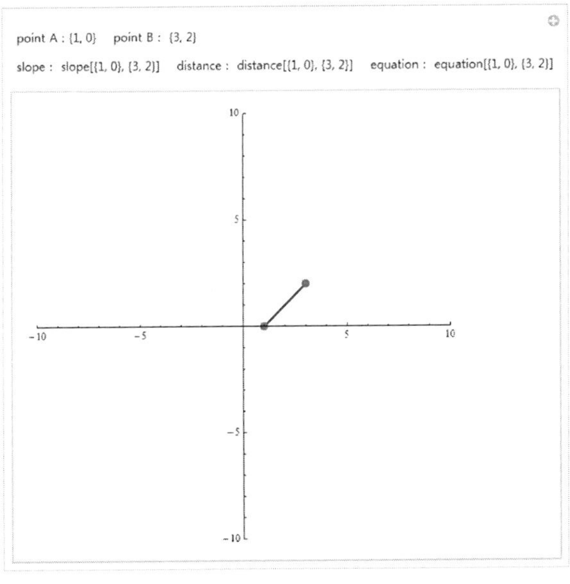

이제 위 명령문에서 Example1을 Example2로 바꾸고 SaveDefinitions→ False를 SaveDefinitions→ True로 바꾼 명령문을 작성하자. 위 두 예를 차례대로 실행해 보면 당장은 그 차이를 느낄 수 없다. 그런데 이때 커널을 멈추고 나서 다시 Example1을 실행해보면 slope, distance, equation의 값이 제대로 나오지 않으나, Example2를 실행해보면 slope, distance, equation의 값이 제대로 나옴을 알 수 있다.

5. Dynamic Programming의 예

함수 $y = f(x)$에 대하여 x의 이미지 $f(x)$가 도로 x가 되는 점, 즉 $f(x) = x$인 점 x를 f의 고정점이라고 한다. 함수의 고정점을 계산하는 것은 여러 문제에 응용된다. 예를 들어 함수 $f(x) = x^2 + x - 2$의 고정점을 찾았다면 그것은 $\sqrt{2}$ 또는 $-\sqrt{2}$가 되므로 $\sqrt{2}$를 계산하고자 할 때 함수 $f(x) = x^2 + x - 2$의 양의 고정점을 찾으면 되는 것이다.

함수의 고정점을 계산하는 기법에 '반복법' 이라는 것이 있다. 연속함수 f와 점 x_0가 주어졌을 때 다음과 같이 수열 $\{x_1, x_2, x_3, \ldots\}$을 정의한다.

$$x_{n+1} = f(x_n) \qquad n = 0, 1, 2, \ldots$$

일반적으로 이 수열은 수렴하지 않으나, 만약 어떤 특정한 함수 f와 특정한 x_0에 대하여 수열이 어떤 x로 수렴한다면 이 x는 함수 f의 고정점이다.

이 절에서는 고정점을 구할 때 반복법이 적용하는 예를 Manipulate를 이용해서 살펴 보도록 하자.

5.1. Fixed Point Algorithm

```
In[61]:= FixedPointFunction[f_, {x1_, x2_}, x0_, n_, opt___] :=
   Module[{gf1, gf2, fvals, pairs, pairs2, pairs3, pairs4, info, gf3},
    gf1 = Plot[x, {x, x1, x2}, PlotStyle → {Purple, Dashing[{0.01}]}];
    gf2 = Plot[f[x], {x, x1, x2}, PlotStyle → {Blue}];
    fvals = N[NestList[f, x0, n]];
    pairs = Partition[fvals, 2, 1];
    pairs2 = Flatten[pairs];
    pairs3 = Partition[pairs2, 2, 1];
    pairs4 = Insert[pairs3, {x0, 0}, 1];
    info = TableForm[pairs, TableAlignments → Right, TableSpacing → {3, 3},
              TableHeadings → { Table[i, {i, 0, n - 1}], {"x[n]", "x[n+1]"}}];
    gf3 = Graphics[{Red, Line[pairs4]}, Axes → True];
    Grid[ {{ graph = Show[gf1, gf2, gf3, opt, AspectRatio → 1], "       ", info}}] ]
```

지면 관계상 위 명령의 내용을 자세히 소개할 수가 없는데 gf1부터 gf3까지 복사해 새 노트북에 붙여놓은 다음 하나하나 실행하면서 그 결과를 살펴보면 어렵지 않게 그 알고리즘을 추정할 수 있을 것이다.

```
In[62]:= z[x_] := √5 - Cos[x];  {x1, x2} = {-1, 4};  x0 = 0.3;  n = 6;
   FixedPointFunction[z, {x1, x2}, x0, n, ImageSize → 170]
```

Out[63]=

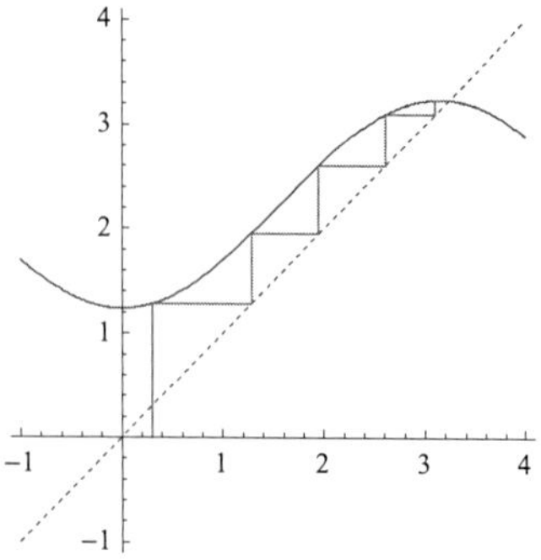

	x[n]	x[n+1]
0	0.3	1.28073
1	1.28073	1.95005
2	1.95005	2.6063
3	2.6063	3.09619
4	3.09619	3.23504
5	3.23504	3.23171

5.2. Manipulate를 이용한 Fixed Point Algorithm의 시각화 예

```
In[64]:= z[x_] := √5 - Cos[x];  {x1, x2} = {-1, 4};  x0 = 0.3; n = 10;

In[65]:= Manipulate[ FixedPointFunction[z, {x1, x2}, x0, k, ImageSize → 120] ,
                   {{k, 5, "Iteration"}, 1, n, 1}]
```

Iteration

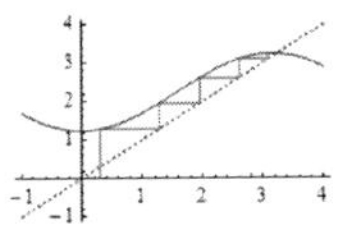

	x[n]	x[n+1]
0	0.3	1.28073
1	1.28073	1.95005
2	1.95005	2.6063
3	2.6063	3.09619
4	3.09619	3.23504

5.3. DynamicModule을 이용한 Fixed Point Algorithm의 시각화 예

5.3.1. DynamicModule Programming

다음은 DynamicModule을 이용하여 함수 function의 고정점을 찾는 예다. x0은 초깃값임을 기억하라.

```
In[66]:= Clear[x0, n];
         DynamicModule[ {itr, x1, x2, x0, n}, ff[t_] := function /. x → t;
           Manipulate[
            Dynamic@FixedPointFunction[ff, {x1, x2}, x0, itr, ImageSize → 320] ,
            Style["Fixed Point Algorithm" , 20, Bold, Blue], Delimiter, "", "", "",
            {function, Sin[x] + x}, "", {x1, -1}, "", {x2, 4}, "", {x0, 0.5}, "",
            {n, 10}, "", {{itr, 5, "Iteration"}, 1, n, 1} ,
            SaveDefinitions → True , ControlPlacement → Top ] ]
```

Fixed Point Algorithm

function x + Sin[x]

x1 -1

x2 4

x0 0.5

n 10

Iteration

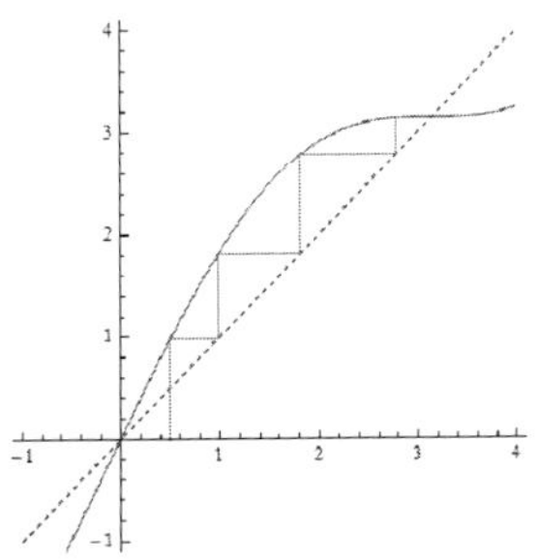

	x[n]	x[n+1]
0	0.5	0.979426
1	0.979426	1.8096
2	1.8096	2.78122
3	2.78122	3.13384
4	3.13384	3.14159
5	3.14159	3.14159
6	3.14159	3.14159
7	3.14159	3.14159
8	3.14159	3.14159

1. CDF 문서 만들기

Wolfram Research사는 *Mathematica*로 제작된 문서의 배포 및 활용을 쉽게 하기 위하여 Wolfram CDF Player를 http://www.wolfram.com/cdf-player에서 무상으로 제공하고 있다. CDF는 Computable Document Format의 약어로서 *Mathematica* FrontEnd에서 문서를 저장할 때 쓰이는 파일 형식 중의 하나다. 즉 CDF 파일은 *Mathematica*를 이용하여 작성한 파일을 Save As...를 통하여 CDF 파일로 저장하여 얻어진다. CDF 파일은 *Mathematica*나 Wolfram CDF Player로 열어 볼 수 있으며, *Mathematica*뿐만 아니라 Wolfram CDF Player에서도 파일에서 구현된 인터랙티브 오브젝트들을 구동시켜 결과를 볼 수 있다.

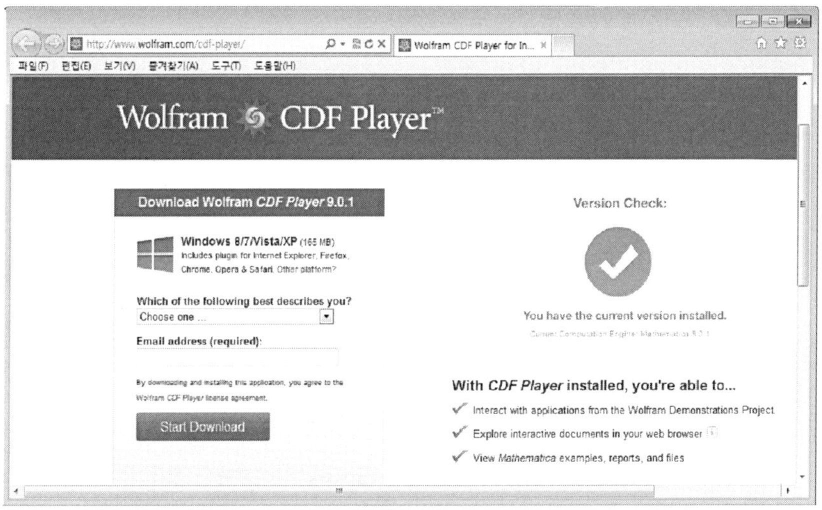

[그림-1]

또한 CDF Player는 *Mathematica* 노트북 형식의 파일도 열어 볼 수도 있으므로 단순히 파일 내용을 읽거나 인쇄하는 용도로써도 사용할 수 있다.

CDF 문서를 만들기 위해서는 우선 *Mathematica* 노트북 파일에서 Dynamic, DynamicModule, Manipulate 등과 같은 다이나믹 인터랙티브 관련 함수를 사용하여 원하는 바를 구현한다. 이때 *Mathematica*에서 사용되는 명령의 대부분을 사용해도 되나 입력창(InputField), 대화창(Dialog Window) 그리고 사용자가 만들어 놓은 데이터의 입출력(Data Import, Export) 등은 사용하지 않아야 한다. 그러나 Wolfram Research사에서 제공하는 Computable Data는 불러다 사용할 수 있다. (Computable Data에 대한 자세한 설명은 문서 센터에서 찾아볼 수 있다.) 아래는 Manipulate를 활용한 간단한 예제이다.

예제-1. Manipulate를 사용하여 함수 $y = f[x]$ 의 그래프를 x 축에 대하여 회전시켜 얻어지는 회전곡면 그래프를 그려보아라. $f[x]$ 는 $2\sqrt{x}$, $1 + x^2$, Sin[4 x] 를 팝업으로 선택하도록 구현한다.

[풀이]

```
In[1]:= Manipulate[
    ParametricPlot3D[{x, f * Cos[u], f * Sin[u]}, {x, 0, 1}, {u, 10^-5, t},
            FaceGrids → All, BoxRatios → {1, 1, 1},
            Boxed → False, PlotStyle → Opacity[opa],
            ImageSize → {250, 170}, MeshStyle → GrayLevel[1 - opa],
            PlotRange → {{0, 1}, {-2, 2}, {-2, 2}}],
    {{f, 2 √x, "함수"}, {2 √x, x^2 + 1, 2 Sin[4 x]}, ControlType → PopupMenu},
    {{t, 4 Pi / 5, "회전"}, 0, 2 Pi, Pi / 10}, {{opa, 0.5, "투명"}, 0, 1}]
```

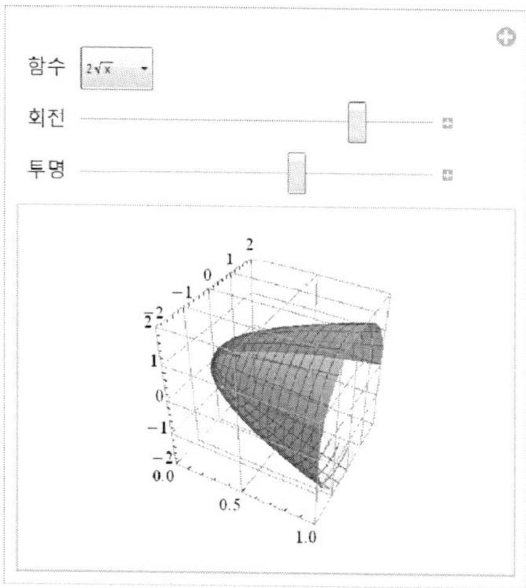

이상으로 풀이가 완결되었다. ■

위와 같이 *Mathematica*에서 Manipulate를 이용해서 만든 파일을 [그림-2]와 같이 [메뉴 막대]→[File]→[Save As]에서 파일형식을 CDF로 선택하여 저장하면 CDF 파일이 생성된다. 이때 노트북 전체를 저장해도 좋고, 구현된 결과 부분(이 경우 그래픽 부분)의 셀만 복사하여 새 노트북에 붙여 넣고 그 노트북만 CDF 형식으로 저장해도 나중에 CDF Player로 실행 시키는 데 아무런 문제가 없다.

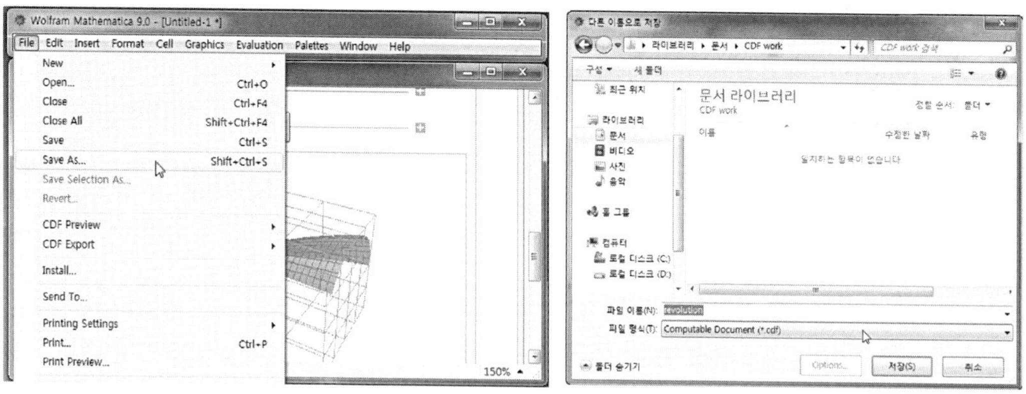

[그림-2]

이와 같이 저장된 CDF 파일은 *Mathematica*에서는 물론, Wolfram CDF Player에서도 열어보고 실행해 볼 수 있다. 단, 앞에서 이야기한 바와 같이 InputField와 같은 CDF의 제약조건이 사용된 경우 Wolfram CDF Player에서는 활성화되지 않는다.

2. CDF 파일을 웹 브라우저 통해 보여주기

작성된 CDF 파일을 인터넷에 올려놓는 방법은 두 가지이다. 하나는 웹페이지에 링크 형식으로 올려놓는 것이고, 다른 하나는 웹페이지에 프레임으로 삽입하는 것이다. 두 방법 사이에 기능상 차이는 없으나 링크 형식으로 열어 볼 경우에는 Wolfram CDF Player의 기본 메뉴 막대가 함께 보여지므로 활용이 쉽다. 아래는 프레임을 사용하여 CDF 파일을 보여주는 revolution.html 웹페이지의 HTML 태그이다.

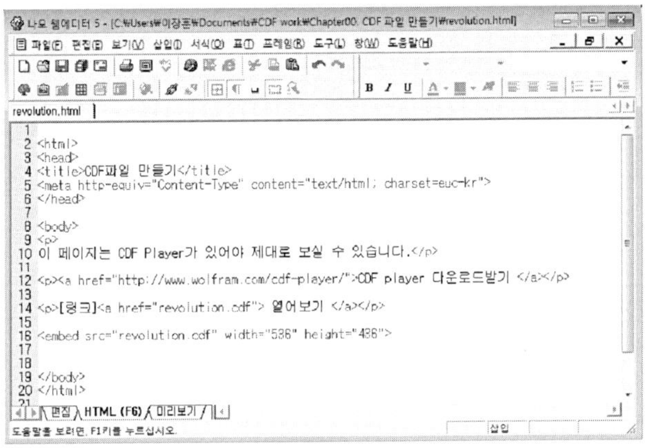

[그림-3]

```
<html>
<head>
<title>CDF 파일 만들기</title>
<meta http-equiv= “Content-Type” content= “text/html; charset=euc-kr”>
</head>

<body>
<p>
이 페이지는 CDF Player가 있어야 제대로 보실 수 있습니다.</p>
<p><a href= “http://www.wolfram.com/cdf-player/”>CDF player 다운로드받기 </a></p>
<p>[링크]<a href= “revolution.cdf’> 열어보기 </a></p>
<embed src= “revolution.cdf’ width= “536” height= “436”>

</body>
</html>
```

밑에서 네 번째 줄 <a href= “revolution.cdf’> 열어보기 </a> 는 링크 형식의 태그로써 revolution.html 파일과

revolution.cdf 파일이 한 폴더에 있지 않을 때의 링크 경로를 나타낸다. 만약, 이 두 파일이 같은 폴더에 없을 경우에는 <a href= “path\revolution.cdf”>와 같이 앞에 절대경로를 덧붙여 주면 된다. <embed src= “revolution.cdf” width= “536” height= “436”> 는 웹페이지에 하나의 프레임으로 삽입하는 태그로써 width, height는 삽입프레임의 가로, 세로의 길이(단위는 픽셀)를 나타낸다. 여기서도 <embed src=“path\revolution.cdf” width= “536” height= “436”>와 같이 경로를 설정하는 것도 가능하다.
이와 같이 만들어진 revolution.html 문서를 열면 다음과 같이 [그림-4]의 왼쪽 화면과 같은 웹페이지가 열린다. 이것은 revolution.html 웹페이지 내에 프레임으로 삽입한 것이며, 이 웹페이지의 [링크] 열어보기를 클릭하면 오른쪽 화면과 같이 Wolfram CDF Player와 연동된 웹브라우저 창에 revolution.cdf 파일이 열린다. 단, 웹브라우저를 이용하고 있는 사람의 컴퓨터에 Wolfram CDF Player가 설치되어 있어야 한다. 이와 같이 웹상에서도 CDF 파일의 동적 기능을 자유롭게 활용할 수 있다.

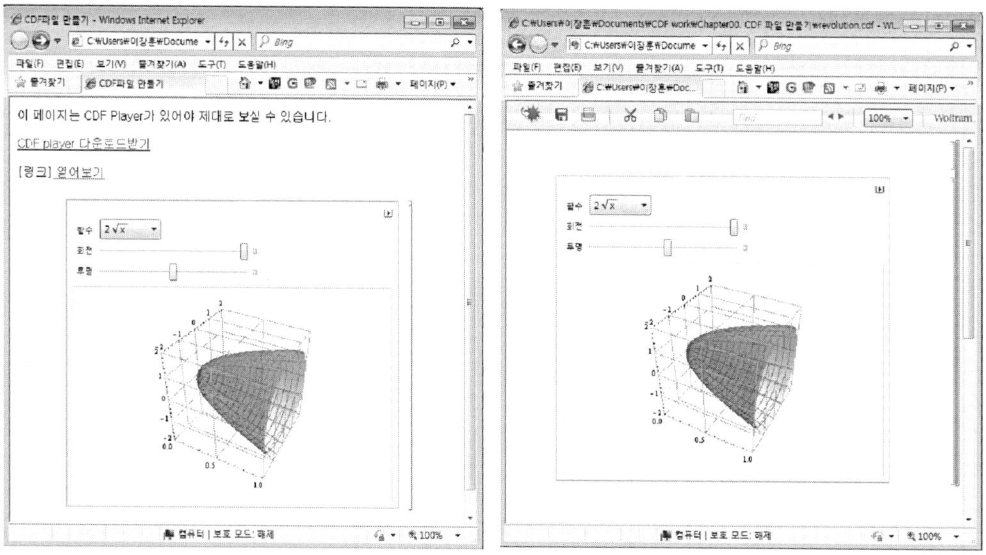

[그림-4]

3. CDF 파일 활용하기

우리말로 된 많은 *Mathematica* 또는 CDF 파일들을 http://www.mathought.com/에서 얻을 수 있으며 영어로 되어 있는 자료들은 Wolfram Research에서 제공하는 http://demonstrations.wolfram.com/에서 얻을 수 있다.

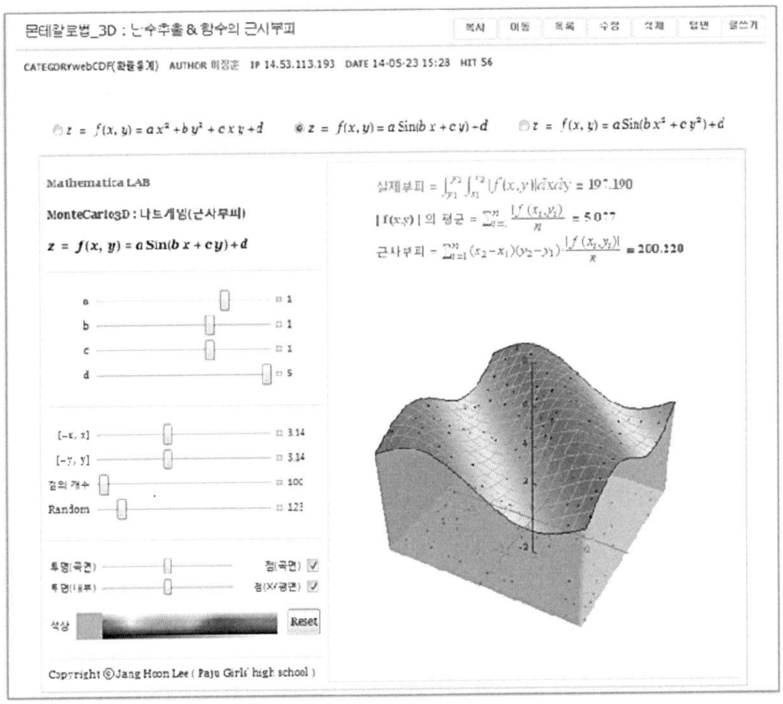

수학실험실(*Mathematica* LAB) : 200 개 이상의 CDF 실험자료 탑재

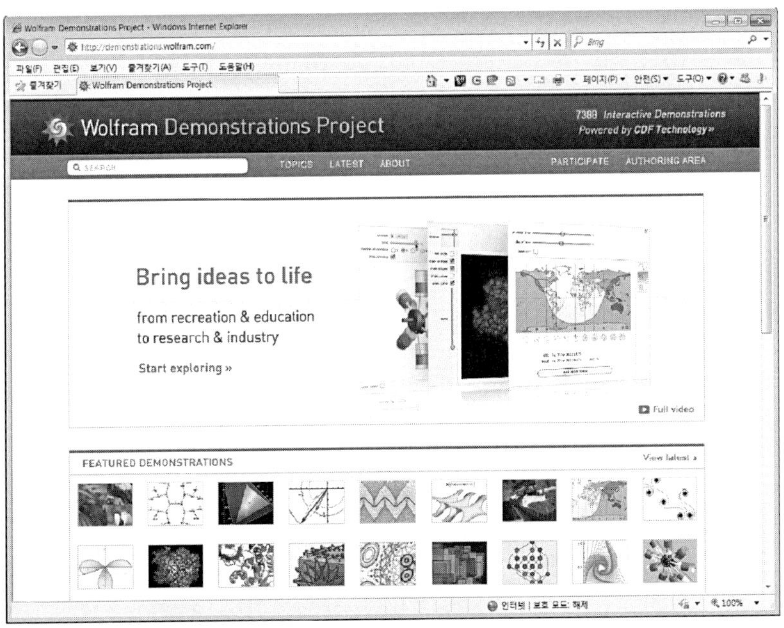

http://demonstrations.wolfram.com/는 수학, 물리학, 전기전자공학, 시스템제어, 의학, 경제학 등 다양한 분야에서 다루는 내용에 관한 CDF 파일들을 제공한다.

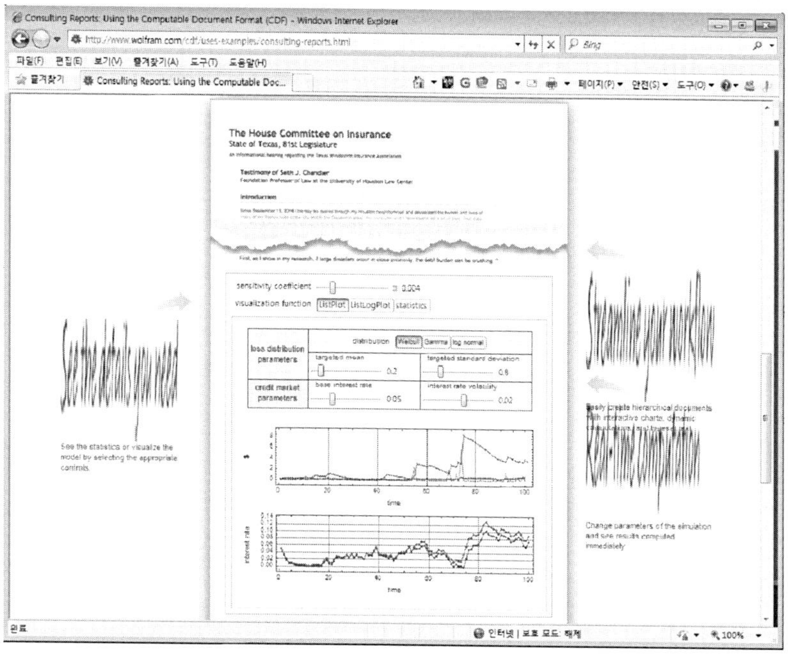

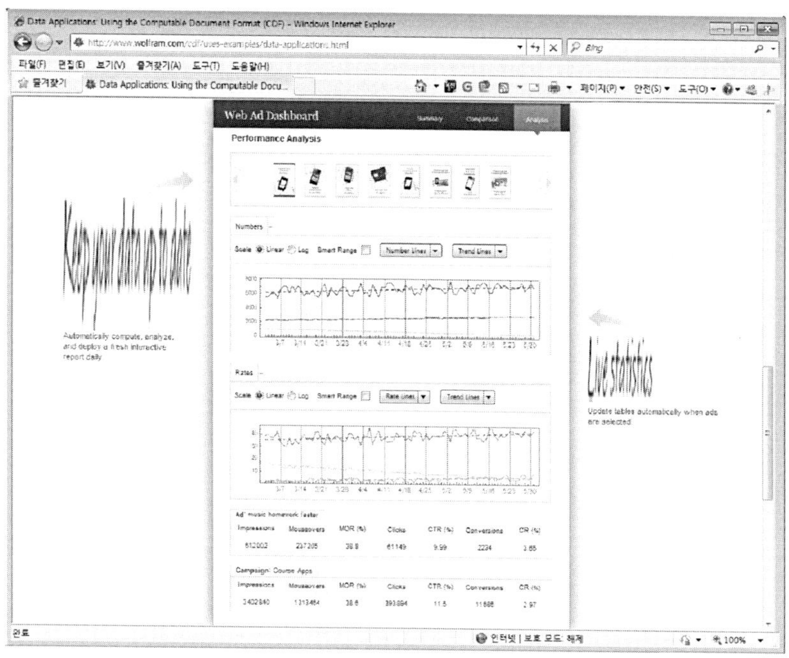

부록 SymbolicComputing 함수꾸러미

광주과학기술원에 재직 중인 정영주 교수가 10여 년에 걸쳐 개발한 무료 함수꾸러미 'SymbolicComputing'을 소개하고자 한다. 편의상 이 글에서는 이를 간단하게 'SC 꾸러미'라고 하겠다. 이는 대단한 함수꾸러미인데 아쉽게도 아직 우리말로 된 소개가 없어 짤막하게나마 여기에 소개한다. 이 함수꾸러미는 2012년 5월에 처음으로 공개되었으며 약 700여 개의 함수로 개발되어 *Mathematica*의 기능을 한 단계 높여준다. SC 꾸러미의 주 목적은 *Mathematica*를 이용한 수식계산을 그야말로 우리가 손으로 하는 그대로 다룰 수 있게 하는 것이다. SC 꾸러미를 잘 사용할 수 있게 되기 위해선 많은 연습을 해야 하는데 그만한 가치가 있으므로 꾸준히 연습하기를 권한다.

1. SC 꾸러미를 사용하기 전에

1.1. SC 꾸러미 사용시 좋은 점

설명의 필요상 이미 함수꾸러미가 설치되었다고 하자. 설치법은 다음 절에서 설명한다. 설치가 되었다면 다음과 같이 함수꾸러미를 불러온다.

```
In[1]:= << SymbolicComputing`
```

이 함수꾸러미에 들어 있는 함수는 SC라는 이름으로 시작하고 또한 SC로 시작하는 이름을 가진 함수는 현재로서는 이 함수꾸러미에만 들어있다.

1.1.1. 수식의 최적화된 표현

계산의 결과로 얻어지는 Out[n]에서 쓰이는 수식들이 수학책에서 쓰이는 형태에 더욱 가깝도록 할 수 있다. 예를 들어서 다음을 보자.

```
In[2]:= Solve[a x + b == 0, x]
```

Out[2]= $\left\{\left\{x \to -\frac{b}{a}\right\}\right\}$

```
In[3]:= SCSolve[a x + b == 0, x]   (* SCSolve는 꾸러미 함수 *)
```

Out[3]= $x == -\frac{b}{a}$

두 명령은 같은 결과를 주고 있다. 하지만 시각적으로 SCSolve가 주는 결과가 훨씬 더 눈에 들어옴을 알 수 있다. 다음을 살펴보자.

```
In[4]:= DSolve[y''''[t] + 2 y''[t] + y[t] == 0, y[t], t]

Out[4]= {{y[t] → C[1] Cos[t] + t C[2] Cos[t] + C[3] Sin[t] + t C[4] Sin[t]}}

In[5]:= SCDSolve[y''''[t] + 2 y''[t] + y[t] == 0, y[t], t]     (* SCDSolve는 꾸러미 함수 *)

Out[5]= y[t] == C[1] Cos[t] + t C[2] Cos[t] + C[3] Sin[t] + t C[4] Sin[t]
```

두 명령의 결과는 내용적으로 같다. 하지만 시각적으로 SCDSolve가 주는 결과가 훨씬 더 눈에 들어옴을 알 수 있다. 다음은 한발 더 나아간 경우인데 DSolve는 풀 수 없다는 미분방정식을 SCDSolve는 풀어준다.

```
In[6]:= DSolve[y'''' + 2 y'' + y == 0, y, t]

DSolve::dvnoarg : The function y appears with no arguments. >>

Out[6]= DSolve[y + 2 y'' + y^(4) == 0, y, t]

In[7]:= SCDSolve[y'''' + 2 y'' + y == 0, y, t]

Out[7]= y == C[1] Cos[t] + t C[2] Cos[t] + C[3] Sin[t] + t C[4] Sin[t]
```

이는 자칫 오해의 소지가 있는데, 결코 *Mathematica*가 이 미분방정식을 못 푸는 것이 아니다. 다만 입력된 명령이 *Mathematica*가 미리 정해 놓은 형식에 맞지 않기 때문에 이 미분방정식을 풀지 않는 것이다. SCDSolve는 주어진 입력을 *Mathematica*가 이해할 수 있는 형태로 바꾸어 그 식을 *Mathematica*에게 넘겨준다. 이제 *Mathematica*가 DSolve로 미분방정식을 풀어 답을 출력하면 SCDSolve는 그 답을 위와 같은 형태로 바꾸어 출력해 주는 것이다.

1.1.2. 다양한 수학기호의 활용

명령을 입력할 때 더욱 더 많은 종류의 수학 기호를 사용할 수 있다. 예를 들어 기존에는 기호 입력시 여러 Superscript를 인덱스로 쓰지 못하였으나 SC 꾸러미를 쓰면 여러 Superscript를 인덱스로 쓰는 것이 가능하다. 다음을 보자.

In[8]:= $\Gamma^{i\_,j\_}_{k\_,l\_}$:= (i + j) (k + l);
$\Gamma^{a,b}_{c,d}$

Out[9]= (a + b) (c + d)

SC 꾸러미가 실행되지 않은 상태에서도 [Basic Math Assistant] 팔레트를 이용하여 위 식을 입력할 수는 있으나 위와 같이 작동하지는 않는다.

1.1.3. 수식의 자유로운 연산

700여 개의 함수들이 추가로 제공되어 계산 관련 문제를 해결하는 데에 온갖 기법을 가능하게 해 준다.

▶ 주어진 복소수의 켤레 복소수를 구하는 문제는 수학적으로는 아주 단순한데 의외로 기존 *Mathematica* 함수로는 어떻게 해야 할 지 난감한 경우가 발생한다. 그런데 수가 아닌 심볼이 들어간 표현의 켤레 복소수를 구하는 문제는 SCConjugate를 이용하면 자연스럽게 된다. 다음을 보자.

```
In[10]:= {Conjugate[x + y ⅈ], SCConjugate[x + y ⅈ]}

Out[10]= {x* - ⅈ y*, x - ⅈ y}
```

복소수를 다루는 또 다른 유용한 함수로 Re, Im이라는 내장함수가 있는데 SC 꾸러미는 SCRe, SCIm이라는 함수를 제공한다. 이들의 차이는 다음 예에서 알 수 있을 것이다.

```
In[11]:= {Re[x + ⅈ y], Im[x + ⅈ y], SCRe[x + ⅈ y], SCIm[x + ⅈ y]}

Out[11]= {-Im[y] + Re[x], Im[x] + Re[y], x, y}
```

▶ 다음을 보자.

```
In[12]:= {f'[x] /. f[x] → Sin[x], f'[x] /. f → Sin,
          SCTransFunc[f'[x], f[x] == Sin[x]], SCTransFunc[f'[x], f == Sin]}

Out[12]= {f'[x], Cos[x], Cos[x], Cos[x]}
```

$f'[x]$라는 표현에서 $f[x]$를 Sin[x]로 치환하는 것이 ReplaceAll로는 되지 않으나 SC 함수꾸러미에서 제공하는 SCTransFunc라는 함수로 쉽게 된다. 단 기존 명령으로도 $f'[x]$ /. $f\to$ Sin와 같이 하면 된다.

▶ 다음 코드를 SC 꾸러미가 실행되지 않은 상태에서 실행하면 Cos[a] − Cos[x] − Sin[a] + Sin[x]가 출력된다. 그런데 SC 꾸러미가 실행된 상태에서는 다음과 같은 결과가 출력된다.

```
In[13]:= f[x_] := ∫_a^x (g[t] + h[t]) dt;
         f[x] /. {g[t] → Sin[t], h[t] → Cos[t]}
```

Out[14]= $\int_a^x (\mathrm{Cos}[t] + \mathrm{Sin}[t])\, dt$

무엇을 원하느냐에 따라 선호도가 달라지겠지만 $f[x]$의 식을 보고자 할 때 일단은 단순히 $g[t]$가 Sin[t]로, $h[t]$가 Cos[t]로 치환된 형태 그대로 식을 인식하고 싶을 때는 SC 꾸러미를 이용하는 것이 맞다.

▶ 표현 $(a+b)^2+(c+d)^3$에 대하여 $(a+b)^2$만 전개하고 싶다면 어떻게 하면 될까? SC 꾸러미를 이용하면 다음과 같이 하면 된다.

```
In[15]:= SCMAF[(a + b)^2 + (c + d)^3, Expand, At[1]]
```

Out[15]= $a^2 + 2\,a\,b + b^2 + (c+d)^3$

▶ $a\,x+b$를 $a\left(x+\frac{b}{a}\right)$로 바꾸고자 한다면 어떻게 하면 되는가? SC 꾸러미를 사용하면 다음과 같이 하면 된다.

```
In[16]:= SCFactor[a x + b, a]
```

Out[16]= $a\left(\frac{b}{a}+x\right)$

다음 결과를 SC 꾸러미 없이 하고자 한다면 어떻게 하면 될까?

```
In[17]:= SCMAF[ a + b + c + d, SCFactor, {All, a}, Hold → b + c + d]
```

Out[17]= $a\left(1+\frac{b+c+d}{a}\right)$

▶ 일반적인 n에 대하여 $(x+a)^n$를 전개한 식이 무엇인지 알고자 할 때 Expand[[(x + a)^n]는 원하는 결과를 주지 않는다. 그런데 SCBinomialExpand를 이용하면 다음과 같이 결과를 얻는다.

```
In[18]:= SCBinomialExpand[(x + a)^n, k]
```

Out[18]=
$$\mathrm{Which}\Big[n \in \mathrm{Integers}\ \&\&\ n \geq 0,\ \sum_{k=0}^{n} \frac{a^k x^{-k+n}\, n!}{k!\,(-k+n)!},\ n \in \mathrm{Integers}\ \&\&\ n<0\ \&\&\ |a| \leq |x|,$$
$$\sum_{k=0}^{\infty} \frac{(-1)^k a^k x^{-k+n}\,(-1+k-n)!}{k!\,(-1-n)!},\ n \in \mathrm{Integers}\ \&\&\ n<0\ \&\&\ |a| > |x|,$$
$$\sum_{k=0}^{\infty} \frac{(-1)^k a^{-k+n} x^k\,(-1+k-n)!}{k!\,(-1-n)!},\ n \notin \mathrm{Integers}\ \&\&\ |a| \leq |x|,$$
$$\sum_{k=0}^{\infty} \frac{a^k x^{-k+n}\, n!}{k!\,(-k+n)!},\ n \notin \mathrm{Integers}\ \&\&\ |a| > |x|,\ \sum_{k=0}^{\infty} \frac{a^{-k+n} x^k\, n!}{k!\,(-k+n)!}\Big]$$

▶ p가 x의 함수일 때 x^2+p를 x에 대하여 미분하는 문제를 생각해 보자. SC 꾸러미를 이용하여 다음과

같이 할 수 있다.

In[19]:= SCDerivExpand$\left[\frac{\partial}{\partial x}(x^2 + p),\ p\right]$

Out[19]= $2x + \frac{\partial p}{\partial x}$

1.1.4. 문제해결의 계산과정

(학생들에게) 계산 과정을 하나하나 보여줄 수 있다. 예를 들어 미분방정식 $y'''' + 2\,y'' + y == 2\,\text{Sin}[t] - 4\,\text{Cos}[t]$
의 특수해를 구하는 문제를 생각해 보자. 미분방정식의 이론에 의하면 $y == A\,t^2\,\text{Sin}[t] + B\,t^2\,\text{Cos}[t]$ 꼴의 특수해가 존재할 것이라는 추정을 할 수 있는데 이에 따라 다음과 같이 특수해를 구해 본다.

In[20]:=
```
y'' - y' - 2 y == 0
SCMAF[%, RA, {All, {y == y[t], y' == y'[t], y'' == y''[t]}},
  Comment → "풀고자 하는 미분방정식은 다음과 같다.",
  LaplaceTransform, {At[1], t, s},
  Comment → "라플라스 변환을 적용한다.",
  SCSolve, {All, LaplaceTransform[y[t], t, s]},
  Comment → "y의 라플라스 변환을 구한다.",
  InverseLaplaceTransform, {At[{1}, {2}], s, t},
  Comment → "역 라플라스 변환을 적용하여 y를 구한다.",
  RA, {All, {y[0] == 1, y'[0] == 0}},
  Comment → "초기조건 y[0]==1, y'[0]==0 을 적용하고 식을 간단히 한다.",
  Trace → True
 ]
```

Out[20]= $-2\,y - y' + y'' == 0$

풀고자 하는 미분방정식은 다음과 같다.

$-2\,y[t] - y'[t] + y''[t] == 0$

라플라스 변환을 적용한다.

$-2\,\text{LaplaceTransform}[y[t], t, s] - s\,\text{LaplaceTransform}[y[t], t, s] + s^2\,\text{LaplaceTransform}[y[t], t, s] + y[0] - s\,y[0] - y'[0] == 0$

y의 라플라스 변환을 구한다.

$\text{LaplaceTransform}[y[t], t, s] == \frac{-y[0] + s\,y[0] + y'[0]}{-2 - s + s^2}$

역 라플라스 변환을 적용하여 y를 구한다.

$y[t] == \frac{1}{3}\,e^{-t}\,(2\,y[0] - y'[0]) + \frac{1}{3}\,e^{2t}\,(y[0] + y'[0])$

초기조건 `y[0]==1, y'[0]==0` 을 적용하고 식을 간단히 한다.

Out[21]= $y[t] == \frac{2\,e^{-t}}{3} + \frac{e^{2t}}{3}$

학생들에게는 일단 입력 코드에 대한 설명은 제시하지 않고 출력결과에 대한 설명만 제시한다. 입력 코드에 대한 설명은 *Mathematica*에 대한 학생들의 이해 수준에 따라서 제시할 수도 있고 하지 않을 수도 있다.

1.1.5. 단계별 계산과정을 제시

(학생들에게) 계산의 흐름을 한 단계 한 단계 보여주는 것이 가능해진다. 사실 위 코드를 한줄 한줄 실행하면서 계산을 한 단계 한 단계 전개하여 최종 결과를 얻는 것이 가능하다. 이를 학생들에게 보여주면서 계산의 전개과정을 한 줄씩 설명할 수 있다. 이를 어떻게 수행할 수 있는지는 아래에 설명하였다. SC 꾸러미의 SCMAF 함수는 SC 꾸러미에 들어있는 함수 중에서 가장 핵심적인 함수다.

1.1.6. 단계별 계산과정을 추적

(연구자의 입장에서) 계산의 흐름을 한 단계 한 단계 추적하는 것이 매우 쉬워진다. 위 미분방정식을 해결하는 코드의 결과는 한 번의 실행으로 출력된 것이다. 그런데 사실은 SCMAF 내부적으로는 RA, SCEvalDeriv, SEqSep, Collect, Part, Coefficient, Map, SCSolve, RA라는 함수를 순서에 따라 하나하나 실행하며 그 결과를 다음 단계의 함수의 인자로 넘겨주는 방식이 반복되며 전체적 계산인 이루어진다. 이때 계산의 일시정지를 위한 기호 $를 적당한 위치에 삽입하여 원하는 단계까지만 실행을 하고 결과를 출력한 후 멈추는 것이 가능하며 이를 통하여 다음 단계에서 어떤 함수를 어떻게 적용시켜야 할 지 아이디어를 얻을 수 있다. 이는 긴 계산을 통하여 결과를 얻어야 할 때 매우 유용하다.

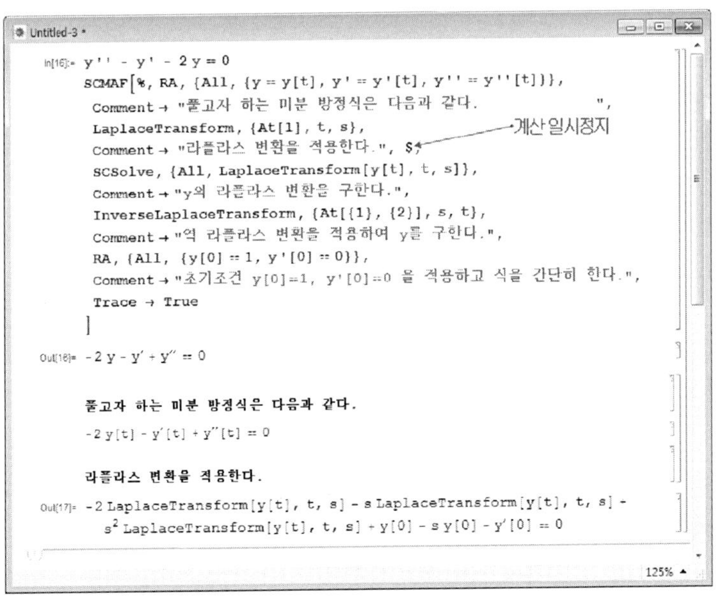

[그림-1]

1.2. SC 꾸러미를 사용하기 전에 주의할 점

이 함수꾸러미가 실행되고 있는 동안에는 몇몇 기존 기호들이 작동하지 않는다. 예를 들어 함수꾸러미를 실행하지 않을 때 $\sum_{i=1}^{10} i$를 실행하면 55가 출력된다. 그러나 함수꾸러미를 실행한 후, $\sum_{i=1}^{10} i$를 실행하면 55가 출력되지 않고 원래 표현 그대로인 $\sum_{i=1}^{10} i$가 출력된다. 이런 현상 때문에 기존에 만들어둔 코드가 SC 꾸러미가 실행된 상태에서는 실행이 제대로 되지 않아 낭패를 겪을 수 있다.

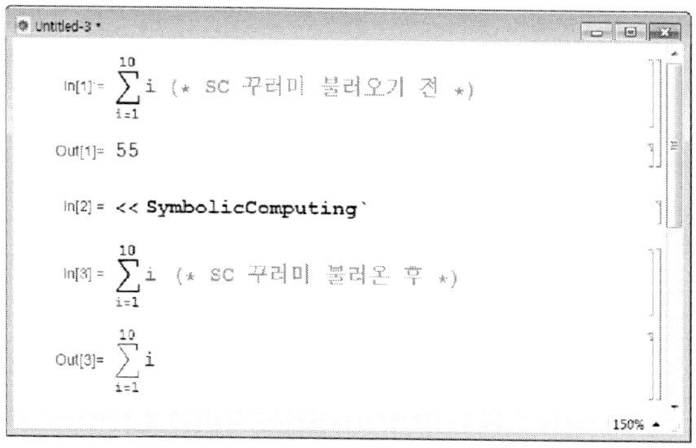

[그림-2]

어떤 일이 벌어지고 있는가, 왜 이렇게 작동원리를 의도적으로 바꾸었는가를 이해하기 위해서는 *Mathematica*의 내부 작동 원리를 조금은 이해할 필요가 있다. *Mathematica*는 FrontEnd와 커널 두 부분으로 이루어져 있는데 우리가 보는 화면은 FrontEnd의 화면이다. 우리가 입력한 기호를 FrontEnd는 내장함수로 바꾸어 커널에게 전달하고 커널은 그 함수를 해석하여 연산을 수행한 후 그 결과를 FrontEnd에게 돌려준다. 그러면 FrontEnd는 그 결과를 우리가 쉽게 이해할 수 있는 기호로 바꾸어 화면에 출력한다.

SC 꾸러미는 기호가 함수로 바뀌는 과정에 개입한다. 예를 들어 $\sum_{i=1}^{10} i$은 원래 Sum[*i*, {*i*, 1, 10}]으로 바뀌는데 SC 꾸러미는 이를 SCSum[i,List[i,1,10]]으로 바꾸어 버린다. SCSum은 SC 꾸러미에서 제공하는 사용자 함수다.

이렇게 기호의 해석을 의도적으로 바꾸어 실행을 하지 못하게 만들어 버리는 데는 이유가 있다. *Mathematica*는 많은 함수들을 즉각적으로 실행해 버린다. 예를 들어 $\int f\, dx$를 입력하여 실행시키면 적분이 즉각적으로 실행되어 이는 $f \times x$를 출력한다. 즉 *Mathematica*는 적분 기호를 입력받는 순간 이를 적분 명령으로 바꾸는데 적분 명령어는 즉각적으로 실행되어 버리는 것이다. 하지만 우리는 암묵적으로 f가 x에 관한 함수고 우리가 입력한 $\int f\, dx$가 더도 말고 덜도 말고 $\int f\, dx$로 남아 있기를 원할 수 있다. 이럴 때는 SC 꾸러미를 쓰면 된다.

예를 들어 미적분학을 처음 공부하는 학생들에게 *Mathematica*를 이용하여 $\int (\text{Cos}[x] + e^x)^2\, dx$를 어떻게 계산 하는지 그 과정을 하나하나 보여주고자 할 때는 기존 *Mathematica*로는 조금 곤란하다.

기존 *Mathematica*는 $\int (\text{Cos}[x] + e^x)^2\, dx$를 실행시키면 즉각적으로

$$e^x \text{Cos}[x] + \frac{1}{2}\left(e^{2x} + x + (2 e^x + \text{Cos}[x])\ \text{Sin}[x]\right)$$

라는 답을 출력해 버린다. 그런데 SC 꾸러미가 실행된 상태에서는 적분이 실행되지 않고 그냥 있다.

In[22]:= $\int (e^x + \text{Cos}[x])^2\, dx$

Out[22]= $\int (e^x + \text{Cos}[x])^2\, dx$

이게 실행되지 않고 그대로 있으므로 우리는 피적분함수에 대해 Expand라는 함수를 적용하여 피적분함수를 전개할 수 있다.

In[23]:= $\int \text{Expand}\left[(e^x + \text{Cos}[x])^2\right] dx$

Out[23]= $\int \left(e^{2x} + 2 e^x \text{Cos}[x] + \text{Cos}[x]^2\right) dx$

그러고 나서 적분의 합의 법칙을 적용하여 다음과 같이 진행한다.

In[24]:= $\int \left(e^{2x} + 2 e^x \text{Cos}[x] + \text{Cos}[x]^2\right) dx$ //. $\left(\int (f\_ + g\_)\, dx \to \int f\, dx + \int g\, dx\right)$

Out[24]= $\int e^{2x}\, dx + \int 2 e^x \text{Cos}[x]\, dx + \int \text{Cos}[x]^2\, dx$

이제는 각각의 적분을 정말로 시행하게 한다.

In[25]:= $\int e^{2x}\, dx + \int 2 e^x \text{Cos}[x]\, dx + \int \text{Cos}[x]^2\, dx$ // SCEvalInt

Out[25]= $\frac{e^{2x}}{2} + \frac{x}{2} + e^x (\text{Cos}[x] + \text{Sin}[x]) + \frac{1}{4} \text{Sin}[2 x]$

SC 꾸러미가 실행되면 $\int$는 SCEvalInt가 적용될 때까지 적분을 실행하지 않고 기다리고 있다. 여기서 SCEvalInt가 하는 일은 간단하게 말하자면 SCIntegrate를 Integrate로 바꾸는 것이다. $\int$이 그냥 있는 이유는 이 기호를 해석할 때 SC 꾸러미가 개입하여 이것을 Integrate가 아닌 SCIntegrate라는 새로운 함수로 해석하게 만드는 것이다.

같은 원리로 SC 꾸러미가 실행된 상태에서 $\sum_{i=1}^{10} i$의 실행결과를 얻고 싶으면 SCEvalSum[$\sum_{i=1}^{10} i$]로 하면 된다. ?SCEval*를 실행하면 SCEval로 시작하는 함수들이 21개 나오는데 함수꾸러미 실행 후 실행이 안 되는 여러 기호들은 적절한 SCEval* 함수를 사용함으로써 기존의 결과를 얻을 수 있다. 버전 Beta 2.90 (May 6, 2014)부터는 SCEnableNotation 함수가 추가되어 기존함수를 그대로 사용할 수 있는 방법이 제공되었다.

따라서 SC 꾸러미 사용법을 배우고자 하는 이들은 처음에는 일단 기존 방법으로 완벽하게 파일을 만들어 놓은 후 함수꾸러미가 실행된 상황에서 기존 명령들이 어떻게 작동하는지 살펴볼 필요가 있다. 안 그러면 기존에 잘 작동하던 파일들이 뜻하던 대로 작동하지 않아 낭패를 볼 수가 있다.

1.3. SC 꾸러미의 기본 철학

*Mathematica*로 프로그램을 짜다 보면 아무래도 변수들을 많이 도입하게 된다. 앞의 내용을 뒤에서 쓰려면 그 내용을 어떤 변수에 저장하고 나서 뒤에서 그 변수를 불러서 쓰게 되는 것이다. 이때, 프로그램이 짧거나 기억이 생생할 때는 별 문제가 없겠으나 프로그램이 길어지기 시작하거나 약간이라도 시간이 지나면 변수들의 정의가 무엇이었는지, 심지어 무슨 무슨 변수를 정의하였는지조차 기억이 가물가물한 경우가

적지 않다. SC 꾸러미는 *Mathematica*에게 되도록이면 변수에 내용을 할당하지 않고 계산을 수행하게 하자는 취지에서 만들어졌다고 한다.

1.4. SC 꾸러미를 사용하기 위한 사전 지식

이 함수꾸러미를 잘 사용할 수 있기 위해선 *Mathematica*가 작동하는 원리를 어느 정도 알고 있는 것이 좋다. 특히 다음의 함수는 어떻게 작동하는지 아는 것이 좋다.

(1) FullForm, TreeForm 등 표현(22장 1절 참조)의 구조를 들여다 볼 수 있는 함수

한 표현의 구조를 FullForm으로 파악할 때 주의할 점 한 가지는 *Mathematica*는 자동으로 식을 정렬하기 때문에 FullForm의 결과는 시각적으로 파악한 것과 다른 결과를 줄 수도 있다는 것이다. 다음 예를 보자.

```
In[26]:= Part[a + b, 2]   (* a + b 에서 두 번째 인자를 보여라. *)

Out[26]= b

In[27]:= Part[b + a, 2]   (* b + a 에서 두 번째 인자를 보여라. *)

Out[27]= b
```

(2) Part, Level 등 표현의 특정 부분을 집어내거나 가리킬 수 있는 함수: Level은 잘 몰라도 되지만 Part 함수는 잘 알아야 한다.

(3) =, ==, ===, :=, →, :→ 의 차이: 3장 참조.

2. 설치 방법과 구동 방법

함수꾸러미 설치는 매우 쉽다. 함수꾸러미 홈페이지 <https://symbcomp.gist.ac.kr/>의 Downloads에서 자신의 *Mathematica* 버전에 맞는 압축파일을 내려받아 압축을 풀어보면 생성되는 파일 SymbolicComputingReadme.txt에 설치방법이 자세히 설명되어 있다. 안내를 따라 함수꾸러미를 설치한다.

SC 꾸러미 설치를 완료하고 나면 *Mathematica* 메뉴에 다음 두 가지가 추가되었음을 볼 수 있다.

(1) 메뉴→[Palettes]에 [Bras and Kets], [SCMAF Viewer], [SymbolicComputing] 의 세 팔레트.

(2) 메뉴→[Help]→[Documentation Center]→[Add Ons and Packages]→[Symbolic Computing>>]의 Symbolic Computing Help Browser

(참고) 원래는 세 개의 팔레트가 설치되었으나 가장 최근 버전을 설치하는 경우에는 [SCMAF Viewer], [Symbolic Computing] 두 팔레트만 설치된다. 만약 [Bras and Kets]까지 있다면 그건 기존에 설치되었던 팔레트가 남아있기 때문인데 [Bras & Kets] 팔레트가 있더라도 *Mathematica* 사용에는 전혀 문제가 없기 때문에 굳이 제거할 필요는 없다.

함수꾸러미 설치를 마쳤으면 함수꾸러미 실행은 위에서와 같이 <<SymbolicComputing`를 실행하면 된다.

이제부터 SC 꾸러미에 들어있는 함수들을 쓸 수 있다. 어떤 함수들이 있는지 알고 싶으면 FrontEnd에서 ?SC*를 실행하거나 위에서 언급한 SymbolicComputing Help Browser를 보면 된다. 함수들이 분야별로 무리지어져 있으므로 관심있는 분야로 가서 거기 나온 함수들의 용법을 들여다본다. 이 도움창에 나온 파일은 SymbolicComputingHelp.nb 인데 이를 A4 용지에 출력하면 800여 쪽에 이르는 두꺼운 문서가 된다. 함수꾸러미의 실제 사용 예는 SymbolicComputing Help Browser의 Examples 디렉토리에 있는데 물리학에서 다루는 수식으로 분석하는 예가 대부분이다.

일단 함수꾸러미가 실행되면 그 함수꾸러미를 끄는 방법은 커널을 정지시키는 방법 뿐이다. SC 꾸러미를

실행시키면 기존에 입력된 수식의 결과가 달라질 수 있기 때문에 함수꾸러미의 영향이 어떤지 잘 숙지하고 이용해야 한다.

2.1. 기존 기호와 SC 꾸러미 기호 구별법

SC 꾸러미와 함께 설치된 [Symbolic Computing] 팔레트를 이용하여 입력할 수 있는 기호 중에는 기존 기호와 똑같이 생긴 것들이 있다. 이 기호들을 기존 기호들과 구분하는 시각적인 방법은 없다. 몇몇 특수한 SC 꾸러미 기호의 경우 커서를 기호에 올려 놓았을 때 SC 꾸러미 기호의 이름을 볼 수 있다. SCSuperscript, SCSubsuperscript 등이 여기에 속한다.

FullForm을 이용하여 들여다 보면 그냥 기호인지 SC 꾸러미의 기호인지 알 수 있다. 예를 들어 SC 꾸러미를 실행한 후 FullForm[$\sum_{i=1}^{10} i$]을 실행해 보면 SCSum[*i*, List[*i*, 1, 10]]으로 결과가 나온다. 즉, $\sum_{i=1}^{10} i$는 SCSum[*i*, List[*i*, 1, 10]] 으로 해석된다.

2.1.1. 순열의 수와 조합의 수를 나타내는 기호

19장에서 순열과 조합을 다루었는데 기존 *Mathematica* 팔레트에는 우리 수학 교과서에 등장하는 순열의 수를 나타내는 기호와 조합의 수를 나타내는 기호가 없다. 하지만 위에서 언급된 SymbolicComputing 팔레트에 있는 $_\square\blacksquare_\square$를 이용하여 $_n\mathcal{P}_r$, $_nC_r$ 등을 입력할 수 있다. 여기서 $\mathcal{P}$, C는 \[ScriptCapital*]에서 * 대신에 P 또는 C를 써 넣으면 입력된다.

In[28]:=
```
Unprotect[SCPresubSubscript];
```
$$_{n\_}\mathcal{P}_{r\_} := \frac{n!}{(n-r)!};\ _{n\_}C_{r\_} := \frac{n!}{(n-r)!\,r!};$$
```
Protect[SCPresubSubscript];
```

In[31]:= $\left\{_5\mathcal{P}_2,\ _5C_2,\ _n\mathcal{P}_r == {_nC_r} * r!,\ \text{SCEvalSum}\left[\sum_{r=1}^{n} r * {_nC_r}\right] == n * 2^{n-1}\right\}$

Out[31]= {20, 10, True, True}

2.2. SC 꾸러미의 함수 몇 가지

SC 꾸러미의 모든 함수를 다 알 필요는 없을 것 같고, 아마 가능하지도 않을 것이다. 당장은 다음 함수들만 알아도 될 것이다.

(1) 원래는 수행되어야 하는 기호들이 실행되는 것을 막았는데 그걸 다시 실행하게 해 주는 함수들: SCEval*

(2) 대수적 계산을 섬세하게 수행할 수 있게 해 주는 함수들: ?SC*Eq*로 검색되는 함수들

(3) SCMAF

(4) SCEnableNotation: SC 꾸러미를 실행하면 기존 용법대로 입력한 명령들이 실행이 안 되어 곤란한 경우가 생긴다. 이때 기존명령이 그대로 실행되도록 해 주는 함수가 SCEnableNotation인데 다음과 같이 실행한다.

In[32]:=
```
SCEnableNotation[False]
```

Out[32]= False

이렇게 하여 기존의 명령들을 쓰다가 다시 SC 꾸러미의 구동 방식대로 돌아가게 하려면 위에서 False 대신 True를 넣고 실행하면 된다. 이 함수는 Beta 2.81 (October 1, 2013)부터 들어 있으며 그 이전 버전에는 없다. SC 꾸러미의 버전을 알고 싶으면 $SCVersion을 실행한다.

```
In[33]:= SCEnableNotation[True]

Out[33]= True
```

3. SCMAF 사용법

이 함수는 SC 꾸러미의 핵심적인 사용자 함수인데 이 함수는 한 표현을 받아들인 후 그 표현에 대하여 함수1을 적용하고 그 결과에 대하여 함수2, 그 결과에 대하여 함수3 등등을 차례로 적용하여 나간다. 간단한 용법은 다음과 같다.

SCMAF[표현식,
 함수1, {위치지정1, 함수1 에 관련된 기타 사항들}, 지역 옵션1,
 함수2, {위치지정2, 함수2 에 관련된 기타 사항들}, 지역 옵션2,
 ......
 함수*k*, {위치지정*k*, 함수*k* 에 관련된 기타 사항들}, 지역 옵션*k*,
 ......
 함수*n*, {위치지정*n*, 함수*n* 에 관련된 기타 사항들}, 지역 옵션*n*,
 SCMAF의 글로벌 옵션들]

위에서 지역 옵션 *k*는 SCMAF의 옵션이지 함수 *k*의 옵션이 아니다. 함수 *k*의 옵션은 '함수 *k*에 관련된 기타 사항들' 자리에 놓는다. 위치지정 *k*는 그 전 단계의 결과로 생성된 표현, 즉 함수 $k-1$이 적용되어 나온 표현의 어느 부분에 함수 *k*를 적용시킬지를 가리킨다. 전체에 적용한다면 All, 한 특정 부분에 적용한다면 At[1,2,3] 등과 같은 표현, 여러 부분에 적용한다면 At[{1,2},{3,4,5}] 등과 같은 표현을 쓴다. 이 부분에서 Part를 이용하여 표현식의 구조를 정확히 이해하는 지식이 필요하다. 함수 *k*가 아무런 기타사항을 필요로 하지 않을 때는 위치지정 *k*를 둘러싼 중괄호를 생략해도 된다.

지역 옵션 중 가장 기억할 만한 것은 Show다. 지역 옵션 k에 Show →True가 있으면 함수 *k*의 결과를 보여주고, Show →False가 있으면 함수 *k*의 결과를 보여주지 않는다. Show → Null 이면 곧 설명할 전역 옵션 Trace의 설정을 따라간다. 기본적으로 Show → Null로 설정되어 있다. 그런데 지역 옵션 Show를 설정하는 방법으로 ,,와 ,,,를 쓰기도 한다. 즉, 줄 *k* 맨 뒤에 ,,가 있으면 Show→True, 줄 *k* 맨 뒤에 ,,,가 있으면 Show →False를 설정한 것과 같다.

SCMAF의 글로벌 옵션 중 가장 기억할 만한 것은 Trace다. 기본적으로는 Trace→False로 정해져 있는데, 이 경우 SCMAF는 마지막 두 함수, 즉 함수 $n-1$과 함수 *n*,의 시행결과만 화면에 출력한다. Trace→False 인 상태에서 함수 *k* (단 $k<n-1$)의 실행결과를 보고 싶다면 옵션 *k* 뒤에 쉼표를 (하나가 아니라) 두 개 넣으면 된다. 함수 $n-1$의 결과를 보고 싶지 않으면 옵션 $n-1$ 뒤에 쉼표를 (하나가 아니라) 세 개 넣으면 된다. 함수 *n*의 결과에 대해서도 마찬가지다. Trace→True로 설정하면 끝에 쉼표 세 개가 붙어 있는 줄의 결과를 제외하고 다 보여준다. 만약 Trace→All로 설정하면 모든 함수 *k*의 실행결과가 보여진다. Trace→Automatic인 경우 기본적으로 여덟 줄의 결과만 보여준다.

일단 코드를 다 작성했지만 함수 *n*이 아니라 함수 *k* (단 $k<n$) 까지 실행된 결과만 보고 싶을 때는, 옵션 *k* 뒤에 (,가 아니라) , $, 를 넣는다.

함수 *k*의 결과를 함수 $k+1$의 주 인자로 넘기는 게 아니라 부 인자로 넘길 때는 MainArg라는 옵션을 사용하면 된다. 구체적으로는, 함수 *k*의 결과를 All 이나 At[...]으로 지정한 후 함수 $k+1$의 인자로 넣을 위치에 일단 갖다 놓고 MainArg→?로 위치를 선언해 주면 된다. 3.3절에 주어진 예들을 보라.

함수 *k*가 규칙을 사용하는 함수일 경우가 있다. RA가 그 대표적인 경우인데, SCMAF 안에서 RA가 쓰일 때 그 규칙을 쓰는 방법으로 A→B를 써도 되지만 A==B를 써도 된다. SCAMF 안에서 RA를 쓰면 그냥 RA를 쓰는 것보다 더 좋은 치환 결과를 얻을 수 있다. 예를 보자. 다음은 원하는 결과를 주지 않는다.

```
In[34]:= 1/(x y) /. x y → a

Out[34]= 1/(x y)
```

다음은 원하는 결과를 준다.

```
In[35]:= SCMAF[1/(x y), RA, {All, x y == a}]

Out[35]= 1/a
```

위에서 ==을 →로 바꾼 경우 원하는 결과가 출력되지는 않는다.

```
In[36]:= SCMAF[1/(x y), RA, {All, x y → a}]

Out[36]= 1/(x y)
```

그렇다고 해서 →가 SCMAF 안에서 쓰일 수 없는 것은 아니다.

```
In[37]:= SCMAF[1/x, RA, {All, x → a}]

Out[37]= 1/a
```

통상적으로 SCMAF 안에서 규칙을 말할 때는 →가 아닌 ==를 쓴다.

3.1. SCMAF 사용 예 1

다음은 2차 방정식의 근의 공식을 유도하는 과정이다.

```
In[38]:= a x^2 + b x + c == 0
         SCMAF[%, SCEqMove, {All, -c, Right},
          SCMultEq, {All, a},
          SCAddToEq, {All, b^2/4},
          SCFactor, {At[1], Full → True},
          SCMultEq, {All, 4 },
          RA, {All, (α_^2 == β_ → α == ±√β) },
          SCSubtFromEq, {All, b},
          SCDivEq, {All, 2 a}, , ,
          Together, {At[2]}, Trace → True]
```

Out[38]= $c + b\,x + a\,x^2 == 0$

$b\,x + a\,x^2 == -c$

$a\,b\,x + a^2\,x^2 == -a\,c$

$\frac{b^2}{4} + a\,b\,x + a^2\,x^2 == \frac{b^2}{4} - a\,c$

$\frac{1}{4}(b + 2\,a\,x)^2 == \frac{b^2}{4} - a\,c$

$(b + 2\,a\,x)^2 == b^2 - 4\,a\,c$

$b + 2\,a\,x == (\pm 1)\sqrt{b^2 - 4\,a\,c}$

$2\,a\,x == -b + (\pm 1)\sqrt{b^2 - 4\,a\,c}$

Out[39]= $x == \frac{-b + (\pm 1)\sqrt{b^2 - 4\,a\,c}}{2\,a}$

3.2. SCMAF 사용 예 2

중고교 수학문제로 '$(3 + 2\sqrt{2})^5$의 정수부는 얼마인가?'라는 질문이 있다. 답만을 원한다면 다음 계산을 통하여 그 답이 6725임을 알 수 있다.

```
In[40]:= N[(3 + 2 √2)^5, 10]
```

Out[40]= 6725.999851

그러나 이는 문제의 원 취지에 따른 답이 아니다. 문제의 원 취지에 따른 답은 다음과 같다.

```
In[41]:= x == 3 + 2 √2
     SCMAF[%, SCEqMove, {All, x - 3},
      Power[#, 2] &, All, Level → 1, Expand, All,
      SCEqMove, {All, x^2},
      Power[#, 2] &, All, Level → 1,
      Expand, At[2],
      RA, {At[2], x^2 == -1 + 6 x}, Apply → Simplify,
      Times[#, x] &, All, Level → 1,
      Expand, At[2],
      RA, {At[2], x^2 == -1 + 6 x}, Apply → Simplify,
      RA, {At[2], x == 3 + 2 √2}, Apply → Simplify,
      RA, {At[2], Power[2, Rational[1, 2]] → N[√2, 10]},
      Part, {All, 2}, Apply → IntegerPart,
      Comment → {"따라서 구하는 답은 다음과 같다."}, Trace → True]
```

Out[41]= $x == 3 + 2\sqrt{2}$

```
-3 + x == 2 √2
(-3 + x)^2 == 8
9 - 6 x + x^2 == 8
x^2 == -1 + 6 x
x^4 == (-1 + 6 x)^2
x^4 == 1 - 12 x + 36 x^2
x^4 == -35 + 204 x
x^5 == x (-35 + 204 x)
x^5 == -35 x + 204 x^2
x^5 == -204 + 1189 x
x^5 == 3363 + 2378 √2
x^5 == 6725.999851
```

따라서 구하는 답은 다음과 같다.

```
Out[42]= 6725
```

3.3. SCMAF 사용 예 3

SCMAF를 사용할 때 $(k-1)$단계의 결과를 함수 k의 주변수가 아니라 선택사항으로 집어넣고자 할 때는 MainArg라는 옵션을 이용해서 할 수 있다.

```
In[43]:= SCMAF[y → e^x,
           RA, {y^2 + 2 y + z, All}, MainArg → 2]

Out[43]= 2 e^x + e^(2 x) + z

In[44]:= SCMAF[x + Sin[x],
           Equal, {f[x], All}, MainArg → 2]

Out[44]= ∫_a^x (g[t] + h[t]) dt == x + Sin[x]

In[45]:= SCMAF[x + Sin[x],
           Equal, {f[x], At[2]}, MainArg → 2]

Out[45]= x + (∫_a^x (g[t] + h[t]) dt == Sin[x])

In[46]:= SCMAF[x + Sin[x],
           Equal, {At[2], f[x]}, MainArg → 1]

Out[46]= x + (Sin[x] == ∫_a^x (g[t] + h[t]) dt)
```

```
In[47]:= SCMAF[ f[x] == x + Sin[x],
           RA, {∫f[x] ⅆx, All}, MainArg → 2]

Out[47]= ∫(x + Sin[x]) ⅆx

In[48]:= SCMAF[a + b,
           Apply, {Times, All}, MainArg → 2]

Out[48]= a b
```

위에서 MainArg → 2 옵션을 빼고 실행하면 어떻게 되는지 살펴보라.

사용 예를 더 원하면 *Mathematica* Help Browser의 SymbolicComputing 부분에서 Examples 디렉토리를 들여다보라.

3.4. SCMAF Viewer 사용법

SC 꾸러미가 설치되면 따라 설치되는 두 팔레트 중 [SCMAF Viewer] 팔레트는 위에서와 같이 일단 잘 작성된 SCMAF 함수의 실행 결과를 순서적으로 나열하여 보여주는데 효과적으로 이용될 수 있다. 예를 들어 2차 방정식의 풀이 과정을 한 단계 한 단계 보여주고자 할 때 이 팔레트를 쓰면 효율적이다.

[그림-3]

사용방법은 다음과 같다.

(0) Symbolic Computing 함수꾸러미를 실행한다.
(1) 메뉴→[Palettes]→[SCMAF Viewer]를 연다.
(2) 완전히 잘 구동되는 SCMAF[] 함수가 있는 셀에 커서를 가져가 클릭하여 셀을 선택한다.
(3) SCMAF Viewer의 [Initialize Player]를 누른다.
(4) 하단에 있는 동그라미나 화살표를 눌러 단계별 실행 모습을 본다.

Trace는 위에서 이미 설명한, SCMAF의 전역 옵션이다. 네 가지 선택의 의미는 위 설명을 보라.

맨 위에 있는 슬라이더	동그란 버튼을 적당히 오른쪽으로 밀어 넣고 맨 아래 ●를 누르면 그 줄까지 실행된다.
○	현재 선택된 함수 k에 대하여 옵션 k 중 post processing option이 있다면 함수 k는 실행하고 post processing option은 실행하지 않는다.
●	현재 선택된 함수 k에 대하여 옵션 k 중 post processing option이 있다면 함수 k와 post processing option까지 모두 실행한다.
▷	(현재 함수 k가 선택된 상황에서) 한번 누르면 함수 $(k+1)$을 실행한다. 한 번 더 누르면 옵션 $k+1$에 있는 post processing option을 실행한다.
>	함수 k와 옵션 $k+1$에 있는 post processing option을 모두 실행하고 다음 줄로 넘어간다.
≫	지역 옵션이 Show인 줄로 넘아간다.
≫|	모든 함수들의 결과들을 모두 보여준다.

주의할 점 : SCMAF Viewer 실행 중에 함수를 실행해 버리면 그 다음부터는 SCMAF Viewer가 제대로 작동하지 않는다. 그 때는 SCMAF Viewer를 처음부터 다시 실행하여야 한다. 위에 제시된 SCMAF Viewer 사용 예 1과 2를 가지고 실험하여 보라.

찾아보기

저자 소개

양성덕

현재, 고려대학교 수학과 교수
이학박사(미분기하학 전공)
2011~2012 대한수학회 사업이사
고려대학교 석탑강의상, 우수강의상 수상

이장훈

현재, 파주여자고등학교 수학교사파주여자고등학교 수학교사
홈페이지 수학생각(MATHOUGHT.COM) 운영자
경기도교육과정클러스터 NEIS 인정교과 응용수학 외부강사
2013. 전국교육자료전 *Mathematica* LAB 푸른기장 수상(교육부장관상)
2014. 교육과학기술부 선정, 2013 수학교육상 수상(교육부장관상)
저서: 2006. *Mathematica* Guide Book 입문에서 활용까지 집필(교우사)
2013. *Mathematica* LAB 실험중심의 고등학교 수학탐구 집필(교우사)
2013. 생각이 쑥쑥 크는 수학실험실(한국과학창의재단, 북21)

황지원

2010~2011 Wolfram Research사 Localization Consultant
2002~현재, (주)다한테크 *Mathematica* 솔루션 사업부 과장

이채영

고려대학교 수학과 석사과정 재학 중

안명환

고려대학교 수학과 졸업

기본에 충실한 ***Mathematica*** **입문**

3쇄발행 2023년 4월 20일

지은이 양성덕 · 이장훈 · 황지원 · 이채영 · 안명환
펴낸이 오판근
펴낸곳 (주) 교우
주　소 서울시 동대문구 약령시로 8 교우빌딩 2층 (주)교우
전　화 02-925-2861 / **팩　스** 02-925-2860, **편집부** 02-925-2825
홈페이지&북스토어 www.kyowoo.co.kr / 이메일 kyowoo@kyowoo.co.kr

등　록 1994년 3월 24일 제1994-000013호
ISBN 979-11-251-0048-5 (93410)